国家重点基础研究发展计划（973计划）项目（2006CB403404）
国家自然科学基金创新研究群体基金项目（51021006）
全球环境基金（GEF）海河项目（HW7—17）　　　　　　　资助
国家水体污染控制与治理科技重大专项课题（2008ZX07209—009）

"十二五"国家重点图书出版规划项目

海河流域水循环演变机理与水资源高效利用丛书

流域水循环及其伴生过程综合模拟

（第二版）

贾仰文 王 浩 等 著

科学出版社

北 京

内 容 简 介

本书介绍了流域水循环及其伴生过程综合模拟的原理、方法及应用。全书分上、下两篇，共由16章构成。上篇叙述了原理与方法，包括研究背景、目的与意义，二元水循环模型的总体结构，水循环过程、水环境过程和水生态过程的模拟方法，流域水资源调控与多目标决策方法，以及二元水循环模型的耦合与集成；下篇为海河流域应用，包括海河流域概况，基础信息采集与时空展布，水循环过程、水环境过程和水生态过程的模拟与验证，水循环及其伴生过程的历史演变分析、未来演变情景预估分析，水资源管理战略讨论，以及研究成果总结与展望。

本书可供水文、水资源及水环境等相关领域的科研人员、大学教师和研究生，以及从事流域水文分析、水资源与水环境规划及管理工作的技术人员参考。

图书在版编目（CIP）数据

流域水循环及其伴生过程综合模拟 / 贾仰文等著. —2版. —北京：科学出版社，2014.6

（海河流域水循环演变机理与水资源高效利用丛书）

"十二五"国家重点图书出版规划项目

ISBN 978-7-03-039570-2

Ⅰ. 流… Ⅱ. 贾… Ⅲ. 海河-流域-水循环-流域模型-研究 Ⅳ. P339

中国版本图书馆 CIP 数据核字（2014）第 011869 号

责任编辑：李 敏 张 菊 张 震 / 责任校对：张小霞
责任印制：钱玉芬 / 封面设计：王 浩

科学出版社 出版
北京东黄城根北街16号
邮政编码：100717
http://www.sciencep.com

中国科学院印刷厂 印刷
科学出版社发行 各地新华书店经销

*

2012年1月第 一 版　开本：787×1092 1/16
2014年6月第 二 版　印张：23 1/2　插页：2
2014年6月第一次印刷　字数：700 000

定价：120.00元
（如有印装质量问题，我社负责调换）

《流域水循环及其伴生过程综合模拟》主要撰写人员

贾仰文　王　浩　周祖昊　仇亚琴　牛存稳

雷晓辉　陆垂裕　杨贵羽　肖伟华　罗翔宇

游进军　甘治国　丁相毅　彭　辉　申宿慧

秦昌波　高　辉　郝春沣　王喜峰　王　康

总　　序

流域水循环是水资源形成、演化的客观基础，也是水环境与生态系统演化的主导驱动因子。水资源问题不论其表现形式如何，都可以归结为流域水循环分项过程或其伴生过程演变导致的失衡问题；为解决水资源问题开展的各类水事活动，本质上均是针对流域"自然-社会"二元水循环分项或其伴生过程实施的基于目标导向的人工调控行为。现代环境下，受人类活动和气候变化的综合作用与影响，流域水循环朝着更加剧烈和复杂的方向演变，致使许多国家和地区面临着更加突出的水短缺、水污染和生态退化问题。揭示变化环境下的流域水循环演变机理并发现演变规律，寻找以水资源高效利用为核心的水循环多维均衡调控路径，是解决复杂水资源问题的科学基础，也是当前水文、水资源领域重大的前沿基础科学命题。

受人口规模、经济社会发展压力和水资源本底条件的影响，中国是世界上水循环演变最剧烈、水资源问题最突出的国家之一，其中又以海河流域最为严重和典型。海河流域人均径流性水资源居全国十大一级流域之末，流域内人口稠密、生产发达，经济社会需水模数居全国前列，流域水资源衰减问题十分突出，不同行业用水竞争激烈，环境容量与排污量矛盾尖锐，水资源短缺、水环境污染和水生态退化问题极其严重。为建立人类活动干扰下的流域水循环演化基础认知模式，揭示流域水循环及其伴生过程演变机理与规律，从而为流域治水和生态环境保护实践提供基础科技支撑，2006年科学技术部批准设立了国家重点基础研究发展计划（973计划）项目"海河流域水循环演变机理与水资源高效利用"（编号：2006CB403400）。项目下设8个课题，力图建立起人类活动密集缺水区流域二元水循环演化的基础理论，认知流域水循环及其伴生的水化学、水生态过程演化的机理，构建流域水循环及其伴生过程的综合模型系统，揭示流域水资源、水生态与水环境演变的客观规律，继而在科学评价流域资源利用效率的基础上，提出城市和农业水资源高效利用与流域水循环整体调控的标准与模式，为强人类活动严重缺水流域的水循环演变认知与调控奠定科学基础，增强中国缺水地区水安全保障的基础科学支持能力。

通过5年的联合攻关，项目取得了6方面的主要成果：一是揭示了强人类活动影响下的流域水循环与水资源演变机理；二是辨析了与水循环伴生的流域水化学与生态过程演化的原理和驱动机制；三是创新形成了流域"自然–社会"二元水循环及其伴生过程的综合模拟与预测技术；四是发现了变化环境下的海河流域水资源与生态环境演化规律；五是明晰了海河流域多尺度城市与农业高效用水的机理与路径；六是构建了海河流域水循环多维临界整体调控理论、阈值与模式。项目在 2010 年顺利通过科学技术部的验收，且在同批验收的资源环境领域 973 计划项目中位居前列。目前该项目的部分成果已获得了多项省部级科技进步奖一等奖。总体来看，在项目实施过程中和项目完成后的近一年时间内，许多成果已经在国家和地方重大治水实践中得到了很好的应用，为流域水资源管理与生态环境治理提供了基础支撑，所蕴藏的生态环境和经济社会效益开始逐步显露；同时项目的实施在促进中国水循环模拟与调控基础研究的发展以及提升中国水科学研究的国际地位等方面也发挥了重要的作用和积极的影响。

本项目部分研究成果已通过科技论文的形式进行了一定程度的传播，为将项目研究成果进行全面、系统和集中展示，项目专家组决定以各个课题为单元，将取得的主要成果集结成为丛书，陆续出版，以更好地实现研究成果和科学知识的社会共享，同时也期望能够得到来自各方的指正和交流。

最后特别要说的是，本项目从设立到实施，得到了科学技术部、水利部等有关部门以及众多不同领域专家的悉心关怀和大力支持，项目所取得的每一点进展、每一项成果与之都是密不可分的，借此机会向给予我们诸多帮助的部门和专家表达最诚挚的感谢。

是为序。

海河 973 计划项目首席科学家
流域水循环模拟与调控国家重点实验室主任
中国工程院院士

2011 年 10 月 10 日

序

水是生命之源，生产之要，生态之基。随着人口的快速增长和经济社会的不断发展，流域自然水循环通量日益减小，社会水循环通量不断增大，引发了一系列资源、环境与生态问题。只有科学揭示人类活动对水循环及其伴生过程的影响机制，对其进行调控，才能促进资源、环境、生态和经济社会的协调发展。

流域水循环及其水环境、生态等伴生过程研究，受到国内外学者的广泛重视，但尚存在以下不足：流域自然水循环研究较为系统，但"自然–社会"二元水循环研究很少；变化环境下流域水循环与水资源演变规律及其归因分析研究尚待加强；从流域水循环角度进行的流域水环境与生态过程研究不够。

海河流域是我国北方最为典型的高强度人类活动区域。近年来，河川径流大幅减少，地下水超采严重，河流水质恶化，湿地面积萎缩。为诊断和解决海河流域水资源、水环境和生态问题，国家重点基础研究发展计划（973计划）项目"海河流域水循环演变机理与水资源高效利用"中设立了由王浩院士主持的第四课题"海河流域水循环及其伴生过程的综合模拟与预测"，以求系统揭示变化环境下海河流域的水循环演变规律，并预测未来演变趋势，为流域水资源和水环境规划与管理提供科技支撑。

该课题组通过五年的联合攻关，在理论、方法和应用上都取得了重大突破。一是集成分布式水循环模型、水资源配置模型和多目标决策分析模型，并耦合气候模式，构建了高强度人类活动干扰下流域"自然–人工"二元水循环模型，有力推动了流域二元水循环理论与方法的发展；二是集成流域二元水循环模型、水质模型及生态模型，构建了流域水循环及其伴生过程综合模拟与预测平台，在研究大尺度的水循环、水环境和生态过程的数值模拟技术方面具有重大突破，为海河流域水资源、水环境和生态的综合调控提供了科学分析工具；三是系统分析了海河流域水资源及水环境、生态过程的演变规律，并基于指纹分析方法对流域水资源演变进行了系统的归因分析，具有重要的应用价值；四是定量预测了海河流域未来水资源及水环境、生态过程的演变趋势，为海河流域综合治理提供了有力的支撑。

我非常高兴地获悉，该课题相关成果已获 2012 年大禹水利科学技术奖一等奖。基于该课题研究的这一专著系统总结了所取得的创新性成果。相信该书显示的活跃学术思想和高水平的研究成果，将为推动水文水资源、水环境和生态及相关领域的研究发挥重要的作用。

是为序。

2013 年 5 月 15 日

前　　言

随着人口增长和经济社会的发展，人类活动对流域水循环系统的影响不断增强，而全球气候变暖又使未来流域水资源的不确定性增加、干旱与洪涝出现的概率增大。土地利用变化、工业与城市发展、大规模水利工程建设等，已将许多流域的水循环从原来的"自然"模式逐渐转变为"自然–社会"（或"自然–人工"）二元耦合模式。流域水循环的"自然–社会"二元演化，使得地表径流、地下径流和河川径流等自然水循环通量日益减小，而取水量、用水量、耗水量及排污量等社会水循环通量不断增大，严重影响了流域水循环系统的水资源、水环境和水生态服务功能，引发了一系列的资源、环境与生态问题。同时，资源、环境与生态效应又反过来制约人类活动，对流域水循环过程形成反馈，因此，流域水循环过程与水生态及水环境过程存在相互作用关系。开展流域二元水循环模型研究，为水资源与水环境规划与管理实践提供科技支撑，对保护河流和地下水系统健康、实现水资源可持续利用、促进区域经济社会与生态环境的和谐发展具有十分重要的理论意义与应用价值。

近年来，流域水循环及其水生态、水环境等伴生过程研究受到国内外水文、水资源及相关领域学者的重视，特别是分布式水文模型、陆面水循环过程模型，从20世纪80年代以来得到很大发展及应用。但这些模型的优势是对自然水循环过程进行模拟，本身没有水资源的配置调度功能，在模拟社会（人工）水循环过程方面受到限制。水资源配置模型近年也得到广泛研究与应用，其优势在于对水资源的供需平衡和水库调度进行分析，但研究内容仅限于径流性水资源，缺少对包括蒸发、蒸腾在内的水循环全要素的平衡分析。而多目标决策分析模型的优点是将水资源分配与宏观经济和产业结构密切关联，但分析时空尺度往往过大，不能对小区域及河道断面的水循环过程进行调控分析。因此，需要将三类模型耦合起来，这样才能实现统筹考虑水资源、宏观经济与生态环境的流域水资源综合管理分析的功能。

海河流域面积为31.8万 km^2，涉及北京、天津、河北、河南、山东、山西、辽宁、内蒙古8个省（自治区、直辖市），2005年其人口、GDP和粮食产量分别占全国的10.2%、14.1%和9.9%，在国内各大流域中属于经济比较发达的流域。然而，海河流域也是我国最缺水的地区之一，自20世纪80年代以来，除了当地地表水的过度利用、地下水超采外，还每年从黄河引水约40亿 m^3，水污染及水生态问题也十分突出。受强烈人类活动影响，海河流域水循环已呈现出明显的"自然-社会"二元特性，因此需要研究流域二元水循环机理与模拟方法，建立一个能够反映流域二元水循环特性的模型工具，用来诊断流域水资源的关键问题并对各种情景进行分析，为制定水资源管理战略提供支撑。

在国家重点基础研究发展计划（973计划）项目"海河流域水循环演变机理与水资源高效利用"第四课题"海河流域水循环及其伴生过程的综合模拟与预测"（2006CB403404）、全球环境基金（GEF）海河项目"知识管理（KM）流域级应用系统"（HW7-17）、国家自然科学基金创新研究群体基金项目"流域水循环模拟与调控"（51021006）和国家水体污染控制与治理科技重大专项课题（2008ZX07209-009）等的资助下，我们开展了流域二元水循环及其伴生过程的综合模拟研究探索，本书是对已取得的阶段研究成果的总结。流域二元水循环模型由分布式流域水循环及其伴生过程（水环境过程、水生态过程）模拟模型WEP-L、水资源合理配置模型ROWAS和多目标决策分析模型DAMOS三个模型耦合而成。该模型被定为GEF海河水资源水环境综合管理项目的核心模型，并支撑了八项战略研究（SS）、战略行动计划（SAP）制定与知识管理（KM）平台建设。

本书分上、下两篇，共由16章构成。上篇叙述原理与方法，包括第1~7章；下篇为海河流域应用，包括第8~16章。前言、第1章和第2章由贾仰文和王浩执笔，第3章由贾仰文、周祖昊、陆垂裕和丁相毅执笔，第4章由牛存稳、肖伟华和贾仰文执笔，第5章由彭辉和贾仰文执笔，第6章由游进军和甘治国执笔，第7章由雷晓辉执笔，第8章由杨贵羽、郝春沣和贾仰文执笔，第9章由周祖昊、罗翔宇、郝春沣和王康执笔，第10章由仇亚琴、雷晓辉、贾仰文、陆垂裕和秦昌波执笔，第11章由牛存稳、肖伟华、高辉和王喜峰执笔，第12章由彭辉、申宿慧和贾仰文执笔，第13章由仇亚琴、牛存稳、丁相毅和贾仰文执笔，第14章由杨贵羽、仇亚琴、牛存稳、彭辉和贾仰文执笔，第15章由贾仰文、游进军、杨贵羽和牛存稳执笔，第16章由贾仰文和王浩执笔。全书由贾仰文统稿。

在项目的完成和本书的写作过程中，得到科学技术部、水利部、环境保护部、海河水利委员会、河北省水利厅以及世界银行等有关单位的大力支持和帮助。刘昌明、陈志恺、郑春苗、高歌、许新宜、任光照、翁文斌、韩振中、王忠静、李彦东、董汉生、张希三、刘钰、徐宗学、刘斌、夏青、吴舜泽、余向勇、李蓓、张晓岚、蒋礼平、Douglas Olson、Peter Droogers、Richard Evans、Wim Bastiaanssen、Tim Bondelid、Edwin Ongley、Kuniyoshi Takeuchi、Nobuyuki Tamai、P. E. O'Connell等国内外知名专家，对本研究给予了许多指导与帮助。

受时间和作者水平所限，书中不足之处在所难免，恳请读者批评指正。

作　者
2013年6月于北京

目 录

总序
序
前言

上篇 原理与方法

第1章 概述 ·· 3

1.1 研究背景与意义 ·· 3
    1.1.1 流域水循环的"自然–社会"二元特征及其效应 ············· 3
    1.1.2 研究意义 ·· 3
    1.1.3 关键科学问题 ··· 4
1.2 国内外研究动态与趋势 ·· 4
    1.2.1 变化环境下的水循环机理和演变规律研究 ···················· 4
    1.2.2 基于物理机制的分布式流域水文模型研究 ···················· 5
    1.2.3 水循环过程与水生态及水环境演变相互作用机制研究 ····· 6
    1.2.4 大气过程–陆地水文过程耦合研究 ······························ 6
    1.2.5 社会水循环研究 ·· 7
1.3 研究目标 ·· 7

第2章 流域二元水循环模型总体结构 ································· 9

2.1 模型总体结构及功能 ··· 9
    2.1.1 模型总体结构 ··· 9
    2.1.2 模型功能 ·· 10
2.2 各模型简介 ··· 10
    2.2.1 分布式流域水循环及其伴生过程模拟模型（WEP-L）···· 10
    2.2.2 多目标决策分析模型（DAMOS）······························ 11
    2.2.3 水资源配置模型（ROWAS）···································· 14

第3章 流域水循环过程模拟方法 ······ 16

3.1 大气过程模拟 ······ 16
3.1.1 大气环流模式（GCM） ······ 17
3.1.2 海气耦合模式 ······ 20
3.1.3 陆面过程模式 ······ 21
3.1.4 区域气候模式 ······ 22
3.1.5 降尺度方法 ······ 23

3.2 陆地水循环过程模拟 ······ 24
3.2.1 蒸发蒸腾 ······ 24
3.2.2 入渗 ······ 27
3.2.3 地表径流 ······ 28
3.2.4 壤中径流 ······ 30
3.2.5 地下水运动、地下水流出和地下水溢出 ······ 30
3.2.6 坡面汇流和河道汇流 ······ 31
3.2.7 积雪融雪过程 ······ 32
3.2.8 空气动力学阻抗与植被群落阻抗 ······ 33
3.2.9 土壤水分吸力关系与非饱和导水系数 ······ 34

3.3 陆地能量循环过程模拟 ······ 34
3.3.1 地表能量平衡方程 ······ 34
3.3.2 短波放射 ······ 35
3.3.3 长波放射 ······ 36
3.3.4 潜热通量 ······ 37
3.3.5 显热通量 ······ 38
3.3.6 地中热通量 ······ 38
3.3.7 人工热排出量 ······ 38

3.4 平原区地下水数值模拟 ······ 38
3.4.1 潜水 ······ 39
3.4.2 承压水 ······ 39
3.4.3 模型数值求解 ······ 40

第4章 流域水环境过程模拟方法 ······ 42

4.1 污染量的估算 ······ 42

| 4.1.1   点源污染量的估算 ……………………………………………………… 42
| 4.1.2   非点源污染量的估算 …………………………………………………… 44
| 4.2   基于水动力学的河湖水系水质模拟 ……………………………………………… 46
| 4.2.1   河湖水环境系统模拟基本方程 ………………………………………… 46
| 4.2.2   数值求解与联解 ………………………………………………………… 47
| 4.3   基于物质平衡原理的流域水质模拟 ……………………………………………… 61
| 4.3.1   流域水质模型的基本要求 ……………………………………………… 61
| 4.3.2   污染物入河量的估算 …………………………………………………… 62
| 4.3.3   流域水质模型的实现 …………………………………………………… 64
| 4.4   平原区地下水水质模拟 …………………………………………………………… 70
| 4.4.1   地下水溶质迁移转化方程 ……………………………………………… 71
| 4.4.2   数值法求解 ……………………………………………………………… 71

第 5 章　流域水生态过程模拟方法 ……………………………………………………… 72

  5.1   概述 …………………………………………………………………………………… 72
  5.2   陆地生态水文模拟 …………………………………………………………………… 72
      5.2.1   BIOME-BGC 植被生态模型 ………………………………………………… 72
      5.2.2   植被生态模型与水文模型的耦合 ………………………………………… 80
  5.3   作物生长模拟 ………………………………………………………………………… 81
      5.3.1   WOFOST 作物生长模型 …………………………………………………… 82
      5.3.2   分布式作物生长模拟 ……………………………………………………… 84

第 6 章　流域水资源调控与多目标决策 ………………………………………………… 87

  6.1   水资源调控原则 ……………………………………………………………………… 87
  6.2   多目标决策方法 ……………………………………………………………………… 87
      6.2.1   主要原理 …………………………………………………………………… 88
      6.2.2   主要模块描述 ……………………………………………………………… 88
      6.2.3   多目标决策方法 …………………………………………………………… 94
  6.3   水资源配置方法 ……………………………………………………………………… 97
      6.3.1   水资源配置的概念 ………………………………………………………… 97
      6.3.2   水资源配置的方法 ………………………………………………………… 97
      6.3.3   水资源配置结果的评价 …………………………………………………… 99

  6.3.4 ROWAS 模型基本构架 ··· 100

第 7 章 流域水循环及其伴生过程综合模拟系统集成 ··························· 103
 7.1 二元水循环模型耦合关系 ··· 103
 7.2 综合模拟系统集成 ·· 106
  7.2.1 系统总体构架 ··· 106
  7.2.2 系统的特点 ·· 107
  7.2.3 关键技术 ·· 107
 7.3 系统界面与功能 ··· 110
  7.3.1 通用数据管理界面 ·· 110
  7.3.2 系统界面及主要菜单 ·· 113
  7.3.3 系统的创新点 ··· 122

下篇 海河流域应用

第 8 章 海河流域概况 ··· 125
 8.1 自然地理与水文气象 ··· 125
 8.2 高强度人类活动特点 ··· 125
 8.3 主要水问题 ·· 128

第 9 章 基础信息采集与时空展布 ·· 131
 9.1 基础信息分类与采集 ··· 131
  9.1.1 信息分类 ·· 131
  9.1.2 采集信息描述 ··· 131
 9.2 计算单元划分 ··· 140
  9.2.1 划分考虑因素 ··· 140
  9.2.2 计算单元划分 ··· 141
 9.3 水文气象信息时空展布 ·· 143
  9.3.1 气象要素时空展布方法 ··· 143
  9.3.2 降水插值结果 ··· 145
  9.3.3 其他气象要素插值结果 ··· 146

9.4 土壤水动力学参数	147
9.5 社会经济信息时空展布	151
9.5.1 人口数据时间空间化	152
9.5.2 GDP 数据时间空间化	155
9.5.3 畜禽养殖量时间空间展布	157
9.6 用水信息时空展布	157
9.6.1 生活用水的时空展布	158
9.6.2 工业用水的时空展布	158
9.6.3 农业用水的时空展布	158
9.6.4 用水数据展布结果示例	161
9.7 水污染信息时空展布	165

第10章 水循环模拟与验证 … 168

10.1 参数敏感性分析与参数优化	168
10.1.1 模型优化参数	168
10.1.2 LH-OAT 全局参数敏感性分析方法在宽城以上流域的应用	169
10.1.3 SCE-UA 全局参数优化方法在宽城以上流域的应用	171
10.2 河道径流模拟验证	172
10.2.1 采用参数优化法对河道径流模拟结果的验证	172
10.2.2 采用试错法对河道径流模拟结果的验证	175
10.3 地下水模拟验证	177
10.3.1 研究区含水层组情况	178
10.3.2 含水层组的发育程度	179
10.3.3 地下水位动态特征	180
10.3.4 海河流域地下水系统	181
10.3.5 地下水系统补给、径流和排泄	182
10.3.6 海河平原地下水模型构建	183
10.4 基于遥感 ET 的数据同化	187
10.4.1 数据同化	187
10.4.2 遥感反演 ET 算法——SEBS	188
10.4.3 数据同化算法	189
10.4.4 数据同化结果分析	191

10.4.5 小结 ·· 193

第11章 水环境模拟与验证 ·· 194

11.1 流域水质模型验证与应用 ··· 194
    11.1.1 污染源估算 ·· 194
    11.1.2 水质模型校核与验证 ·· 195

11.2 河湖水动力学水质模型验证与应用 ··· 198
    11.2.1 滦河流域概况 ·· 199
    11.2.2 基础数据准备 ·· 201
    11.2.3 模型的验证 ·· 201
    11.2.4 模型的应用 ·· 205

11.3 流域地下水质模型 ··· 209
    11.3.1 模型构建 ·· 209
    11.3.2 模型率定 ·· 211

第12章 水生态模拟与验证 ·· 219

12.1 陆地生态水文模拟与验证 ··· 219
    12.1.1 模型输入数据与参数 ·· 219
    12.1.2 模拟结果验证 ·· 221

12.2 作物生长模型模拟与验证 ··· 222
    12.2.1 冬小麦田间试验研究方法 ··· 222
    12.2.2 模型参数调整方法与步骤 ··· 224
    12.2.3 作物生长参数敏感性分析 ··· 225
    12.2.4 模型参数率定 ·· 225
    12.2.5 模型参数验证 ·· 227
    12.2.6 流域模拟输入数据的整理 ··· 228
    12.2.7 流域模拟结果验证 ··· 229
    12.2.8 流域模拟结果分析 ··· 230

第13章 海河流域水循环及其伴生过程历史演变分析 ·································· 233

13.1 水循环要素演变检测及下垫面变化分析 ··· 233
    13.1.1 水循环要素演变检测 ·· 233

	13.1.2	下垫面演变分析	244
	13.1.3	社会经济与用水发展分析	246
13.2	流域水资源评价与演变规律		246
	13.2.1	水资源评价	246
	13.2.2	水资源演变驱动因子分析	247
	13.2.3	水资源演变规律	249
13.3	流域水循环及水资源演变归因分析		257
	13.3.1	基于指纹的归因方法	258
	13.3.2	归因情景设置	258
	13.3.3	海河流域水循环要素演变的归因分析	260
	13.3.4	海河流域狭义水资源量演变的归因分析	266
13.4	流域水环境演变规律		269
	13.4.1	海河流域水污染现状	269
	13.4.2	海河流域污染源排放情况分析	270
	13.4.3	海河流域地表水环境演变规律	276
	13.4.4	海河流域地下水环境演变规律	280
13.5	流域生态演变规律		281
	13.5.1	农业生态演变规律	281
	13.5.2	自然植被生态演变规律	284

第14章 海河流域水循环及其伴生过程未来演变情景分析 288

14.1	气候变化预估		288
14.2	海河流域水循环与水资源演变预估		295
	14.2.1	情景设定	295
	14.2.2	水量调控下的水循环及水资源演变预估	299
	14.2.3	气候变化下的水循环及水资源演变预估	306
14.3	海河流域水环境演变预估		308
	14.3.1	未来水平年水环境承载能力预估	308
	14.3.2	未来水平年水污染控制方案下水环境分析	311
	14.3.3	未来水平年水污染控制方案	315
14.4	海河流域生态演变预估		316
	14.4.1	作物生长演变预估	316

14.4.2 自然生态演变预估 ………………………………………………………… 323

第15章 海河流域水资源管理战略讨论 ……………………………………………… 327

15.1 概述 …………………………………………………………………………… 327
15.2 水权分配与法规建设 ………………………………………………………… 327
 15.2.1 水权分配 ………………………………………………………………… 327
 15.2.2 法规建设 ………………………………………………………………… 328
15.3 实行最严格水资源管理制度年度指标评价 ………………………………… 329
 15.3.1 实行最严格水资源管理制度 …………………………………………… 329
 15.3.2 实行最严格水资源管理制度年度指标 ………………………………… 329
 15.3.3 实行最严格水资源管理制度年度指标细化分解方法 ………………… 330
 15.3.4 实行最严格水资源管理制度年度指标评价方法 ……………………… 330
15.4 产业结构调整与节水防污 …………………………………………………… 333
 15.4.1 产业结构调整 …………………………………………………………… 334
 15.4.2 节水防污型社会建设 …………………………………………………… 335
15.5 ET管理与地下水限采 ………………………………………………………… 337
 15.5.1 基于ET（耗水）控制的流域水资源管理 …………………………… 337
 15.5.2 严格控制地下水的开采 ………………………………………………… 338
15.6 公众参与和能力建设 ………………………………………………………… 338

第16章 总结与展望 ………………………………………………………………… 339

16.1 总结 …………………………………………………………………………… 339
 16.1.1 流域"自然-人工"二元水循环模型 ………………………………… 339
 16.1.2 流域水循环及其伴生过程综合模拟系统 ……………………………… 340
 16.1.3 海河流域水循环、水资源、水环境及水生态演变规律分析 ………… 341
 16.1.4 海河流域未来水循环、水资源、水环境及水生态演变预估 ………… 344
16.2 展望 …………………………………………………………………………… 345

参考文献 …………………………………………………………………………………… 347

索引 ………………………………………………………………………………………… 356

上 篇
原理与方法

第1章 概 述

1.1 研究背景与意义

1.1.1 流域水循环的"自然-社会"二元特征及其效应

流域水循环系统的健康维系，不但是水资源可再生利用的前提，而且是水的环境与生态服务功能发挥的基础。然而，随着人口的增长和经济社会的发展，人类活动对流域水循环系统的影响不断增强。土地利用的变化、工业与城市发展、大规模水利工程建设等，已将流域水循环从原来占主导的"自然"模式逐渐转变为"自然-社会"（或"自然-人工"）二元耦合模式（王浩等，2006；贾仰文和王浩，2006）。自然水循环过程由降水、植被冠层截流、蒸发蒸腾、洼地截流、入渗、地表径流、壤中径流、地下径流和河道汇流等构成，其驱动力是太阳辐射、重力和风力等自然驱动力。而"自然-社会"二元水循环不但包括上述自然水循环过程，还包括社会水循环（或称人工侧支水循环）过程，如蓄水、取水、输水、配水、用水、耗水和排水等；其驱动力既包括自然驱动力，又包括经济社会发展等社会驱动力，其具体表现形式是机械力、电力和人工热等。

流域水循环的"自然-社会"二元特征产生了明显的资源、环境与生态效应。特别是在高强度人类活动下的缺水地区，地表径流、地下径流和河川径流等自然水循环通量日益减小，而取水量、用水量、耗水量及排污量等社会水循环通量不断增大，严重影响了流域水循环系统原有的资源、环境和生态服务功能，引发了一系列的资源、环境与生态问题；同时，资源、环境与生态效应又反过来制约人类活动，对流域水循环过程形成反馈。因此，流域水循环过程与水生态及水化学过程存在相互作用关系。

1.1.2 研究意义

水文学长期关注于自然水循环的要素、过程与系统的研究，特别是山坡水文学和工程水文学有了较大的发展，目前已经形成了比较成熟的系统理论。同时，水资源学的兴起形成了水资源评价、水资源配置和水资源调度等水资源开发利用和管理知识体系，但主要偏重于对社会水循环系统的研究或设计，往往假定自然水循环系统是不变的。但是，人类社会的发展使社会水循环系统越来越大，逐渐改变甚至破坏了自然水循环系统，因此需要将自然水循环与社会水循环耦合起来研究。开展流域"自然-社会"二元水循环及其伴生的水环境、水生态等过程的综合模拟研究，为水资源、水环境规划与管理实践提供科技支撑，对保护河流和地下水系统健康、实现水资源可持续利用、促进区域经济社会与生态环境的和谐发展具有十分重要的理论意义与应用价值。

1.1.3 关键科学问题

流域水循环及其伴生过程综合模拟研究面临以下关键科学问题。

1) 尺度问题。尺度问题是水科学的热点和难点问题。流域二元水循环模型的尺度问题归纳起来包括两个层面的问题：一是二元水循环要素的时空尺度问题。降水、蒸发、入渗与径流等自然水循环要素具有很大的时空变异特性，而模型输入的水文气象数据来自于观测站点特定时段的观测记录或气候模式的输出，需要通过时空插值或降尺度（downscaling）来得到水循环要素的时空分布数据。而取水、用水、耗水和排水等社会水循环要素往往是区域统计数据，需要通过经济社会与用水统计数据的合理时空展布才能与自然水循环要素的时空尺度相匹配。二是水循环的大气、地表、土壤与地下过程，取水、用水、耗水和排水等社会水循环过程，以及伴随的水化学与水生态过程等，时空尺度各异，因此存在计算时空尺度的合理选择问题。

2) 气候和人类活动对水循环的作用机制。传统的基于统计分析或概念性模型的方法，虽然在定量区分气候和人类活动各项因子对水循环各个环节的作用机制方面发挥了重要作用，但受下垫面条件变化及产汇流机理复杂性的影响，这些方法具有较大局限性；同时，由于观测试验条件及方法的限制，基于统计分析或概念性模型的方法无法定量分析气候、人类活动对水循环所有环节的综合作用机制，需要采用基于物理机制的分布式水循环模型方法来研究。

3) 水循环–水生态–水环境三大过程耦合作用机制。流域综合管理的目标是在资源、环境、生态、经济和社会五个维度上取得和谐发展，其科学基础是对水循环–水生态–水环境三大过程耦合作用机制的认知。在详细描述水循环及其伴生生态环境过程的基础上，构建流域水循环–水生态–水环境综合模拟平台，研究流域二元水循环过程驱动下的水生态与水环境过程演变，以及水生态与水环境过程演变效应通过自然与社会系统对水循环过程的反馈，可望定量揭示气候变化和高强度人类活动作用下流域三大过程耦合作用机制和演变规律。

1.2 国内外研究动态与趋势

1.2.1 变化环境下的水循环机理和演变规律研究

由于全球气候的变化和人类活动的加剧，地球上的水循环和水资源状况发生了深刻的改变。为研究新的环境下的水循环演变规律，解决日益严重的全球水问题，国际水文界实施了许多研究计划，如国际水文计划（IHP）、世界气候研究计划（WCRP）、国际地圈–生物圈计划（IGBP）的"水文循环的生物圈方面（BAHC）"以及地球系统科学联盟

(ESSP)的"全球水系统计划(GWSP)"等。在气候变化对水循环影响的研究方面，主要关注气候变化对水文水资源的影响、气候变化对需水量的影响以及气候变化对水文极端事件的影响等。研究热点是气候变化下的水文水资源响应，包括应用全球或区域气候模式和分布式水文模型、地下水模型分析气候变化下的河川径流响应问题（Kang and Ramfrez，2007）、地下水和地表水相互作用问题（Scibek and Allen，2007）、潜在水资源量的季节动态预测问题（Nakaegawa et al.，2007）。在下垫面变化对水循环和洪水影响的研究方面，森林、城市、水土保持和水利工程的水文效应等受到较多的关注。围绕城市规模不断扩大带来的水文问题形成的城市水文学已成为新的水文学研究热点。在城市水文响应定量分析、计算模型模拟、雨水利用等方面已取得了不少成果（Lazaro，1990；Dougherty et al.，2007；Xiao et al.，2007；Schneider and McCuen，2006；Guo and Baetz，2007）。随着工农业的发展，大量引用地表水和抽取地下水，改变了大气水—地表水—土壤水—地下水的转换机制。利用水库调节河川径流，大幅减小了河川径流丰枯差值，引起一系列水文及环境生态效应问题。中国水利水电科学研究院在"九五"国家重点科技攻关项目"西北地区水资源合理开发利用与生态环境保护研究"专题——"西北地区水资源合理配置和承载力研究"中，提出了"天然-人工"二元水循环演化模式，并在973计划课题"黄河流域水资源演变规律与二元演化模型"研究中，进一步提出了各项人类活动（包括水利措施）对水循环的定量影响分析结果（贾仰文等，2005a；王浩等，2006）。

1.2.2 基于物理机制的分布式流域水文模型研究

基于物理机制的分布式流域水文模型，又称分布式物理模型（贾仰文等，2005a）或物理性流域水文模型（胡和平和田富强，2007），从水循环的动力学机制来描述流域水文问题，能够清晰反映地表土地特征如地形高程、坡度、形态和地貌，以及气象因素如降水、气温和蒸发等，能够将土地地表特征和模型参数建立直接联系，能够分析气候变化和流域下垫面变化后的产汇流变化规律，并为其他专业应用模型提供水的流场情报，具有广阔应用前景。自Freeze和Harlan（1969）提出分布式物理模型的蓝图至今，涌现出欧洲水文系统SHE（Abbott et al.，1986）、TOPMODEL（Beven et al.，1995）、SWAT（Arnold et al.，1995）、WEP（Jia et al.，2001；贾仰文等，2005b）等许多模型，其真正发展得益于近二十年来空间遥感技术（RS）、地理信息系统（GIS）技术的不断完善以及计算机技术的进一步发展。分布式物理模型将水循环的各要素过程联系起来进行详细模拟。遥感技术不但能够提供土地覆盖及地形等基本空间数据，也为模型参数如叶面积指数（LAI）等的估算提供信息，同时还能对蒸发量、土壤含水率及地表温度等进行计算，为模型的验证创造了条件。地理信息系统将图形显示、空间分析与数据库管理技术相结合，为分布式水文模拟的大量空间信息数据处理及管理提供了强有力工具。由于水文变量的空间变异和资料缺乏问题，流域水文尺度问题与建模新方法成为研究热点。Muleta等（2007）应用SWAT模型，研究了分布式流域模拟模型对空间尺度的敏感性；Hansen等（2007）研究了基于物理过程的农业流域模型的空间变异问题，发现最重要的参数不均匀问题是土壤物理参数在网格内的变化、植被参数的变化和地下水位的变化。

1.2.3 水循环过程与水生态及水环境演变相互作用机制研究

流域水循环系统与生态系统相互作用机制研究已成为当前新兴交叉学科——生态水文学（eco-hydrology）的核心内容。生态水文学是20世纪80年代以后逐步发展的一门新兴交叉学科，其研究内容是水文过程与植物分布、生长相互作用，它重点研究陆地表层系统生态格局与生态过程变化的水文学机理，揭示陆生环境和水生环境植物与水的相互作用关系，回答与水循环过程相关的生态环境变化的成因与调控问题（夏军等，2003）。近几年，生态水文学成为研究热点，Pauwels等（2007）通过应用卡尔漫滤波法同化土壤观测数据和叶面积指数，提出了水文模型（TOPLATS）-作物生长模型（WOFOST）的耦合模型的参数优化方法。Bertuzzo等（2007）研究了生态走廊和河流水系的关系，探索了有偏反应-扩散模型（反应率采用对数方程）的特性，预测了水文控制在流域物种入侵过程中的作用。Rubarenzya和Staes（2007）应用生态水文学的原理，研究了在湿地修复中模拟和极值分析研究的意义，模拟了四种情景：恢复入渗、修复上游湿地、修复下游湿地和修复上游河谷湿地。Mtahiko等（2006）针对坦桑尼亚大鲁阿哈河（Great Ruaha River）流域的东部乌桑古（Usangu）湿地过度放牧对鲁阿哈（Ruaha）国家公园的破坏和对下游社会经济的严重影响，开展了基于生态水文学的乌桑古湿地修复研究，提出乌桑古湿地必须退牧、农业灌溉至少需要向河流退水25%，以保证大鲁阿哈河四季不断流。在我国，生态水文学方面研究起步较晚，2000年以后我国学者才开始将生态水文学介绍到国内来（赵文智和王根绪，2002）。国家自然科学基金委员会已将其列至重大研究战略之中。目前国内在生态需水计算方法方面开展了大量研究（李丽娟等，2002；王西琴等，2002；杨志峰等，2003；陈敏建等，2004；陈敏建等，2005；王芳等，2002；丰华丽等，2001）。流域水循环演变同样改变了污染物迁移转化的载体条件和动力机制，从而对伴生的水环境过程产生显著影响。当前国内外相关研究主要从环境学的角度着手（如进行面源污染物预测和水体水质演化模拟），而在水循环的演变对流域尺度水环境的影响研究方面较薄弱。Ocampo等（2006）在西澳大利亚的Susannah Brook农业流域，实地调查了水文过程与生物地球化学过程的耦合反应，分析了坡度以及高地与河岸地区浅层地下水对氮循环的影响，在此基础上建立了耦合水文过程与生物地球化学过程的"统一智能模型"；Schoonover和Lockaby（2006）采用流域尺度调查取样和回归分析模型，研究了美国西佐治亚低山地带由于城市化引起的土地利用变化对河流营养物和排泄物大肠菌的影响。

1.2.4 大气过程-陆地水文过程耦合研究

大气过程-陆地水文过程耦合研究的主要意义体现在以下两方面：预测大气环境的变化对水资源和生态环境的影响，对实现可持续发展具有重要价值；短期降水等气象预报和分布式水文模型相结合，能够延长洪水预报的预见期，对防洪减灾事业具有重要价值。大气过程-陆地水文过程耦合研究，多通过全球大气环流模型（GCM）、区域环流模型（RCM）或小尺度大气模型（暴风雨模型）等与陆面过程模型或分布式水文模型耦合，并结合地面观测与遥测来实现。然而，各类大气模型计算网格单元大小差别较大，并远大于分布式水文模型的网格单元，因此需采用降尺度方法。降尺度方法分为镶嵌法、统计法以及两者并用的方法。国际上，Anderson 等（2002）曾将美国工程师兵团（USACE）的 HEC-HMS 水文模拟系统与 MM5 大气模型相耦合应用于美国加利福尼亚州北部卡拉维拉斯（Calaveras）流域的洪水预报，是水文气象耦合模拟的一个代表性研究示例。在国内，王庆斋等（2003）曾在黄河开展暴雨-洪水预报耦合研究，陆桂华等（2006）采用加拿大区域性中尺度大气模式 MC2（Mesoscale Compressible Community）和新安江模型单向耦合模型系统，对 2005 年 7 月 4~15 日发生在淮河流域的一场暴雨洪水进行了实时预报。

1.2.5 社会水循环研究

在社会水循环研究方面，尽管与自然水循环研究相比较少，但也有不少报道。Merrett（1997）提出了与"Hydrological Cycle"（水文循环）相对应的"Hydrosocial Cycle"（社会水循环）的概念，并借鉴城市水循环的概念系统框架，给出了社会水循环的简要描述模型。近十年来，联合国、世界银行、全球水伙伴和世界水理事会等机构以社会水循环通量预测为切入点对社会水循环开展了一系列的研究，相继开发了 PODIUM、IMPACT、POLESTAR、WEAP、WATERGAP 等一系列的社会水循环通量预测模型并进行了应用。一些学者从区域尺度构建了社会水循环平衡分析的框架（Merrett，1997）。Murase（2004）提出了宏观、中观、微观三个尺度的水循环概念，其中宏观尺度为海洋-陆地水分交换和循环过程，中观尺度则是"自然-社会"耦合循环的过程，微观尺度则是家庭或商业建筑内部的水循环。Oki 和 Kanae（2006）对农业、工业、生活等取水、用水、排水等给全球水循环和水量平衡带来的巨大变化进行了定量分析。

国内对社会水循环的研究始于 20 世纪 80 年代（陈家琦等，2002）。陈庆秋等（2004）提出了基于社会水循环的城市水系统环境可持续评价的基本框架。中国水利水电科学研究院在国家"九五"、"十五"科技攻关计划和国家 973 计划项目的研究中，提出了"自然-人工"二元水循环的基本结构与模式，并研发了由分布式水循环模拟模型和集总式水资源调配模型组成的二元水循环系统模拟模型（贾仰文和王浩，2006）。龙爱华等（2004）引入第一类资源和第二类资源的概念，将虚拟水的概念引进社会水循环。除了学术界对社会水循环的研究，政府部门对此也给予了高度关注。例如，国家发展和改革委员会（2004）组织了农村、城市高效用水应用基础研究并研发了系列的节水技术。

1.3 研究目标

综上所述，流域水循环及其水生态、水环境等伴生过程的研究受到国内外的重视。尽管分布式水文模型从 20 世纪 80 年代以来得到很大发展及应用（贾仰文等，2005a），但其优势是对自然水循环过程进行分布式模拟，本身没有水资源的配置调度功能，在模拟人工侧支水循环过程方面受到限制。水资源配置模型近年也得到广泛研究与应用（游进军等，2005），其优势在于水资源的供需平衡分析和水库调度方面，但研究内容仅限于径流性水资源，缺少对包括蒸发、蒸腾在内的水循环全要素的平衡分析。而多目标决策分析模型（翁文斌等，2004）的优点是将水资源分配与宏观经济及产业结构密切关联，但分析时空尺度往往过大，不能对小区域及河道断面的水循环过程进行调控分析。因此，需要将三类模型耦合起来，这样才能实现统筹考虑水资源、宏观经济与生态环境的流域水资源综合管理分析的功能。尽管曾有研究（贾仰文和王浩，2006a）通过耦合分布式水文模型和集总式水资源调配模型建立了流域水资源二元演化模型，并应用模型进行了黄河流域水资源评价、分析了黄河流域水资源演变规律，但未涉及多目标决策分析与生态环境问题。

本项研究的目标是，结合海河流域的特点以及未来水资源管理战略研究的需要，通过建立海河流域分布式水循环及其伴生过程模拟模型、水资源配置模型以及考虑宏观经济的多目标决策分析模型，并进行三个模型之间的耦合与集成研究，构建流域二元水循环模型，创新高强度人类活动干扰下流域水循环及其伴生生态环境过程的综合模拟技术，形成具有我国自主知识产权的综合模拟平台，提升我国在该领域的研发能力和水平。

第 2 章 流域二元水循环模型总体结构

2.1 模型总体结构及功能

2.1.1 模型总体结构

流域二元水循环模型（贾仰文等，2010a），简称二元模型或 NADUWA（Natural-Artificial DUalistic WAter cycle model）。所谓"二元"，是指"自然–社会"或"自然–人工"。该模型由分布式流域水循环及其伴生过程模拟模型 WEP-L（Water and Energy transfer Processes in Large river basins）（贾仰文等，2005a；Jia et al.，2006）、水资源配置模拟模型 ROWAS（Rules-based Objected-oriented Water Allocation Simulation）（游进军等，2005）和多目标决策分析模型 DAMOS（Decision Analysis for Multi-Objective System）（甘治国等，2007）耦合而成。二元模型的总体结构如图 2-1 所示。

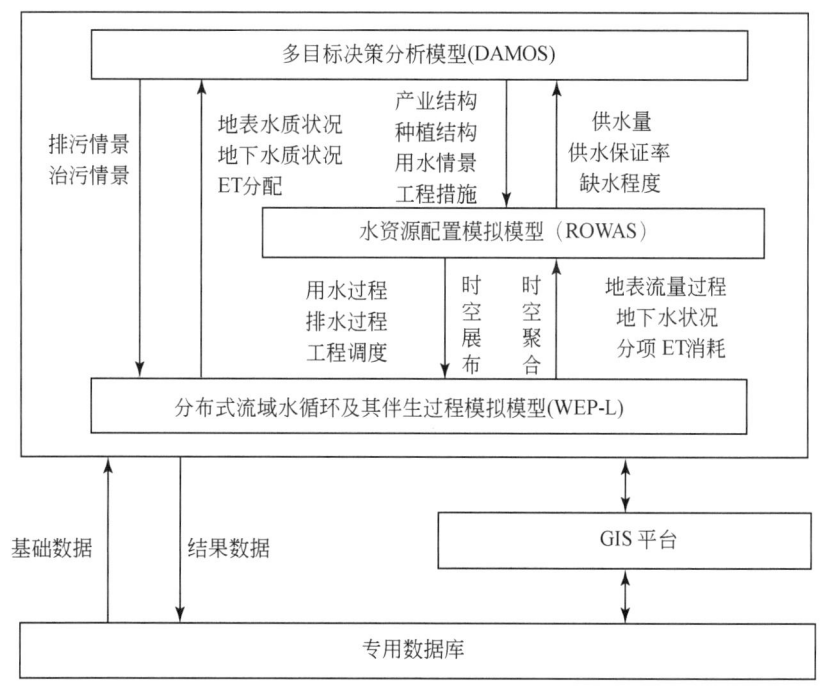

图 2-1 二元模型总体结构图

注：ET 为蒸散发，即 evapotranspiration。

2.1.2 模型功能

组成二元模型的三个模型的功能如图 2-2 所示。针对经济社会、水资源、水环境的复杂性，采用连续型的多目标决策分析模型（DAMOS），科学地分析大系统内部各要素之间的动态制约关系和期望结果；针对海河流域高强度人类活动的作用，采用水资源配置模拟模型（ROWAS）描述人类活动条件下取水、用水、耗水、排水等的循环过程；针对海河流域降水和污染物质在山区与平原区、地表与地下、城市与农村的不同转化过程，采用分布式流域水循环及其伴生过程模拟模型（WEP-L）描述海河流域水循环、水环境和水生态的演化过程。通过三者间的有机耦合，模拟海河流域水循环、水生态和水环境综合演化过程，深刻揭示水资源和水环境的"自然–人工"特性，为流域水资源与水环境战略研究、战略行动计划（SAP）编制和 ET 管理等实践提供各种情景模拟及决策支持。

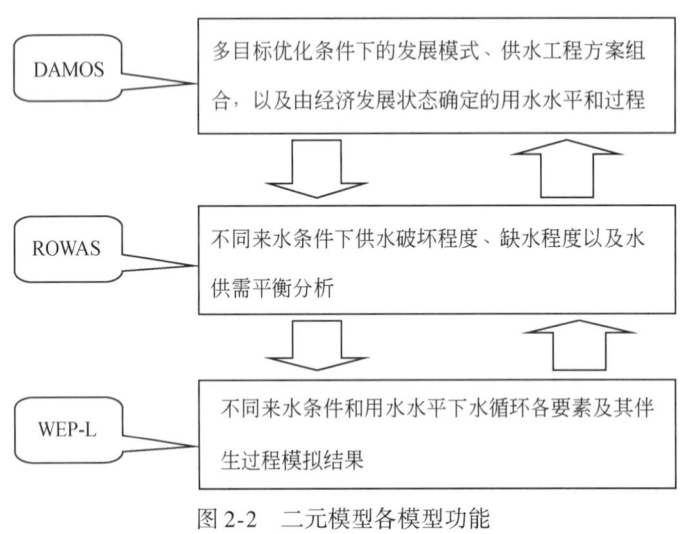

图 2-2 二元模型各模型功能

2.2 各模型简介

2.2.1 分布式流域水循环及其伴生过程模拟模型（WEP-L）

在二元模型中，分布式流域水循环及其伴生过程模拟模型（WEP-L）处于最为基础的地位，主要用来模拟不同方案下海河流域水循环、水环境与水生态状况，为方案的合理性和可行性提供分析平台。

WEP-L 模型包括四个子模块：①分布式流域水循环模块。该模块主要用来模拟水分在地表、土壤、地下、河道以及人工水循环系统中的运动过程。②地下水模块。由于海河流域平原区约为流域总面积的 1/2，地下水用水量占到总用水量的 66%，地下水超采严重，因此，对海河流域平原区地下水运动过程的模拟相当重要。尽管分布式流域水循环模块是对地表水和地下水的耦合模拟，但是由于对全流域进行统一模拟，划分的计算单元偏大，不能完全满足平原区地下水管理的需要，因此，本研究单独构建了一个地下水模块，对平原区地下水进行精细模拟。③水环境模块。主要用于模拟海河流域地表水、地下水的水环境演变过程。④水生态模块。主要用于模拟海河流域作物生长与林草等植被生态过程。

在运行过程中，分布式流域水循环模块为地下水模块提供降水入渗补给和人工入渗补给输入，地下水模块为分布式流域水循环模块提供地下水计算结果检验；水环境模块与水生态模块基于分布式流域水循环模块开发，分布式流域水循环模块为水环境模块提供水量边界条件、为水生态模块提供土壤水分及辐射等条件；而水生态模块为分布式流域水循环模块提供植被参数反馈。四个模块的耦合关系如图 2-3 所示。其中，LAI 为叶面积指数。

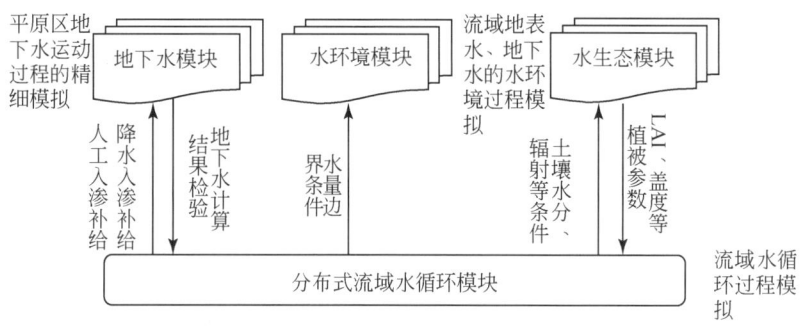

图 2-3　WEP-L 内部耦合结构

WEP-L 模型有关流域水循环过程的分布式模拟部分，其结构如图 2-4 所示。在垂直方向上，WEP-L 模型结构分为植被或建筑物截留层、地表洼地储留层、土壤表层（3 层）、过渡带层、浅层地下水层、难透水层和承压层等 9 层。WEP-L 模型的平面结构为子流域套等高带，为考虑计算单元内土地利用的不均匀性，采用了"马赛克"法，即把计算单元内的土地归成裸地-植被域、灌溉农田域、非灌溉农田域、水域和不透水域 5 大类、若干小类。图 2-4（b）中，①~⑨为子流域编号，Q1~Q9 为各河段出口流量，q1~q7 为各等高带坡地汇流单宽流量。

关于 WEP-L 模型的开发和率定，首先将四个子模块单独开发和初步率定，然后耦合起来，再统一进行率定。WEP-L 模型的原理、开发及率定过程详见第 3 章至第 6 章及第 11 章。

2.2.2　多目标决策分析模型（DAMOS）

多目标决策分析模型（DAMOS）是将社会、经济、环境、水资源等子系统内部及相互的约束机制进行高度概括后得到的一个综合数学模型，描述资金与资源在"经济-环境-社会-资源-生态"复杂巨系统的各子系统中的分配关系及这种关系与社会发展模式的协调问题。

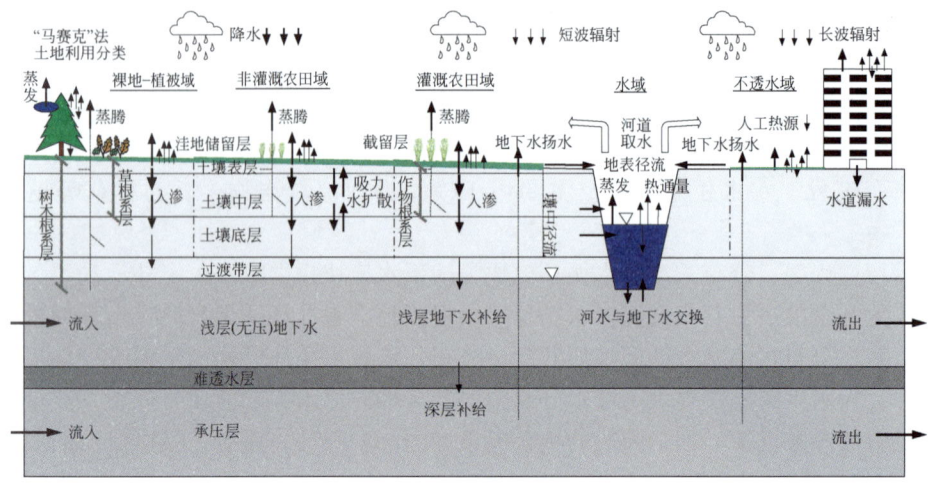

(a) 垂直方向结构(基本计算单元内)

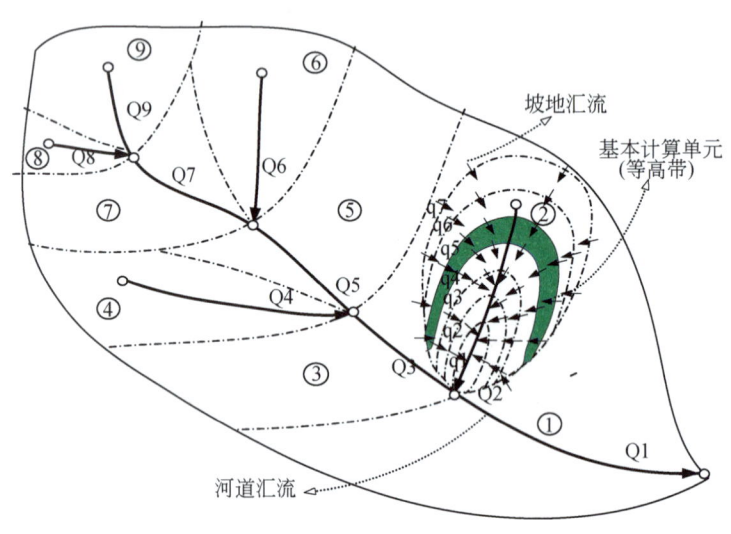

(b) 平面结构

图 2-4　WEP-L 模型的结构

DAMOS 模型的总体框架见图 2-5。其中多目标均衡模块是模型调控模块，投入产出分析模块、需水模块、生态环境分析模块等模块是模型的基础模块。投入产出分析模块、人口发展模块、工业及三产模块与农业模块等，通过投入产出分析确定社会经济规模，而人口发展模块、工业及三产模块和农业模块分别根据经济发展规模确定相应发展指标，然后由需水模块计算出相应的需水量；ET 调控模块则根据需水量计算 ET；供水模拟模块则是根据区域水资源特点及水量工程的能力来计算供水量；生态环境分析模块则处理生态环境的用水量及其社会经济发展模块的反馈作用。多目标模块则连接各模块，协调各模块的关系，并且为用户提供指标输出等。

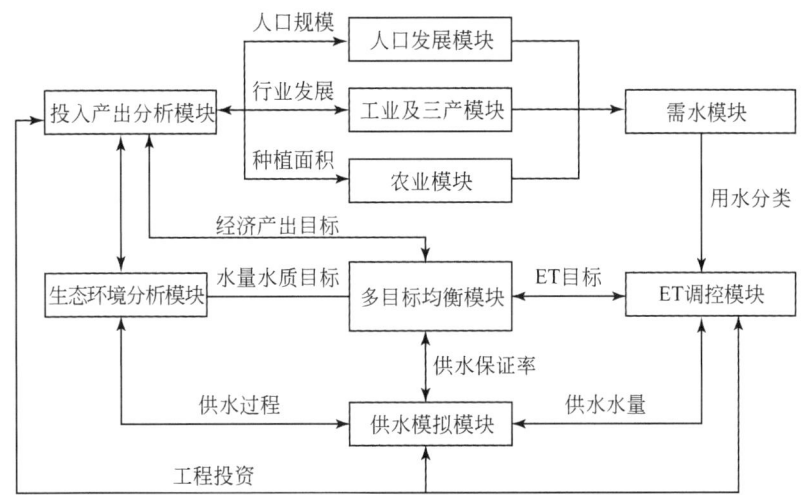

图 2-5　DAMOS 模型总体框架

主要目标设定：在水资源规划中，要求多目标分析模型能够综合考虑流域内经济、生态环境、社会、供水稳定性等各方面的因素，体现可持续发展的方针，综合反映经济社会、环境生态与水资源系统的结构及相互关系，因此在模型中应该包括流域经济持续发展、社会治安稳定、水环境无污染和供水风险最小四个方面的目标。所以，在 DAMOS 模型中，通过充分征求各领域专家与决策者的意见后，采用了能够全面反映宏观经济的总体发展水平的人均国内生产总值（GDP）作为经济发展方面的目标，人均生化需氧量（BOD）作为环境综合评价指标，人均粮食占有量（FOOD）作为社会安定方面的指标，地下水超采（OVEX）作为生态目标，供水风险（WSHT）作为供水风险目标。

通过将国内生产总值、粮食产量、地下水超采、BOD 作为相应的优化目标，DAMOS 模型可进行水资源配置。

ET 配置方法：ET 配置方法是根据海河流域多年降水及出入境水量数据，计算出海河流域多年 ET 消耗总额，按频率统计后可以得到不同保证率下的海河流域整体 ET 的消耗限额。按照历史数据，统计出各区域的自然 ET 消耗情况，按照不同频率进行分类，计算出人类社会经济可以控制的 ET 消耗部分。

生活和工农业 ET 消耗定额的确定，是在首先根据海河流域人口发展规划和生活 ET 消耗定额，计算出各规划水平年的城市生活 ET 定额和农村生活 ET 定额后，再按照不同的优化原则，在工业和农业领域 11 个行业之间进行 ET 的综合配置，最后按区域汇总到城市农村以及各行政单元。在基于 ET 配置结果计算各行业用水量时，对生活、工业和农业采取不同的消耗系数。

DAMOS 模型的主要原理与多目标决策方法参见第 6 章。

2.2.3 水资源配置模型（ROWAS）

ROWAS 模型以系统概化为基础对实际水资源系统进行简化处理，通过设定的规则实现对流域各类水资源到不同用户的配置计算和系统水量平衡计算。

系统概化就是通过抽象和简化将复杂系统转化为满足数学描述的框架，实现整个系统的模式化处理。以系统概化得到的点线概念表达实际中与水相关的各类元素和相互关联过程，识别系统主要过程和影响因素，抽取主要和关键环节并忽略次要信息。在系统概化的基础上可以对系统的水源和用水用户进行分类，从而可以建立模拟模型的基础。

ROWAS 模型的水资源配置方法如图 2-6 所示。通过配置模拟计算，可以对水量完成时间、空间和用户间三个层面上水源到用户的分配，并且在不同层次的分配中考虑不同因素的影响。考虑实际中不同类别水源通过各自相应的水力关系传输，模型采用分层网络的方法描述系统内各类水源的运动过程，即将不同水源的运动关系分别定义为该水源的网络层，而各类水力关系就是建立该类水源运动层的基础。同时又通过计算单元、河网、地表工程节点、水汇等基本元素实现不同水源的汇合和转换，构成系统水量在水平方向上的运动基础，并且为不同类别水源平衡过程作清晰描述。

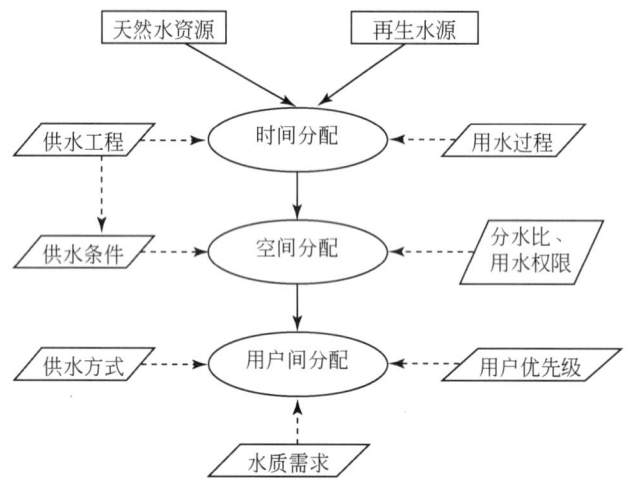

图 2-6　ROWAS 模型的水资源配置方法

通过对项目需求的整体理解并根据 ROWAS 模型在二元模型中的地位，ROWAS 模型确定了模型研究范围并收集整理了数据资料。根据研究范围和各类技术要求绘制全流域水资源系统网络图，确定不同类别水量配置规则及运行调度规则，在对模型计算所需要的各类参数进行收集并根据模型需求对数据进行了整理分析后，进行了海河流域水资源配置模型的构建。

按照项目的要求，ROWAS 模型以三级区套地市作为基本计算分区。同时，为体现城市供需状况，将流域内 26 个地级以上城市建成区作为独立的计算单元参与供需平衡分析计算。另外，为更准确地模拟重点大型水库工程实际状况，将大型水利工程以上流域按地级单元进行进一步划分。另外考虑 GEF（全球环境基金）海河项目对试点县分析的要求，将 17 个重点县单列并考虑与水资源三级区的嵌套形成计算单元。按照上述要求，海河流域共划分 125 个计算分区。

模型模拟中需要对地表工程中的大型水库进行单独模拟计算，重点引提水工程也进行单独调算以提高模型对系统的识别程度；除大型地表工程节点外，重要控制节点在系统中也需单独模拟计算。如将部分重点河段的省界断面作为单列节点，以考虑水资源配置对行政区间水量分配和重要控制断面的过流影响。按照上述要求，ROWAS 模型需模拟流域中 64 个单列工程及节点的水量过程。

对于跨流域调水，模拟中也单独进行了处理。海河流域主要的调水水源为黄河流域和长江流域，按照调水位置和供水范围划分共有南水北调中线、南水北调东线、豫北引黄、引黄济冀、鲁北引黄、万家寨引黄和引黄入津等 7 个外调水工程。南水北调工程和万家寨引黄为规划工程，其余已经投入使用，引黄入津为天津市的应急水源工程。

在以上模型的模拟单元和系统网络图概化完成后，以设定目标和技术要求编制模型，进行模型的开发，并以近期水平下的现有资料对模型进行了校核，对主要模型中的主要物理性参数进行了率定；同时，根据模型功能模块进行界面开发。有关 ROWAS 模型的结构和功能的详细描述见第 6 章。

第3章 流域水循环过程模拟方法

3.1 大气过程模拟

大气过程是流域水循环过程的重要组成部分。传统的水文学通常不直接研究大气过程，而是将大气过程中的降水等气象要素作为其研究的边界条件。随着全球气候变化影响日益显著，有必要将大气过程纳入流域水循环的研究范畴，考虑大气过程与陆地地表水循环过程及地下水过程的相互作用。

大气过程模拟亦称气候模拟。气候模拟是指对自然界的气候状况及其演变进行模拟，分为实验室模拟和数值模拟两种。实验室模拟是在实验室中一定的控制条件下进行模拟。由于气候系统非常复杂，不可能在实验室中完美地再现，因此实验室模拟有很大的局限性。数值模拟是根据牛顿运动定律、能量守恒定律和质量守恒定律等控制气候及其变化的基本物理定律，建立相应的数学模式，在一定的初始条件和边界条件下进行数值计算，进而确定包括大气、海洋、冰雪、植被等在内的气候系统中气候要素的分布和可能变化。随着计算机和数值计算方法的发展，数值模拟已经成为定量研究气候及其变化的主要方法，这种方法也可称为"物理-动力方法"（叶笃正等，1991）。

气候数值模拟的雏形是20世纪50年代开始应用的。60年代以后，各种形式的数值模式不断出现，如直接积分流体力学和热力学方程组的大气环流模式、根据能量平衡原理模拟大气热状况的能量平衡模式、把大气运动当做随机过程处理的随机模式、随机和动力相结合的模式等。模式由简单到复杂，对象由模拟气候的平衡态发展到对气候演变的模拟。从70年代以来，气候数值模拟的研究取得了初步的试验结果。例如，基于模式计算出的大气和海洋主要气候要素的分布及其季节变化，与实际情况相比，在许多方面是一致的；在人类活动对气候影响的估计、极冰的反馈作用等方面也得出了有意义的结果。此外，还发展了气候对各类模式和各种物理因子变化的敏感性试验和次网格物理过程的参数化研究。

建立气候数值模式，不仅可以模拟当代气候特征，也可以模拟研究气候系统各分量之间的相互作用、研究各种因子在不同时间尺度气候变化中所起的作用、预测人类活动对气候的可能影响等，而且还可以预测气候的变化，特别是由于温室气体浓度增加所造成的气候变化。

根据模式建立的基础不同，气候模式大致可分为两类：热力学模式和流体动力学模式。其中热力学模式仅预报温度，不考虑或只是很简单地考虑运动场对温度的影响，如能量平衡模式（EBM）和辐射对流模式（RCM）都属于热力学模式范畴。流体动力学模式可以同时计算温度场和运动场，考虑了它们之间的相互作用，允许能量在三种主要形式即内能、位能和动能之间的相互转换（叶笃正等，1991）。

由于大气过程与海洋有着紧密的联系，同时它们也与陆面、冰雪圈、生物圈等相互作用耦合在一起，因此一个比较完善的气候模式（这里主要指流体动力学模式）不仅应该包括大气环流模式（AGCM 或 GCM），还应该包括海气耦合模式、陆面过程模式（LSPM）等。

3.1.1 大气环流模式（GCM）

GCM 模式中主要的预报量有温度、水平风速和地面气压等（表3-1），相应的控制方程为能量守恒方程、水平动量方程和地面气压倾向方程，在适当的边界条件下，这三个方程和质量连续方程、状态方程以及静力近似方程联立，就构成了绝热无摩擦的自由大气闭合方程组，这就是 GCM 模式的动力学框架（叶笃正等，1991）。另外，大气环流本质上是受热力驱动的，为了模拟加热作用，模式中还必须包括其他几个预报量以及相应的控制方程和边界条件。这其中最重要的就是水汽，它受水汽连续性方程控制，水汽的凝结产生云和降水，同时释放潜热；另外很大一部分加热来自大气对太阳短波辐射和地表长波辐射的吸收和传递过程，以及大气和其他下垫面之间的感热和潜热交换，所以，地表温度和土壤湿度也应该是模式的预报量，它们受地面的热量收支方程和水分收支方程控制；辐射传递方程则作为能量守恒方程的附加条件。此外，雪盖对地面反照率有很大影响，因此模式预报量中还应该包括地面积雪量，它受雪量收支方程控制。除了预报量外，GCM 中还包括许多诊断量（表3-1），即由预报量按照某些关系式导出的量，如云量、位势高度等。

GCM 的控制方程组是非线性偏微分方程组，无法求得解析解，只能利用计算机，通过数值方法求解。为了求取数值解，通常先将大气沿垂直方向划分为若干层，将要计算的预报量和诊断量，设在各层中间或者层与层之间的界面上。各变量在每一层上的水平变化可由一张覆盖着整个地球的格点上的值表示，基于这种思想建立的数值模式，称为"格点模式"或"有限差分模式"；变量也可以由有限个基函数的线性组合给出，基于这种思想建立的模式称为"谱模式"。模式变量的时间变化也需要离散化，给定预报量在某一时刻的值（称为"初值条件"），利用模式方程组按一定时间步长外推（称为"时间积分"）就能求得它们在任一指定时刻的数值（叶笃正等，1991）。

表 3-1 大气环流模式的主要预报量和诊断量

预报量	诊断量
地面气压，温度，水平风速（谱模式以涡度和散度为预报量，水平风速则变为诊断量），水汽，土壤温度，土壤湿度，雪量	垂直速度，位势高度，密度，云量，地面反照率（有些模式中是事先给定的）

资料来源：叶笃正等，1991

在大气环流模式中，由于空间分辨率的限制，那些空间尺度小于网格分辨率但对气候却又有着重要影响的过程（表3-2），一般根据观测分析和理论研究得到的一些半经验半理论关系，对其进行参数化，即利用模式的大尺度变量去表示那些模式不能分辨的物理过程。

表 3-2 GCM 中需要参数化的次网格尺度过程

过程	次网格尺度过程
详述	地球与大气间热量、水分和动量的湍流交换，大气内部干、湿（积云）对流所形成的热量、水分和动量的湍流输送，水汽凝结，太阳短波辐射和地球长波辐射输送，云的生成及其辐射的相互作用，雪的形成和消融，土壤中热量和水分的物理过程

资料来源：叶笃正等，1991

(1) 模式方程组

经过几十年的研究发展，各 GCM 模式所用的控制方程组已经基本定型。虽然各模式在控制方程的写法、计算格式设计上有一些差异，模式模拟结果也有所不同，但一般都不会存在原则性的差异（李崇银，1995）。目前一般仍采用 Philips（1957）最先提出的 σ 坐标，因为这种坐标中，模式下边界地形面与 σ 面一致，有利于地形的处理。一般 σ 坐标定义为

$$\sigma = \frac{p}{p_s} \tag{3-1}$$

式中，p 为气压；p_s 为地面气压。在 σ 坐标中，控制方程组可以写为

$$\frac{\mathrm{d}u}{\mathrm{d}t} - \left(f + \frac{u\tan\varphi}{a}\right)v = -\frac{1}{a\cos\varphi}\left(\frac{\partial \Phi}{\partial \lambda} + RT\frac{\partial \ln p_s}{\partial \lambda}\right) + F_u \tag{3-2}$$

$$\frac{\mathrm{d}v}{\mathrm{d}t} + \left(f + \frac{v\tan\varphi}{a}\right)u = -\frac{1}{a}\left(\frac{\partial \Phi}{\partial \varphi} + RT\frac{\partial \ln p_s}{\partial \varphi}\right) + F_v \tag{3-3}$$

$$\frac{\mathrm{d}\ln\theta}{\mathrm{d}t} = \frac{Q}{c_p T} \tag{3-4}$$

$$\frac{\partial \Phi}{\partial \sigma} = -\frac{RT}{\sigma} \tag{3-5}$$

$$\frac{\partial p_s}{\partial t} + \frac{\partial p_s u}{a\cos\varphi \partial \lambda} + \frac{\partial p_s v}{a\partial \varphi} + \frac{\partial p_s \overline{\sigma}}{\partial \sigma} = 0 \tag{3-6}$$

$$\frac{\mathrm{d}q}{\mathrm{d}t} = E - C + F_q = S \tag{3-7}$$

式中，u 和 v 分别为纬向风速和经向风速；λ 和 φ 分别为经度和纬度；a 为地球半径；f 为科氏参数；R 为气体常数；T 为温度；Φ 为重力位势；θ 为位温，其与温度 T 的关系式为 $\theta = T\left(\frac{1000}{p}\right)^{\frac{R_d}{c_p}}$；$c_p$ 为空气比定压热容；R_d 为干空气气体常数；Q 为包括辐射、感热和潜热在内的非绝热加热；q 为空气比湿；E 和 C 为蒸发和凝结降水；F_u、F_v 和 F_q 分别为动量和水汽耗散三个变量。方程中算子

$$\frac{\mathrm{d}}{\mathrm{d}t} = u\frac{\partial}{a\cos\varphi \partial \lambda} + v\frac{\partial}{a\partial \varphi} + \overline{\sigma}\frac{\partial}{\partial \sigma} \tag{3-8}$$

而 $\bar{\sigma} = \dfrac{\mathrm{d}\sigma}{\mathrm{d}t}$ 为 σ 坐标系的垂直速度，它与 p 坐标系的垂直速度 ω（$= \dfrac{\mathrm{d}p}{\mathrm{d}t}$）有如下关系式：

$$\omega = p_s\bar{\sigma} + \sigma\left[\frac{\partial p_s}{\partial t} + \frac{1}{a\cos\varphi}\left(u\frac{\partial p_s}{\partial \lambda} + v\cos\varphi\frac{\partial p_s}{\partial \varphi}\right)\right] \tag{3-9}$$

利用上、下边界条件，当 $\sigma = 0$ 时，$\bar{\sigma} = 0$；当 $\sigma = 1$ 时，$\bar{\sigma} = 0$。

对式（3-6）进行积分，可得 σ 坐标系的地面气压倾向方程：

$$\frac{\partial p_s}{\partial t} = -\int_0^1\left(\frac{\partial p_s u}{a\cos\varphi\partial\lambda} + \frac{\partial p_s v}{a\partial\varphi}\right)\mathrm{d}\sigma \tag{3-10}$$

上述控制方程组是 GCM 的一般控制方程，不同的模式设计中采用了一些小的变化，但一般变化都不大。

（2）垂直分层

为了描写大气斜压过程，GCM 至少需要两个模式层。随着计算机的发展，现在大部分模式已发展为 9 层模式、18 层模式甚至更多。层次越多，垂直分辨率越高，可以更好地描写大气中的物理过程。

大气与地球表面之间的感热和潜热交换对大气环流的演变有着十分重要的影响。要很好地描写这些过程，必须对行星边界层的状况有很好的了解，因此，需要在行星边界层里有足够的模式层，即 2~3 层（李崇银，1995）。

（3）水平离散化

模式控制方程组在水平方向的离散化一般有两种不同的方法，即有限差分法和谱方法。有限差分法是在网格点上描写变量，用格点上变量的差分形式代替微分方程，最后构成计算程序。这种方法建成的模式称为格点模式；谱方法是将预报变量用球谐函数展开，根据球谐函数的正交性质，微分方程变成由球谐系数组成的可进行数值求解的预报方程。这种方法构造出的模式称为谱模式，目前大部分 GCM 都是谱模式（李崇银，1995）。

（4）辐射强迫与反馈

气候系统的基本能量来自对太阳短波辐射的吸收，同时气候系统对长波辐射的吸收和放射，在能量平衡和交换中也起着重要作用。并且，包括温室气体反馈、冰雪反馈、云反馈等在内的一些反馈过程与辐射过程也有着密切的联系。因此，辐射过程是气候系统中十分重要的过程。

大气中的 CO_2 是一种重要的温室气体，其浓度增加导致的温室效应已经引起全球人们的广泛关注，世界各国的科学家对此都进行了大量的研究。CO_2 浓度增加，不仅可以直接导致温室效应，而且通过辐射过程还将出现温室气体反馈，其中主要是大气水汽的辐射反馈。这主要是因为 CO_2 浓度增加所引起的温度升高，将有利于蒸发过程，从而使大气中水汽含量增加。而水汽也是一种温室气体，同样可以导致温室效应。也就是说，CO_2 浓度的增加，导致了另外一种温室气体的增加，从而使增暖的幅度增加。

冰、雪的低反照率效应在气候系统中起着重要的作用。冰雪覆盖的减少，将削弱地表反射作用，使地表吸收更多的太阳短波辐射，地表温度上升，而这又将进一步减少冰雪覆盖。

云层在气候系统中起的是净冷却作用，但其在由温室气体增加导致的温室效应中，却不一定起到抵消作用。因为云辐射强迫是一种积分效果，非常复杂地依赖于云量、云的垂直分布、云的光学厚度等（李崇银，1995）。

（5）次网格尺度过程

无论用格点模式还是谱模式，模式所描写的气候系统或大气环流中的过程都有相当大的空间尺度，这是模式分辨率所决定的。然而大气或气候系统中还存在许多空间尺度比较小的过程，如积云对流、边界层过程、陆面过程等。它们在大气环流和气候变化中起着重要作用，但用大尺度网格又无法直接描写它们。对于这些过程一般采用参数化的方法来描述，即用大尺度的变量表示小尺度过程的总体影响（李崇银，1995）。

积云对流是大气运动的重要能量来源，尤其对于热带大气更加重要。因此，如何处理这一小尺度过程和考虑它的作用，一直是 GCM 关注的重要问题。已有的处理方法可归纳为三种格式：一是所谓的湿对流调整（MCA）；二是郭氏参数化方案；三是 Arakawa 和 Schubert 参数化方案。湿对流调整是处理积云对流产生及相应的潜热和感热输送过程的简单方法。郭氏参数化方案用简单的云模式来表示积云对流，而积云对流对大气的加热以云内温度与环境温度的差来表示。Arakawa 和 Schubert 参数化方案有两个重要特征：其一是准平衡封闭假定，认为云体将足够迅速地对大尺度气流变化作出反应，以至云做功函数的改变非常小；其二是认为卷出过程很重要。

气候系统吸收的大部分太阳辐射是被地表吸收的，然后通过大气边界层用不同的形式传输给大气，从而驱动大气环流。因此大气边界层对于大气环流和气候变化是十分重要的（李崇银，1995）。大气边界层在地球表面以上，厚度为 1~2km，它是大气的重要动量汇和热量及水汽的源，这里的动量、热量和水汽的垂直通量最大。边界层过程同大尺度大气运动有重要的相互作用（方之芳等，2006）。

3.1.2 海气耦合模式

海洋热状态、海洋环流都对气候及气候变化有明显的影响。因此，对于气候变化，尤其是年际时间尺度以上的气候变化问题，必须用大洋环流模式同大气环流模式一起来研究和解决。近年来大洋环流模式和海气耦合模式的发展，正是来自气候研究的推动。

（1）大洋环流模式（OGCM）

海洋环流的数值模拟开始于 20 世纪 50 年代，随着计算理论和工具的发展，自 70 年代以来大洋环流模式才逐渐发展起来，并得到了成功的应用。大洋环流模式主要分两类：第一类模式的主要特点是仿效数值天气预报中的整层无辐散模式，在海洋表面人为地加了一个"钢盖"，从而滤掉表面波动，海流分为正压无辐散分量和斜压分量两部分，比原始方程容易求解，也比较节省计算时间。但因为有整层无辐散假定，模式不能模拟海面的起伏。另一类模式把海洋表面作为自由面处理，海面高度是模式的一个预报量。

OGCM 的主要预报量为温度、水平流速和盐度。诊断量包括密度、压力和垂直速度。

对于海洋中的热量、动量及盐度的垂直和水平湍流输送这样的次网格尺度过程，OGCM 中也采用参数化的技术来处理。求解 OGCM 的数值方法与 AGCM 的方法类似。不过由于海洋的几何边界极不规则，经典的谱方法不适合，一般用有限差分法求解。此外，海洋所包含的运动频率范围远比大气宽，因此常规的时间积分方法往往不适用，需要发展某些特殊的加速收敛技术（叶笃正等，1991；李崇银，1995）。

(2) 海气耦合模式

大气对海洋的作用主要为动力过程，即通过风应力影响海洋状态；海洋对大气的作用主要是热力过程，即通过热量输送影响大气运动（李崇银，1995）。这种海气的相互作用是十分密切的。海气耦合模式就是要通过一定的方法，把大气环流模式和海洋环流模式有机结合在一起，使上述两种过程在模式中都得到很好的描写。

海气耦合模式的耦合方法一般可分为同步（同时）耦合和非同步（非同时）耦合两类。同步耦合中，大气对海洋的作用以及海洋对大气的作用是同时进行的，即大气模式提供的风应力、降水量与蒸发量的差值和海气界面的能量平衡，将成为每天（或几天）海洋环流演变的条件；而海洋模式提供的海面温度和海冰资料也将成为每天（或几天）大气环流演变的条件。在非同步耦合中，海洋模式所提供的海面温度和海冰等信息将在大气环流演变的一定时段（如半个月或 1 个月）内保持不变；大气环流模式所得到的风应力等信息在取某一段时间（如半个月或 1 个月）的平均值后提供给海洋，从而得到海洋的新的状态信息。也就是说，大气模式计算了若干时间段之后，才计算一次海洋模式。

目前海气耦合模式的模拟结果并不令人满意，许多问题有待研究解决。初步看来，模拟误差的产生主要是海洋模式的问题。有意思的是混合层海洋耦合模式的结果比多层海洋耦合模式的模拟结果要好一些，尽管后者应该更好地描写了海洋的特征。较完善的模式得到的结果反而比简单的模式得到的结果差，说明 OGCM 还没有很好地反映海洋的特征和状态，尤其是在与大气环流模式耦合的情况下。

海气耦合模式中还存在一个严重的问题就是"气候漂移"，它是耦合模式模拟结果的一种系统性误差。在单独使用大气环流模式（或海洋环流模式）进行数值模拟时，一般都用气候平均的海洋状况（或大气状况）作为边界条件，所得到的模拟结果与基本气候（海候）形势比较一致。但是在海气耦合模式中，不再存在给定的海候（气候）状况，海洋和大气状态都在变化，而且是相互影响的，其模拟结果就出现同基本气候（海候）场的系统性误差，即"气候漂移"。为了消除"气候漂移"现象，一般采用通量或距平订正法，即对海气相互作用项引入一定的基本气候信息进行订正。但这一方法显然是不得已而为之的，是海气耦合问题尚未完全解决的表现和权宜之计（方之芳等，2006）。

3.1.3 陆面过程模式

陆面过程模式在气候模式中的重要作用在大气环流模式发展的初期就得到了广泛的重视。最初的陆面过程模式以 Manabe 的"水箱模式"为代表，此后随着各种土壤温度参数化方法的建立，土壤中的水热输运问题得到了很大的发展。20 世纪 80 年代逐渐出现了耦合植被过程的陆面过程模式（Sellers et al., 1986；Dickinson et al., 1986）。进入20世纪90年代以后，更是陆面过程模式大发展的时期，全球建立了许多可应用于气候模式的陆面过程模式。一个包含完备陆面过程的气候模式，可以为我们研究全球变化提供丰富的手段，同时对陆面过程的正确描述，也是提高气候模式模拟能量的一个重要方面。

陆面过程与气候的相互作用，主要是指控制地表与大气之间热量、水分和动量交换的物理过程。陆面过程可以通过这些过程，对局地甚至全球气候产生重要影响；同时陆面的一些特征也受到气候变化的严重影响。陆面过程模式主要为大气模式提供动量、感热、潜热通量等下边界条件，而大气模式则为陆面过程模式提供气压、温度、湿度、降水、大气辐射等，作为陆面过程模式的强迫场。严格地说，一个陆面过程模式应该包括发生在陆面上的所有物理、化学、生物和水文过程（方之芳等，2006）。

3.1.4 区域气候模式

IPCC（Intergovernmental Panel on Climate Change）第一工作组1990年第一次科学评估、1992年补充报告和1995年的第二次科学评估，对世界各国近40个GCM在全球和区域气候模拟方面的可靠性进行了评估。研究表明，GCM对全球气候的模拟具有较好的可靠性，而对区域气候的模拟在一些地区某些季节模拟效果较好，但仍然存在较大的不确定性（赵宗慈和罗勇，1998）。以IPCC 1995年报告所选用的9个模式在7个地区的模拟结果为例，各模式对冬季气温的模拟值一般小于观测值，而对夏季的模拟则一般大于观测值。因而多数模式模拟的气温的年振幅偏大。对降水的模拟表明，9个模式模拟的降水相对于观测的偏差比例为-90%~200%，冬季偏差大于夏季。可见，全球大气环流模式在区域气候模拟方面存在较大的不确定性，因此需要对区域气候的模拟问题进行着重研究。

20世纪90年代以来，随着计算机技术的发展，国际上在区域气候模拟研究方面有了较大的发展（赵宗慈和罗勇，1998）。为了提高区域气候模拟的可靠性，主要在三方面进行了探索：一是在原有的全球环流模式的基础上，增加模式的水平分辨率，以期在区域气候模拟方面提高可靠性。但这种方法的效果并不理想。二是在全球环流模式上采用变网格方案，即对所关心的区域增加其水平分辨率，而对远离研究区域的地区则降低水平分辨率，以期对研究区域提高模拟能力。这种方案的模拟效果同于全球模式的模拟效果。三是类似于中短期天气预报，在全球环流模式中嵌套区域气候模式，从而提高区域部分模拟的可靠性。

部分区域气候模式来自于全球大气环流模式，即把模式范围取到研究的区域，再与相应的全球模式嵌套。大多数区域气候模式的框架来自于中尺度天气模式，而在其中加入全球环流模式的许多物理过程，使其便于作气候模拟（赵宗慈和罗勇，1998）。大部分区域气候模式起源于美国宾夕法尼亚大学与美国国家大气研究中心（National Center for Atomospheric Research，NCAR）联合创建的MM4（Mesoscale Model version4）和MM5（Mesoscale Model version5）。其中应用最广的是美国NCAR的区域气候模式RegCM（Regional Climate Model）类。我国这方面的工作主要开始于20世纪90年代中后期，且大部分集中于个例分析。

通过大量的模拟研究表明，区域气候模式在世界各地基本都有较好的模拟能力，在区域气候模拟方面，比全球环流模式有着明显的优越性，是研究区域气候变化的重要工具（方之芳等，2006）。

3.1.5 降尺度方法

一方面，全球大气环流模型（general circulation models，GCMs）考虑了气候系统内部各种复杂的物理过程，通常被用来模拟现状气候，并提供未来气候变化信息，在大陆和半球尺度上取得了良好的模拟效果。另一方面，水文模型在水循环机理研究、水文预报和水资源评估方面发挥着无法替代的重要作用。所以，将气候模式情景与水文模型相结合，是研究气候变化对水文水资源影响问题的基本思路。

由于研究目的和设计框架的限制，GCMs 的分辨率较粗，通常在 2°×2° 以上，从本质上讲无法提供次网格尺度的特征和动力过程。而流域水文模型通常考虑的是几百到几十公里尺度上的水量、水质等的模拟和预报。耦合这两类模型时面临的一个关键问题就是空间尺度的不匹配。为了解决这一问题，降尺度方法被提出，通过该方法的应用，就可以把 GCMs 输出的分辨率较粗的大尺度气候变量转换成响应模型所能识别的分辨率，然后再输入水文模型中来做影响分析。

降尺度方法大致可分为两类，即动力降尺度法（dynamical downscaling，DD）和统计降尺度法（statistical downscaling，SD）。动力降尺度法，通常是指把一个高精度的有限面积模型（limited-area models，LAMs）或者区域气候模型（regional climate models，RCMs）完全嵌套进一个 GCM 中，同时使用 GCM 提供的边界条件，这样运行之后就可以得到局地尺度的气候变化信息。统计降尺度法，就是在局地变量和大尺度表面或者自由对流层变量平均值之间建立一种统计关系，然后通过这种关系来模拟局地变化信息或者获得未来的气候变化情景。

动力和统计降尺度方法的比较结果表明：在某些季节和某些区域，动力和统计的具体方法各有优劣；基本上都可以捕捉到当前预报量的季节变化特征，总体效果差不多；但在未来气候情景预估方面却存在较大差异；统计与动力相结合的降尺度方法兼顾两种方法的优点，必将成为降尺度技术的发展趋势（褚健婷，2009）。

由于统计降尺度方法简单灵活、计算快捷，比较适用于气候影响评估方面的工作，所以，下面将主要介绍统计降尺度方法。

使用统计降尺度法有三条基本假设：①局地尺度的参数都是天气强迫的函数；②用来获得降尺度联系的 GCMs 在其所在的尺度上是有效的；③在温室气体强迫下，获得的联系依然是有效的（Wilby et al.，1998）。

按照使用技术，降尺度方法可分为回归方法、环流分型技术和天气发生器三大类型（Xu，1999）。除以上三种类型外，还有几种方法耦合使用的情况，比如在国际上应用较广泛的统计降尺度模型（statistical downscaling model，SDSM）就是基于回归和天气发生器相耦合的原理（Wilby et al.，2002）。下面对 SDSM 进行简单的介绍。

SDSM 基于一种多元回归和随机天气发生器相耦合的原理，目前应用较为广泛。该方法的雏形最早见于 Wilby 等（1998），针对当时用涡度回归方程作降水预报的做法，除涡度以外，又分别考虑了北大西洋涛动指数（NAOI）和海表面温度季节异常指数（SST），发现预报效果有所改进，但是提高空间不大。于是 Wilby 等（1998）又将预报量从降水拓展到温度、云量、风速、辐射、蒸发等，而且考虑的预报因子也不仅是涡度，还考虑了气流强度和风向等，达到了较好的预报效果。Wilby 等（1999）在做日降水和最高/最低温度的降尺度时，回归方程考虑了迟滞一阶自回归项，这部分体现了一阶 Markov 链效应，而且降水的形式以指数形式表达，预报更加合理；在这些研究成果的积累下，2002 年，Wilby 等推出了 SDSM 软件的 2.1 版本，这标志了 SDSM 软件的正式面世。随后，SDSM 软件不断改进、完善，现在已经发展到 4.2 版本。近几年来，许多方法比较的文章都表明，SDSM 性能优越、使用简单，其应用越来越广泛（Fowler and Wilby，2007）。

在 SDSM 中，大尺度预报因子被用做局地天气发生器的参数，来判断降水是否发生，并反映湿天降水量大小的随机变化。其原理描述如下。

令降水发生的无条件概率为

$$p_{wi} = \alpha_0 + \alpha_{i-1} p_{w(i-1)} + \sum_{j=1}^{n} \alpha_j \hat{u}_i^{(j)} \tag{3-11}$$

式中，p_{wi} 为第 i 天的降水概率；$\hat{u}_i^{(j)}$ 为标准化后的大气变量；α_j 为回归系数，用最小二乘法得到；$p_{w(i-1)}$ 和 α_{i-1} 分别为考虑了迟滞一天的降水发生概率和对应的回归系数，是可选项，视使用的地区和预报量特点而定。

给定在 [0，1] 区间均匀分布的随机数 rn_i，当 $rn_i \leq p_{wi}$ 时产生降水。降水量的标准分数（Z-score）为

$$z_i = \beta_0 + \beta_{(i-1)} z_{(i-1)} + \sum_{j=1}^{n} \beta_j \hat{u}_i^{(j-1)} + \varepsilon \tag{3-12}$$

式中，z_i 和 $z_{(i-1)}$ 分别为第 i 天和第 $(i-1)$ 天的标准分数；参数 β_j 也是用最小二乘法得到；ε 为满足正态分布的随机误差项。湿天降雨量为

$$\text{rain}_i = F^{-1}[\varphi(z_i)] \tag{3-13}$$

式中，φ 为正态累积分布函数；F^{-1} 为日降水量的分布函数的反函数。

对于温度，不存在是否发生的随机性，所以只要考虑模拟量大小的随机性即可，可以直接用类似上式来确定（褚健婷，2009）。

3.2 陆地水循环过程模拟

3.2.1 蒸发蒸腾

蒸发蒸腾不仅通过改变土壤的前期含水率直接影响产流，也是生态用水和农业节水等应用研究的重要着眼点，因此准确计算蒸发蒸腾具有特别重要的意义。因为 WEP-L 模型采用了"马赛克"结构考虑网格单元内的土地利用变异问题，每个网格单元的蒸发蒸腾包括植被截留蒸发、土壤蒸发、水面蒸发和植被蒸腾等多项。参照土壤-植被-大气通量交换方法

(SVATS)中的ISBA模型（Noilhan and Planton，1989），采用Penman公式或Penman-Monteith公式（Monteith，1973）等进行计算。同时，由于蒸发蒸腾过程和能量交换过程客观上融为一体，为计算蒸发蒸腾，地表附近的辐射、潜热、显热和热传导的计算不可缺少，而这些热通量又均是地表温度的函数。为减轻计算负担，热传导及地表温度的计算采用了强制复原法（force-restore method）（Hu and Islam，1995）。

计算单元内的蒸发蒸腾包括来自植被湿润叶面（植被截留水）、水域、土壤、城市地表面、城市建筑物等的蒸发，以及来自植被干燥叶面的蒸腾。计算单元的平均蒸发蒸腾量（E）可由下式算出：

$$E = F_W E_W + F_U E_U + F_{SV} E_{SV} + F_{IR} E_{IR} + F_{NI} E_{NI} \tag{3-14}$$

式中，F_W、F_U、F_{SV}、F_{IR}、F_{NI} 分别为计算单元内水域、不透水域、裸地-植被域、灌溉农田及非灌溉农田的面积率（%）；E_W、E_U、E_{SV}、E_{IR}、E_{NI} 分别为计算单元内水域、不透水域、裸地-植被域、灌溉农田及非灌溉农田的蒸发量或蒸发蒸腾量。

水域的蒸发量（E_W）由下述Penman公式（Penman，1948）算出：

$$E_W = \frac{(RN - G)\Delta + \rho_a c_p \delta_e / r_a}{\lambda(\Delta + \gamma)} \tag{3-15}$$

式中，RN为净放射量；G为传入水中的热通量；Δ为饱和水蒸气压对温度的导数；δ_e为水蒸气压与饱和水蒸气压的差；r_a为蒸发表面的空气动力学阻抗；ρ_a为空气的密度；c_p为空气的比定压热容；λ为水的气化潜热；$\gamma = c_p \lambda$。

裸地-植被域蒸发蒸腾量（E_{SV}）、灌溉农田域（E_{IR}）和非灌溉农田域（E_{NI}）分别由以下公式计算：

$$E_{SV} = E_{i_1} + E_{i_2} + E_{tr_1} + E_{tr_2} + E_s \tag{3-16}$$

$$E_{IR} = E_{i_3} + E_{tr_3} + E_s \tag{3-17}$$

$$E_{NI} = E_{i_4} + E_{tr_4} + E_s \tag{3-18}$$

式中，E_i为植被截留蒸发（来自湿润叶面）；E_{tr}为植被蒸腾（来自干燥叶面）；E_s为裸地土壤蒸发。另外，下标1表示高植被（森林、城市树木），下标2表示草，下标3表示灌溉农作物，下标4表示非灌溉农作物。

各类植被的截留蒸发（E_i）使用ISBA模型（Hu and Islam，1995）计算：

$$E_i = \text{Veg} \cdot \delta \cdot E_p \tag{3-19}$$

$$\frac{\partial W_r}{\partial t} = \text{Veg} \cdot P - E_i - R_r \tag{3-20}$$

$$R_r = \begin{cases} 0 & W_r \leqslant W_{rmax} \\ W_r - W_{rmax} & W_r > W_{rmax} \end{cases} \tag{3-21}$$

$$\delta = (W_r / W_{rmax})^{2/3} \tag{3-22}$$

$$W_{rmax} = 0.2 \cdot \text{Veg} \cdot \text{LAI} \tag{3-23}$$

式中，Veg为植被面积率（盖度）；δ为湿润叶面占总叶面积的比例；E_p为可能蒸发量（由Penman方程式计算）；W_r为植被截留水量；P为降水量；R_r为植被流出水量；W_{rmax}为最大植被截留水量；LAI为叶面积指数。

植被蒸腾由 Penman-Monteith 公式 (Monteith, 1973) 计算:

$$E_{tr} = \text{Veg} \cdot (1 - \delta) \cdot E_{PM} \tag{3-24}$$

$$E_{PM} = \frac{(RN - G)\Delta + \rho_a c_p \delta_e / r_a}{\lambda [\Delta + \gamma(1 + r_c/r_a)]} \tag{3-25}$$

式中,RN 为净放射量;G 为传入植被体内的热通量;r_c 为植被群落阻抗 (canopy resistance)。蒸腾属于土壤-植物-大气连续体 (soil-plant-atmosphere continuum, SPAC) 水循环过程的一部分,受光合作用、大气湿度、土壤水分等的制约。这些影响通过式 (3-70) 中的植被群落阻抗 (r_c) 来考虑,详见后述。

植被蒸腾是植物通过根系吸收由土壤层供给的水分。根系吸水模型参见雷志栋等 (1988)。假定根系吸水率随深度线性递减、根系层上半部的吸水量占根系总吸水量的 70%,则可得下式:

$$S_r(z) = \left(\frac{1.8}{l_r} - \frac{1.6}{l_r^2}z\right)E_{tr} \qquad (0 \leq z \leq l_r) \tag{3-26}$$

$$E_{tr}(z) = \int_0^z S_r(z)\mathrm{d}z = \left[1.8\frac{z}{l_r} - 0.8\left(\frac{z}{l_r}\right)^2\right]E_{tr} \qquad (0 \leq z \leq l_r) \tag{3-27}$$

式中,l_r 为根系层的厚度;z 为离地表面的深度;$S_r(z)$ 为深度 z 处的根系吸水强度;$E_{tr}(z)$ 为从地表面到深度 z 处的根系吸水量。

根据以上公式,只要给出植物根系层厚,即可算出其从土壤层各层的吸水量(蒸腾量)。在本研究中,认为草与农作物等低植物的根系分布于土壤层的一、二层,而树木等高植物的根系分布于土壤层的所有三层。结合土壤各层的水分移动模型(见后述),即可算出各层的蒸腾量。

裸地土壤蒸发由下述修正 Penman 公式 (Jia and Tamai, 1997) 计算:

$$E_s = \frac{(RN - G)\Delta + \rho_a c_p \delta_e / r_a}{\lambda(\Delta + \gamma/\beta)} \tag{3-28}$$

$$\beta = \begin{cases} 0 & \theta \leq \theta_m \\ \frac{1}{4}\{1 - \cos[\pi(\theta - \theta_m)/(\theta_{fc} - \theta_m)]\}^2 & \theta_m < \theta < \theta_{fc} \\ 1 & \theta \geq \theta_{fc} \end{cases} \tag{3-29}$$

式中,β 为土壤湿润函数或蒸发效率;θ 为表层(一层)土壤的体积含水率;θ_{fc} 为表层土壤的田间持水率;θ_m 为土壤单分子吸力(约 1000~10000 个大气压)对应的土壤体积含水率 (Nagaegawa, 1996)。式 (3-29) 中若令 $\theta_m=0$,则是 Lee 和 Pielke (1992) 公式。他们在比较了各种形式的土壤湿润函数后提出了该公式,并通过与实测数据拟合结果的比较说明,Lee 和 Pielke 公式能够描述土壤干湿状态之间土壤表面比湿的平稳过渡。考虑到自然条件下土壤单分子所持水分难以蒸发,故在 Lee 和 Pielke 公式中加入 θ_m 对土壤蒸发加以限制。

不透水域的蒸发及地表径流由下述方程式求解:

$$E_U = cE_{U1} + (1 - c)E_{U2} \tag{3-30}$$

$$\frac{\partial H_{U1}}{\partial t} = P - E_{U1} - R_{U1} \tag{3-31}$$

$$E_{U1} = \begin{cases} E_{U1\max} & P + H_{U1} \geq E_{U1\max} \\ P + H_{U1} & P + H_{U1} < E_{U1\max} \end{cases} \quad (3-32)$$

$$R_{U1} = \begin{cases} 0 & H_{U1} \leq H_{U1\max} \\ H_{U1} - H_{U1\max} & H_{U1} > H_{U1\max} \end{cases} \quad (3-33)$$

$$\frac{\partial H_{U2}}{\partial t} = P - E_{U2} - R_{U2} \quad (3-34)$$

$$E_{U2} = \begin{cases} E_{U2\max} & P + H_{U2} \geq E_{U2\max} \\ P + H_{U2} & P + H_{U2} < E_{U2\max} \end{cases} \quad (3-35)$$

$$R_{U2} = \begin{cases} 0 & H_{U2} \leq H_{U2\max} \\ H_{U2} - H_{U2\max} & H_{U2} > H_{U2\max} \end{cases} \quad (3-36)$$

式中，P 为降水；H_U 为洼地储蓄；R_U 为表面径流；$H_{U\max}$ 为最大洼地储蓄深；$E_{U\max}$ 为潜在蒸发（由 Penman 公式计算）；c 为城市建筑物在不透水域的面积率。下标 1 表示城市建筑物、2 表示城市地表面。

3.2.2 入渗

降雨时的地表入渗过程受雨强和非饱和土壤层水分运动所控制。由于非饱和土壤层水分运动的数值计算既费时又不稳定，而许多研究表明，除坡度很大的山坡以外，降雨过程中土壤水分运动以垂直入渗占主导作用，降雨之后沿坡向的土壤水分运动才逐渐变得重要，因此，WEP-L 模型采用 Green-Ampt 铅直一维入渗模型模拟降雨入渗及超渗坡面径流。Green-Ampt 入渗模型物理概念明确，所用参数可由土壤物理特性推出，并已得到大量应用验证。Mein 和 Larson（1973）及 Chu（1978）曾将 Green-Ampt 入渗模型应用于均质土壤降雨时的入渗计算，Moore 和 Eigel（1981）将 Green-Ampt 入渗模型扩展到稳定降雨条件下的二层土壤入渗计算。考虑到由自然力和人类活动（如农业耕作）等引起的土壤分层问题，Jia 和 Tamai（1997）提出了实际降雨条件下的多层 Green-Ampt 模型，以下称通用 Green-Ampt 模型。

如图 3-1 所示，当入渗湿润锋到达第 m 土壤层时入渗能力由下式计算：

$$f = k_m \times \left(1 + \frac{A_{m-1}}{B_{m-1} + F}\right) \quad (3-37)$$

式中，f 为入渗能力；F 为累积入渗量；k_m、A_{m-1}、B_{m-1} 见后述。累积入渗量 F 的计算方法，视地表面有无积水而不同。

如果自入渗湿润锋进入第 $m-1$ 土壤层时起地表面就持续积水，那么累积入渗量由式（3-38）计算；如果前一时段 t_{n-1} 地表面无积水，而现时段 t_n 地表面开始积水，那么由式（3-39）计算。

$$F - F_{m-1} = k_m(t - t_{m-1}) + A_{m-1} \cdot \ln\left(\frac{A_{m-1} + B_{m-1} + F}{A_{m-1} + B_{m-1} + F_{m-1}}\right) \quad (3-38)$$

$$F - F_p = k_m(t - t_p) + A_{m-1} \cdot \ln\left(\frac{A_{m-1} + B_{m-1} + F}{A_{m-1} + B_{m-1} + F_p}\right) \tag{3-39}$$

$$A_{m-1} = \left(\sum_1^{m-1} L_i - \sum_1^{m-1} L_i k_m/k_i + SW_m\right)\Delta\theta_m \tag{3-40}$$

$$B_{m-1} = \left(\sum_1^{m-1} L_i k_m/k_i\right)\Delta\theta_m - \sum_1^{m-1} L_i \Delta\theta_i \tag{3-41}$$

$$F_{m-1} = \sum_1^{m-1} L_i \Delta\theta_i \tag{3-42}$$

$$F_p = A_{m-1}\left(\frac{I_p}{k_m} - 1\right) - B_{m-1} \tag{3-43}$$

$$t_p = t_{n-1} + \frac{(F_p - F_{n-1})}{I_p} \tag{3-44}$$

式中，SW 为入渗湿润锋处的毛管吸力；k 为土壤层的导水系数；θ_s 为土壤层的含水率；θ_0 为土壤层的初期含水率；t 为时刻；F_p 为地表面积水时的累积入渗量；t_p 为积水开始时刻；I_p 为积水开始时的降雨强度；t_{m-1} 为入渗湿润锋到达第 m 层与第 $m-1$ 层交界面的时刻；L 为入渗湿润锋离地表面的深度；L_i 为第 i 层的厚度；$\Delta\theta$ 为 $\theta_s - \theta_0$。

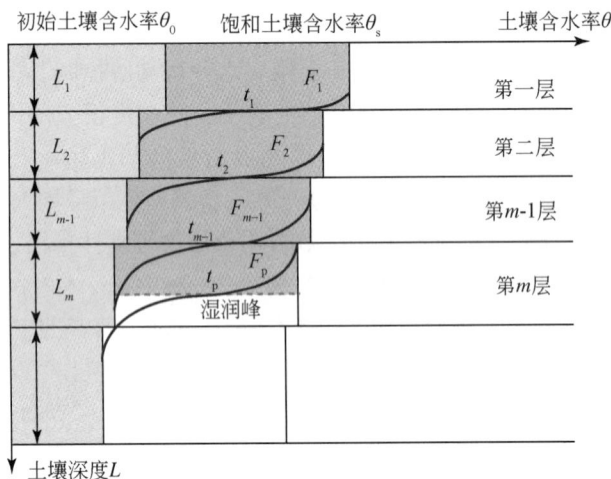

图 3-1　多层构造土壤的入渗示意图

3.2.3　地表径流

水域的地表径流等于降雨减去降雨时的蒸发损失，不透水域的地表径流按上述公式（3-33）及式（3-36）计算，而裸地-植被域（透水域）的地表径流则根据降雨强度是否超过土壤的入渗能力分以下两种情况计算。

3.2.3.1 霍顿坡面径流

当降雨强度超过土壤的入渗能力时将产生这类地表径流 R_{1ie}，即超渗产流，由下式计算：

$$\frac{\partial H_{SV}}{\partial t} = P - E_{SV} - f_{SV} - R_{1ie} \tag{3-45}$$

$$R_{1ie} = \begin{cases} 0 & H_{SV} \leqslant H_{SV\max} \\ H_{SV} - H_{SV\max} & H_{SV} > H_{SV\max} \end{cases} \tag{3-46}$$

式中，P 为降水量；H_{SV} 为裸地−植被域的洼地储蓄；$H_{SV\max}$ 为裸地−植被域的最大洼地储蓄深；E_{SV} 为裸地−植被域的蒸散发量；f_{SV} 为由通用 Green-Ampt 模型式（3-37）算出的土壤入渗能力。

3.2.3.2 饱和坡面径流

对于河道两岸及低洼的地方，由于地形的作用，土壤水及浅层地下水逐渐汇集到这些地方，土壤饱和或接近饱和状态后遇到降雨便形成饱和坡面径流（蓄满产流）。此时，Green-Ampt 模型已无能为力，需根据非饱和土壤水运动的 Richards 方程来求解。为减轻计算负担，地表洼地储留层按连续方程、表层土壤分成三层按照 Richards 方程（积分形式）进行计算：

（1）地表洼地储留层

$$\frac{\partial H_s}{\partial t} = P(1 - \text{Veg}_1 - \text{Veg}_2) + \text{Veg}_1 \cdot \text{Rr}_1 + \text{Veg}_2 \cdot \text{Rr}_2 - E_0 - Q_0 - R_{1se} \tag{3-47}$$

$$R1_{se} = \begin{cases} 0 & H_s - H_{s\max} \\ H_s \leqslant H_{s\max} & H_s > H_{s\max} \end{cases} \tag{3-48}$$

（2）土壤表层

$$\frac{\partial \theta_1}{\partial t} = \frac{1}{d_1}(Q_0 + \text{QD}_{12} - Q_1 - R_{21} - E_s - E_{tr11} - E_{tr21}) \tag{3-49}$$

（3）土壤中层

$$\frac{\partial \theta_2}{\partial t} = \frac{1}{d_2}(Q_1 + \text{QD}_{23} - \text{QD}_{12} - Q_2 - R_{22} - E_{tr12} - E_{tr22}) \tag{3-50}$$

（4）土壤底层

$$\frac{\partial \theta_3}{\partial t} = \frac{1}{d_3}(Q_2 - \text{QD}_{23} - Q_3 - E_{tr13}) \tag{3-51}$$

$$Q_j = k_j(\theta_j) \quad (j=1,2 \text{ 或 } 3) \tag{3-52}$$

$$Q_0 = \min\{k_1(\theta_s), Q_{0\max}\} \tag{3-53}$$

$$Q_{0\max} = W_{1\max} - W_{10} - Q_1 \tag{3-54}$$

$$\text{QD}_{j,j+1} = \bar{k}_{j,j+1} \cdot \frac{\psi_j(\theta_j) - \psi_{j+1}(\theta_{j+1})}{(d_j + d_{j+1})/2} \quad (j=1 \text{ 或 } 2) \tag{3-55}$$

$$\bar{k}_{j,\,j+1} = \frac{d_j * k_j(\theta_j) + d_{j+1} * k_{j+1}(\theta_{j+1})}{d_j + d_{j+1}} \quad (j=1 \text{ 或 } 2) \tag{3-56}$$

式中，H_s 为洼地储蓄；H_{smax} 为最大洼地储蓄；Veg_1、Veg_2 分别为裸地-植被域的高植被覆盖和低植被覆盖的面积率；Rr_1、Rr_2 分别为从高植生和低植生的叶面流向地表面的水量；Q 为重力排水；$QD_{j,j+1}$ 为吸引压引起的 j 层与 $j+1$ 层土壤间的水分扩散；E_0 为洼地储蓄蒸发；E_s 为表层土壤蒸发；E_{tr} 为植被蒸散（第一下标中的 1 表示高植生、2 表示低植生，第二下标表示土壤层号）；R_2 为壤中径流；$k(\theta)$ 为体积含水率 θ 对应的土壤导水系数；$\psi(\theta)$ 为体积含水率 θ 对应的土壤基质势；d 为土壤层厚度；W 为土壤的蓄水量（$W=\theta d$）；W_{10} 为表层土壤的初期蓄水量。另外，下标 0、1、2、3 分别表示洼地储蓄层、表层土壤层、第 2 土壤层和第 3 土壤层。

3.2.4 壤中径流

在山地丘陵等地形起伏地区，同时考虑坡向壤中径流及土壤渗透系数的各向变异性。从不饱和土壤层流入河道的壤中径流由下式计算：

$$R_2 = k(\theta)\sin(\text{slope})Ld \tag{3-57}$$

式中，$k(\theta)$ 为体积含水率 θ 对应的沿山坡方向的土壤导水系数；slope 为地表面坡度；L 为计算单元内的河道长度；d 为不饱和土壤层的厚度。

3.2.5 地下水运动、地下水流出和地下水溢出

地下水运动按多层模型考虑。将非饱和土壤层的补给、地下水取水及地下水流出（或来自河流的补给）作为源项，按照 BOUSINESSQ 方程进行浅层地下水二维数值计算。在河流下部及周围，河流水和地下水的相互补给量根据其水位差与河床材料的特性等按达西定律计算。另外，为考虑包气带层过厚可能造成的地下水补给滞后问题，在表层土壤与浅层地下水之间设一过渡层，用储流函数法处理。

浅层（无压层）地下水运动方程：

$$C_u\frac{\partial h_u}{\partial t} = \frac{\partial}{\partial x}\left[k(h_u-z_u)\frac{\partial h_u}{\partial x}\right] + \frac{\partial}{\partial y}\left[k(h_u-z_u)\frac{\partial h_u}{\partial y}\right] + (Q_3 + \text{WUL} - \text{RG} - E - \text{Per} - \text{GWP}) \tag{3-58}$$

承压层地下水运动方程：

$$C_1\frac{\partial h_1}{\partial t} = \frac{\partial}{\partial x}\left(k_1 D_1 \frac{\partial h_1}{\partial x}\right) + \frac{\partial}{\partial y}\left(k_1 D_1 \frac{\partial h_1}{\partial y}\right) + (\text{Per} - \text{RG}_1 - \text{Per}_1 - \text{GWP}_1) \tag{3-59}$$

式中，h 为地下水位（无压层）或水头（承压层）；C 为储留系数；k 为导水系数；z 为含水层底部标高；D 为含水层厚度；Q_3 为来自不饱和土壤层的涵养量；WUL 为上水道漏水；RG 为地下水流出；E 为蒸发蒸腾；Per 为深层渗漏；GWP 为地下水扬水。下标 u 和 1 分别表示无压层和承压层。

地下水流出。根据地下水位（h_u）和河川水位（H_r）的高低关系（图 3-2），地下水流出或河水渗漏由下式计算：

$$RG = \begin{cases} k_b A_b (h_u - H_r)/d_b & h_u \geqslant H_r \\ -k_b A_b & h_u < H_r \end{cases} \quad (3-60)$$

式中，k_b 为河床土壤的导水系数；A_b 为网格内河床处的浸润面积；d_b 为河床土壤的厚度。

地下水溢出。在低洼地，地下水上升后有可能直接溢出地表。出现这种情况时，则令地下水位等于地表标高，多余地下水蓄变量计为地下水溢出。

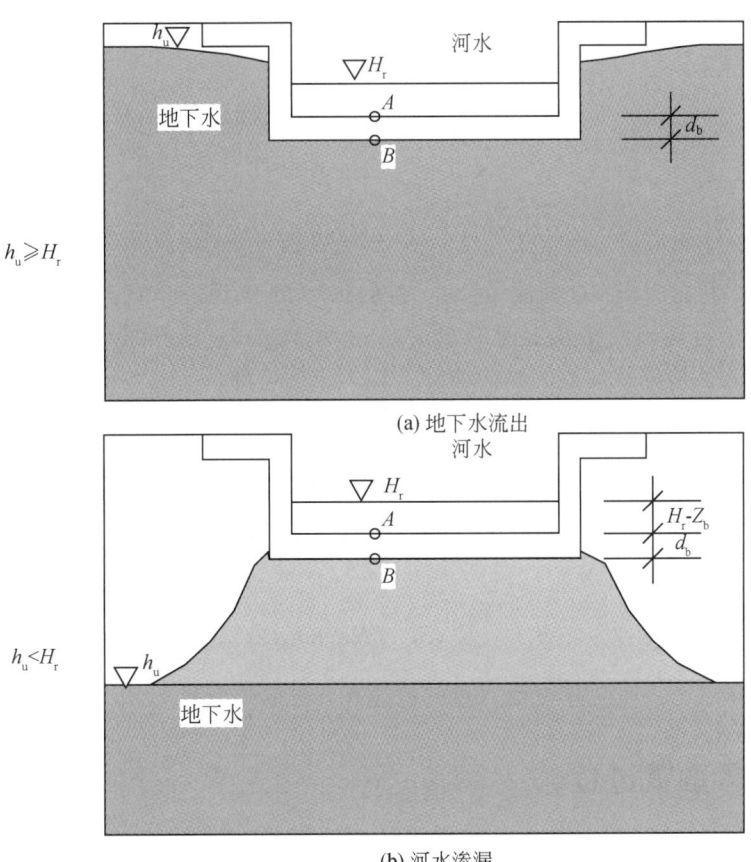

(a) 地下水流出

(b) 河水渗漏

图 3-2　地下水与河水交换示意图流出

3.2.6　坡面汇流和河道汇流

坡面汇流。WEP-L 模型采用运动波（kinematic wave）模型计算坡面汇流。网格单元型 WEP-L 模型根据 DEM 生成河网水系，按最大坡度方向（D8 方法）定出各网格单元的坡面汇流方向，并根据实测河网信息对平原区网格单元的汇流方向进行修正，对没有被河网覆盖的网格单元的坡面汇流进行计算，对小于某个控制面积阈值的沟壑溪流所在网格单元采用等价坡面汇流计算。同时，按照各网格单元的控制面积由小到大确定各网格单元的坡面汇流计算顺序，采用一维运动波法由流域的最上游端的源区计算至最下游端的河道入口。而等高带型 WEP-L 模型则在河网水系生成和流域划分的基础上，根据网格单元 DEM 及土地利用等基本信息准备各子流域等高带的属性表（包括面积、长度、宽度、平均高程、坡度和曼宁糙率等），采用一维运动波法从上游等高带至下游等高带计算坡面汇流，并将下游等高带的坡面汇流输入给所在子流域内的河道。

河道汇流。收集河道纵横断面及河道控制工程数据，准备河道属性表，根据具体情况按运动波模型或动力波（dynamic wave）模型进行一维数值计算。

运动波方程：

$$\frac{\partial A}{\partial t} + \frac{\partial Q}{\partial x} = q_L \text{（连续方程）} \tag{3-61}$$

$$S_f = S_0 \text{（运动方程）} \tag{3-62}$$

$$Q = \frac{A}{n} R^{2/3} S_0^{1/2} \text{（Manning 公式）} \tag{3-63}$$

式中，A 为流水断面面积；Q 为流量；q_L 为网格单元或河道的单宽流入量（包含网格内的有效降雨量、来自周边网格及支流的水量）；n 为 Manning 糙率系数；R 为水力半径；S_0 为网格单元地表面坡降或河道的纵向坡降；S_f 为摩擦坡降。

动力波方程（Saint Venant 方程）：

$$\frac{\partial A}{\partial t} + \frac{\partial Q}{\partial x} = q_L \text{（连续方程）} \tag{3-64}$$

$$\frac{\partial Q}{\partial t} + \frac{\partial (Q^2/A)}{\partial x} + gA\left(\frac{\partial h}{\partial x} - S_0 + S_f\right) = q_L V_x \text{（运动方程）} \tag{3-65}$$

$$Q = \frac{A}{n} R^{2/3} S_f^{1/2} \text{（Manning 公式）} \tag{3-66}$$

式中，V 为断面流速；V_x 为单宽流入量的流速在 x 方向的分量。

3.2.7 积雪融雪过程

尽管"能量平衡法"对积雪融雪过程的描述提供了很好的物理基础，但由于求解能量平衡方程所需参数及数据多，因此在实践中常用简单实用的"温度指标法"（temperature-index approach）或称"度日因子法"来模拟积雪融雪日或月变化过程。WEP-L 模型目前采用"温度指标法"计算积雪融雪的日变化过程：

$$SM = M_f (T_a - T_0) \tag{3-67}$$

$$\frac{dS}{dt} = SW - SM - E \tag{3-68}$$

式中，SM 为融雪量（mm/d）；M_f 为融化系数或称"度日因子"[mm/(℃·d)]；T_a 为气温指标（℃）；T_0 为融化临界温度（℃）；S 为积雪水当量（mm）；SW 为降雪水当量（mm）；E 为积雪升华量（mm）。"度日因子"既随海拔高度和季节变化，又随下垫面条件变化，常作为模型调试参数对待。一般情况下为 1~7 mm/(℃·d)，且裸地高于草地，草地高于森林。气温指标通常取为日平均气温。融化临界温度通常为−3~0℃。另外，为将降雪与降雨分离，还需要雨雪临界温度参数（通常为 0~3℃）。

3.2.8 空气动力学阻抗与植被群落阻抗

(1) 空气动力学阻抗

地表面附近大气中的水蒸气及热的输送遵循大气边界层紊流扩散原理。近似中立大气的空气动力学阻抗 r_a 计算公式如下：

$$r_a = \frac{\ln(z-d)/z_{om} \cdot \ln(z-d)/z_{ox}}{\kappa^2 U} \tag{3-69}$$

式中，z 为风速、湿度或温度的观测点离地面的高度；κ 为 von Karman 常数；U 为风速；d 为置换高度；z_{om} 为动量紊流扩散对应的地表粗糙度；z_{ox} 为地表粗糙度。计算动量紊流扩散时 $z_{ox} = z_{om}$，计算水汽紊流扩散时 $z_{ox} = z_{ov}$，计算热紊流扩散时 $z_{ox} = z_{oh}$。其中 z_{ov}、z_{oh} 分别为水汽、热量紊流扩散对应地表粗糙度。根据 Monteith（1973），若植被高度为 h_c，则 $z_{om} = 0.123h_c$，$z_{ov} = z_{oh} = 0.1z_{om}$，$d = 0.67h_c$。大气安定或不安定时，运动量、水蒸气及热输送还受浮力的影响，空气动力学阻抗需根据 Monin-Obukhov 相似理论（Monin and Obukhov，1954）计算。

(2) 植被群落阻抗

植被群落阻抗（植被冠层阻抗）r_c，是各个叶片的气孔阻抗（stomatal resistance）的总和。Dickinson 等（1991）提出了以下计算公式：

$$r_c = \left(\sum_1^n \text{LAI}_i/r_{si}\right)^{-1} \approx \frac{\langle r_s \rangle}{\text{LAI}} \tag{3-70}$$

$$\langle r_s \rangle = r_{smin} f_1(T) f_2(\text{VPD}) f_3(\text{PAR}) f_4(\theta) \tag{3-71}$$

式中，LAI_i 为 n 层植被的第 i 层的叶面积指数；r_{si} 为第 i 层的叶气孔阻抗；$\langle r_s \rangle$ 为群落的气孔阻抗的平均值；r_{smin} 为最小气孔阻抗；f_1 为温度的影响函数；f_2 为大气水蒸气压饱和差 [饱和水蒸气压与实测水蒸气压之差（vapor pressure deficit，VPD）] 的影响函数；f_3 为光合作用有效放射（photosynthetically active radiation flux，PAR）的影响函数；f_4 为土壤含水率的影响函数。

若忽视 LAI 对叶气孔阻抗 r_s 的影响，则可得到以下公式（Dickinson et al.，1991）：

$$r_c = \frac{r_{smin}}{\text{LAI}} f_1 f_2 f_3 f_4 \tag{3-72}$$

$$f_1^{-1} = 1 - 0.0016(25 - \text{Ta})^2 \tag{3-73}$$

$$f_2^{-1} = 1 - \text{VPD}/\text{VPD}_c \tag{3-74}$$

$$f_3^{-1} = \frac{\dfrac{\text{PAR}}{\text{PAR}_c}\dfrac{2}{\text{LAI}} + \dfrac{r_{smin}}{r_{smax}}}{1 + \dfrac{\text{PAR}}{\text{PAR}_c}\dfrac{2}{\text{LAI}}} \tag{3-75}$$

$$f_4^{-1} = \begin{cases} 1 & (\theta \geq \theta_c) \\ \dfrac{\theta-\theta_w}{\theta_c-\theta_w} & (\theta_w < \theta < \theta_c) \\ 0 & (\theta \leq \theta_w) \end{cases} \quad (3\text{-}76)$$

式中，Ta 为气温（℃）；VPD_c 为叶气孔闭合时的 VPD 值（约为 4kPa）；PAR_c 为 PAR 的临界值（森林取值 30 W/m²，谷物取值 100 W/m²）；r_{smax} 为最大气孔阻抗（5000 s/m）；θ 为根系层的土壤含水率；θ_w 为植被凋萎时的土壤含水率（凋萎系数）；θ_c 为无蒸发限制时的土壤含水率（临界含水率）。

3.2.9 土壤水分吸力关系与非饱和导水系数

土壤水分吸力关系采用 Havercamp 等（1977）公式：

$$\theta = \frac{\alpha(\theta_s - \theta_r)}{\alpha + [\ln(\varphi)]^\beta} + \theta_r \quad (3\text{-}77)$$

式中，θ 为土壤体积含水率；θ_s 为饱和含水率；θ_r 为残留含水率；φ 为土壤基质势（厘米水柱）；α 和 β 为常数。

土壤水分导水系数关系采用 Mualem（1978）公式：

$$k(\theta) = K_s \left(\frac{\theta-\theta_r}{\theta_s-\theta_r}\right)^n \quad (3\text{-}78)$$

式中，K_s 为土壤饱和导水系数（cm/s）；$k(\theta)$ 为含水率 θ 对应的导水系数（cm/s）；n 为常数。

3.3 陆地能量循环过程模拟

3.3.1 地表能量平衡方程

在二元模型中，分布式流域水循环及其伴生过程模拟模块（WEP-L 模型）对陆地地表面与大气间的能量循环过程进行了比较详细的模拟，地表能量平衡方程可表示如下：

$$RN + Ae = IE + H + G \quad (3\text{-}79)$$

式中，RN 为净放射量；Ae 为人工热排出量；IE 为潜热通量；H 为显热通量；G 为地中热通量。

净放射量（RN）为短波净放射量（RSN）与长波净放射量（RLN）之和：

$$RN = RSN + RLN \quad (3\text{-}80)$$

WEP-L 模型包括日以内的能量循环过程模拟与日平均能量循环过程模拟两个模块，所对应的各要素过程的计算方法有所不同，详见以下各节。

3.3.2 短波放射

到达地表面或植被冠层的太阳短波放射量,一部分被反射回天空,一部分被地表面或植被冠层吸收。WEP-L 模型计算各类土地利用短波净放射量的公式如下:

(1) 水域

$$\text{RSN}_w = \text{RS}(1 - \alpha_w) \tag{3-81}$$

(2) 裸地–植被域

裸地:$\text{RSN}_s = \text{RS}(1 - \alpha_s)(F_{\text{soil}} + \tau_1 \cdot \text{Veg}_1 + \tau_2 \cdot \text{Veg}_2) \tag{3-82}$

高植被(树木):$\text{RSN}_1 = \text{RS}(1 - \alpha_1)\text{Veg}_1 - \text{RS}(1 - \alpha_s)\tau_1 \cdot \text{Veg}_1 \tag{3-83}$

低植被(草):$\text{RSN}_2 = \text{RS}(1 - \alpha_2)\text{Veg}_2 - \text{RS}(1 - \alpha_s)\tau_2 \cdot \text{Veg}_2 \tag{3-84}$

$$\tau_1 = \exp(-0.5\text{LAI}_1), \quad \tau_2 = \exp(-0.5\text{LAI}_2) \tag{3-85}$$

(3) 灌溉农田域

裸地:$\text{RSN}_{\text{irs}} = \text{RS}(1 - \alpha_{\text{irs}})(F_{\text{irs}} + \tau_3 \cdot \text{Veg}_3) \tag{3-86}$

农作物:$\text{RSN}_3 = \text{RS}(1 - \alpha_3)\text{Veg}_3 - \text{RS}(1 - \alpha_{\text{irs}})\tau_2 \cdot \text{Veg}_3 \tag{3-87}$

$$\tau_3 = \exp(-0.5\text{LAI}_3) \tag{3-88}$$

(4) 非灌溉农田域

裸地:$\text{RSN}_{\text{nis}} = \text{RS}(1 - \alpha_{\text{nis}})(F_{\text{nis}} + \tau_4 \cdot \text{Veg}_4) \tag{3-89}$

农作物:$\text{RSN}_4 = \text{RS}(1 - \alpha_4)\text{Veg}_4 - \text{RS}(1 - \alpha_{\text{nis}})\tau_4 \cdot \text{Veg}_4 \tag{3-90}$

$$\tau_4 = \exp(-0.5\text{LAI}_4) \tag{3-91}$$

(5) 不透水域

城市地表面:$\text{RSN}_{U1} = \text{RS}(1 - \alpha_{U1})F_r\beta \tag{3-92}$

城市建筑物:$\text{RSN}_{U2} = \text{RS}(1 - \alpha_{U2})(1 - F_r\beta) \tag{3-93}$

式中,RSN 为短波净放射量[MJ/(m²·d)];α 为短波反射率;F 为各类土地利用域中裸地的面积率;Veg 为各类土地利用域中植被的盖度;τ 为植被的短波放射透过率;LAI 为叶面积指数;F_r 为不透水域中城市地表面的面积率;β 为城市地表面的天空率(通常假定为 0.8)。此外,下标 w、s、irs、nis、1、2、3、4、U1 和 U2 分别表示水域、植被域裸地部分、灌溉农田棵间裸地部分、非灌溉农田棵间裸地部分、树木、草、灌溉农作物、非灌溉农作物、城市地表面和城市建筑物。

除某些重点气象观测站外,一般的气象观测站不直接观测短波放射或长波放射,但通常观测日照时间。由日照时间观测数据推算日短波放射量的方法(Maidment,2002)如下:

$$\text{RS} = \text{RS}_0\left(a_s + b_s\frac{n}{N}\right) \tag{3-94}$$

$$\text{RS}_0 = 38.5 d_r(\omega_s\sin\phi\sin\delta + \cos\phi\cos\delta\sin\omega_s) \tag{3-95}$$

$$d_r = 1 + 0.033\cos\left(\frac{2\pi}{365}J\right) \tag{3-96}$$

$$\omega_s = \arccos(-\tan\phi\tan\delta) \tag{3-97}$$

$$\delta = 0.4093\sin\left(\frac{2\pi}{365}J - 1.405\right) \tag{3-98}$$

$$N = \frac{24}{\pi}\omega_s \tag{3-99}$$

式中，RS 为到达地表面的短波放射量 [单位取为 MJ/(m²·d)，若无特殊说明日放射量及热通量均取此单位]；RS₀ 为太阳的地球大气层外短波放射量；a_s 为扩散短波放射量常数（在平均气候条件下为 0.25）；b_s 为直达短波放射量常数（在平均气候条件下为 0.5）；n 为日照小时数；N 为可能日照小时数；d_r 为地球与太阳之间的相对距离；ω_s 为日落时的太阳时角；ϕ 为观测点纬度（北半球为正、南半球为负）；δ 为太阳倾角；J 为伽利略日数（每年 1 月 1 日起算）。

短波放射反射率（albedo）受诸多因素影响，如地表覆盖、地形、纬度、天气及时间季节等，因此其变化范围较大。Dickinson（1983）曾综述过植被冠层、积雪及土壤的短波放射反射率计算的数学原理。在 SiB 模型（Sellers et al., 1986）中，将入射太阳光区分成两种光谱（可见光和近红外线），也就是说两种放射（直达放射和扩散放射），来分别考虑它们的反射率。然而，决定地表短波放射反射率的动态过程十分复杂，目前远没有充分解决的定量计算方法，因此在大多数水文气象模型中均采取简化的处理方式。通常采用的短波放射反射率见表 3-3。

表 3-3 通常采用的短波放射反射率

地表覆盖分类	短波放射反射率
水面	0.05～0.15（平均 0.08）
森林	0.11～0.16
高棵农作物	0.15～0.2
低棵农作物	0.2～0.26
水田	0.08～0.26
草地	0.2～0.26
裸地	0.1（湿润）～0.35（干燥）
积雪	0.6（旧）～0.9（新）
融雪	0.4～0.6
雪冰	0.3～0.55
城市地面	0.25～0.35

3.3.3 长波放射

在没有长波放射观测数据的情况下，日平均能量平衡通常直接计算长波净放射量，请参见第 5 章。WEP-L 模型对日内时间尺度长波净放射量的计算方法是，先分别推算向下和向上长波放射量，然后考虑冠层和土壤表层之间、建筑物与城市地面之间的遮挡关系，按以下公式计算：

（1）水域

$$\mathrm{RLN_w = RLD - RLU_w} \tag{3-100}$$

（2）裸地-植被域

裸地：$\mathrm{RLN_s = (RLD - RLU_s)} F_{\mathrm{soil}} + \mathrm{(RLU_{v1} - RLU_s)} \mathrm{Veg_1} + \mathrm{(RLU_{v2} - RLU_s)} \mathrm{Veg_2}$

$$\tag{3-101}$$

高植被（树木）：$\mathrm{RLN_{v1} = (RLD + RLU_s - 2RLU_{v1})} \mathrm{Veg_1} \tag{3-102}$

低植被（草）：$\mathrm{RLN_{v2} = (RLD + RLU_s - 2RLU_{v2})} \mathrm{Veg_2} \tag{3-103}$

（3）灌溉农田域

裸地：$\mathrm{RLN_{irs} = (RLD - RLU_{irs})} F_{\mathrm{irs}} + \mathrm{(RLU_3 - RLU_{irs})} \mathrm{Veg_3} \tag{3-104}$

农作物：$\mathrm{RLN_3 = (RLD + RLU_{irs} - 2RLU_{v3})} \mathrm{Veg_3} \tag{3-105}$

（4）非灌溉农田域

裸地：$\mathrm{RLN_{nis} = (RLD - RLU_{nis})} F_{\mathrm{nis}} + \mathrm{(RLU_4 - RLU_{nis})} \mathrm{Veg_4} \tag{3-106}$

农作物：$\mathrm{RLN_4 = (RLD + RLU_s - 2RLU_4)} \mathrm{Veg_4} \tag{3-107}$

（5）不透水域

城市地表面：$\mathrm{RLN_{u1} = [RLD}\beta - \mathrm{RLU_{u1}} + \mathrm{RLU_{u2}}(1-\beta)] F_r \tag{3-108}$

城市建筑物：$\mathrm{RLN_{u2} = RLD}(1 - F_r\beta) - \mathrm{RLU_{u2}}[1 - F_r + 2F_r(1-\beta)$
$+ \mathrm{RLU_{u1}} F_r(1-\beta)] \tag{3-109}$

式中，RLN 为长波净放射量 [MJ/(m²·d)]；RLD 为向下（从大气到地表面）长波放射量；RLU 为向上（从地表面到大气）长波放射量。其余如前所述。

向下和向上长波放射量也可分别推算（近藤纯正，1994），公式如下：

$$\mathrm{RLD} = [1 - (1 - \varepsilon_{\mathrm{ac}})F_c]\sigma(T_a + 273.2)^4 \tag{3-110}$$

$$\mathrm{RLU} = 0.98\sigma(T_s + 273.2)^4 \tag{3-111}$$

$$\varepsilon_{\mathrm{ac}} = 1 - 0.261\exp(-7.77 \times 10^{-4} \cdot T_a^2) \tag{3-112}$$

$$F_c = 0.826 N_c^3 - 1.234 N_c^2 + 1.135 N_c + 0.298 \tag{3-113}$$

$$\varepsilon_{\mathrm{ac}} = 0.74 + 0.19\log_{10} w_T + 0.07(\log_{10} w_T)^2 \tag{3-114}$$

$$F_c = 1 - (0.95 - 0.0006e)C - (0.66 - 0.0044e)C_L \tag{3-115}$$

式中，F_c 为云的影响因子；$\varepsilon_{\mathrm{ac}}$ 为晴天时大气的放射参数；σ 为 Stefan-Boltzmann 常数；T_a 为气温；T_s 为地表温度；$N_c = 10n/N$ 为日照水平（变化范围为 0~10，其中 n 为日照小时数，N 为可能日照小时数）；w_T 为单位底面积垂直气柱内有效水蒸气全量（0.1~6cm）；e 为地上水气压；C 为全云量；C_L 为下层云量。当有水蒸气压（或湿度）及云量观测资料时，$\varepsilon_{\mathrm{ac}}$ 和 F_c 根据式（3-114）和式（3-115）计算，否则根据式（3-112）和式（3-113）由气温和日照推算。

3.3.4 潜热通量

潜热通量（lE）的计算公式如下：

$$lE = l \cdot E \qquad (3\text{-}116)$$
$$l = 2.501 - 0.002361 T_s \qquad (3\text{-}117)$$

式中，l 为水的潜热（MJ/kg）；T_s 为地表温度；E 为蒸散发（根据前节 Penman-Monteith 公式计算）。

3.3.5 显热通量

显热通量（H）可根据空气动力学原理计算如下：
$$H = \rho_a c_p (T_s - T_a)/r_a \qquad (3\text{-}118)$$

式中，ρ_a 为空气的密度；c_p 为空气的比定压热容；T_s 为地表面温度；T_a 为气温；r_a 为空气动力学阻抗。

对于日平均能量过程计算，虽然上式可与地中热通量（见下述公式）及能量平衡方程联合，用迭代法求解 H、G 和 T_s，但计算量大且不稳定。考虑到日平均热通量和其他通量相比很小，WEP-L 模型将日地表面温度变化由日气温变化近似，在求出地中热通量后，根据能量平衡方程求解显热通量如下：
$$H = (RN + Ae) - (lE + G) \qquad (3\text{-}119)$$

3.3.6 地中热通量

日平均地中热通量采用以下公式计算：
$$G = c_s d_s (T_2 - T_1)/\Delta t \qquad (3\text{-}120)$$

式中，c_s 为土壤热容量 [MJ/(m³·℃)]；d_s 为影响土层厚度（m）；T_1 为时段初的地表面温度（℃）；T_2 为时段末的地表面温度（℃）；Δt 为时段（d）。

日内尺度地中热通量计算采用强迫-恢复法，请参见第五章，此处不再赘述。

3.3.7 人工热排出量

在城市地区，工业及生活人工热消耗量一部分排向大气，一部分排向地面（或建筑物），因此对地面能量平衡有一定影响。在 WEP-L 模型中，根据城市各类土地利用能量消耗的统计数据乘上折算系数 [考虑人工热的地面排出量（Ae）]。

3.4 平原区地下水数值模拟

在二元模型的平原区地下水模拟部分，模型采用单元中心有限差分法模拟地下水在含水层中的运动，有限差分方程组采用强隐式法进行求解。模型层可以用来代表承压含水层、潜水含水层以及二者的结合。模型还可以模拟各种外应力，例如井流、面状补给、蒸发蒸腾、沟渠和河流等地下水流的影响。

3.4.1 潜水

对于研究区内的潜水，如果考虑与下伏承压水的越流交互，其运动方程可以描述如下：

$$\frac{\partial}{\partial x}\left[k_1(H_1-H_b)\frac{\partial H_1}{\partial x}\right]+\frac{\partial}{\partial y}\left[k_1(H_1-H_b)\frac{\partial H_1}{\partial y}\right]+\sigma'(H_2-H_1)+f_1(x,y)R_s$$

$$-\sum_i Q_{1i}\delta(x-x_{1i},y-y_{1i})-f_2(x,y)S_o-E+W=\mu\frac{\partial H_1}{\partial t} \quad (x,y)\in G, t>0$$

(3-121)

$$H_1(x,y,t)=H_{10}(x,y) \quad (x,y)\in G, t=0 \quad (3-122)$$

$$k_1(H_1-H_b)\frac{\partial H_1}{\partial n}\bigg|_{\Gamma_1}=q_{b1}(x,y) \quad (x,y)\in \Gamma_1, t>0 \quad (3-123)$$

$$f_1(x,y)=\begin{cases}1 & (x,y)\in 河湖\\0 & (x,y)\in 非河湖\end{cases}, f_2(x,y)=\begin{cases}1 & (x,y)\in 排水沟\\0 & (x,y)\in 非排水沟\end{cases} \quad (3-124)$$

$$R_s=\gamma(H_r-H_1) \quad (3-125)$$

$$S_o=\begin{cases}\alpha(H_1-H_s) & H_1>H_s\\0 & H_1\leq H_s\end{cases} \quad (3-126)$$

$$E=\begin{cases}E_0\left(1-\dfrac{\Delta}{\Delta_0}\right)^2 & H_1>H_s\\0 & H_1\leq H_s\end{cases} \quad (3-127)$$

式中，H_1、H_2、H_b、H_{10}、H_r、H_s 分别为潜水水位、下伏承压水位、潜水底板高程、潜水初始水位、河道水位、排水沟系统排水高程；k_1 为潜水含水层渗透系数；σ' 为越流系数，如果不考虑承压水，则 $\sigma'=0$；μ 为潜水含水层给水度；Q_{1i} 为潜水含水层开采量；q_{b1} 为潜水含水层边界单宽流量；n 为边界外法线方向；G 为计算区域；Γ_1 为潜水含水层边界；R_s、S_o、W 分别为河道与含水层水量交换强度、排水沟溢出地下水强度、渠系灌溉入渗与大气降水综合入渗补给强度；x_{1i}、y_{1i} 为潜水开采井位置坐标；$f_1(x,y)$、$f_2(x,y)$ 分别为河道空间分布函数、排水沟系统分布函数；γ、α 分别为河道河床渗漏系数、排水沟溢出系数；E、E_0、Δ、Δ_0 分别为潜水蒸发强度、水面蒸发能力（强度）、潜水水位埋深、潜水蒸发极限深度。

3.4.2 承压水

对于研究区内的承压水，如果以单层问题考虑，并考虑与上伏潜水含水层的越流补给作用，其运动可以用以下偏微分方程描述：

$$\frac{\partial}{\partial x}\left(T\frac{\partial H_2}{\partial x}\right) + \frac{\partial}{\partial y}\left(T\frac{\partial H_2}{\partial y}\right) + \sigma'(H_1 - H_2) - \sum_i Q_{2i}\delta(x - x_{2i}, y - y_{2i})$$
$$= \mu^* \frac{\partial H_2}{\partial t} \quad (x, y) \in G, t > 0 \tag{3-128}$$

$$H_2(x, y, t) = H_{20}(x, y) \quad (x, y) \in G, t = 0 \tag{3-129}$$

$$T\frac{\partial H_2}{\partial n}\bigg|_{\Gamma_2} = q_{b2}(x, y) \quad (x, y) \in \Gamma_2, t > 0 \tag{3-130}$$

式中，H_1、H_2、H_{20} 分别为上伏潜水水位、承压水位和承压水初始水位；T 为承压水导水系数；σ' 为越流系数，如果不考虑越流，则 $\sigma' = 0$；μ^* 为承压水含水层储水系数；Q_{2i} 为承压含水层开采量；q_{b2} 为承压水含水层边界单宽流量；x_{2i}，y_{2i} 为承压水开采井位置坐标；n 为边界外法线方向；G 为计算区域；Γ_2 为上部潜水与承压水含水层边界。

3.4.3 模型数值求解

以上偏微分方程的解析解非常困难，为适应复杂求解条件，一般采用数值解法进行求解。在二元模型中，地下水含水层系统划分为一个三维的网格系统，整个含水层系统被剖分为潜水含水层和承压含水层，每一层又剖分为若干行和若干列。对于特定计算单元，其位置可以用该计算单元所在的行号（i）、列号（j）和层号（k）来表示。

图 3-3 表示计算单元（i, j, k）和其相邻的六个计算单元。这六个相邻的计算单元的下标分别由（$i-1, j, k$）、（$i+1, j, k$）、（$i, j-1, k$）、（$i, j+1, k$）、（$i, j, k-1$）和（$i, j, k+1$）来表示。

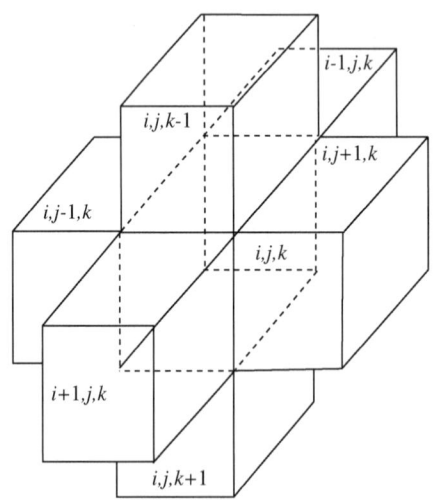

图 3-3 计算单元（i, j, k）和其六个相邻的计算单元

以流入计算单元的水量为正、流出为负，由达西公式，可以得到在行方向上由计算单元（$i, j-1, k$）流入单元（i, j, k）的流量为

$$q_{i,j-1/2,k} = \text{KR}_{i,j-1/2,k} \Delta c_i \Delta v_k \frac{(h_{i,j-1,k} - h_{i,j,k})}{\Delta r_{j-1/2}} \tag{3-131}$$

式中，$h_{i,j,k}$ 为水头在计算单元 (i, j, k) 处的值；$h_{i,j-1,k}$ 为水头在计算单元 $(i, j-1, k)$ 处的值；$q_{i,j-1/2,k}$ 为通过计算单元 (i, j, k) 和计算单元 $(i, j-1, k)$ 之间界面的流量（$L^3 T^{-1}$，L 和 T 分别为空间和时间尺度量纲）；$\text{KR}_{i,j-1/2,k}$ 为计算单元 (i, j, k) 和 $(i, j-1, k)$ 之间的渗透系数（LT^{-1}）；$\Delta c_i \Delta v_k$ 为横断面面积（L^2）；$\Delta r_{j-1/2}$ 为计算单元 (i, j, k) 和计算单元 $(i, j-1, k)$ 之间的距离（L）。

与式（3-131）类似，可推出通过其他五个界面的地下水流量：

$$q_{i,j+1/2,k} = \text{KR}_{i,j+1/2,k} \Delta c_i \Delta v_k \frac{(h_{i,j+1,k} - h_{i,j,k})}{\Delta r_{j+1/2}} \tag{3-132}$$

$$q_{i+1/2,j,k} = \text{KC}_{i+1/2,j,k} \Delta r_j \Delta v_k \frac{(h_{i+1,j,k} - h_{i,j,k})}{\Delta c_{i+1/2}} \tag{3-133}$$

$$q_{i-1/2,j,k} = \text{KC}_{i-1/2,j,k} \Delta r_j \Delta v_k \frac{(h_{i-1,j,k} - h_{i,j,k})}{\Delta c_{i-1/2}} \tag{3-134}$$

$$q_{i,j,k+1/2} = \text{KV}_{i,j,k+1/2} \Delta r_j \Delta c_i \frac{(h_{i,j,k+1} - h_{i,j,k})}{\Delta v_{k+1/2}} \tag{3-135}$$

$$q_{i,j,k-1/2} = \text{KV}_{i,j,k-1/2} \Delta r_j \Delta c_i \frac{(h_{i,j,k-1} - h_{i,j,k})}{\Delta v_{k-1/2}} \tag{3-136}$$

综合计算单元六个相邻的计算单元以及该单元所包含的源汇项，地下水方程的离散形式可以表达为

$$q_{i,j-1/2,k} + q_{i,j+1/2,k} + q_{i-1/2,j,k} + q_{i+1/2,j,k} + q_{i,j,k-1/2} + q_{i,j,k+1/2} + \text{QS}_{i,j,k}$$
$$= \text{SS}_{i,j,k} \frac{\Delta h_{i,j,k}}{\Delta t} \Delta r_j \Delta c_i \Delta v_k \tag{3-137}$$

式中，$\Delta h_{i,j,k}/\Delta t$ 为水头对于时间的偏导数之差分近似表达式（LT^{-1}）；$\text{SS}_{i,j,k}$ 为该计算单元的储水率（L^{-1}）；$\Delta r_j \Delta c_i \Delta v_k$ 为该计算单元的体积（L^3）；$\text{QS}_{i,j,k}$ 为作用在该计算单元上的源汇项，一般与该计算单元的水头相关（一类或三类边界），或者为已知量（二类边界）。计算单元的源汇项一般形式可表达为

$$\text{QS}_{i,j,k} = P_{i,j,k} h_{i,j,k} + Q_{i,j,k} \tag{3-138}$$

对研究区域所涉及的 n 个计算单元逐个写出以上差分方程，通过整理合并可得有关 n 个未知数的非线性方程组，并可用矩阵的形式表示为

$$[A]\{h\} = \{q\} \tag{3-139}$$

式中，$[A]$ 为与水头相关的非线性系数矩阵；$\{h\}$ 为所求的未知水头项；$\{q\}$ 为右端项，一般表示方程组中的常数项和已知项。该矩阵方程为主对角线占优的 7 对角形式，用强隐式法进行迭代求解。

第4章 流域水环境过程模拟方法

4.1 污染量的估算

人类活动和自然过程对水环境的影响,按污染源的排放方式可分为点源污染和非点源污染(面源污染)(水利部水电水利规划设计总院,2004)。点源污染主要由工矿企业废水排放和城镇生活污水排放而形成。非点源污染指在较大范围内,溶解性或固体污染物在降雨径流等作用下,通过地表或地下径流以分散的形式进入受纳水体,从而造成水体污染。

4.1.1 点源污染量的估算

点源污染是集中在点上,在小范围内排放污染物的污染源,它的特点是污染源排放地点固定,所排放污染物的种类、特性、浓度和排放时间相对稳定。由于点源污染集中在很小范围内高强度排放,故对局部水域影响较大。水体的主要点污染源有工业废水、城镇生活污水等。图4-1为点源污染物产生过程。

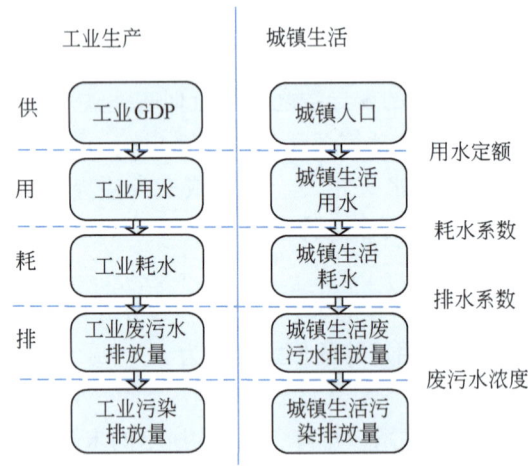

图 4-1 点源污染物产生过程流程图

4.1.1.1 工业废污水污染源

工业废水和污染物排放量是指一般工业(不包括火核电)的废水和污染物排放量,集约化和规模化养殖场废污水及污染物排放量计入工业废水和污染物排放量中。作为水质监测分析中最常测定的项目，COD 是评价水体污染的重要指标之一。对于河流和工业废水的研究及污水处理厂的处理效果评价来说，它是一个重要而相对易得的参数，表示了水中还原性物质的多少，是环境监测中的必测项目。工业污染产生量的估算可以直接由万元产值废污水排放量、万元产值 COD 产生量直接估算，也可以用人类侧支循环的"供—用—耗—排"四个环节估算污染物的产生量，相应工业污染物的产生量的估算也分四步。

（1）工业用水量的估算

根据资料的可获取程度和可操作性，工业用水量的估算采用如下公式：

$$W_\mathrm{u} = \mathrm{GDP} \times C_\mathrm{1\_ind} \tag{4-1}$$

式中，W_u 为工业用水量（m³）；GDP 为某地区工业总产值（万元）；$C_\mathrm{1\_ind}$ 为该地区万元产值用水量（m³/万元）。

（2）工业耗水量的计算

工业耗水量包括输水损失和生产过程中的蒸发损失量、产品带走的水量、厂区生活耗水量等。一般情况可用工业用水量减去废污水排放量求得，没有完整的废污水排放的统计量时，可以通过用水量乘以耗水系数推求工业耗水量。

$$W_\mathrm{c} = W_\mathrm{u} \times C_\mathrm{2\_ind} \tag{4-2}$$

式中，W_c 为工业耗水量（m³）；$C_\mathrm{2\_ind}$ 为耗水率。

（3）工业排水量的计算

工业废污水排放量采用总的用水量扣除耗水量为废污水排放量。

$$W_\mathrm{w} = W_\mathrm{u} - W_\mathrm{c} \tag{4-3}$$

式中，W_w 为工业废污水排放量（m³）。

（4）污染排放量的估算

由于所在地区和行业的不同，工业废水中各种类型的污染物浓度值有较大差异。同一地区的不同行业或者不同地区的相同行业（企业）的废污水由于工艺的差别，生产水平的差异，浓度也有所差异，但相对较小。

工业污染物产生量的计算采用如下公式：

$$\mathrm{PS_A} = \mathrm{St.} \sum_{i=1}^{n} W_{wi} \times C_i \tag{4-4}$$

式中，$\mathrm{PS_A}$ 为工业污染物排放量（t）；W_{wi} 为第 i 个行业（企业）废污水排放量（万 t）；St. 为量纲转换系数；C_i 为第 i 个行业的污染物浓度（mg/L）。当该地区的产业结构未知时，可直接用 GDP 推求工业污染物的产生量：

$$\mathrm{PS_A} = \sum_{i=1}^{n} \mathrm{GDP}_i \times \mathrm{CC}_i \tag{4-5}$$

式中，CC_i 为第 i 个行业万元产值污染负荷排放量。

4.1.1.2 城镇生活污染源

城镇生活污染源排放量（含公共用水所产生的污水排放量）是指包括所有具有下水管

网的建制市和建制镇的"全口径"城镇生活污染源排放量。与工业污染源的估算类似，城镇生活污染源的估算也可以采用"供—用—耗—排"的四个环节分别估算。

(1) 城镇生活用水量的估算

城镇生活的用水量采用城镇用水人口乘以用水定额估算：

$$W_u = 10^{-3} POP1 \times C_{1\_liv} \tag{4-6}$$

式中，W_u 为城镇生活用水量（m³）；POP1 为某地区城镇用水人口（人）；C_{1_liv} 为该地区人均用水定额 [L/(d·人)]。

(2) 城镇生活耗水量的计算

城镇生活耗水量包括输水损失以及居民家庭和公共用水消耗的水量。城镇生活耗水量的计算方法与工业基本相同，可以通过城镇生活用水量乘以耗水系数推求耗水量。

$$W_c = W_u \times C_{2\_liv} \tag{4-7}$$

式中，W_c 为城镇生活耗水量（m³）；C_{2_liv} 为城镇生活耗水率。

(3) 城镇生活排水量的计算

城镇生活废污水排放量采用总用水量扣除耗水量为废污水排放量。

$$W_w = W_u - W_c$$

式中，W_w 为城镇生活废污水排放量（m³）。

(4) 城镇生活污染排放量的估算

城镇生活污染物排放量采用废污水排放量乘以废污水浓度得污染排放量。

$$PS_B = W_w \times C_{3\_liv} \tag{4-8}$$

式中，PS_B 为城镇生活污染物排放量（t）；C_{3_liv} 为城镇生活污水污染物浓度（mg/L）。

4.1.2 非点源污染量的估算

美国清洁水法修正案（1977 年）对非点源污染的定义为污染物以广域的、分散的、微量的形式进入地表及地下水体（洪大用和马芳馨，2004）。人们一般认为非点源污染是指溶解性或固体物质在大面积降雨和径流冲刷作用下汇入受纳水体而引起的水体污染，其主要来源包括水土流失、农业化学品过量施用、城市径流、畜禽养殖和农业与农村废弃物。参照全国水资源综合规划细则，非点源污染调查分为农业生产农田径流营养成分流失、农村生活污水及固体废弃物排放、城镇地表径流污染物流失、水土流失状况及其非点源污染负荷、分散式畜禽养殖污染物排放情况调查等五大类。

(1) 城镇地表径流

城镇地表径流污染物的估算通常有常量浓度法、统计法和回归方法等。常量浓度法是最简单的方法，它假设所有径流中某一特定的污染物有相同的常量浓度；径流量通过简单的"降雨-径流"统计模型或者流域水文模型得到，污染负荷量通过径流量和常量浓度相乘得到。统计方法认为在整个暴雨事件中污染物浓度呈对数正态频率分布，而不是一个常量，同时认为径流量也呈对数正态频率分布。显而易见，这个对数分布假说优于常量浓度假说，使得结果误差相对较小，更为可信。回归方法将某一区域的污染物浓度和流量与流速进行回归分析，得到一系列特征曲线。但是与统计方法相比，回归方法只提供平均浓度而没有浓度的频率分布。

（2）化肥农药使用

化肥农药使用产生的非点源负荷，按一定的口径调查统计化肥、农药施用量，并折算成有效成分（化肥以氮、磷计，农药以有机氯、有机磷计）。根据氮肥、磷肥的流失系数（按20%～15%流失率）计算TN产生量。根据有关文献，海河流域NH_3-N按照TN产生量的10%计算，COD按照TN的30%计算，TP按照NH_3-N的90%计算（任宪韶，2007）。

（3）农村生活污水及固体废弃物

农村生活污水产生的非点源负荷，按照人均生活污水定额和污水平均浓度计算，其中TP浓度按照NH_3-N的40%计算。固体废弃物由生活垃圾和作物秸秆组成，生活垃圾按人均产生量指标计算，作物秸秆按亩均产生量指标计算，生活垃圾和固体废弃物中各项污染物含量按以下比例计算：TN 0.21%，TP 0.22%，NH_3-N 0.021%。

（4）水土流失

关于土壤水土流失的评估计算，国内已有大量学者开展相关研究（李晓华和李铁军，2004；黄金良等，2004）。水土流失污染负荷，可根据美国非点污染源管理与控制手册推荐的水土流失污染物负荷估算公式进行估算（Neitsch et al.，2003）：

$$W = \text{St.} \sum \text{Ms}_i \text{ER}_i C_i \tag{4-9}$$

式中，W为流域（区域）随泥沙运移输出的污染负荷（t）；Ms_i为某种土地利用类型单位面积泥沙流失量（t/km²），采用修正的通用土壤流失方程（modified universal soil loss equation，MUSLE）计算（Fernandez et al.，2003）；ER_i为污染物富集系数；C_i为某种土地利用土壤中TN、TP平均含量（mg/kg）；St. 为量纲转换系数。

径流含沙量的评价是水资源评价的一项基本内容，更为重要的是泥沙能吸附或携带其他许多污染物（如氮、磷和重金属等），因此关于流域侵蚀和泥沙输移过程的模拟也非常重要。单位面积泥沙流失量采用通用土壤流失方程。

通用土壤流失方程的基本形式为

$$M_s = KR_p L_s CB \tag{4-10}$$

式中，M_s为单位面积土壤流失量，即土壤侵蚀模数（t/hm²）；K为土壤可侵蚀性因子，根据淤泥和细砂百分数、砂子百分数、有机质百分数、土壤质地和渗透性查图确定；R_p为降雨能量因子；L_s为坡度坡长因子；B为侵蚀控制因子；C为植被覆盖因子。

参考SWAT模型，由降水和径流引起的土壤侵蚀计算利用改进的通用土壤流失方程MUSLE模型计算，该模型由Wischmeier和Smith（1978）研究开发。在MUSLE方程中采用径流因子代替降雨能量因子，径流因子的流量和流速不仅可以反映降雨能量因子，而且可以更好地反映泥沙的输移过程，不再需要输移比参数，因此提高了产沙量预测的精度，而且修改后的方程可以用来计算单次暴雨过程。

（5）分散式禽畜养殖

分散式禽畜养殖污染负荷的估算，根据畜禽污染物排泄系数和畜禽粪便处理利用状况估算畜禽养殖污染物排泄量和流失量。各类禽畜粪便的TN含量、NH_3-N含量、COD含量如表 4-1 所示，TP 按照 NH_3-N 的 0.95 计算（任宪韶，2007）。

表 4-1　畜禽养殖粪便中的水质指标含量

水质指标	COD	NH_3-N	TN	TP
禽畜粪便中的含量	3.1%~5.2%	0.08%~0.31%	0.44%~0.99%	0.95×NH_3-N

4.2　基于水动力学的河湖水系水质模拟

4.2.1　河湖水环境系统模拟基本方程

4.2.1.1　河网水力水质数学模型方程

（1）一维非恒定流方程

连续方程：$B\dfrac{\partial z}{\partial t} + \dfrac{\partial Q}{\partial s} = q$ （4-11）

动量方程：$g\dfrac{\partial z}{\partial s} + \dfrac{\partial}{\partial t}\left(\dfrac{Q}{A}\right) + \dfrac{Q}{A}\dfrac{\partial}{\partial s}\left(\dfrac{Q}{A}\right) + g\dfrac{|Q|Q}{AC^2R} = 0$ （4-12）

式中，z 为水位（m）；Q 为流量（m³/s）；B 为水面宽度（m）；q 为旁侧入流（m²/s）；t 为时间（s）；s 为河渠长（m）；A 为面积（m²）；g 为重力加速度（m/s²）；C 为谢才系数（$m^{\frac{1}{2}}$/s）；R 为水力半径（m）。

（2）一维水质模型方程

基于均衡域的离散方程，仍然符合一维水质控制方程的表达形式，其基本方程为

$$\dfrac{\partial C}{\partial t} + u\dfrac{\partial C}{\partial x} = \dfrac{\partial}{\partial x}\left(E\dfrac{\partial C}{\partial x}\right) + \sum S_i \quad (4\text{-}13)$$

式中，C 为污染物浓度（mg/L）；x 为纵向河段长（m）；u 为河渠水流断面的平均流速（m/s）；E 为河流离散系数（m²/s）；S_i 为污染物的源汇项[mg/(L·h)]；其他符号意义同前。

在考虑多个水质变量的综合水质模型中，方程的时变项、迁移项和扩散项基本相同。因此，在考虑多个水质变量之间的相互关系时，各个变量之间的物理、化学和生物的影响关系反映在源汇项中。

（3）汊点方程

河网问题虽然也是一维问题，但由于在分汊点处要考虑水流的衔接情况，增加了问题的复杂性。在河网水力模型方程中，汊点方程的建立基于两个假定：① 汊点处各个汊道断面的水位相等，即 $z_i = z_j = \cdots = \bar{z}$。其中，$i, j$ 表示通过汊点各个汊道断面的编号，$\bar{z}$ 为汊点处的平均水位。② 汊点处的蓄水量为零，流进汊点的流量等于流出汊点的流量，即 $\sum Q_i = 0$。

在河网水质模型方程中，认为流入交叉口水体中的污染物在交叉口充分混合，水质达到均匀状态，所有交叉口出流断面的污染物浓度相等。在汊点方程中，不考虑汊点的蓄水

量，并且汊点处水流平缓，不存在水位突变。

4.2.1.2 浅水湖泊水力水质数学模型方程

(1) 浅水湖泊水力模型方程

浅水湖泊水体中，水平尺度一般远大于垂向尺度，流速等水力参数沿垂直方向的变化较之沿水平方向的变化要小得多。因此，在静水压强下，将三维流动的基本方程式和紊流时均方程式沿水深积分平均，即可得到沿水深平均的平面二维流动的基本方程。忽略紊动项的影响，将浅水湖泊水力模型方程组简化为

连续方程：

$$\frac{\partial H}{\partial t} + \frac{\partial (uH)}{\partial x} + \frac{\partial (vH)}{\partial y} = q \tag{4-14}$$

动量守恒方程：

$$X\text{方向} \quad \frac{\partial u}{\partial t} + u\frac{\partial u}{\partial x} + v\frac{\partial u}{\partial y} + g\frac{\partial z}{\partial x} - fv = \frac{\tau_{wx}}{\rho} - \frac{\tau_{bx}}{\rho} \tag{4-15}$$

$$Y\text{方向} \quad \frac{\partial v}{\partial t} + u\frac{\partial v}{\partial x} + v\frac{\partial v}{\partial y} + g\frac{\partial z}{\partial y} + fu = \frac{\tau_{wy}}{\rho} - \frac{\tau_{by}}{\rho} \tag{4-16}$$

式中，H 为水深（m）；u，v 分别为 x，y 方向的流速（m/s）；τ_{wx}，τ_{wy} 分别为水面风应力 x，y 分量（N/m²）；τ_{bx}，τ_{by} 分别为水底摩擦力 x，y 分量（N/m²）；ρ 水体密度（kg/m³）；f 为科氏参数，$f = 2\omega\sin\varphi$（其中 φ 为当地纬度，$\omega = 7.29 \times 10^{-5}$ rad/s，即地球自转角速度）；其他符号意义同前。

(2) 浅水湖泊水质模型方程

进行浅水水体（如湖泊等）宽阔水域的水质问题分析时，可以近似认为水流浓度垂向分布均匀，只需要进行水流、水质变量在纵向与横向的水平方向上的分析模拟计算。由于污染物在地表水体中的迁移、扩散和离散作用，在考虑单元体污染物的物质守恒情况时主要研究三个作用的影响。同时，还需要研究单元体内物理、化学、生物作用的影响。因此，平面二维水质方程的数学模型：

$$\frac{\partial (CH)}{\partial t} + \frac{\partial (uCH)}{\partial x} + \frac{\partial (vCH)}{\partial y} - \frac{\partial}{\partial x}\left(E_x\frac{\partial CH}{\partial x}\right) - \frac{\partial}{\partial y}\left(E_y\frac{\partial CH}{\partial y}\right) + H\sum S_i + F(C) = 0$$

$$(x, y) \in G, \quad t > 0 \tag{4-17}$$

式中，C 为污染物浓度（mg/L）；H 为水深（m）；E_x，E_y 分别为 x，y 方向上的离散系数（m/s²）；S_i 为源汇项 [g/(m²·s)]；$F(C)$ 为反应项；其他符号意义同前。

4.2.2 数值求解与联解

河湖水系水环境模型系统包含多个属性特点的子水环境系统。对于不同属性特点的子水环境系统的模型方程不同，因此，方程的求解方法也不同。将河网与湖泊的水力水质数学模型求解，以及联解方法叙述如下。

4.2.2.1 河网水动力数学模型求解

方程离散采用四点加权 Preismann 隐格式离散,可得到离散化的非线性代数方程组。然后采用三级解法对河网汊点与节点的水位与流量进行求解。求解步骤为:①将每河段的圣维南方程组隐式差分得河段方程;②将每一河段的河段方程依次消元求出首尾断面的水位流量关系式;③将上步求出的关系式代入汊点连接方程和边界方程得到以各汊点水位(下游已知水位的边界汊点除外)为未知量的求解矩阵;④求解此矩阵得各汊点的水位;⑤将汊点水位代入首尾断面流量水位关系式得汊点各断面的流量;⑥回代河段方程得所有断面的水位流量。

(1) 水动力模型方程的离散

针对一维非恒定流方程采用 Preismann 隐式格式(李炜,2006)进行方程离散,Preismann 隐式格式示意图见图 4-2。

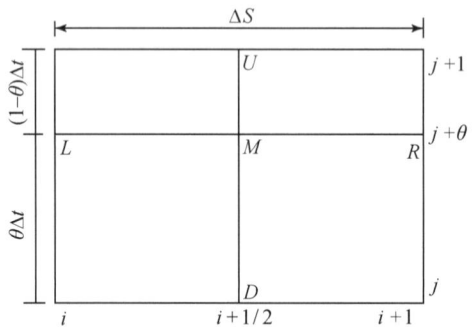

图 4-2 Preismann 隐式格式示意图

离散推导如下:

$$f_L = f_i^{j+\theta} = \theta f_i^{j+1} + (1-\theta)f_i^j ; f_R = f_{i+1}^{j+\theta} = \theta f_{i+1}^{j+1} + (1-\theta)f_{i+1}^j \tag{4-18}$$

$$f_U = f_{i+1/2}^{j+1} = \frac{1}{2}(f_i^{j+1} + f_{i+1}^{j+1}) ; f_D = f_{i+1/2}^j = \frac{1}{2}(f_i^j + f_{i+1}^j) \tag{4-19}$$

式中,i 为河道节点编号,为 1,2,3,…,N,则有 $N-1$ 个河段;j 为时间步长序号;θ 为权重系数,$0 \leq \theta \leq 1$;f_U、f_D、f_L、f_R 分别为上、下、左、右边界点函数。由上可得图 4-2 所示网格偏心点 M 的差商和函数在 M 点的值:

$$\left(\frac{\partial f}{\partial t}\right)_M = \frac{f_U - f_D}{\Delta t} = \frac{f_{i+1/2}^{j+1} - f_{i+1/2}^j}{\Delta t} = \frac{f_{i+1}^{j+1} + f_i^{j+1} - f_{i+1}^j - f_i^j}{2\Delta t} \tag{4-20}$$

$$\left(\frac{\partial f}{\partial S}\right)_M = \frac{f_R - f_L}{\Delta S} = \frac{f_{i+1}^{j+\theta} - f_i^{j+\theta}}{\Delta S} = \frac{\theta(f_{i+1}^{j+1} - f_i^{j+1}) + (1-\theta)(f_{i+1}^j - f_i^j)}{\Delta S_i} \tag{4-21}$$

$$f_M = \frac{1}{2}(f_L + f_R) = \frac{1}{2}(f_{i+1}^{j+\theta} + f_i^{j+\theta}) = \frac{1}{2}[\theta(f_{i+1}^{j+1} + f_i^{j+1}) + (1-\theta)(f_{i+1}^j + f_i^j)] \tag{4-22}$$

式中,ΔS 为计算空间步长;Δt 为计算时间步长。为了满足收敛性要求,计算空间步长和时间步长需要满足库朗稳定性条件式。

则连续方程可以离散整理为

$$z_i^{j+1} - \frac{2\theta\Delta t}{B_M \Delta s_i}Q_i^{j+1} + z_{i+1}^{j+1} + \frac{2\theta\Delta t}{B_M \Delta s_i}Q_{i+1}^{j+1} = z_i^j + z_{i+1}^j + \frac{2(1-\theta)\Delta t}{B_M \Delta s_i}(Q_i^j - Q_{i+1}^j) + \frac{2q(i)\Delta t}{B_M}$$

(4-23)

动量方程可以离散整理为

$$z_i^{j+1} - \frac{2\theta\Delta t}{B_M \Delta s_i}Q_i^{j+1} + z_{i+1}^{j+1} + \frac{2\theta\Delta t}{B_M \Delta s_i}Q_{i+1}^{j+1} = z_i^j + z_{i+1}^j + \frac{(1-\theta)}{\theta}\frac{2\theta\Delta t}{B_M \Delta s_i}(Q_i^j - Q_{i+1}^j) + \frac{2q(i)\Delta t}{B_M}$$

$$\frac{2\theta\Delta t}{\Delta s_i}\left[\left(\frac{Q_M}{A_M}\right)^2 B_M - gA_M\right]z_i^{j+1} + \left(1 - 4\theta\frac{\Delta t}{\Delta s_i}\frac{Q_M}{A_M}\right)Q_i^{j+1} - \frac{2\theta\Delta t}{\Delta s_i}\left[\left(\frac{Q_M}{A_M}\right)^2 B_M - gA_M\right]z_{i+1}^{j+1} +$$

$$\left(1 + 4\theta\frac{\Delta t}{\Delta s_i}\frac{Q_M}{A_M}\right)Q_{i+1}^{j+1} = \frac{1-\theta}{\theta}\frac{2\theta\Delta t}{\Delta s_i}\left[\left(\frac{Q_M}{A_M}\right)^2 B_M - gA_M\right](z_{i+1}^j - z_i^j) + \left[1 - 4(1-\theta)\frac{\Delta t}{\Delta s_i}\frac{Q_M}{A_M}\right]Q_{i+1}^j$$

$$+ \left[1 + 4(1-\theta)\frac{\Delta t}{\Delta s_i}\frac{Q_M}{A_M}\right]Q_i^j + 2\Delta t\left(\frac{Q_M}{A_M}\right)^2\left[\frac{A_{i+1}(h_M) - A_i(h_M)}{\Delta s_i} + B_M i\right] - 2g\Delta t\frac{|Q_M|Q_M}{A_M C_M^2 R_M}$$

$$+ 2\Delta t\frac{Q_M q(i)}{A_M}$$

(4-24)

连续方程和运动方程的离散方程可整理为

$$a_{1i}z_i^{j+1} - c_{1i}Q_i^{j+1} + a_{1i}z_{i+1}^{j+1} + c_{1i}Q_{i+1}^{j+1} = e_{1i} \tag{4-25}$$

$$a_{2i}z_i^{j+1} + c_{2i}Q_i^{j+1} - a_{2i}z_{i+1}^{j+1} + d_{2i}Q_{i+1}^{j+1} = e_{2i} \tag{4-26}$$

其中

$$a_{1i} = 1 \tag{4-27}$$

$$c_{1i} = \frac{2\theta\Delta t}{B_M \Delta s_i} \tag{4-28}$$

$$e_{1i} = z_i^j + z_{i+1}^j + \frac{(1-\theta)}{\theta}c_{1i}(Q_i^j - Q_{i+1}^j) + \frac{2q(i)\Delta t}{B_M} \tag{4-29}$$

$$a_{2i} = \frac{2\theta\Delta t}{\Delta s}\left[B_M\left(\frac{Q_M}{A_M}\right)^2 - gA_M\right] \tag{4-30}$$

$$c_{2i} = 1 - 4\theta\frac{\Delta t}{\Delta s_i}\frac{Q_M}{A_M} \tag{4-31}$$

$$d_{2i} = 1 + 4\theta\frac{\Delta t}{\Delta s_i}\frac{Q_M}{A_M} \tag{4-32}$$

$$e_{2i} = \frac{1-\theta}{\theta}a_{2i}(z_{i+1}^j - z_i^j) + \left[1 - 4(1-\theta)\frac{\Delta t}{\Delta s_i}\frac{Q_M}{A_M}\right]Q_{i+1}^j + \left[1 + 4(1-\theta)\frac{\Delta t}{\Delta s_i}\frac{Q_M}{A_M}\right]Q_i^j$$

$$+ 2\Delta t\left(\frac{Q_M}{A_M}\right)^2\left[\frac{A_{i+1}(h_M) - A_i(h_M)}{\Delta s_i} + B_M\frac{z_d(i) - z_d(i+1)}{\Delta s_i}\right] - 2g\Delta t\frac{|Q_M|Q_M}{A_M C_M^2 R_M}$$

$$+ 2\Delta t\frac{Q_M q(i)}{A_M}$$

(4-33)

式中，z_d 为梯形断面底面高程。

（2）河网水动力三级解法的主要步骤

1）进行编号及河网形状数据的处理。

由于对每一河道，除首尾断面要和其他河段的变量联合求解外，内部的变量并不和河道外的变量直接发生联系，因此可排除在总体矩阵之外。这样河段的内部编号就可以与其他河段的相互独立，在对河网整体编号时，只需考虑河段的首尾断面（图4-3）。

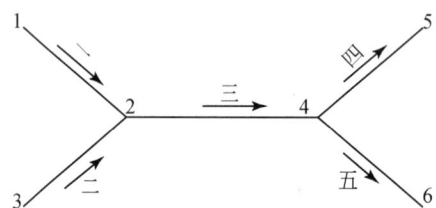

图4-3 简单河网示意图

图中1、2、3、4、5、6是汊点（节点）编号，一、二、三、四、五是河段编号，每一河段内的内断面不参与河网整体编号，箭头表示流向。

2）求出河段首尾断面的流量水位之间的关系（通式）。

上述式（4-25）和式（4-26）是根据Preissmann隐式格式离散后的河道圣维南方程组离散化的形式，写成更一般的形式为

$$\begin{cases} A_{1i}z_i^{j+1} + B_{1i}Q_i^{j+1} + C_{1i}z_{i+1}^{j+1} + D_{1i}Q_{i+1}^{j+1} = E_{1i} \\ A_{2i}z_i^{j+1} + B_{2i}Q_i^{j+1} + C_{2i}z_{i+1}^{j+1} + D_{2i}Q_{i+1}^{j+1} = E_{2i} \end{cases} \quad (4\text{-}34)$$

式中，i 为河道节点编号，为1，2，3，…，N，则有 $N-1$ 个河段。

联立求解之，将 z_{i+1} 和 Q_{i+1} 分别由 z_i 和 Q_i 来表示，可得

$$\begin{cases} z_{i+1}^{j+1} = F_i + P_i z_i^{j+1} + R_i Q_i^{j+1} \\ Q_{i+1}^{j+1} = J_i + L_i z_i^{j+1} + M_i Q_i^{j+1} \end{cases} \quad (4\text{-}35)$$

其中

$$F_i = \frac{E_{1i}D_{2i} - E_{2i}D_{1i}}{C_{1i}D_{2i} - C_{2i}D_{1i}} \quad (4\text{-}36)$$

$$P_i = \frac{A_{2i}D_{1i} - A_{1i}D_{2i}}{C_{1i}D_{2i} - C_{2i}D_{1i}} \quad (4\text{-}37)$$

$$R_i = \frac{B_{2i}D_{1i} - B_{1i}D_{2i}}{C_{1i}D_{2i} - C_{2i}D_{1i}} \quad (4\text{-}38)$$

$$J_i = \frac{E_{1i}C_{2i} - E_{2i}C_{1i}}{D_{1i}C_{2i} - D_{2i}C_{1i}} \quad (4\text{-}39)$$

$$L_i = \frac{A_{2i}C_{1i} - A_{1i}C_{2i}}{D_{1i}C_{2i} - D_{2i}C_{1i}} \quad (4\text{-}40)$$

$$M_i = \frac{B_{2i}C_{1i} - B_{1i}C_{2i}}{D_{1i}C_{2i} - D_{2i}C_{1i}} \quad (4\text{-}41)$$

利用式（4-35）进行递推，可得河道首尾断面的流量与水位关系。

$$\begin{cases} z_N = G_{N-1} + H_{N-1}z_1 + K_{N-1}Q_1 \\ Q_N = S_{N-1} + T_{N-1}z_1 + U_{N-1}Q_1 \end{cases} \quad (4-42)$$

将式（4-42）中的两个方程联立，消掉式中的 Q_1，可得

$$Q_N = \left(S_{N-1} - \frac{G_{N-1}U_{N-1}}{K_{N-1}}\right) + \left(T_{N-1} - \frac{H_{N-1}U_{N-1}}{K_{N-1}}\right)z_1 + \frac{U_{N-1}}{K_{N-1}}z_N \quad (4-43)$$

令

$$\alpha_N = S_{N-1} - \frac{G_{N-1}U_{N-1}}{K_{N-1}}, \quad \beta_N = T_{N-1} - \frac{H_{N-1}U_{N-1}}{K_{N-1}}, \quad \gamma_N = \frac{U_{N-1}}{K_{N-1}}$$

则式（4-43）可写为

$$Q_N = \alpha_N + \beta_N z_1 + \gamma_N z_N \quad (4-44)$$

将式（4-44）与式（4-42）的第二个方程联立，消去 Q_N 可得

$$Q_1 = \frac{\alpha_N - S_{N-1}}{U_{N-1}} + \frac{\beta_N - T_{N-1}}{U_{N-1}}z_1 + \frac{\gamma_N}{U_{N-1}}z_N \quad (4-45)$$

令 $\alpha_1 = \dfrac{\alpha_N - S_{N-1}}{U_{N-1}}, \beta_1 = \dfrac{\beta_N - T_{N-1}}{U_{N-1}}, \gamma_1 = \dfrac{\gamma_N}{U_{N-1}}$。则式（4-45）可写为

$$Q_1 = \alpha_1 + \beta_1 z_1 + \gamma_1 z_N \quad (4-46)$$

对每一条河道，按照以上推导过程，都可以得到首端、尾端流量与水位之间的数学关系，如式（4-44）和式（4-46）所示。

3）形成求解矩阵并求解。

汊点方程的建立基于两个假定：汊点处各个汊道断面的水位相等，即 $z_i = z_j = \cdots = \bar{z}$（$i$，$j$ 表示通过汊点各个汊道断面的编号，$\bar{z}$ 为汊点处的平均水位）；汊点处的蓄水量为零，流进汊点的流量等于流出汊点的流量，即 $\sum Q_i = 0$。并且假设在不考虑汊点的蓄水量，汊点处水流平缓，不存在水位突变的情况下是适用的。

将式（4-44）、式（4-46）代入相应的汊点方程和边界方程消去其中的流量，即可得到与汊点个数相同的方程所组成的方程组。以图4-3所示的简单河网中的汊点2为例（为简单起见，假定上游流量边界给定流量过程线，下游水位边界给定水位过程线）：因汊点2与3个河段相连，所以对应的式（4-44）、式（4-46）为

$$Q_{1m} = \alpha_{1m} + \beta_{1m}Z_{11} + \gamma_{1m}Z_{1m} \quad (4-47)$$

$$Q_{31} = \alpha_{31} + \beta_{31}Z_{31} + \gamma_{31}Z_{3m} \quad (4-48)$$

$$Q_{2m} = \alpha_{2m} + \beta_{2m}Z_{21} + \gamma_{2m}Z_{2m} \quad (4-49)$$

式中，Q_{1m} 为河段一的尾断面的流量；Z_{11} 为河段一的首断面水位；其他的类推。由于采用了斯托克斯假定，因此有式（4-47）、式（4-48）、式（4-49）代入相应的汊点方程中的流量衔接方程 $\sum Q_i = 0$，即 $Q_{1m} + Q_{2m} + Q_{31} = 0$，得汊点方程：

$$\beta_{1m}Z_1 + (\gamma_{1m} - \gamma_{2m} + \gamma_{31})Z_2 + (-\beta_{2m})Z_3 + \gamma_{31}Z_4$$

$$= -\alpha_{1m} + \alpha_{2m} - \alpha_{31} \tag{4-50}$$

这样，结合给定的边界条件，对每个汊点都进行上述运算，就可得到 6 个方程，可求出 Z_1、Z_2、Z_3、Z_4、Z_5、Z_6。求出各汊点的水位后，然后代入式（4-46）求出每一河段的上游流量（河段一、二除外），最后就可按照单一河道求解方法求出河网内所有断面的水位流量。

(3) 河网模型边界条件的确定

对于边界点的水位流量关系方程需要结合给定的边界条件来确定。根据首尾断面水位流量关系，以及汊点水位和流量的假定，构成了简单河网的汊点方程组，但需要根据边界点的边界条件（水位条件、流量条件和水位—流量关系曲线）来求解该矩阵方程组。

在所有汊点和边界节点处理完成之后，可形成关于汊点和边界节点处水位的矩阵方程：

$$[A]\{z\} = \{B\} \tag{4-51}$$

以上无论是上游，还是下游边界条件，都是利用边界点的首尾断面流量水位关系方程和边界条件方程（$aZ_i + bQ_i = c$），求解河网汊点方程中的未知量。求解后可得各边界节点和汊点处的水位，这样对于每条河道，相当于每条河道的边界条件已经确定，接下来可以具体计算每条河道内节点的水文演进过程。

(4) 河道水动力模型的求解

将河网水动力模型方程求解得到的边界节点、汊点的水位流量值回代求解所有河道非线性方程组。根据求解问题的初始条件和边界条件，假设初始时刻为第 0 时刻，计算第 1 时刻方程组的解。首先根据读入的河道参数，以及初始时刻的河面水位和流量，作为首次迭代计算时的试算初值求得矩阵方程组的各项系数值，解该矩阵方程组，求得第一次迭代计算时方程组的解，并判断其是否满足迭代收敛要求；如果迭代不收敛，则以该解作为试算值再计算方程组的各项系数，并代入方程组继续迭代过程，直至矩阵方程组收敛为止，此时方程组的解即为第 1 时刻的流量和水位。第 2 时刻的流量和水位则可以第一时刻计算出来的流量和水位作为试算初值，重复以上过程解出。如此直至所有时刻计算完毕为止。

根据边界条件的形式（水位过程线、流量过程线和水位流量过程线），对非线性方程组采用追赶法求解。

4.2.2.2 河网水质数学模型求解

(1) 水质模型方程的离散

暂不考虑边界处的处理，对于水质模型的推导采用均衡域（张蔚榛，1996）中物质质量守恒的方式进行推导，引出模型方程的离散方程格式。图 4-4 为河道均衡域的溶质平衡情况。

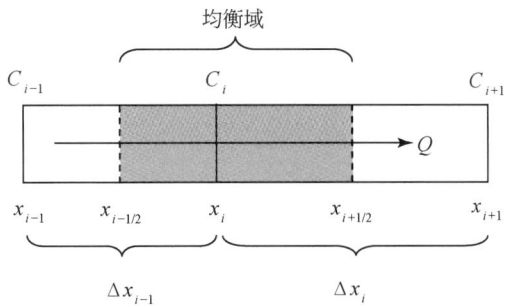

图 4-4 河道任意非边界断面均衡域示意

在均衡域内，计算时间步长 Δt 内的溶质质量的变化量为

$$\Delta m = \Delta V_i^{j+1} C_i^{j+1} - \Delta V_i^j C_i^j \tag{4-52}$$

$$\Delta V_i = \frac{1}{8}(A_{i-1} + 3A_i)\Delta x_{i-1} + \frac{1}{8}(3A_i + A_{i+1})\Delta x_i \tag{4-53}$$

式中，C 为污染物浓度（mg/L）；A 为河道断面面积（m²）；ΔV 均衡域的体积（m³）。其中，i 为计算节点编号；j 为前一个计算时刻，$j+1$ 为当前计算时刻。

同时，相应计算时间步长 Δt 内各溶质质量的变化项包括对流与弥散 Δm_Q、侧向汇入 Δm_L 和生化反应降解 Δm_K 引起污染物的通量变化。

从溶质平衡的角度考虑，计算时间步长 Δt 内均衡域中溶质质量的变化量应该等于进、出该均衡域中所有量之和，即

$$\Delta m = \Delta m_Q + \Delta m_L + \Delta m_K \tag{4-54}$$

亦即

$$\frac{\Delta V_i^{j+1} C_i^{j+1} - \Delta V_i^j C_i^j}{\Delta t} = \left\{ C_{i-1}^{j+1}\left[\theta_u Q_{i-1/2}^{j+1} + \frac{A_{i-1/2}^{j+1} E_{i-1/2}^{j+1}}{\Delta x_{i-1}} \right] + C_i^{j+1}\left[(1-\theta_u)Q_{i-1/2}^{j+1} - \theta_u Q_{i+1/2}^{j+1} \right.\right.$$
$$\left.\left. - \frac{A_{i-1/2}^{j+1} E_{i-1/2}^{j+1}}{\Delta x_{i-1}} - \frac{A_{i+1/2}^{j+1} E_{i+1/2}^{j+1}}{\Delta x_i} \right] + C_{i+1}^{j+1}\left[-(1-\theta_u)Q_{i+1/2}^{j+1} + \frac{A_{i+1/2}^{j+1} E_{i+1/2}^{j+1}}{\Delta x_i} \right] \right\}$$
$$+ \left(\frac{\Delta x_{i-1}}{2} + \frac{\Delta x_i}{2} \right) q_i C_q^i + (-u_1 \Delta V_i^{j+1} C_i^{j+1} - u_0 \Delta V_i^{j+1}) \tag{4-55}$$

整理得

$$C_{i-1}^{j+1}\left[\theta_u Q_{i-1/2}^{j+1} + \frac{A_{i-1/2}^{j+1} E_{i-1/2}^{j+1}}{\Delta x_{i-1}} \right] + C_i^{j+1}\left[(1-\theta_u)Q_{i-1/2}^{j+1} - \theta_u Q_{i+1/2}^{j+1} - \frac{A_{i-1/2}^{j+1} E_{i-1/2}^{j+1}}{\Delta x_{i-1}} \right.$$
$$\left. - \frac{A_{i+1/2}^{j+1} E_{i+1/2}^{j+1}}{\Delta x_i} - \frac{\Delta V_i^{j+1}}{\Delta t} - u_1 \Delta V_i^{j+1} \right] + C_{i+1}^{j+1}\left[-(1-\theta_u)Q_{i+1/2}^{j+1} + \frac{A_{i+1/2}^{j+1} E_{i+1/2}^{j+1}}{\Delta x_i} \right]$$
$$= -\frac{\Delta V_i^{j+1}}{\Delta t} C_i^j + u_0 \Delta V_i^{j+1} - \left(\frac{\Delta x_{i-1}}{2} + \frac{\Delta x_i}{2} \right) q_i C_q^i \tag{4-56}$$

亦即

$$D_i C_{i-1}^{j+1} + B_i C_i^{j+1} + U_i C_{i+1}^{j+1} = F_i \quad i = 2, 3, \cdots, n-1 \tag{4-57}$$

其中：

$$D_i = \theta_u Q_{i-1/2}^{j+1} + \frac{A_{i-1/2}^{j+1} E_{i-1/2}^{j+1}}{\Delta x_{i-1}} \quad (4\text{-}58)$$

$$B_i = (1-\theta_u) Q_{i-1/2}^{j+1} - \theta_u Q_{i+1/2}^{j+1} - \frac{A_{i-1/2}^{j+1} E_{i-1/2}^{j+1}}{\Delta x_{i-1}} - \frac{A_{i+1/2}^{j+1} E_{i+1/2}^{j+1}}{\Delta x_i} - \frac{\Delta V_i^{j+1}}{\Delta t} - u_1 \Delta V_i^{j+1} \quad (4\text{-}59)$$

$$U_i = -(1-\theta_u) Q_{i+1/2}^{j+1} + \frac{A_{i+1/2}^{j+1} E_{i+1/2}^{j+1}}{\Delta x_i} \quad (4\text{-}60)$$

$$F_i = -\frac{\Delta V_i^{j+1}}{\Delta t} C_i^j + u_0 \Delta V_i^{j+1} - \left(\frac{\Delta x_{i-1}}{2} + \frac{\Delta x_i}{2}\right) q_i C_q^i \quad (4\text{-}61)$$

$$A_{i-1/2}^{j+1} = (A_{i-1}^{j+1} + A_i^{j+1})/2 \quad (4\text{-}62)$$

$$A_{i+1/2}^{j+1} = (A_i^{j+1} + A_{i+1}^{j+1})/2 \quad (4\text{-}63)$$

$$E_{i-1/2}^{j+1} = (E_{i-1}^{j+1} + E_i^{j+1})/2 \quad (4\text{-}64)$$

$$E_{i+1/2}^{j+1} = (E_i^{j+1} + E_{i+1}^{j+1})/2 \quad (4\text{-}65)$$

$$Q_{i-1/2}^{j+1} = (Q_{i-1}^{j+1} + Q_i^{j+1})/2 \quad (4\text{-}66)$$

$$Q_{i+1/2}^{j+1} = (Q_i^{j+1} + Q_{i+1}^{j+1})/2 \quad (4\text{-}67)$$

式中，θ_u 为上风因子，满足 $0 \leq \theta_u \leq 1$。当 $Q_{i-1/2}^{j+1} > 0$ 时，取 $\theta_u \geq 1/2$；当 $Q_{i-1/2}^{j+1} \leq 0$ 时，取 $\theta_u \leq 1/2$。若当 $Q_{i-1/2}^{j+1} > 0$ 时，取 $\theta_u = 1$（或当 $Q_{i-1/2}^{j+1} \leq 0$ 时，取 $\theta_u = 0$）时，则为完全上风格式。

对于边界情况，$i=1$ 或 $i=n$，参见前述河网模型边界条件的确定一节。当断面均匀，且空间步长相等时，则可同时约去 $A_i \Delta x_i$。

对每个节点均形成以上方程，联立则可形成三对角矩阵方程组：

$$[G]\{C\} = \{g\} \quad (4\text{-}68)$$

（2）河网水质模型离散方程的求解

河网的水质模拟，与河道水质模拟最大的区别在于汊点的水质模拟。如图 4-5 所示。

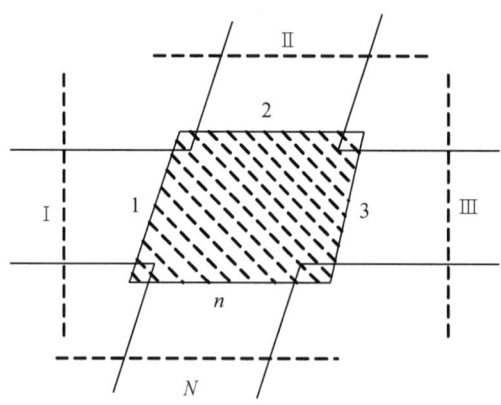

图 4-5 交叉口控制体积示意图

注：n 表示汇入与流出汊点的河道数量；N 表示相应河道汊点口的断面。

考虑交叉口控制体积内污染物的对流输运和污染源排放，并在交叉口引入均匀混合假设（褚君达和徐惠慈，1992），即流入交叉口水体中的污染物在交叉口充分混合，水质达到均匀状态，所有交叉口出流断面的污染物浓度相等。

设交叉口连有 m 条单一河道，其中流入交叉口的河道 m_1 条，流出河道 m_2 条，m_1、m_2 随流场变化而变化。从时刻 $n\Delta t$ 到 $(n+1)\Delta t$，若交叉口本身具有调蓄作用，则

$$\sum_{i=1}^{m_1} Q_{\text{in},i} C_{\text{in},i} - \sum_{i=m_1+1}^{m} Q_{\text{out},i} C_{\text{out},i} = \Delta t (\Omega_N C_N - \Omega_N^j C_N^j e^{-K\Delta t}) - S_N \tag{4-69}$$

$$C_{\text{out},i} = C_N, \quad i = m_1 + 1, m_2 + 1, \cdots, m \tag{4-70}$$

当交叉口调蓄作用可忽略时，有

$$\Omega_N = 0 \tag{4-71}$$

$$\sum_{i=1}^{m_1} Q_{\text{in},i} C_{\text{in},i} - \sum_{i=m_1+1}^{m} Q_{\text{out},i} C_{\text{out},i} = -S_N \tag{4-72}$$

式中，$C_{\text{out},i}$ 为流出交叉口的第 i 条河道与该交叉口相邻断面的污染物浓度（mg/L）；$C_{\text{in},i}$ 为流入交叉口的第 i 条河道与该交叉口相邻断面的污染物浓度（mg/L）；Q 为相应的流量（m³/s）；Ω_N 为交叉口体积（m³）；C_N 为交叉口污染物浓度（mg/L）；S_N 为排入交叉口的污染源（g/s）。

（3）河道水质模型离散方程的求解

针对河道划分的单元体，分别对起始和终端的单元体取半个河段作为均衡域，根据相应采用的边界类型（一类、二类和三类边界）进行溶质均衡分析，可得形如（4-57）的方程。根据综合水质模型的特点，针对模型中每一个方程按照均衡域内物质守恒原理进行离散，可以得到相应的矩阵方程组。从而对于每一个方程都可以形成一个完整的求解矩阵，应用追赶法求解。

4.2.2.3　河网水动力与水质模型程序的实现

从以上叙述中可看出求解步骤为：①将每河段的圣维南方程组隐式差分得河段方程；②将每一河段的河段方程依次消元求出首尾断面的水位流量关系式；③将上步求出的关系式代入汊点连接方程和边界方程得到以各汊点水位（下游已知水位的边界汊点除外）为未知量的求解矩阵；④求解此矩阵得各汊点的水位；⑤将汊点水位代得汊点各断面的流量；⑥回代河段方程得所有断面的水位流量。

编制程序时给定汊点和边界节点的判断标志，将与汊点所连接的每个河段编号进行识别，并且需要对连接河段端节点的初始上下游统一识别，从而形成一个完整有序的河网拓扑结构。

4.2.2.4　湖泊水力数学模型求解

目前，对于二维浅水方程的求解研究较多，提出的方法也不少。尽管对于单一的水动力方程或者单一的水质方程某个方法应用较好，且在精细模拟和解的精度上都有优势，但是对于解决区域性的问题效率太低，而且在结果分析上也不能凸显其精确。因此，对于应用平面二维浅水方程（包括水动力和水质模型方程）来描述区域性的水环境问题，选择有限元法求解。运用有限元法求解平面二维浅水方程数学模型的基本步骤为：①剖分研究

域、构造试探解；②构造基函数；③等效积分的弱形式；④建立有限元方程；⑤有限元方程的求解；⑥解的应用分析。

（1）湖泊水动力模型方程

在任意单元中，对水流连续方程和运动方程中的变量用插值函数近似表示，将权函数代入方程，可得积分方程为

$$\iint_\Omega \left[\frac{\partial Z}{\partial t} + \frac{\partial(uh)}{\partial x} + \frac{\partial(vh)}{\partial y} - q\right]_j N_i d\Omega = 0 \quad (4\text{-}73)$$

$$\iint_\Omega \left[\frac{\partial u}{\partial t} + u\frac{\partial u}{\partial x} + v\frac{\partial u}{\partial y} + g\frac{\partial z}{\partial x} - fv - \frac{\tau_{wx}}{\rho} + \frac{\tau_{bx}}{\rho}\right] N_i d\Omega = 0 \quad (4\text{-}74)$$

$$\iint_\Omega \left[\frac{\partial v}{\partial t} + u\frac{\partial v}{\partial x} + v\frac{\partial v}{\partial y} + g\frac{\partial z}{\partial y} + fu - \frac{\tau_{wy}}{\rho} + \frac{\tau_{by}}{\rho}\right] N_i d\Omega = 0 \quad (4\text{-}75)$$

将试探解代入式（4-73）~式（4-75）中，并进行积分整理可得

$$\iint_\Omega \left[N_j \frac{dZ_j}{dt} + (uh)_j \frac{\partial N_j}{\partial x} + (vh)_j \frac{\partial N_j}{\partial y} - q\right]_j N_i d\Omega = 0 \quad (4\text{-}76)$$

$$\iint_\Omega \left[N_j \frac{du_j}{dt} + u_k N_k u_j \frac{\partial N_j}{\partial x} + v_k N_k u_j \frac{\partial N_j}{\partial y} + gZ_j \frac{\partial N_j}{\partial x}\right] N_i d\Omega$$

$$+ \iint_\Omega \left[-fv_j N_j - \frac{\tau_{wx}}{\rho} + (c_b u \sqrt{u^2+v^2})_j N_j\right] N_i d\Omega = 0 \quad (4\text{-}77)$$

$$\iint_\Omega \left[N_j \frac{dv_j}{dt} + u_k N_k v_j \frac{\partial N_j}{\partial x} + v_k N_k v_j \frac{\partial N_j}{\partial y} + gZ_j \frac{\partial N_j}{\partial y}\right] N_i d\Omega$$

$$+ \iint_\Omega \left[-fu_j N_j - \frac{\tau_{wy}}{\rho} + (c_b v \sqrt{u^2+v^2})_j N_j\right] N_i d\Omega = 0 \quad (4\text{-}78)$$

式中，i，j，$k=1$，2，$\cdots$，N_p（N_p 为单元节点数），是节点在计算单元内的编号。

将式（4-76）~式（4-78）进行分部积分，并运用 Green 公式进行化简，可得水动力连续方程和运动方程的等效积分弱形式：

$$\iint_\Omega \left[-N_i N_j \frac{dZ_j}{dt} + (uh)_j N_j \frac{\partial N_i}{\partial x} + (vh)_j N_j \frac{\partial N_i}{\partial y} - qN_i\right]_j dxdy$$

$$= \int_\Gamma \left[(hu)_j N_j N_i + (hv)_j N_j N_i\right] d\Gamma \quad (4\text{-}79)$$

$$\iint_\Omega \left[N_i N_j \frac{du_j}{dt} - u_k u_j N_k N_j \frac{\partial N_i}{\partial x} - v_k u_j N_k N_j \frac{\partial N_i}{\partial y} - gZ_j N_j \frac{\partial N_i}{\partial x} + (c_b u \sqrt{u^2+v^2})_j N_i N_j\right.$$

$$\left. - fv_j N_j\right] dxdy = \iint_\Omega \left(\frac{\tau_{wx}}{\rho} N_j - u_k u_j N_k \frac{\partial N_i N_j}{\partial x} - v_k u_j N_k \frac{\partial N_i N_j}{\partial y} - gZ_j \frac{\partial N_i N_j}{\partial x}\right) dxdy \quad (4\text{-}80)$$

$$\iint_\Omega \left[N_i N_j \frac{dv_j}{dt} - u_k v_j N_k N_j \frac{\partial N_i}{\partial x} - v_k v_j N_k N_j \frac{\partial N_i}{\partial y} - gZ_j N_j \frac{\partial N_i}{\partial x} + (c_b u \sqrt{u^2+v^2})_j N_i N_j\right.$$

$$\left. + fu_j N_j\right] dxdy = \iint_\Omega \left(\frac{\tau_{wx}}{\rho} N_j - u_k v_j N_k \frac{\partial N_i N_j}{\partial x} - v_k v_j N_k \frac{\partial N_i N_j}{\partial y} - gZ_j \frac{\partial N_i N_j}{\partial x}\right) dxdy \quad (4\text{-}81)$$

（2）湖泊水动力模型的有限元方程

将式（4-79）~式（4~81）整理变形即可得有限元方程

$$A_{ij}\frac{\mathrm{d}Z_j}{\mathrm{d}t} = B1_{ij}(hu)_j + C2_{ij}(hv)_j - S1_{ij} \tag{4-82}$$

$$A_{ij}\frac{\mathrm{d}u_j}{\mathrm{d}t} = B2_{ijk}u_ju_k + C2_{ijk}u_jv_k + gD2_{ij}Z_j - A_{ij}(c_b u\sqrt{u^2+v^2}) + fE2_{ij}v_j + S2_{ij} \tag{4-83}$$

$$A_{ij}\frac{\mathrm{d}v_j}{\mathrm{d}t} = B2_{ijk}u_kv_j + C2_{ijk}v_jv_k + gD2_{ij}Z_j - A_{ij}(c_b u\sqrt{u^2+v^2}) - fE2_{ij}u_j + S3_{ij} \tag{4-84}$$

式中，

$$A_{ij} = \iint_\Omega N_i N_j \mathrm{d}x\mathrm{d}y \tag{4-85}$$

$$B1_{ij} = \iint_\Omega \left(N_j \frac{\partial N_i}{\partial x}\right) \mathrm{d}x\mathrm{d}y \tag{4-86}$$

$$C1_{ij} = \iint_\Omega \left(N_j \frac{\partial N_i}{\partial y}\right) \mathrm{d}x\mathrm{d}y \tag{4-87}$$

$$S1_{ij} = \iint_\Omega qN_i \mathrm{d}x\mathrm{d}y + \int_\Gamma \left[(hu)_j N_i N_j + (hv)_j N_i N_j\right] \mathrm{d}\Gamma \tag{4-88}$$

$$B2_{ijk} = \iint_\Omega \left(N_k \frac{\partial N_i}{\partial x}\frac{\partial N_j}{\partial x}\right) \mathrm{d}x\mathrm{d}y \tag{4-89}$$

$$C2_{ijk} = \iint_\Omega \left(N_k \frac{\partial N_i}{\partial y}\frac{\partial N_j}{\partial y}\right) \mathrm{d}x\mathrm{d}y \tag{4-90}$$

$$D2_{ij} = \iint_\Omega \left(\frac{\partial N_i}{\partial x}\frac{\partial N_j}{\partial x}\right) \mathrm{d}x\mathrm{d}y \tag{4-91}$$

$$E2_{ij} = \iint_\Omega N_i \mathrm{d}x\mathrm{d}y \tag{4-92}$$

$$S2_{ij} = \iint_\Omega N_i \mathrm{d}x\mathrm{d}y \cdot \frac{\tau_{wx}}{\rho} \tag{4-93}$$

$$S2_{ij} = \iint_\Omega N_i \mathrm{d}x\mathrm{d}y \cdot \frac{\tau_{wy}}{\rho} \tag{4-94}$$

根据有限元总体合成的方法，在计算域内对单元系数进行累加，即得总体有限元方程。应用选定的插值函数，代入总体方程的系数表达式，可得总体方程的系数矩阵，然后对方程进行求解，便可得计算域内各节点的变量函数值。

4.2.2.5 湖泊水质数学模型求解

(1) 湖泊水质模型方程

由于水动力模型方程可以先求出 H，因此，与水流有关的变量如 u、v 是已知的。构造水质模型方程的残差式，有

$$R(x,y,t) = \frac{\partial \overline{C}}{\partial t} + \frac{\partial}{\partial x}(u\overline{C}) + \frac{\partial}{\partial y}(v\overline{C}) - \frac{\partial}{\partial x}\left(E_x \frac{\partial \overline{C}}{\partial x}\right) - \frac{\partial}{\partial y}\left(E_y \frac{\partial \overline{C}}{\partial y}\right) + \sum S_i + F(C) \tag{4-95}$$

式中，$\overline{C}$ 为试探解。

将权函数代入上式可以得到 m 个方程

$$\iint_{\bar{G}} R(x, y, t) N_j(x, y) \mathrm{d}x\mathrm{d}y = 0, \quad j = 1, 2, \cdots, m \tag{4-96}$$

即

$$\iint_{\bar{G}} \left(\frac{\partial \bar{C}}{\partial t} + \frac{\partial}{\partial x}(u\bar{C}) + \frac{\partial}{\partial y}(v\bar{C}) - \frac{\partial}{\partial x}\left(E_x \frac{\partial \bar{C}}{\partial x}\right) - \frac{\partial}{\partial y}\left(E_y \frac{\partial \bar{C}}{\partial y}\right) - I \right) N_j(x,y) \mathrm{d}x\mathrm{d}y = 0 \tag{4-97}$$

式中,$I = \sum S_i + F(\bar{C})$,也即

$$\iint_{\bar{G}} \frac{\partial \bar{C}}{\partial t} N_j \mathrm{d}x\mathrm{d}y = \iint_{\bar{G}} \left[\frac{\partial}{\partial x}\left(E_x \frac{\partial \bar{C}}{\partial x}\right) + \frac{\partial}{\partial y}\left(E_y \frac{\partial \bar{C}}{\partial y}\right) \right] N_j \mathrm{d}x\mathrm{d}y$$
$$- \iint_{\bar{G}} \left[\frac{\partial}{\partial x}(u\bar{C}) + \frac{\partial}{\partial y}(v\bar{C}) \right] N_j \mathrm{d}x\mathrm{d}y + \iint_{\bar{G}} I N_j \mathrm{d}x\mathrm{d}y \tag{4-98}$$

令 $T_I = \iint_{\bar{G}} \frac{\partial \bar{C}}{\partial t} N_j \mathrm{d}x\mathrm{d}y$,$F_I = \iint_{\bar{G}} I N_j \mathrm{d}x\mathrm{d}y$,逐个节点建立有限元方程,$j = 1, 2, \cdots, m$,考虑 j 为内部节点或三类边界点,对离散和对流项分部积分(如果 j 为二类边界节点则仅对离散项分部积分),可得

$$T_I = \iint_{\bar{G}} \left[\frac{\partial}{\partial x}\left(N_j E_x \frac{\partial C}{\partial x}\right) + \frac{\partial}{\partial y}\left(N_j E_y \frac{\partial C}{\partial y}\right) \right] \mathrm{d}x\mathrm{d}y - \iint_{\bar{G}} \left[E_x \frac{\partial C}{\partial x} \frac{\partial N_j}{\partial x} + E_y \frac{\partial C}{\partial y} \frac{\partial N_j}{\partial y} \right] \mathrm{d}x\mathrm{d}y$$
$$- \iint_{\bar{G}} \left[\frac{\partial}{\partial x}(uCN_j) + \frac{\partial}{\partial y}(vCN_j) \right] \mathrm{d}x\mathrm{d}y + \iint_{\bar{G}} \left[u \frac{\partial N_j}{\partial x} \frac{\partial C}{\partial x} + v \frac{\partial N_j}{\partial y} \frac{\partial C}{\partial y} \right] \mathrm{d}x\mathrm{d}y + F_I \tag{4-99}$$

应用格林公式于(4-99)式右端第一和第三项可以将这两个积分转化为沿边界的积分。将右端第二和第四项移到方程的左侧,并将两个线积分合并,得

$$T_I + \iint_{\bar{G}} \left[E_x \frac{\partial C}{\partial x} \frac{\partial N_j}{\partial x} + E_y \frac{\partial C}{\partial y} \frac{\partial N_j}{\partial y} \right] \mathrm{d}x\mathrm{d}y - \iint_{\bar{G}} \left[u \frac{\partial N_j}{\partial x} \frac{\partial C}{\partial x} + v \frac{\partial N_j}{\partial y} \frac{\partial C}{\partial y} \right] \mathrm{d}x\mathrm{d}y$$
$$= \int_{\Gamma} \left\{ \left[E_x \frac{\partial C}{\partial x} + E_y \frac{\partial C}{\partial y} \right] - [uC + vC] \right\} N_j \mathrm{d}\Gamma + F_I \tag{4-100}$$

考虑沿边界的积分 $\int_{\Gamma} \cdots \mathrm{d}s = \int_{\Gamma_1} \cdots \mathrm{d}s + \int_{\Gamma_2} \cdots \mathrm{d}s + \int_{\Gamma_3} \cdots \mathrm{d}s$,当 j 为内部节点时,$N_j|_{\Gamma} = 0$,$\int_{\Gamma} \cdots \mathrm{d}s = 0$;当 j 为三类边界节点时,$N_j|_{\Gamma_1, \Gamma_2} = 0$,$\int_{\Gamma_1} \cdots \mathrm{d}s + \int_{\Gamma_2} \cdots \mathrm{d}s = 0$,且 $\int_{\Gamma_3} \cdots \mathrm{d}s = g(x, y, t)$ 在三类边界上,进入研究域的对流离散通量已知,为 $g(x,y,t)$。三类边界条件:

$$\left[D_{xx} \frac{\partial C}{\partial x} \cos(n,x) + D_{yy} \frac{\partial C}{\partial y} \cos(n,y) - u_x C \cos(n,x) - u_y C \cos(n,y) \right] \bigg|_{\Gamma_3} = g(x,y,t)$$

代入得微分方程的等效积分弱形式

$$\iint_{\bar{G}} \frac{\partial C}{\partial t} N_j \mathrm{d}x\mathrm{d}y + \iint_{\bar{G}} \left[D_x \frac{\partial C}{\partial x} \frac{\partial N_j}{\partial x} + D_y \frac{\partial C}{\partial y} \frac{\partial N_j}{\partial y} \right] \mathrm{d}x\mathrm{d}y - \iint_{\bar{G}} \left[u_x C \frac{\partial N_j}{\partial x} + u_y C \frac{\partial N_j}{\partial y} \right] \mathrm{d}x\mathrm{d}y$$
$$= \int_{\Gamma_3} g N_j \mathrm{d}s + \iint_{\bar{G}} I N_j \mathrm{d}x\mathrm{d}y \tag{4-101}$$

式中，j 为内部节点或三类边界节点。

（2）湖泊水质模型的有限元方程

把试探解

$$\bar{C}(x, y, t) = \sum_{i=1}^{N_p} N_i(x, y) C_i(t) \tag{4-102}$$

代入式（4-101），并交换积分与求和的顺序，注意 $N_i(x, y)$ 与 t 无关，$C_i(t)$ 与 (x, y) 无关，得

$$\sum_{i=1}^{N_p} \left(\iint_{\bar{G}} N_i N_j \mathrm{d}x\mathrm{d}y \right) \frac{\mathrm{d}C_i(t)}{\mathrm{d}t} + \sum_{i=1}^{N_p} \iint_{\bar{G}} \left(E_x \frac{\partial N_i}{\partial x} \frac{\partial N_j}{\partial x} + E_y \frac{\partial N_i}{\partial y} \frac{\partial N_j}{\partial y} \right) \mathrm{d}x\mathrm{d}y C_i(t)$$

$$+ \sum_{i=1}^{N_p} \iint_{\bar{G}} \left(-uN_i \frac{\partial N_j}{\partial x} - vN_i \frac{\partial N_j}{\partial y} \right) \mathrm{d}x\mathrm{d}y C_i(t) = \int_{\Gamma_3} gN_j \mathrm{d}s + \iint_{\bar{G}} IN_j \mathrm{d}x\mathrm{d}y \tag{4-103}$$

令

$$A_{i,j} = D_{i,j} + U_{i,j} \tag{4-104}$$

$$M_{i,j} = \iint_{\bar{G}} N_i N_j \mathrm{d}x\mathrm{d}y \tag{4-105}$$

$$D_{i,j} = \iint_{\bar{G}} \left(E_x \frac{\partial N_i}{\partial x} \frac{\partial N_j}{\partial x} + E_y \frac{\partial N_i}{\partial y} \frac{\partial N_j}{\partial y} \right) \mathrm{d}x\mathrm{d}y \tag{4-106}$$

$$U_{i,j} = \iint_{\bar{G}} - \left(uN_i \frac{\partial N_j}{\partial x} + vN_i \frac{\partial N_j}{\partial y} \right) \mathrm{d}x\mathrm{d}y \tag{4-107}$$

$$F_j = \int_{\Gamma_3} gN_j \mathrm{d}s + \iint_{\bar{G}} IN_j \mathrm{d}x\mathrm{d}y \tag{4-108}$$

当 j 为二类边界节点时，

$$U_{i,j} = \iint_{\bar{G}} \left(\frac{\partial uN_i}{\partial x} + \frac{\partial vN_i}{\partial y} \right) N_j \mathrm{d}x\mathrm{d}y \tag{4-109}$$

$$F_j = \int_{\Gamma_2} fN_j \mathrm{d}s + \iint_{\bar{G}} I_M N_j \mathrm{d}x\mathrm{d}y \tag{4-110}$$

其余不变，得

$$\sum_{i=1}^{N_p} \left[M_{i,j} \frac{\mathrm{d}C_i(t)}{\mathrm{d}t} + A_{i,j} C_i(t) \right] = F_j \quad (j = 1, 2, \cdots, m) \tag{4-111}$$

初始条件变为

$$C_i(t) \big|_{t=0} = C_0(x_i, y_i) \quad (i = 1, 2, \cdots, N_p) \tag{4-112}$$

方程（4-111）中关于时间的导数用差分近似。将 $0 \sim t$ 时间分成 N_t 个时间步，用 k 来计数，$\Delta t_{k+1} = t_{k+1} - t_k$，其中，$t_{k+1}$ 和 t_k 为 $k+1$ 和 k 时间步所对应的时间。在方程（4-109）中简单地用差分代替导数，并使用隐式差分格式，整理可得

$$\sum_{i=1}^{N_p} \left(\frac{M_{i,j}}{\Delta t_{k+1}} + A_{i,j} \right) C_i^{k+1} = F_j + \sum_{i=1}^{N_p} \frac{M_{i,j}}{\Delta t_{k+1}} C_i^k$$

$$(j = 1, 2, \cdots, m; k = 0, 1, 2, \cdots, N_t - 1) \tag{4-113}$$

这就是平面二维地表水问题的有限元方程，使用隐式差分得到的有限元方程是无条件收敛的。式中，C_i^{k+1} 为 $k+1$ 时间步的待求浓度；C_i^k 为 k 时间步的已知浓度。当 $k = 0$ 时，C_i^k 用初始条件代入，$C_i^k = C_0(x_i, y_i)$，其中 $C_0(x_i, y_i)$ 为初始条件在 i 节点处的值。

上面方程中，$M_{i,j}$、$A_{i,j}$ 和 F_j 等都是已知的系数，只有 C_i 是待求的节点浓度。对于给定 i 而言，有限元方程是线性方程组。有 m 个未知数（虽然方程左端有 N_p 个浓度值，但只有 m 个是未知的），m 个方程。求解之得节点上的浓度，问题得解。对于落在一类边界上的节点，其浓度由边界条件（4-113）确定，是已知的，表示为

$$C_i^{k+1} = C_{1i}^{k+1} \quad (i = m+1, m+2, \cdots, N_p) \tag{4-114}$$

由于我们首先对需要求浓度的节点进行连续编号，为 m 个，所以从 $m+1$ 到 N_p 的各节点上的浓度是已知的。对于这种编号方法，式（4-113）可以改写成左端为待求量、右端为已知量的形式：

$$\sum_{i=1}^{m}\left(\frac{M_{i,j}}{\Delta t_{k+1}} + A_{i,j}\right)C_i^{k+1} = F_j + \sum_{i=1}^{N_p}\frac{M_{i,j}}{\Delta t_{k+1}}C_i^k - \sum_{i=m+1}^{N_p}\left(\frac{M_{i,j}}{\Delta t_{k+1}} + A_{i,j}\right)C_i^{k+1}$$

$$(j = 1, 2, \cdots, m; \ k = 0, 1, 2, \cdots, N_t - 1) \tag{4-115}$$

或者，简写为

$$\left\{\frac{1}{\Delta t}[M] + [D] + [U]\right\}\{C\} = \{F\} \tag{4-116}$$

式中，$[M]$ 为质量矩阵；$[D]$ 为离散矩阵；$[U]$ 为对流矩阵；$\{C\}$ 为浓度列向量；$\{F\}$ 为右端项列向量。

4.2.2.6 有限元方程组的求解

由水动力学模型进行有限元法求解形成的方程组可知，该有限元方程组是非线性系数矩阵方程组，可以采用显格式、隐格式和显隐交替格式进行求解。

由水质模型的有限元方程组可知，该方程组是一个线性代数方程组，可以表示为 $[a]\{C\} = \{b\}$。通过求解线性方程组，得节点上的污染物浓度。虽然有限元方程组有 m 个未知量，但就每一个方程而言，绝大部分未知量的系数都为零，系数矩阵 $[a]$ 是高度稀疏的。但是，由于有对流项的存在，系数矩阵不再是对称正定的，所以要使用非对称正定线性方程组的求解方法求解。

4.2.2.7 模型的联解

1D-2D 综合模拟的主要优点在于它使得模型的情况接近于实际的物理行为，更加接近自然状态。而且，采用 1D-2D 结合进行模拟时，往往允许有比纯 2D 模拟大得多的网格单元。能根据实际分析需要进行空间网格的剖分。相关研究实践证明（吴作平等，2003；胡四一等，2002；赖锡军和汪德爟，2002），1D-2D 组合模拟在这种情况下常常具有优势。

目前，一、二维模型耦合一般是在连接断面处，根据两种模型模拟的水位、流量相等的条件，实现联合求解。在连接断面处设置过渡单元实现这一耦合，过渡单元为一维模型

单元与二维模型单元的连接单元，呈"T"形，由 5 个计算节点组成，如图 4-6 所示。

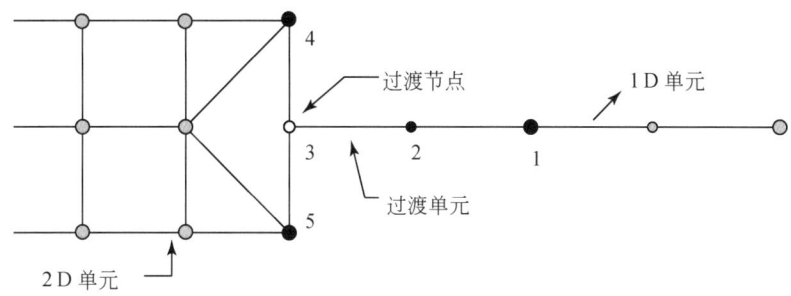

图 4-6　一维与二维连接单元结构图

根据单元的特点，在动量和质量守恒上采用相关假定和过渡约束，如表 4-2 所示。

表 4-2　一维与二维组合计算的相关假定和过渡约束

维数	假定	过渡约束
1D	横向流速的量级和方向一致	图 4-6 中 3、4 和 5 节点的流速方向必须一致。因此，岸线边界节点 4 和 5 必须是近似平行的
1D	梯形形状断面水深一致	二维单元中的 4 和 5 节点定义的断面也必须水深一致
2D	垂直的侧面边界墙	给定节点 3 的一维参数时，边坡必须为零
2D	过渡的宽度由节点 4 和 5 的距离决定	在节点 3 初始的宽度必须给定

4.3　基于物质平衡原理的流域水质模拟

本模型将流域水污染物过程概化为污染物产生、入河及其在河道中的迁移转化三个过程，分别与水循环的产流、坡面汇流、河道汇流过程紧密联系。模型总体框架如图 4-7 所示。

4.3.1　流域水质模型的基本要求

我国的监测手段还不够完善，没有能力对所有污染项目和指标进行连续监测。因此，对于大流域的水质模拟，要回答国家目标的重大问题，以传统指标（COD、NH_3-N 等）为模拟对象，需要建立大流域尺度的描述流域水污染过程的流域水质模型作为技术支撑。在此背景下，流域水质模型的研发首先需要满足以下要求。

（1）封闭流域

根据地形条件，每条河流都有自己的汇水区域，大流域可以按照水系等级分成数个二级子流域，二级子流域又可以分成三级子流域，以此类推。流域的上下游、左右岸有着十分密切的关系，流域内局部行政区或部分流域的控制措施，往往受全流域内其他部分的影响和制约，所以要真正实现流域水资源水环境的综合管理，必须从全流域的角度开展流域

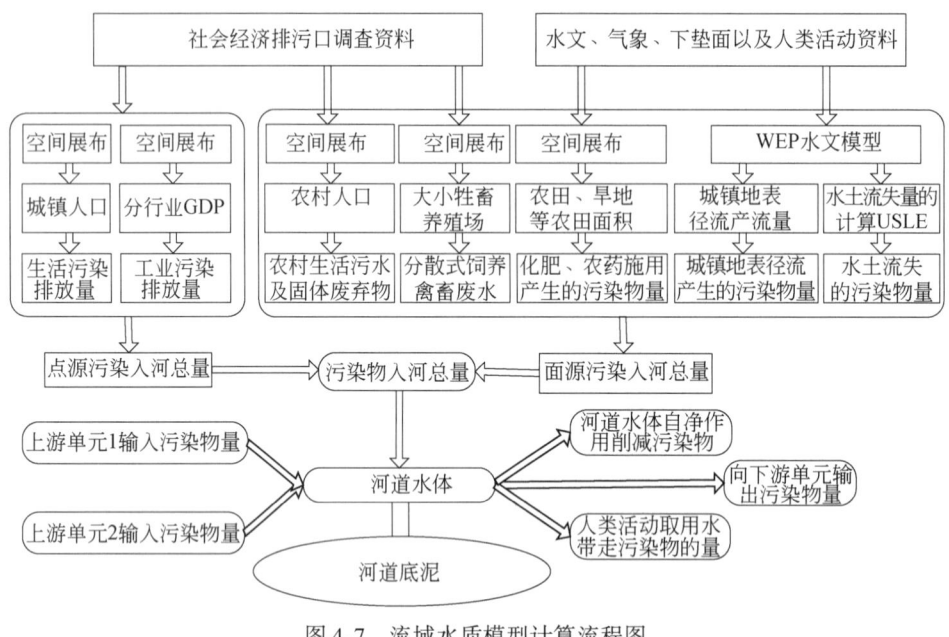

图 4-7 流域水质模型计算流程图

水质模型的研发。

（2）过程完整

由于水污染的产生、入河及迁移转化的时间过程与空间分布极其复杂，只有部分河道有月尺度的水质监测，没有对污染源、底泥等各环节的监测，容易产生模型的"异参同效"现象。特别是在缺水地区，由于人类活动的取用水过程通常只有行政单元的逐年或者每五年更新一次的数据，在平原区又有很多水库、闸坝的调度，调度随意性大，使得水量过程的模拟非常困难，相应水质过程模拟难度更大。由于流域模拟的时间空间尺度相对较大，所以要满足总量控制的总体目标，对流域水质状况模拟出总体趋势和分布即可。

（3）合乎机理

流域水质模型要完成水环境承载力、水环境容量的计算，需要结合水功能区的要求，模拟在不同的污染排放条件下的河道水质状况，所以不但流域的污染负荷要估算准确，河道水质浓度的模拟也很重要，这是河道水功能区达标的前提。如果某水功能区现状水质严重不达标，不能满足水功能区要求，而水质模型误差较大，对现状的模拟结果显示河道水质已经达到水功能区要求，那么该模型就无法制定污染物的削减规划。所以要求流域水质模型必须以机理为基础，关键的控制断面和管理单元要能满足一定的精度要求。

4.3.2 污染物入河量的估算

污染物入河量的计算是水质模型计算的前提，前面已介绍了污染物产生量的计算。由于各种各样的原因，污染物在进入河道之前，一部分暂时储存在土壤中转化为其他类型的污染物，另一部分进入污水处理厂等。准确估算污染物入河量是水质模拟的重要前提。现行估算通常采用入河系数法，即污染物的入河量由污染物的产生量乘以入河系数得到。入河量可以由以下公式推求：

$$W_e = W_i \times p_i \times (1 - f_i) \qquad (4\text{-}117)$$

式中，W_e 为污染物入河量；W_i 为污染物产生量；p_i 为路径比例系数；f_i 为污水处理率；i 为不同类型的污染物编号。

（1）点源污染负荷入河量

按照传统水资源综合规划的污染源调查评价方法，对于全年期，点源污染负荷入河量由点源污染产生量乘以入河系数计算。污染源所排放的污染物，仅有一部分能最终流入江河水域，进入河流的污染物量占污染物排放总量的比例即为污染物入河系数。对于入河系数，国内也有大量学者开展了研究（郝芳华等，2006a；程红光等，2006）。

本模型立足于大流域水质模型，由于流域范围较大，难以统计所有排污口的信息，但是不完全的排污口调查，特别是一些大的排污口对水质模拟又非常重要，故本书采用了近似的处理，既使用了排污口的信息，又不至于重复计量。

根据土地利用、人口 GDP 的分布可推求模型各个计算单元的污染物入河量，将推求入河量与已有的排污口调查数值对比，如果推求的入河量大于排污口调查量，取推求的入河量为子流域入河量；反之，当推求的入河量小于排污口的调查量时，则用排污口调查量作为污染物入河量。

城镇生活污水大多没有经过处理，直接排入河道。污染物的入河量采用入河系数法确定，入河系数的确定采用典型调查法获取。例如，监测一个典型小区，分析下水道的水量和水质。相对于工业污染负荷，城镇生活的污染负荷的入河系数相对较高，这主要是因为城镇生活污水较工业废水处理率低。

对于点源污染，产生的污染物一部分经污水处理厂处理后排入河道，一部分直接排入河道，在排入河道之前会有部分污染物在企业内部进行预处理达标排放，或者管道渗漏等部分污染物暂时不会进入河道污染水体。

（2）非点源污染负荷入河量

非点源污染负荷入河量是指一定时期内，由地表径流携带进入河流等地表水体的非点源污染负荷量。对于非点源污染的产生量，只有在降雨期间，所覆盖的单元的土地利用类型如农田等有地表产流时才会有部分污染物进入河道。相对于点源污染，非点源污染由于产生分散，入河系数（污染物入河量占产生量的比例）要小很多，特别在我国北方地区，由于降雨量少，大部分非点源污染物蓄积在土壤中，威胁流域水质安全。

与污染物的产生量计算分类相同，非点源污染物的计算基于二元水循环模型框架下的 WEP-L 分布式水文模型，分 5 类分别计算。对于任意的子流域，都有一条河道，该河道也是水质模拟的对象。如图 4-8 所示：图中，R_s 为本地地表径流产流量；R_g 为河道与地下水交换量，如果该数为正表示地下水补给河道，如果为负表示河道补给地下水；E_{trunk} 为河道蒸发量；$In_{fil\text{-}trunk}$ 为河道渗漏量；Q_{take} 为工农业河道取水量；Q_{sew} 为工业、生活废水入河量，点源污染物从该处进入河道；RF_2 为上下子流域出入境水量；ΔV 为河道蓄变量。

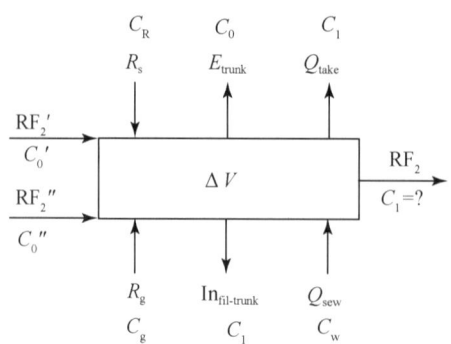

图 4-8 WEP-L 模型水量平衡示意图

容易知道有如下水量平衡表达式：

$$\Delta V = V_2 - V_1 \\ = RF_2' + RF_2'' + (R_s + R_g) - (E_{trunk} + In_{fil\text{-}trunk}) - Q_{take} + Q_{sew} - RF_2 \quad (4\text{-}118)$$

本模型考虑了 5 种非点源污染随本地地表径流（以计算单元降雨量扣除蒸发等的净雨量表示）进入河道。5 种非点源污染分别为：城镇地表径流（通过计算单元不透水面产流量进入河道）、农村生活污水及固体废弃物、分散式畜禽养殖废污水、化肥农药施用量（通过农田产流量进入河道）、水土流失带来的颗粒态污染物量（通过山区有水土流失的单元产流量进入河道）。

当缺乏完整系统的分布式水文模型支持时，采用经验的入河系数计算污染物的入河量。对于计算区域的长时间段内的入河量，入河系数法仍不失为有效的办法。

化肥农药污染负荷产生量虽然很大，但由于我国大部分农田都是分田埂耕作，产流困难，大部分污染物都沉积在土壤中或者被作物吸收带走。农村生活废弃物的污染负荷，农村居民点产流时才会有该部分污染物入河。水土流失携带的污染负荷为颗粒态污染物，大部分污染物在坡面径流输沙的过程中停在路上。分散式畜禽养殖分散于农村养殖的各家各户，由于数量较大，其污染负荷一部分通过降雨的冲刷，随对应单元的产流进入河道，另外还有更多的部分被直接拉到农田做肥料，这部分负荷一部分作为养分被农作物吸收，多余的部分在农田产流时进入河道。

总结起来，对于每一类型的非点源污染，都与该类污染源来源下垫面的产流量有关，如下关系所示：

$$W_e = W_i \times f(P_i, R_i) \quad (4\text{-}119)$$

式中，W_e 为污染物入河量；W_i 为污染物产生量；$f(P_i, R_i)$ 为与该区域的降水量、产流量、路径以及其他因素有关的函数，相当于变动的入河系数，根据有实测资料地区的典型试验获取。明显的，当该类下垫面没有产流时，污染物入河量为 0，当产流量大到一定程度时，产生的污染物全部入河。

4.3.3 流域水质模型的实现

进入河道水体的污染物从上游至下游，在随水体的迁移过程中，非保守物质会由于发生物理、化学和生物反应而降解。构建河道水质模型首先需要解决水量边界条件的模拟、污染物与底泥交互的模拟以及水体由于发生物理、化学和生物反应的水体自净过程的模拟。部分污染物特别是磷等会与底泥发生交换作用再循环，枯水期大量污染物沉积至河道底泥，洪水期会有部分污染物从底泥中被冲起。污染物如何迁移、降解、富集、相互作用，与泥沙结合，这些都是需要解决的问题。

4.3.3.1 水体自净过程

污染物进入水体后，在水文循环过程中不断发生演变，在运动中自然地减少、消失或无害化，称自净。水的污染浓度自然降低而恢复到较清洁的能力，称为水的自净能力。当水体自净能力大于污染物进入水体的强度时，水质将不断得到改善，趋于良好状态；反之，水质将恶化，严重时将导致环境污染。水体自净是一个包含物理、化学、生物作用的极其复杂的过程。

有机污染物降解又称生化需氧量（biochemical oxygen demand，BOD）降解，是指水体中有机污染物因氧化分解而发生的衰减变化过程。它是水体污染物发生化学或生物化学转化反应中最常见和最重要的一种，也是可为人们利用的自净作用。在有机物氧化降解时，将消耗水体中的溶解氧（dissolved oxygen，DO），当水体中的耗氧速率大于供氧速率时，水体将出现缺氧，以致使厌氧微生物大量繁殖，水体中可生成甲烷气等发臭气体，使鱼类乃至原生动物死亡。有机污染物的降解取决于该污染物的可降解特性（通常以降解速率系数表示）和降解过程所经历的时间，一般按一级反应动力学表示，即

$$C_t = C_0 e^{-kt} \tag{4-120}$$

式中，C_0、C_t 分别为 0 时刻和 t 时刻有机污染物的浓度；k 为有机污染物的降解速率系数；t 为降解经历时间。

有机污染物的综合指标 BOD 的降解，可分为两个阶段，第一阶段为碳 BOD（CBOD）的降解，第二阶段为氮 BOD（NBOD）的硝化。

移流扩散是水体自净的一个重要作用。在水质模型中，为简化计算，可将污染物在水环境中的物理降解、化学降解和生物降解概化为综合衰减系数。例如，表 4-3 为全国主要大江大河水质降解系数参考值。

表 4-3　大江大河水质降解系数参考值表

水质及水生态环境状况	水质降解系数参考值/(1/d)	
	COD_{Mn}	NH_3-N
优（相应水质为Ⅱ~Ⅲ类）	0.20~0.30	0.20~0.25
中（相应水质为Ⅲ~Ⅳ类）	0.10~0.20	0.10~0.20
劣（相应水质为Ⅴ类或劣Ⅴ类）	0.05~0.10	0.05~0.10

4.3.3.2 污染物在底泥中的沉积和释放

河川沉积的底泥，当水流速度增大时，如暴雨洪水、枯水时水库放水，可能冲刷而悬

浮于水中，这时悬浮的底泥的耗氧速度要比沉积状态的大得多。

污染物在底泥中的沉积与污染物在水体中的自净作用一致，假设污染物以一定的速率沉积，污染物的沉积速率与河道水体在河道中的停留时间有关，停留时间越长，污染物的沉积率越高，停留时间越短，污染物的沉积量越少。

借鉴 Sartor 等（1994）对城市地表污染物的冲刷研究，河道与底泥污染负荷的交互也符合"简单的一级动力学模型"，即河道地表水体对底泥的冲刷速率与底泥中污染物的存储量成正比：

$$\frac{\mathrm{d}Y}{\mathrm{d}t} = -kY \tag{4-121}$$

式中，k 为冲刷系数（1/mon）；Y 为底泥污染物积累量（g 或 g/m²）；t 为时间（mon）。

现假设衰减系数 k 与河道水深 r 成正比，则式（4-121）变为

$$\frac{\mathrm{d}Y}{\mathrm{d}t} = -krY \tag{4-122}$$

式中，r 为河道水深。

对式（4-122）按微分方程求解，可得

$$Y_t = Y_0 \mathrm{e}^{-k\int r \mathrm{d}t} \tag{4-123}$$

式中，Y_0 为时段初底泥污染物的积累量（g 或 g/m²）；Y_t 为 t 时刻底泥污染物的量（g 或 g/m²）。

由于 $\int r \mathrm{d}t$ 表示 t min 后地表累计的河道水深，故可用水深 h 来表示。且 $t=0$，$h=0$，$Y_t = Y_0$，式（4-123）又可表示为

$$Y_t = Y_0 \mathrm{e}^{-kh} \tag{4-124}$$

式（4-124）表明底泥中累计的污染物在河道冲刷的过程中随河道水深的增加而指数降低。时段中被河道水体冲刷迁移的污染物的量 Y_c 为

$$Y_c = Y_0 - Y_t = Y_0(1 - \mathrm{e}^{-kh}) \tag{4-125}$$

式中，Y_c 为河道水体冲刷的污染物量。

4.3.3.3　污染物在河道中的迁移转化方程

本研究主要用于规划层次，由于模型模拟的时间步长较长，因此采用零维河段单元水质模拟方程和一维河道水质模拟方程。

非稳态是指流量、污染浓度不稳定，均随时间而变化的情况。反之，流量、浓度不随时间变化，则称稳态情况。后者实际上是前者的一种特例。不过，非稳态情况常常可以通过一定的简化，使之近似为稳态，如枯水期，当计算时段不长时，可由时段的平均值代表该时段的变化，从而使计算简化。

（1）河段单元零维水质模型

对于构建流域水量水质综合模拟模型，必须考虑河道中污染物与底泥的交换。对于一个有支流汇入或者有上游流入，并且考虑与底泥的交换时，河道和底泥可概化为如图 4-9 所示。

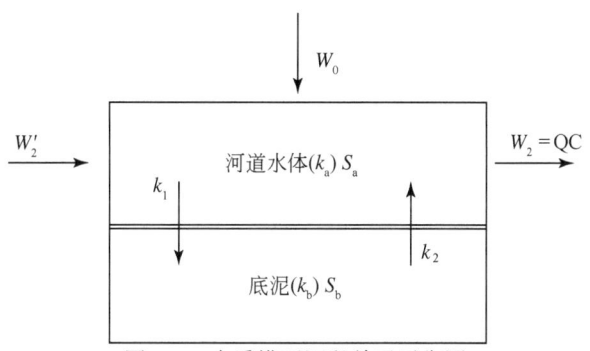

图4-9 水质模型河段单元平衡图

注：W_0为本地污染物入河量；W_2'为上游污染物入河量；
k_1为污染物沉积量；k_2为污染物释放量；W_2为输往下游污染物量。

根据水量平衡和质量平衡原理（余常昭等，1989），可知污染物输向下游的污染物量可用下式表示：

$$W_2 = W_2' + W_0 - W_{31} + W_{32} - W_4 \tag{4-126}$$

式中，W_2为河道水体中的污染物输往下游的量；W_2'为上游污染物输入量，如果该子流域属源头子流域，则该项为0；W_0为本地污染物入河量，为子流域点源和非点源的入河总量，由于是零维水质模型，故不考虑点源或者面源的入河位置。

W_{31}为本单元从河道水体沉积至底泥中的污染物量。假定污染物不在河道水体中储存，那么河道水体中的污染物$S_a = W_2' + W_0$。假设单位负荷污染物自水体沉降至底泥的速率为K_1（单位：1/时段），那么该时段从河道水体中沉积至底泥的污染物量为$W_{31} = K_1 S_a$。容易知道，当子流域出口断面流量为0时，污染物除了自身衰减的部分外，全部沉积至底泥，此时$K_1 = 0$。

W_{32}为本单元从底泥释放至河道水体中的污染物量。假设单位负荷污染物从底泥释放至水体的速率为K_2（单位：1/时段），若底泥中的污染物量为S_b，那么该时段污染物从河道底泥中释放的量为$W_{32} = K_2 S_b$。容易知道，当子流域出口断面流量为0时，污染物将不再从底泥中释放，$K_2 = 0$。

W_4为污染物在本地河道水体中的衰减量。假设河道水体中污染物反应服从一级反应动力学，单位负荷污染物衰减速率为K_a（单位：1/时段），由于时段内有部分污染物沉积至底泥后在底泥中衰减，为避免重复计算，计算河道水体中的污染物衰减量应减去这部分量，因为污染物是逐渐沉积的，所以取其值的一半，则该时段河道水体中污染物衰减量为

$$W_4 = K_a(S_a - K_1 S_a/2) \tag{4-127}$$

河道向下游输出的污染物量可用下式表示：

$$W_2 = S_a - K_1 S_a + K_2 S_b - K_a(S_a + S_a - K_1 S_a)/2 \tag{4-128}$$

合并同类项得

$$W_2 = K_2 S_b + [1 - K_1 - K_a(1 - 0.5K_1)]S_a \tag{4-129}$$

对于底泥中的污染物，同样推求不同时段底泥中的存储量以及状态转移方程如下。

时段初：
$$S_{b1} = S_b' \tag{4-130}$$

式中，S_{b1} 为本时段初底泥中污染物的量；S'_b 为上时段末底泥中污染物的量。

时段末：
$$S_{b2} = S_{b1} + W_{31} - W_{32} - W_5 \tag{4-131}$$

式中，S_{b2} 为本时段末底泥中污染物的量；W_5 为污染物在底泥中的衰减量。

与河道水体污染物的衰减概化方法相同，该计算时段内，底泥中污染物衰减量为
$$W_5 = K_b S_b \tag{4-132}$$

式中，K_b 为底泥中污染物综合衰减系数。

所以时段末底泥中的污染物量为
$$S_{b2} = S_{b1} + K_1 S_a - K_2 S_b - K_b S_b \tag{4-133}$$

合并同类项得
$$S_{b2} = S_{b1} + K_1 S_a - (K_2 + K_b) S_b \tag{4-134}$$

设 $N = K_2 + K_b$，那么式（4-134）可简化表达为
$$S_{b2} = S_{b1} + K_1 S_a - N S_b \tag{4-135}$$

由于污染物在底泥中的连续衰减，一个计算时段内底泥中的污染物不断变化，假设这种变化是线性的，那么水体和底泥中的污染物在一个时段内的平均值可用下式表示：
$$S_b = \frac{1}{2}(S_{b1} + S_{b2}) \tag{4-136}$$

所以式（4-135）可变换为
$$S_{b2} = S_{b1} + K_1 S_a - 0.5N(S_{b1} + S_{b2}) \tag{4-137}$$

移项可得
$$S_{b2}(1 + 0.5N) = K_1 S_a + S_{b1}(1 - 0.5N) \tag{4-138}$$

$$S_{b2} = \frac{K_1 S_a + S_{b1}(1 - 0.5N)}{1 + 0.5N} \tag{4-139}$$

进而可以求出上述河段单元水质过程的各个分量。

（2）河段单元一维水质模型

本研究的模型属大流域长时间尺度水质模型，模型在空间上将研究区域划分为若干子流域。由于模型时间尺度较长（旬、月），在一个小的子流域内用河段单元零维方程可以基本描述水质过程。当流域范围较大时，需要划分为很多小的子流域，各子流域河段长度、河底坡降及曼宁糙率变化很大，为考虑流域下垫面及河道特性差异，需要采用一维河道水质方程，对其简化后，描述污染物在河道中的衰减和与底泥交换等过程。

相对零维水质模型，一维水质模型的各个单元的降解系数需要根据水流条件相应变化。推求方法如下。

忽略弥散项的稳态一维移流扩散方程为
$$\bar{u}\frac{\partial C}{\partial x} = -k \cdot C \tag{4-140}$$

解得
$$C(x) = C_0 \exp(-kx/u) \tag{4-141}$$

式中，$C(x)$ 为控制断面污染物浓度（mg/L）；C_0 为起始断面污染物浓度（mg/L）；k 为污染物综合自净系数（1/d）；x 为排污口下游断面距控制断面纵向距离（m）；u 为设计流量

下岸边污染带的平均流速（m/s）。

假设某河道断面流量为 Q，则在时段 Δt 内通过断面的污染物负荷量为

$$W_0 = Q\Delta t C_0 \tag{4-142}$$

若该断面至下游断面 x 公里处无支流汇入，无污染负荷输入，则河道中上下断面流量相等，则时段内河道下游通过的污染物负荷量为

$$\begin{aligned} W_x &= Q\Delta t C(x) \\ &= Q\Delta t C_0 \exp(-kx/u) \\ &= W_0 \exp(-kx/u) \end{aligned} \tag{4-143}$$

则污染物在河道中的衰减量可以表示为

$$\begin{aligned} \Delta W &= W_0 - W_x \\ &= W_0[1 - \exp(-kx/u)] \end{aligned} \tag{4-144}$$

定义河道水体衰减系数 $k_a = 1 - \exp(-kx/u)$，此时河道水体的综合衰减系数随着子流域河道长度、流速等因子的变化而变化，从而更加客观地描述河道水质迁移转化过程。

同样，对于污染物在河道和底泥之间的交换，也应考虑由于流速、河长的不同，污染物在河道中的停留时间对于沉积和释放能力的影响。污染物从河道沉积至底泥的速率不变，污染物的沉积量与河道长度成正比，河道越长沉积量越多；与流速成反比，流速越大沉积越少；亦即污染物沉积与停留时间成正比，河水在河道中停留时间越长污染物沉积量越多，污染物沉积量为 $W_{31} = S_a K_1 x/u$。污染物从底泥中释放的速率（反应河水对污染物的冲刷作用）不变，污染物释放量与流速成正比，流速越大释放量越多；与距离成正比，距离越长释放量越多；污染物释放量为 $W_{32} = S_b K_2 ux = S_b K_2 uxA/A = S_b K_2 Qx/A$。

4.3.3.4 流域水质模型的实现

单一河道的水质模型如图 4-10 所示，各个子流域单元分别按点源面源计算污染物的产生量，在此基础上得到污染物的入河量，进而考虑污染物在河道中的沉积和释放，同时考虑由于污染物的自净作用。

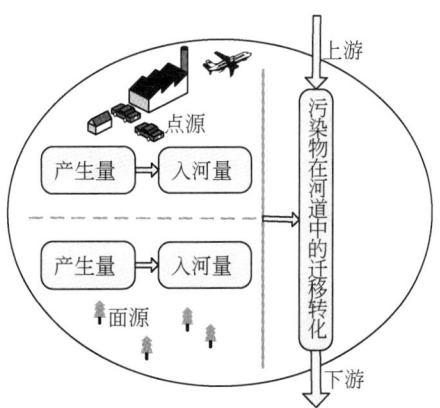

图 4-10 水质模型的基本框架

各个子流域河道的水质模拟借鉴混合单元系列（mixed cells-in series, CIS）模型的研究思路。混合单元系列模型是在单个完全混合系统模型（Stefen et al., 1980）的基础上发展起来的，它把零维的模型扩展来求解一维问题，模型在浅水库中得到很好的应用。CIS 模型把河流看作一系列连续的体积相等的单元（小池）组成，每个单元的水体又是完全混合的一种计算水质分布的模型，每个单元的变化采用零维方程描述。

河段水流计算采用运动波由 WEP-L 模型完成，各河段的编码与计算顺序采用 Pfafstetter 编码。按照顺序从上游至下游进行模拟计算，最后到流域出口（或入海口）（图 4-11）。

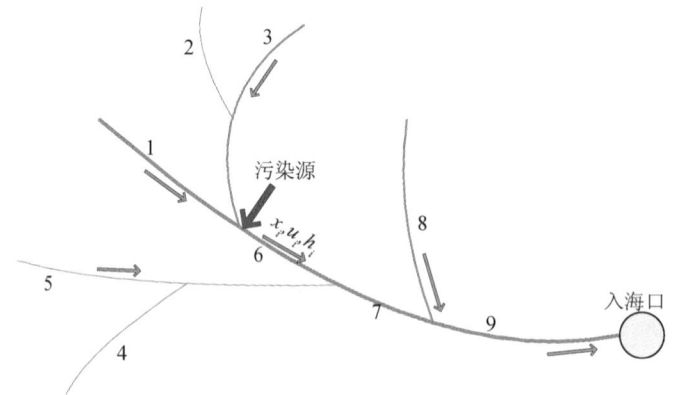

图 4-11 流域水量水质河段单元图

4.4 平原区地下水水质模拟

海河流域平原区降水量一般为 500~600mm，由于水资源时空分布的极不均衡，地下水成为该地区发展经济不可或缺的重要资源，地下水水质在一定程度上影响部分地区的水资源供给安全。因强烈的农业活动的影响，平原区普遍遭受氮、磷的污染，某些区域的地下水正常开采受到影响。虽然影响地下水中 NO_3^- 和 NH_4^+ 等氮、磷污染物浓度的因素多样而复杂，但地下水水质数值模型因其综合了气象、水文、地质以及农业活动等条件考虑污染物在地下流场的运动，并在一定程度上把握了污染物在多孔介质中运动迁移演变规律，使得人们能够定性和定量分析地下含水层中污染物浓度变化，确定农业等人类活动对地下水水质的影响，因此，该研究对保证水安全和应对水危机有着重要的意义。

海河流域平原作为农业大区，氮污染是人类活动对地下水造成污染最重要的表征因子。氮是天然水中很少有的化学物质，氮污染是海河流域平原地下水明显污染的标志（毕二平和李政江，2001）。20 世纪 60 年代开始开采地下水以来，人类对地下水的干扰向区域纵深发展，水化学场发生较大改变甚至质变。以石家庄为例，1959 年石家庄地下水 NO_3^- 平均含量为 2.35 mg/L，1978 年平均值为 16 mg/L，1985 年平均值为 20 mg/L，1988 年平均值为 40 mg/L，1990 年平均值为 30 mg/L，1995 年平均值为 46.5 mg/L，2000 年平均值为 54.9 mg/L，2005 年平均值为 56.2 mg/L，1959~2000 年含量平均增长了 52.55 mg/L

（中国地质调查局，2009）。

海河流域平原氮污染的主要来源是氮肥施用和污水排放（Chen et al.，2005），随着耕作面积的扩大和农作物产量的增加，氮肥施用量也持续增加。海河流域平原的氮肥施用量一般为550~600 kg N/hm^2（Ju et al.，2009）。

4.4.1 地下水溶质迁移转化方程

对于研究区的硝态氮、氨氮和磷元素，在承压水中随地下水流二维迁移的微分方程可以表述如下：

$$\frac{\partial nMC}{\partial t} = \frac{\partial}{\partial x}\left(nD_{xx}M\frac{\partial c}{\partial x} + nD_{xy}M\frac{\partial C}{\partial y}\right) + \frac{\partial}{\partial y}\left(nD_{xy}M\frac{\partial C}{\partial x} + nD_{yy}M\frac{\partial C}{\partial y}\right) - \frac{\partial nM\mu_x C}{\partial x} - \frac{\partial nM\mu_y C}{\partial y} + I_M \tag{4-145}$$

在潜水中随地下水流二维迁移的微分方程可以表述如下：

$$\frac{\partial nhC}{\partial l} = \frac{\partial}{\partial x}\left(nD_{xx}h\frac{\partial C}{\partial x} + nD_{xy}h\frac{\partial C}{\partial y}\right) + \frac{\partial}{\partial y}\left(nD_{xy}h\frac{\partial C}{\partial x} + nD_{yy}h\frac{\partial C}{\partial y}\right) - \frac{\partial nh\mu_x C}{\partial x} - \frac{\partial nh\mu_y C}{\partial y} + I_M \tag{4-146}$$

当含有开采/注水、吸附/解吸和化学/生物反应等源汇作用时，饱和流污染物转化方程为（忽略水动力弥散系数的交叉项）

$$R_d\frac{\partial nC}{\partial t} = \frac{\partial}{\partial x}\left(nD_{xx}\frac{\partial C}{\partial x}\right) + \frac{\partial}{\partial y}\left(nD_{yy}\frac{\partial C}{\partial y}\right) - \frac{\partial n\mu_x C}{\partial x} - \frac{\partial n\mu_y C}{\partial y} + WC_w - \gamma nC + 1 \tag{4-147}$$

式中，M 为含水层厚度；D 为水动力弥散系数张量；C 为污染物浓度；h 为潜水含水层厚度；μ 为地下水实际运动速度；R_d 为滞留因子；C_w 为源汇项浓度；γ 为一级化学反应常数。

4.4.2 数值法求解

求解污染物在多孔介质中迁移转化数学模型的主要数值方法包括有限差分法、有限单元法、边界元法、有限体积法等，其中有限差分法和有限单元法最为常用，本研究采用有限差分法中的总变化趋小法（total variation diminishing，TVD）。总变化趋小法指相邻节点浓度差之和在下一个时间步长保持不变或者变小，其为污染物迁移问题数值解保持解稳定和无数值振动的必要条件。该方法的优点为能够保持局部或整体的质量守恒，缺点为部分较少数值弥散但不能完全消除数值弥散。

第 5 章　流域水生态过程模拟方法

5.1　概　　述

20 世纪 90 年代以来，生态水文学作为一门边缘学科逐渐兴起，它注重研究生态学和水文学的交叉领域，是描述生态格局和生态过程水文学机制的科学（Baird and Wilby，2002）。流域的生态过程和水文过程在各个环节上相互影响和制约。例如，降水是大多数陆地生态系统水分的主要来源，降水首先受到生态系统冠层的截留，这部分水分最终通过蒸发作用返回大气。土壤是生态系统的储水库，降水在土壤中入渗增加土壤含水量，多余的水进入地下水或形成径流。植物体中，水分顺水势梯度从根部到达叶面气孔，并参与光合作用和呼吸作用等生理过程。土壤表面的蒸发和植物的蒸腾作用是生态系统失水的主要途径，同时也是流域水循环中的重要过程（Chapin et al.，2005）。对生态水文过程的充分研究了解是分析气候变化及人类活动对流域自然环境、社会经济影响的基础。

随着分布式水文模型和生态模型的深入发展，流域水文模拟中生态响应过程的模拟逐渐成为研究热点。将分布式水文模型与生态模型耦合起来实现生态水文过程的模拟，可以为研究流域生态水文相互的响应过程机理研究提供工具，也可以对历史和未来的生态水文演变情势进行定量分析。本章分陆地生态水文模拟和作物生长模拟两部分，分别进行叙述。

5.2　陆地生态水文模拟

5.2.1　BIOME-BGC 植被生态模型

BIOME-BGC 模型是一个模拟和计算陆地生态系统植被和土壤中的能量、水、碳、氮的流动和存储的生物地球化学循环模型。它以气候、土壤和植被类型作为输入变量，模拟生态系统光合作用、呼吸作用和土壤微生物分解过程，计算植物、土壤、大气之间碳和养分循环以及温室气体交换通量，主要用来模拟三个关键循环：碳、水和营养物质循环（董文娟等，2005）。

5.2.1.1　模型结构

BIOME-BGC 模型结构图见图 5-1。它包括两部分：每日子过程模块和每年子过程模块。在每日子过程模块中，需要输入研究区的数据和气象数据，主要是模拟碳和水的流动。所有的水来自降雨或降雪，降雨首先被树冠截留，表现为树冠蒸发；若雨量大于树冠截流能力，则渗入土壤，表现为土壤蒸发；当超过最大土壤持水量时，形成出流，在出流的过程中，也是游离态氮损失的过程。降雪过程不考虑树冠截留，降雪直接渗入土壤，超过最大土壤持水量时，形成出流。另一个水文过程是树冠蒸腾。碳的模拟主要考虑光合作用、呼吸作用（叶、茎、根）以及土壤和凋落物的呼吸。

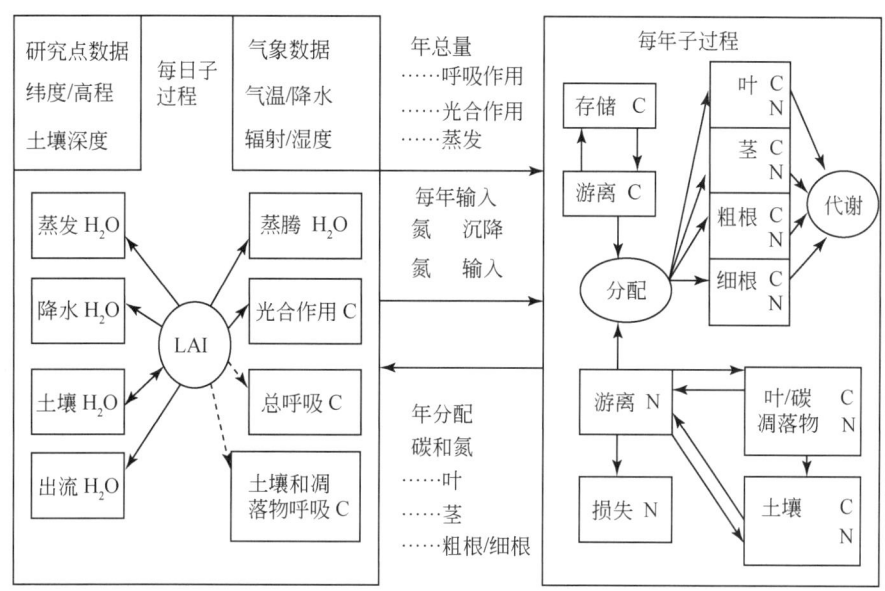

图 5-1 BIOME-BGC 模型结构图

资料来源：董文娟，2005

模型共有 34 个生理学参数，这些详细的参数使 BIOME-BGC 可以利用气象信息和研究地点条件，能在 1m 到全球范围尺度上对主要的生物群区的碳、水和氮通量以及状态进行模拟（Running and Hunt，1993）。

BIOME-BGC 模型可以计算输出：年最大叶面积指数（m^2/m^2）、年总蒸散量（mm/a）、年总径流 ALA（mm/a）、年净初级生产力 NPP[g C/($m^2 \cdot a$)]等植被生长和碳循环信息。

每年子模块中包括游离态碳的存储和分配。碳的分配包括碳在叶、茎、粗根和细根中的分配和代谢过程。每年子模块的另一个组成部分是游离态氮的分配和损失，游离态氮主要分配于土壤和叶/根凋落物中，氮的损失主要来自凋落物的分解和水的淋溶。BIOME-BGC 模型碳和氮通量示意见图 5-2。

模型将自然植被分为 6 种类型：常绿阔叶林、常绿针叶林、落叶阔叶林、灌木林、C3 草地和 C4 草地。每一种类型植被对应一个生理学文件，每个生理学文件共有 42 个参数。美国蒙大拿大学数字地球动态模拟研究组（Numerical Terradynamic Simulation Group，NTSG）提供了美国各类型植被生理学参数的平均值。

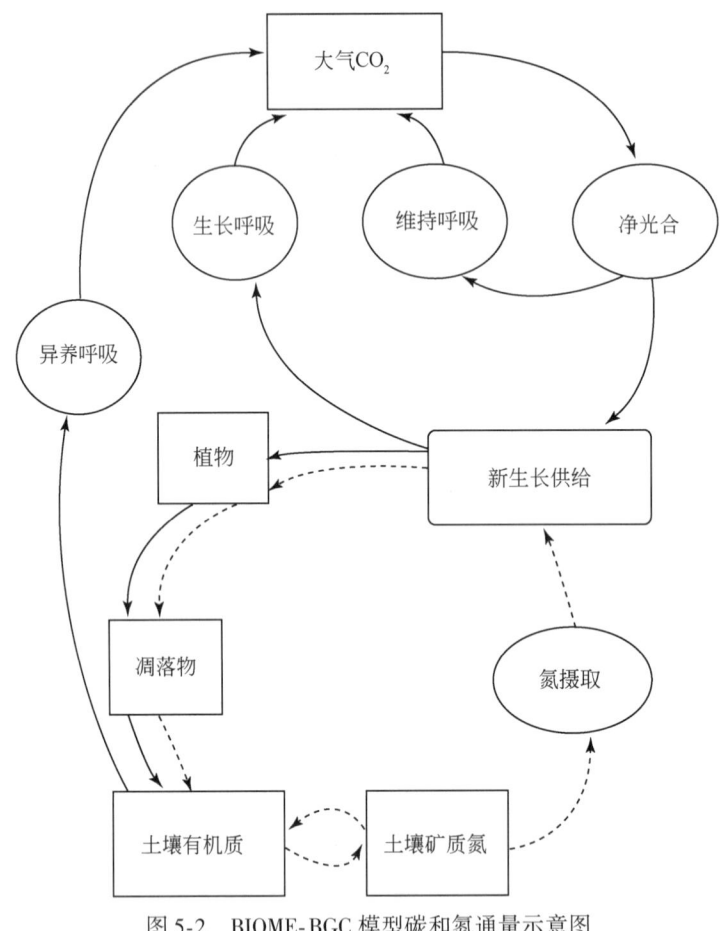

图 5-2 BIOME-BGC 模型碳和氮通量示意图

注：实线表示碳通量，虚线表示氮通量。

资料来源：王超，2006

5.2.1.2 主要原理

模型重点模拟 CO_2 和 H_2O 通量。降雨进入土壤后扣除冠层蒸发，并将下渗到一定深度的水量假定为进入径流。首先，模型用 0~1 的标量度量叶片含水潜力、最低气温、空气湿度和 CO_2 浓度来限制群落最大叶片气孔导度，使水汽蒸发接近实际值。这个实际值可以度量 CO_2 和 H_2O 的基本状况和气孔差异，并计算每天的 CO_2 气孔导度。然后，应用 Farquhar 公式来计算考虑叶片氮、辐射和胞间 CO_2 影响的日光合作用。最后，模型利用叶面积指数把叶片尺度的碳和水通量计算到冠层尺度。

生态系统的 CO_2 交换通量反映整个土壤以上系统的碳汇和碳失，公式如下：

$$F_C = A - R_a - R_h \tag{5-1}$$

式中，F_C 为 CO_2 在相关高度和冠层空气空间的通量 [$\mu mol\ CO_2/(m^2 \cdot s^2)$]；$A$ 为光合作用或同化作用速率 [$\mu mol\ CO_2/(m^2 \cdot s^2)$]；$R_a$ 为自养呼吸 [$\mu mol\ CO_2/(m^2 \cdot s^2)$]；$R_h$ 为异养

呼吸 $[\mu mol\ CO_2/(m^2 \cdot s^2)]$。

(1) 光合作用

光合作用或者同化作用速率 A 是用结合生物物理和生物化学的模型估算的，在叶片和冠层尺度研究（Wang et al.，2005）。光合作用的速率 A 可以表示为

$$A = \min(A_v, A_j) - R_d \tag{5-2}$$

式中，R_d 为光下的暗呼吸速率；A_v 为羧化作用限制的光合速率；A_j 为 RuBP 再生限制的光合速率。A_v 和 A_j 用以下方法估算：

$$A_v = \frac{V_{max}(C_i - \gamma)}{C_i + K_c(1 + C_{O_2}/K_o)} \tag{5-3}$$

$$A_j = \frac{J(C_i - \gamma)}{4.5C_i + 10.5\gamma} \tag{5-4}$$

式中，C_i 为胞间 CO_2 浓度（Pa）；γ 为 CO_2 补偿点（Pa）；K_c 是羧化作用常数（Pa）；K_o 为氧化作用常数（Pa）；C_{O_2} 为空气氧气浓度（Pa）；J 为 RuBP 再生速率 $[\mu mol\ RuBP/(m^2 \cdot s^2)]$。当 RuBP 饱和时，$J$ 为单位叶面积最大的羧化速率 V_{max} $[\mu mol\ CO_2/(m^2 \cdot s^2)]$ 的函数。

光合作用速率 A 也受冠层阻抗的生物物理学控制影响：

$$A = g_c(C_a - C_i) \tag{5-5}$$

式中，C_a 为空气中 CO_2 浓度；g_c 为冠层气孔导度，是光合有效辐射 P_{AR}、水汽亏缺 V_{PD} 和夜间最低温度 $T_{a,min}$ 的函数：

$$g_c = g_{c,max}f(P_{AR})f(T_{a,min})f(V_{PD}) \tag{5-6}$$

式中，所有的环境方程都在 0~1 取值。

(2) 呼吸作用

自养呼吸速率 R_a 由两部分组成：维持呼吸 R_m 和生长呼吸 R_g（Wang et al.，2005）。

$$R_a = R_m + R_g \tag{5-7}$$

式中，R_g 用来维持已有组织的存活和功能，是环境压力的函数。如果压力水平很高，比如有很高的气温，维持呼吸水平就会增加。在 BIOME-BGC 模型中总的维持呼吸为叶、茎、根的呼吸之和：

$$R_m = R_{mL} + R_{mS} + R_{mR} \tag{5-8}$$

式中，R_{mL}、R_{mS} 和 R_{mR} 分别为叶、茎、根的呼吸速率，是组织生物量、氮浓度和温度的函数。

叶的维持呼吸 R_{mL} 对 C3 植物假设是 $0.0015V_{max}$，对 C4 植物假设是 $0.025V_{max}$。茎和根的维持呼吸 R_{mS} 和 R_{mR} 是根据它们的氮含量估算的。茎和根的碳氮比和碳含量（kg C/m²）用来估计氮的含量（kg N/m²）。呼吸的估算是基于特定的呼吸速率 β_N（0.218kg C/kgN）和气温函数 Q_{10}。

$$R_{mS} = \beta_N \frac{C_s}{S_s} f_{20}(Q_{10}) \tag{5-9}$$

$$R_{mR} = \beta_N \frac{C_r}{S_r} f_{20}(Q_{10}) \tag{5-10}$$

式中，C_s 和 C_r 分别为茎和根中的碳含量；S_s 和 S_r 分别为茎和根中的碳氮比；$f_{20}(Q_{10}) = Q_{10}^{\frac{(T-20)}{10}}$，为由气温决定的函数，这里 T 为茎或根的温度（℃）。茎的温度可以用冠层温度代替，根的温度用三层土壤的温度和根在各层土壤中的分布来估算。

生长呼吸 R_g 通常用于合成新的植物材料，与植被的总生长高度相关。在 BIOME-BGC 模型中，R_g 可以简单地用总的冠层光合速率减去维持呼吸来计算。

异养呼吸 R_h 涉及枯枝落叶层和土壤碳库，对于陆地生态系统，碳平衡非常重要，是生态系统中一个重要的碳流失。异养呼吸是由枯枝落叶层和土壤有机质分解产生的，其数值由枯枝落叶层和土壤有机质的规模和分解速率决定。分解速率与土壤温度和土壤湿度有关。分解也受土壤中的矿物质氮的影响。在 BIOME-BGC 模型中，先计算一个由气候决定的分解速率的范围，再分别设定枯枝落叶层和土壤碳库的分解速率，最终计算 R_h：

$$R_h = R_{hD} + R_{hH} \tag{5-11}$$

式中，R_{hD} 为枯枝落叶层的呼吸；R_{hH} 为土壤碳库的呼吸。使用 15℃ 的特定呼吸速率来估算 R_{hD} 和 R_{hH}。

（3）蒸散发

水汽通量，也就是蒸散发，在 BIOME-BGC 模型中是用彭曼-蒙特斯公式计算的。可用的能量分成冠层和土壤表面两部分。冠层蒸发又分为冠层截留和植被蒸腾两部分。土壤蒸发由雨后时间决定。这两个过程都受叶片尺度空气动力学导度的影响，蒸腾还受气孔导度的影响。模型为了精确估算冠层辐射，根据基于叶的几何形态的辐射扩展系数，把冠层叶片分为阴生叶片和阳生叶片。阴生叶片和阳生叶片的生理学差异被参数化为比叶面积和氮含量，用来控制气孔导度（董文娟等，2005）。

（4）碳分配

为平衡叶片固碳与根系水和营养吸收以及它们在植物器官间的传输，植物光合作用产生的碳在首先满足叶片和根系生长的前提下，对各个器官按比例进行分配（董文娟等，2005）。模型强调叶面积指数为控制生态系统过程速度的主要因子。该模型通过计算叶面积指数开始最优化过程，如果碳、水或氮单独作为限制因子时即可算出 LAI，当叶片生长受到限制时，用于叶生长的游离碳只由光合产物的量决定，光合产物的量 C_{LC}[kg C/(hm² · a)] 由每年净光合产物 G_L[kg C/(hm² · a)] 和叶/根的比例 $R_{L/R}$ 决定：

$$C_{LC} = G_L R_{L/R} \tag{5-12}$$

由于碳在叶/根中的最终分配比例到计算结束时才能知道，初步的叶/根分配比例中，将所有净光合产物用于叶生长。

光合产物的量是用于叶生长的游离碳的上限，在水和氮供应充足时，避免了模型产生多余的叶面积，而且它允许对从秧苗到树苗叶面积指数很小时进行控制模拟。

叶生长可由叶水状态定义，它由模拟的黎明前最高叶水势 ψ_L 和定义的最大叶水势 ψ_{max}（其值通常为 1.8~2.0MPa）的比来决定。这种修改允许模型在接下来的年份中产生更多的叶面积，只要还没有达到最大叶水势，但是如果超过了最大叶水势（它等于相反符号的叶水势），会提供反馈控制降低 LAI。

$$C_{L\psi} = C_{LC}(\psi_{max}/\psi_L) \tag{5-13}$$

式中，$C_{L\psi}$ 为当叶生长由水胁迫控制时，用于叶生长的游离碳 [kg C/(hm²·a)]。

叶生长同样可以由游离的氮来定义，在这种情况时，当前的游离氮量由叶氮浓度划分，定义了用于叶生长的碳：

$$C_{LN} = C_{LC}(N_{avail}/N_L) \quad (5\text{-}14)$$

式中，N_L 为当前的叶氮浓度（kg N/kg C）；N_{avail} 为游离氮（kg/hm²）。

模型选用 C_{LC}、$C_{L\psi}$、C_{LN} 中的最小值 C_L 作为实际用于叶生长的碳计算 LAI：

$$\text{LAI} = C_L \times \text{SLA} \quad (5\text{-}15)$$

式中，SLA 为比叶面积（m²/kg C），是输入的模型参数。

最终的叶/根分配比例（$R_{L/R}$）为 0.5（叶占 33%，根占 67%）~0.1（叶占 9%，根占 91%）。最终的 L/R 由土壤水指数（I_{sw}）和游离氮指数（I_N）的和决定。一旦计算出 $R_{L/R}$，模型将绝对数量的碳分配于叶（C_L）和根（C_R）。

$$C_L = G_L R_{L/R} \quad (5\text{-}16)$$
$$C_R = C_L / R_{L/R} \quad (5\text{-}17)$$
$$C_{ST} = G_L - C_L - C_R \quad (5\text{-}18)$$

模型没有精确定义茎碳，但是满足叶和根生长之后的残余部分可以看作茎碳。

碳分配过程根据以下优先级来进行：①维持呼吸；②生长呼吸；③叶生长；④根生长；⑤茎生长。

(5) 氮平衡

氮平衡对各组成成分的大小和氮在腐殖质和土壤中的分解速度最为敏感。土壤中叶的腐殖质数量与叶木质素浓度成比例，土壤中的凋落物来自每年的落叶和死亡的根。叶代谢率对于碳和氮的循环速度有显著的影响，但是叶寿命和气候或土壤肥力之间不是简单的关系。叶代谢年龄是模型中最敏感的参数之一，因为它与每年的碳动力学和氮代谢有关（董文娟等，2005）。

氮平衡的一个重要组成部分是叶和根组织中的氮浓度。首先定义了一个总的游离氮指数：

$$L_N = N_{avail} / [(\text{LAI}_{max} N_{L,max}) / \text{SLA}] \quad (5\text{-}19)$$

式中，L_N 为游离氮的百分数常数，范围为 (0, 1)；LAI_{max} 为定义的当地最大 LAI；$N_{L,max}$ 为定义的最大叶片氮浓度（kg N/kg C）。

用于树冠生长的游离氮定义为

$$N_C = (N_{avail} R_{L/R}) / (\text{LAI}_{max} N_{L,max}) \quad (5\text{-}20)$$

式中，N_C 为用于树冠生长的游离氮的百分比常数，范围为 (0, 1)。

当前的叶氮浓度 N_L，定义为

$$N_L = (N_{L,max} - N_{L,min}) N_C + N_{L,min} \quad (5\text{-}21)$$

式中，N_L 为叶氮的浓度（kg N/kg C）；$N_{L,min}$ 为定义的最小叶氮浓度（kg N/kg C）。

计算出的 N_L 范围为每叶干重氮的 0.6%~2.0%，这很适用于针叶林。对于落叶树木或其他种类植被，很容易重新定义 N_L 和 $N_{L,min}$，给出新的 N_L 范围。根氮浓度 N_R，定义为计算出的 N_L 的 50%。氮循环的表现主要依靠树冠氮，如果想简化复杂的生理学和生物地球化学过程，应避免涉及地下源或过程。

树冠代谢方程为碳和氮循环的交互作用产生了一个平衡点。一块肥沃的样地会有很高的 N_L，它需要每单位叶/根的生物量中含有更高的氮，或每单位氮更小的叶面积指数。然而，N_L 可以直接控制最大叶冠光合作用速度，从而产生更多的固定碳。

在成为腐殖质之前，叶氮的迁移过程也非常重要，由叶氮迁移百分数决定，占初始 N_L 的 50%。根氮的迁移被认为是零。而细根的分解和氮的再吸收可能会非常快，以每年的时间步长来说，模型将不把源于根代谢的所有 N_R 还原为游离态的氮。

土壤和腐殖质的分解速度被计算为合成的每日平均游离态的水和每日温度总和，这两个值都由每日子模型提供：

$$T_s = \left(\sum T_D/365 \right) T_{opt} \tag{5-22}$$

式中，T_s 为土壤 20cm 深每年平均温度的分数式，范围为 (0, 1)；T_D 为每日土壤温度 (℃)；T_{opt} 为最适分解温度 (℃)。

$$W_s = \left(\sum W_D \right)/365 F_{CAP} \tag{5-23}$$

式中，W_s 为每年平均土壤水含量的分数式，范围为 (0, 1)；W_D 为每日土壤水含量 (m^3/hm^2)；F_{CAP} 为土壤水容量 (m^3/hm^2)。

基本分解速度定义为以下两个分数的和：

$$K_{LTC} = (T_s + W_s) \times 4.0 \tag{5-24}$$

式中，K_{LTC} 为叶/根腐殖碳的分解速度 (1/a)；4.0 为允许最大分解速度为 0.5 时的尺度因子（如代谢时间为两年）。

氮的分解和碳释放的速度相关，通常前者是后者速度的 50%，因而可以用来模拟碳氮比的减小，这就是发现的微观种群分解的氮：

$$K_{LTN} = N_L \alpha K_{LTC} \tag{5-25}$$

式中，K_{LTN} 为枝叶氮矿物质化速度 (kg/hm^2)；N_L 为枝叶氮部分 (kg/hm^2)；α 是碳释放相关的比例常数。

土壤源碳和氮分解速度与凋落物汇成比例，通常是 3%。

$$K_{SC} = C_s F_{S/L} K_{LTC} \tag{5-26}$$

$$K_{SN} = N_s F_{S/L} K_{LTC} \tag{5-27}$$

式中，K_{SC} 为土壤碳源的碳释放 [$kg/(hm^2 \cdot a)$]；C_s 为土壤碳浓度 (kg/hm^2)；N_s 是土壤氮浓度 (kg/hm^2)；$F_{S/L}$ 是土壤/枝叶分解速度常数的百分数。

5.2.1.3 模型参数及其敏感性

BIOME-BGC 模型共有 34 个植物生理学参数，可以分为 7 类：代谢和死亡；分配；植物体中易分解成分、纤维素、木质素所占比例；碳氮比；叶形态学；叶片传导速率和限制因子；树冠对水的截取和光的逃逸 (White, 2000)。各参数及其分类见表 5-1。

表 5-1　BIOME-BGC 模型参数分类表

分类	参数名	单位
代谢和死亡参数	叶和细根年代谢率	1/a
	活木年代谢率	
	植物整体年死亡率	
	年火烧率	
分配参数	新根与新叶碳比	
	新茎与新叶碳比	
	新活木与新总木碳比	
	新根与新茎碳比	
碳氮比	叶碳氮比	kg C/kg N
	落叶碳氮比	
	细根碳氮比	
	活木碳氮比	
	死木碳氮比	
植物体中易分解成分、纤维素、木质素所占比例	落叶易分解成分比例	
	落叶纤维素比例	
	落叶木质素比例	
	细根易分解成分比例	
	细根纤维素比例	
	细根木质素比例	
	死木纤维素比例	
	死木木质素比例	
叶形态学	各角度投射叶面积比	m^2/kg C
	冠层平均比叶面积	
	阴影与阳光照射比叶面积比	
叶片传导速率和限制因子	最大气孔导度	m/s
	表面导度	
	界面层导度	
	导度减少开始叶水势	MPa
	导度减少结束叶水势	
	导度减少开始水汽压亏缺	Pa
	导度减少结束水汽压亏缺	
树冠对水的截取和光的逃逸	冠层水截留系数	1/（LAI·d）
	冠层光逃逸系数	
	叶中核酮糖 1,5-二磷酸加氧羧酶中氮含量	

资料来源：White，2000

根据 White 等对 BIOME-BGC 模型参数敏感性分析的研究结果，参数叶中碳氮比是唯一一个对于所有植被类型的 NPP 都有显著影响的因子。对于木本植物生境（常绿针叶林、灌木林、落叶针叶林和落叶阔叶林），参数中碳氮比的值上升将导致植被 NPP 的下降；对于 C3 草地和 C4 草地来说，叶中碳氮比的值上升将导致植被 NPP 的上升。

在除落叶针叶林以外的所有生境中，参数细根中的碳氮比升高将在很大程度上增加 NPP，因为将会有更多的氮用于叶生长。

在木本植物生境中，有三个参数连续作用影响 NPP。首先，增加新细根碳和新叶碳的比例，将会导致更多的碳从叶中转移到根中，但是因为 BIOME-BGC 中并没有模拟根的生长过程，因此该参数的变化并没有增加根氮吸收效率。因此，该参数增加时 NPP 下降。其次，增加比叶面积（specific leaf area, SLA）致使 LAI 增加，同时并没有增加光合作用，但会增加叶水势从而降低 NPP。最后，最大气孔导度（maximum stomatal conductance, g_{smax}）的增加，因为增加了叶水势从而导致 NPP 减少。总的来说，能够导致 LAI 减小的参数都会使 NPP 降低。但是如果只是 LAI 增大，而叶中的营养元素不发生变化，也会使 NPP 降低。

在草本生境中，烧死率（fire mortality, FM）以及和凋落物质量相关的参数比较重要。增加烧死率，会增加氮挥发，减少游离态的氮元素，将产生 C3 草地和 C4 草地最大的 NPP 敏感性，但是对于其他木本生境并没有明显影响。高质量的凋落物和细根比低质量的凋落物和细根分解得快，从而产生了可供根吸收的游离氮。FR_{cel}（fine root cellulose）、FR_{lab}（fine root labile）、L_{cel}（liter cellulose）、L_{lab}（liter labile）的显著增加都会增加凋落物的质量，导致 NPP 的增加；而凋落物质量的下降，如 FR_{lig}（fine root lignin）的增加，会使 NPP 降低。

NPP 最大值的增加由下述两个条件产生：①增加叶氮含量和木本生境中核酮糖–二磷酸羧化酶的氮元素含量；②减少叶氮含量增加非木本生境中的游离氮。这表明木本生境中的生产力主要由光合作用限制，非木本生境中的生产力主要由氮元素限制。

5.2.2 植被生态模型与水文模型的耦合

生态水文模型耦合研究中，植被生长模型将为 WEP-L 模型提供不同时期及生长季节的 LAI 等生态参数，而 WEP-L 模型将为植被生长模型提供温度、日照等条件。模拟以分布式水文模型 WEP-L 划分的子流域为计算单元，采用马赛克法在单元内根据土地利用信息分为林地、草地两种植被类型。用植被模型计算各单元内各类型植被的生长情况后，将植被信息输入分布式水文模型，充分反映植被变化情况对水循环过程的影响。

为实现两种模型耦合，编写了生态模型结果后处理程序，同时改写了 WEP-L 模型的生态参数输入方式，实现两种模型的连接。

生态水文耦合模型的模拟步骤包括：

收集水文气象、自然地理及社会经济等各类基础数据；

利用 GIS 技术建立基础数据库，按模型文件格式要求准备输入的数据；

水系生成、流域划分和编码，并对末级子流域进行等高带分割；

降水等气象要素的时空展布；

模型物理参数（土壤、含水层、河道和水库等）确定，建立河道与子流域属性表、基本计算单元属性表；

将气象、土壤等数据输入生态模型计算，计算出植被参数；

处理植被参数，输入水文模型；

水文模型校验计算。

模型流程图见图5-3。

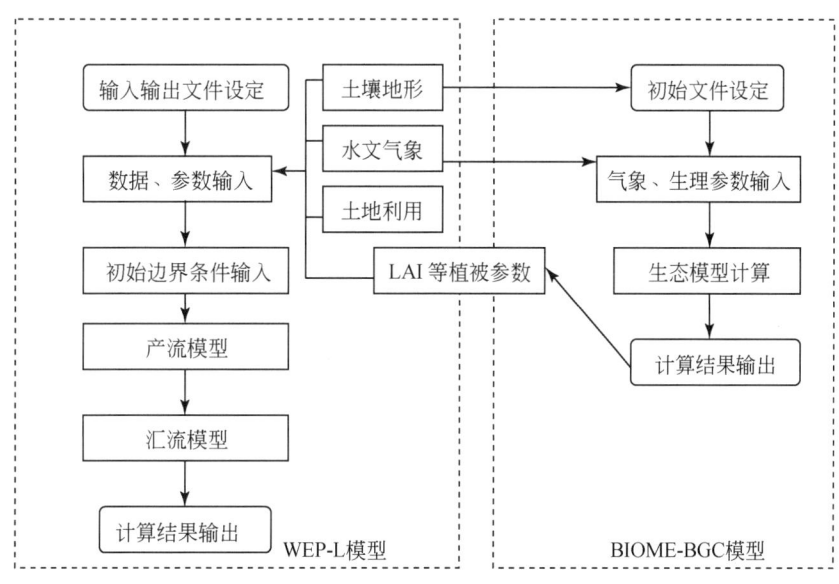

图5-3　模型流程图

5.3　作物生长模拟

作物生长模拟是从20世纪60年代发展起来的一门新兴学科，它综合了计算机技术、作物生理学、作物生态学、农业气象学、土壤学、农艺学和系统学等多学科的知识，将作物及其生态环境因子作为一个整体，定量描述作物生长、发育、产量形成及其与环境和技术之间的动态关系。作物生长模型分为三种情形，即潜在生长（potential growth）、可实现的生长（attainable growth）和实际生长（actual growth）。潜在生长是指在其他条件均适宜的条件下，作物生长主要取决于大气CO_2浓度、太阳辐射、温度和作物本身遗传特性；可实现的生长是指作物生长主要取决于水肥受限程度；实际生长则是表示作物生长在可达到的生长前提下，主要受制于杂草、虫害、病害和污染。

5.3.1　WOFOST 作物生长模型

WOFOST（world food studies）模型是荷兰 Wageningen 大学和世界粮食研究中心共同开发研制的，是从 SUCROS 导出的最早面向应用的模型之一。它是一个机理性的，模拟特定的土壤和气候条件下一年生作物生长的动态解释性模型，主要用于宏观的大范围模拟，其基础是同化作用、呼吸作用、蒸腾作用、干物质的分配等作物生理生态过程，并描述这些过程如何受环境的影响。WOFOST 根据作物的品种特征参数和环境条件，描述作物从出苗到开花、开花到成熟的基本生理过程。模型以一天为步长，模拟作物在太阳辐射、温度、降水、作物自身特性等影响下的干物质积累。干物质生产的基础是冠层总 CO_2 同化速率，它根据冠层吸收的太阳辐射能量和作物叶面积来计算。通过计算吸收的太阳辐射和单叶片的光合特性得出作物的日同化量。部分同化产物——碳水化合物被用于维持呼吸作用而消耗掉，剩下的被转化成结构干物质，在转化过程中又有一些干物质被消耗（生长呼吸作用）。产生的干物质在根、茎、叶、储存器官中进行分配，分配系数随发育阶段的不同而不同。叶片又按日龄分组，在作物的发育阶段中，有一些叶片由于老化而死亡。发育阶段的计算是以积温或日长（由用户确定）来计算。各器官的总重量通过对每日的同化量进行积分得到。基本过程如图 5-4 所示。

以下简单介绍 WOFOST 模型的模拟原理及采用的公式。

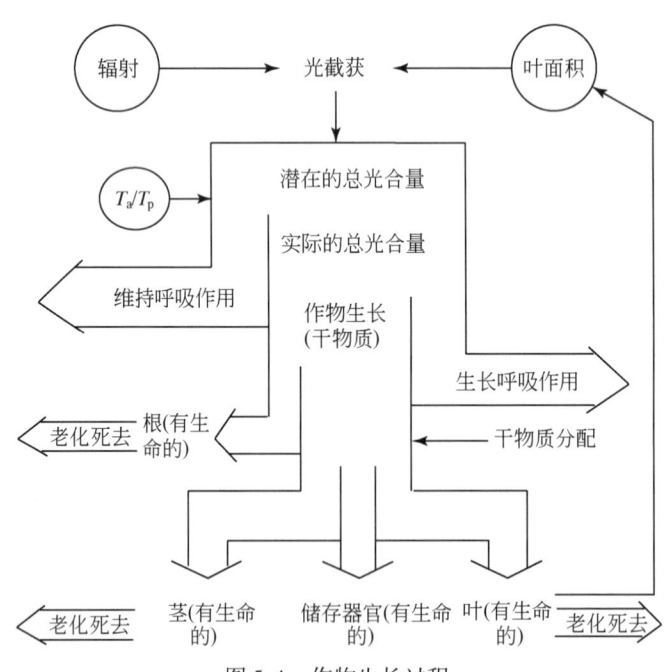

图 5-4　作物生长过程

注：T_a 和 T_p 分别为实际、潜在呼吸作用速率。

5.3.1.1 发育过程

由于作物的许多生理学和形态学过程都随发育期变化而变化,因而发育期的准确模拟在作物模型中十分关键。作物发育阶段的模拟主要取决于温度和日长。开花前,作物发育速度由日长和温度控制;开花后,仅有温度起作用。WOFOST 是以光合作用为驱动因子的模型,作物生长的模拟从出苗开始,作物生长发育可以看作有效积温的函数。模型采用"积温法"模拟发育期,将整个冬小麦生育期划分为出苗—开花和开花—成熟两个发育阶段,每个阶段的有效积温为模型发育参数。当活动积温达到发育阶段所需积温时,认为作物进入该发育期,阶段积温随作物品种不同而不同。每日有效积温取决于下限温度(低于这个温度作物发育停止)和上限温度(高于这个温度作物发育速率不再加快),它们的值都取决于作物特性。WOFOST 发育速率表示为每天的积温占总积温的比例(van Heemst,1986a,1986b),发育速率表达式(Supit et al.,1994)为

$$D_{r,t} = \frac{DT_s}{\sum T_i} \tag{5-28}$$

式中,$D_{r,t}$ 为 t 时刻的发育速率(1/d);DT_s 为 t 时刻的有效积温(℃);$\sum T_i$ 为完成某一发育阶段所需的有效积温(℃)。

5.3.1.2 CO₂ 同化过程

光合作用是作物生长的根本驱动力,是物质积累和产量形成的基础。因此,准确地模拟光合作用对生长模型的建立具有十分重要的意义。

作物冠层光合作用包括单叶的光合作用及冠层的光合作用。

(1) 单叶光合作用

叶片光合作用速率可以简便地用单位叶面积表示:

$$A_L = A_m \left(1 - e^{\frac{-\varepsilon PAR_a}{A_m}}\right) \tag{5-29}$$

式中,A_L 为冠层 L 处单位叶面积 CO_2 瞬时同化速率 $[kg/(hm^2 \cdot h)]$;A_m 为光饱和时 CO_2 瞬时同化速率 $[kg/(hm^2 \cdot h)]$;ε 为光的初始利用效率 $\{[kg/(hm^2 \cdot h)]/[J/(m^2 \cdot s)]\}$;$PAR_a$ 为吸收的光合有效辐射 $[J/(m^2 \cdot s)]$。

(2) 冠层光合作用

冠层光合作用是指所有叶、茎及生殖器官绿色面积光合作用的总和。模型中采用高斯积分法来计算,对叶片在时间(3 个时间点)和空间(3 个深度)的瞬时同化速率进行积分。计算各个深度的 CO_2 瞬时同化速率,加权求和得到整个冠层瞬时同化速率;对时间进行加权求和得到日 CO_2 总同化速率。

$$LAL_L = (0.5 + p\sqrt{0.15}) LAI \tag{5-30}$$

式中,LAI_L 为冠层 L 处的叶面积指数(hm^2/hm^2);p 为高斯积分点(-1,0,1)。

$$A_{C,1} = \frac{(A_{T,L,-1} + 1.6 A_{T,L,0} + A_{T,L,1})}{3.6} \tag{5-31}$$

式中，$A_{C,l}$ 为整个冠层单位叶面积的瞬时同化速率 [kg/(hm²·h)]；$A_{T,L}$ 为 L 处总的瞬时同化速率 [kg/(hm²·h)]。

$$A_C = A_{C,l} \cdot \text{LAI} \tag{5-32}$$

式中，A_C 为整个冠层的瞬时同化速率 [kg/(hm²·h)]；LAI 为总的叶面积指数（hm²/hm²）。

$$t_k = 12 + 0.5 L_d (0.5 + p\sqrt{0.15}) \tag{5-33}$$

式中，L_d 为日长（h）；t_k 为时序（h）。

5.3.1.3 呼吸过程

作物的呼吸过程可分为维持呼吸和生长呼吸。其各自计算方法如下：

$$R_{m,T} = R_{m,r} Q_{10}^{\frac{T-T_r}{10}} \tag{5-34}$$

$$R_g = R_d - R_{m,T} \tag{5-35}$$

$$R_d^l = A_d^l \frac{30}{44} \tag{5-36}$$

$$R_d = R_d^l \frac{T_a}{T_p} \tag{5-37}$$

式中，$R_{m,T}$ 为实际温度 T 下的维持呼吸的消耗量 [kg/(hm²·d)]；$R_{m,r}$ 为参考温度 T_r（25℃）下的维持呼吸的消耗量 [kg/(hm²·d)]；Q_{10} 为每增温 10℃ 时，呼吸速率的增加值；T 为逐日平均温度（℃）；R_g 为生长呼吸速率 [kg/(hm²·d)]；R_d 为日总 CH_2O 同化速率 [kg/(hm²·d)]；R_d^l 为未进行水分限制修正的日总 CH_2O 同化速率 [kg/(hm²·d)]；T_a 为实际蒸腾量（cm/d）；T_p 为潜在蒸腾量（cm/d）。

5.3.1.4 干物质增长

$$\Delta W = C_g \cdot R_g \tag{5-38}$$

式中，ΔW 为作物干物质增长速率 [kg/(hm²·d)]；C_g 为同化物转化系数（kg/kg）。

5.3.1.5 叶面积增长

$$P_{\text{age},t} = P_{\text{age},t-1} + f_{\text{rai}} \Delta t \tag{5-39}$$

$$f_{\text{rai}} = \frac{T - T_{b,\text{age}}}{35 - T_{b,\text{age}}} \tag{5-40}$$

式中，$P_{\text{age},t}$ 为 t 时刻的叶龄（d）；f_{rai} 为生理衰老系数；Δt 为时间步长（d）；T 为逐日平均温度（℃）；$T_{b,\text{age}}$ 为叶片生理衰老下限温度（℃）。

5.3.2 分布式作物生长模拟

研究中根据海河流域面积较大、气象站较多等特点，重新编写一个主程序、气象数据生成模块、作物数据生成模块和土壤数据生成模块,通过主程序来循环调用气象数据生成模块、作物数据生成模块、土壤数据生成模块和 WOFOST 模块,增加模拟单元个数,使之能通过循环调用实现多次运算。实现作物生长的分布式模拟。

分布式作物生长模型的模拟步骤包括:

1) 收集水文气象、作物和土壤等各类基础数据;
2) 降水、温度、风速等气象要素在计算单元上的空间展布;
3) 选择校正期对模型进行校正(调整模型参数);
4) 选择验证期对模型进行验证(保持模型参数不变);
5) 模型应用。

程序的流程如图 5-5 所示,其中 MAINWM 为自己添加的模块,其功能主要是依次计算每个子流域的气象数据、作物参数、土壤参数,然后调用 WOFOST 模型的主程序;对结果进行处理,得到各地市或县上的各种输出。图 5-5 中各模块的功能说明如表 5-2 所示。

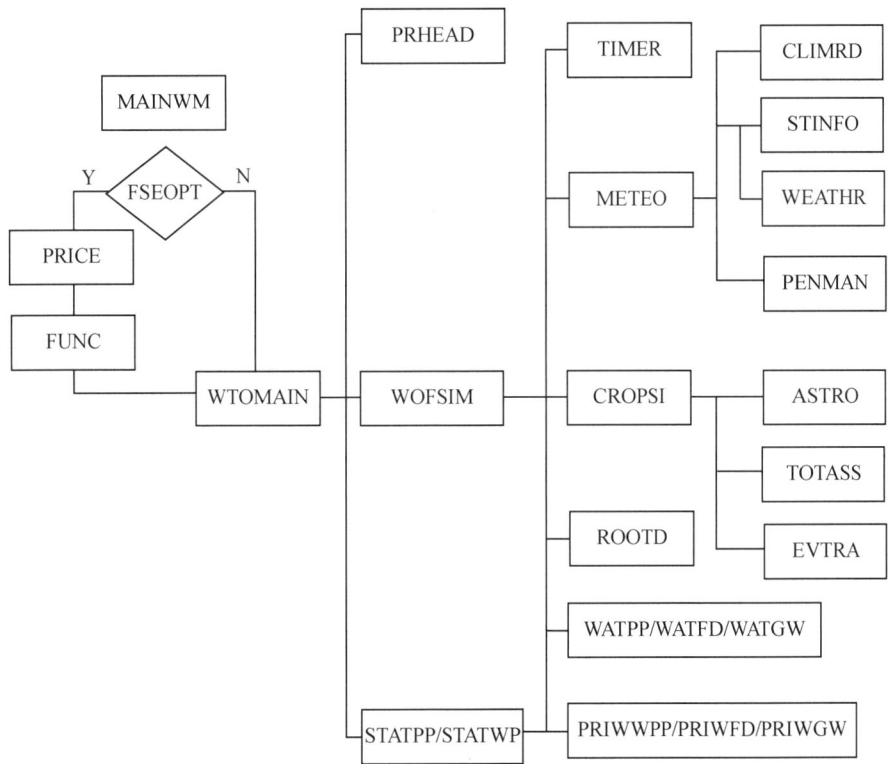

图 5-5　分布式作物生长模型程序流程

表 5-2　模块功能说明

模块名	功能
MAINWM	计算 WOFOST 模型所需气象输入数据，作物参数以及土壤水力参数，调用 FSEOPT
ASTRO	计算日长、日辐射特征量如大气传输、漫辐射等
CLIMRD	计算气候条件
CROPSI	计算潜在和水分限制下的生长
EVTRA	计算给定作物覆盖区阴面湿土表面和背阴水面的最大蒸发速率，以及作物的最大和实际蒸腾速率
FSEOPT	确定运行模式（进行参数优化或直接运行 WOFOST）
FUNC	输出最终模型参数
METEO	根据数据类型（月或日）来确定运行方案：若为月数据，调用 CLIMRD；若为日数据，则依次调用 STINFO、WEATHR，最后调用 PENMAN
PENMAN	计算自由水面的潜在蒸发速率 E_0，裸土表面蒸发速率 E_{s0}，冠层蒸腾速率 ET_0
PRICE	Price 全局寻优算法
PRHEAD	写输出文件 wcc.out 中的前面部分
PRIWFD	输出 wcc.out 中基于 WATFD 计算的逐日水分限制生长结果
PRIWGW	输出 wcc.out 中基于 WATGW 计算的逐日水分限制生长结果
PRIWPP	输出 wcc.out 中的逐日潜在生长结果
ROOTD	计算逐日根深
STATPP	统计潜在产量
STATWP	统计水分限制产量
STINFO	设置数据文件的位置，IPATH 和 ILOG 的文件名。返回数据信息：气象站的坐标和海拔，以此来求得辐射数据
TIMER	计算时间
TOTASS	通过对时间的高斯积分，计算逐日总的 CO_2 同化速率
WTOMAIN	运行 WOFOST 作物生长模拟模型的主程序
WATFD	计算水分限制条件下无地下水影响时的土壤水分平衡
WATGW	计算水分限制条件下有地下水影响时的土壤水分平衡
WATPP	计算潜在生长情况下土壤水分平衡
WEATHR	从用 STINFO 打开的数据文件中获得气象数据
WOFSIM	组织作物生长和土壤水分平衡的模拟，气象数据的产生和报告的输出，连续地依次调用相关的气象、作物、土壤水和输出子程序

第 6 章 流域水资源调控与多目标决策

6.1 水资源调控原则

水资源具有自然、社会、经济、环境和生态等多维属性，水资源的调控需要认识到水资源的多维属性。首先要在"自然-社会"二元水循环认知模式下认识多维属性：水循环在没有人类的时候只有自然属性，一方面是水循环自身规律和水生态效应，一方面是水循环过程中所发挥的生态服务功能；有了人类之后，在自然属性之外增加了社会属性及其与其伴生的经济属性和环境属性。

水资源调控的原则必须符合水资源的多维属性，对于不同属性遵循其基本要求，最终实现符合水资源自身健康和社会净福利最大化的调控方向。水资源各维属性的调控原则包括：

自然属性强调水循环自身规律和水生态效应；维持水资源本身的稳定和可再生能力；

生态属性强调水循环过程中所发挥的生态服务功能，实现水资源与其所在生态系统的整体协调；

社会属性强调公平性，包括区域间、用户间、代际等不同主体的公平性，这是社会属性最核心的理念；

经济属性强调效率，实现水资源利用的经济效益优化；

环境属性强调用水安全、人群用水健康。

考虑上述原则，水资源调控的总体目标就是要在考虑结合公平和效率准则下分析流域的水资源高效利用的目标，按照多目标分析原则给出流域调控目标，实现对各维属性目标的分解，并研究不同类别目标之间的效益转换关系。

6.2 多目标决策方法

水资源多目标决策分析是将社会、经济、环境、水资源等子系统内部及相互之间的约束机制进行高度概括的综合数学分析过程，描述资金与资源在"经济-环境-社会-资源-生态"复杂巨系统的各子系统中的分配关系以及与社会发展模式的协调问题。它有如下的特点：

区域宏观经济系统和水资源系统联合考虑，耗水管理、供水管理与水质管理并重，并定量把握三者间相互依存、相互制约的关系；

以耗水控制和管理为核心，结合水量总量控制目标，在全区域或流域、子流域和计算单元进行各个层次的平衡；

以区域经济、环境、社会的协调发展为目标研究水资源优化配置策略，定量揭示目标间的相互竞争与制约关系；

采用多层次多目标群决策的决策方法研究水资源优化配置问题，以便在定量的基础上反映不同的优化配置方案对上下游、左右岸、不同地区和不同部门之间的影响，并将各决策者的意愿有机地融入决策过程；

以区域宏观经济分部门的动态投入产出分析为基础，定量揭示农业与工业、第三产业的关系，经济发展与流域总体规划的关系，分部门发展与灌溉规划、水力发电规划、城市生活与工业供水规划、水资源保护规划等专业规划间的关系；

在优化配置决策中保持水的需求与供给间的平衡，污水的排放与水污染治理间的平衡，以及水投资的来源与分配间的平衡；

将多层次多目标群决策的优化手段与多水源、多用户的复杂水资源系统模拟技术有机地结合起来，利用优化手段反映各种动态联系，利用模拟手段反映经济发展过程中的不确定性和水文连续丰枯变化对优化配置方案的影响；

利用从动态投入产出模型中导出的供水影子价格和从多目标群决策模型中导出的分水原则作为水资源优化配置的经济杠杆。

以下以多目标决策分析系统（decision analysis for multi-objective system，DAMOS）模型为例，简介多目标决策分析的主要原理、主要模块与多目标决策方法。

6.2.1 主要原理

多目标优化分析是一个宏观层次上的模型，它通过多目标之间的权衡来确定社会发展模式及在这种模式下的投资组成和供水组成，确定大型水利工程的投入运行时间和次序等问题。在模型中，需要建立现状及预测状态下的国内生产总值、工农业生产总值、消费与积累的比例关系。在优化过程中要充分考虑节水规划的指导原则，不断优化产业结构、种植结构和用水结构，同时结合宏观经济模型、人口模型、需水预测模型等进行需水预测，利用污水处理费用投资来控制污水处理成本，用绿色当量面积作为衡量生态水平的指标，通过经济的不断发展来促进城镇就业率的提高，从而将水资源、投资和环境、生态、经济等目标有机结合起来，如图6-1所示。

6.2.2 主要模块描述

利用模型模拟计算区域经济、水资源和环境等方面的关系，需要描述流域中各子系统直接的相互作用，主要包括宏观经济调控、水资源平衡分析、水环境与生态、投入产出分析、多目标决策分析等模块。

（1）宏观经济调控模块

基于宏观经济的水资源区域规划是一个极其复杂的问题，它不仅涉及包含多种水源、

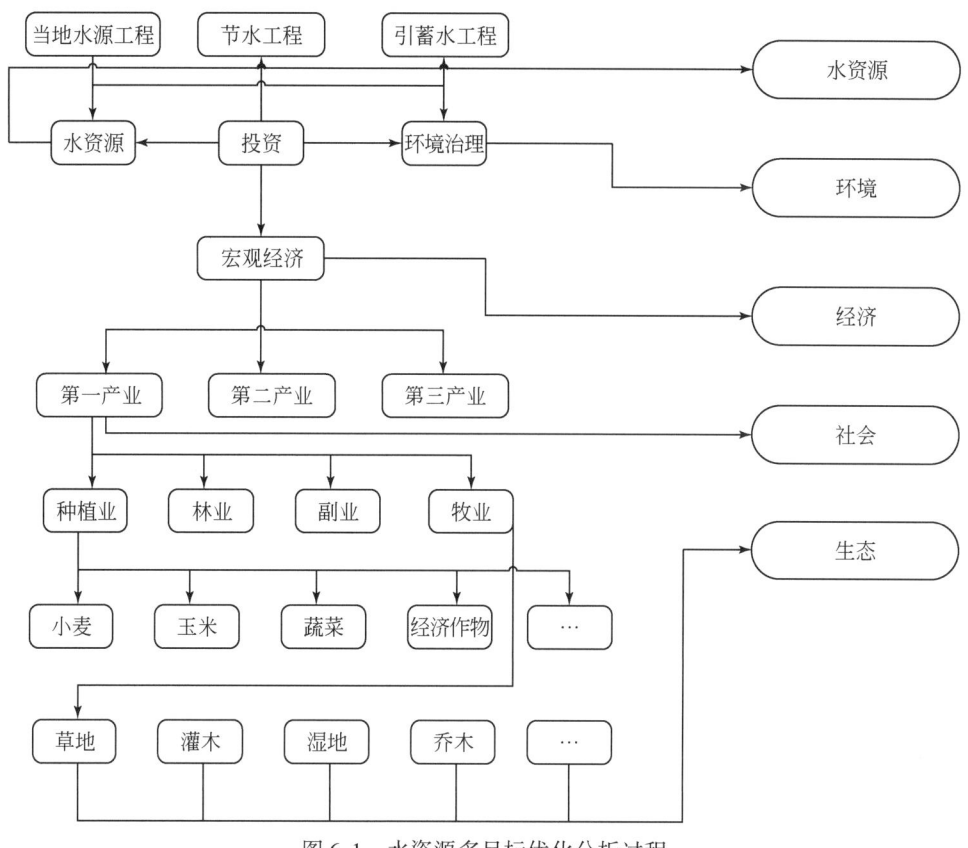

图 6-1 水资源多目标优化分析过程

多个工程、多种用途、多种需求的水资源系统,而且涉及确定社会经济发展模式的宏观经济系统,直接影响不同地区、不同部门、集团和公众的利益。这两个系统各自有其独立的内部结构和特点,同时又相互依赖、相互影响,构成一个宏观经济水资源大系统。一个区域的宏观经济包括社会总产品、国民收入、积累基金与消费基金总量的运动变化等主要内容,也包括与经济密切联系的人口、水资源、环境等因素。在水资源规划中,宏观经济系统不是被简单地处理为外部对水的需求因素,而是从描述宏观经济结构与发展机制入手,即考虑宏观经济系统中的投入产出关系,调入调出关系和积累消费关系,也重视宏观经济发展与水资源配置之间相互制约、相互促进的关系。从水资源开发的角度看,不是简单地满足给定经济发展速度条件下的水需求,而是把水资源系统的开发模式与经济发展速度与结构联系起来考虑,即统一考虑水资源的供需结构,统一考虑水投资与其他经济部门的投资,统一考虑开源与节流、净水与污水回用,统一考虑供水能力不足的经济结构调整与经济发展对水资源量需求的增加,统一考虑重大的水工程措施对社会经济环境的影响。

(2) 水资源平衡分析模块

水资源平衡分析主要包括两个方面,一个是流域内部的水量平衡,另一个是流域内水资源供需平衡。

流域水量平衡是指流域某特定时段内总来水量（包括降水量和从流域外流入本流域的水量）、蒸腾蒸发总量（即综合净耗水总量）、总排水量（即排出流域之外的总水量）之间的平衡关系。流域水量平衡不受水资源评价方法和可供水量评价方法影响，耗水量的大小仅与流域降水量、水文断面实测流量资料和地下水动态观测资料的可靠性有关，因此，利用流域水量平衡方法分析流域综合耗水总量，其分析计算成果精度基本上能达到水文资料观测精度水平。流域综合耗水总量，是一个相对比较稳定的指标，它主要受气候、下垫面条件变化影响。当气候变化不大时，流域综合耗水总量的变化，主要取决于人类活动对下垫面条件的改变。

流域水资源供需平衡是指流域某特定时段内的经济社会需水，与相应时段的可供水量之间的平衡关系。由于供需平衡中的需水量，通常大于需求的耗水量，因此，上游地区所利用的水量有相当一部分又回补给下游水源地成为回归水，回归水（尤其农业灌溉回归水）又成为新的可供水量之一。回归水的大小主要取决于用水行为和用水设施与技术，并影响到地表可供水量和地下水补给量，进而影响各供水节点的可供水量。此外，可供水量还受到水资源评价方法、还原水量的可靠性、重复量的计算与扣除、供水工程等影响。因此，水资源供需平衡具有很大的不确定性，预测期越长这种不确定性就越大。

（3）水环境及生态模块

经济发展所带来的环境污染、生态变化与经济发展程度成正比，与环境、生态投资成反比。环境规划作为解决经济和人口增长对水量和水质要求的提高与水环境污染之间矛盾的有效手段，受到了普遍的重视，并在实践中得到了广泛的应用。将水资源规划与环境规划结合起来，考虑社会发展模式、发展规模、发展速度、经济结构、生产布局、排污总量对生态环境的影响以及生态环境对社会经济的反作用，研究水资源可持续发展对社会经济发展的约束和指导作用，是目前较为先进的研究方向。

与水资源量的需求与供给一样，水环境的污染和治理两方面也均是变量，因而二者之间的平衡也是动态平衡。进入水环境的污染物来源于两个方面，上游随河流而下与当地排放。当地排放的污染物总量及种类与经济总量、结构及分部门单位产值排放率有关。由于我国目前污染物排放量的统计数据仍不完全，一般对生物耗氧量（BOD）、化学耗氧量（COD）和氨氮总量进行研究已可满足区域水资源优化配置的要求。在水环境的污染治理方面，主要的影响因素是污水处理率、污水厂处理能力、污水处理级别，以及处理后的污水回用率。上述各因素均是可变的（可选择的），不同的处理工艺、处理规模、处理级别和回用量显然要发生不同的处理费用，因而也存在着对污染治理策略的优化问题。

水环境的污染与治理之间的动态平衡包含着两方面的内容，即污水排放量与处理量、回用量之间的平衡，以及各类污染物质的排放总量与去除总量之间的平衡。因此，还必然要涉及污水中的各类污染物的浓度。

此外，水环境的污染与治理平衡和水资源量的供需平衡间是相互联系的。因为对任何水体来说没有一定的质便没有一定的量，污染导致的水质严重下降会极大地减少有效水资源量，同时处理后可回用的污水也将增加有效供水量。因此在进行水量与水质的综合平衡时要充分考虑到二者的相互作用与转化。

(4) 投入产出分析模块

投入产出分析是宏观经济分析中的基础，是整个社会经济发展模式和结构调整的基础，是整个模型中最核心的内容之一。

研究经济部门间相互联系的主要定量方法为投入产出分析法。投入产出分析的基础为投入产出表（表6-1）。该表分为四个象限。左上方第一象限由部门间流量 x_{ij} 组成，反映部门之间的生产技术联系。右上方第二象限由最终产品流量组成，反映最终产品的使用去向。左下方第三象限由国民收入（增加值）组成，反映了国民生产的产业结构。第一象限和第三象限组成了投入产出表的竖表，表明各部门产品的投入来源和费用结构；第一象限和第二象限组成了投入产出表的横表，表明了各部门产品的分配去向和使用结构。右下方的第四象限则是在最初投入和最终产出进一步细分的情况下，在一定意义上表现了国民收入（增加值）从生产经过分配、再分配而达到最终使用的过程。

表6-1 投入产出平衡表

投入		产出										总产出
		中间使用				最终使用						
		1	2	…	n	合计	消费		积累		调入	调出	合计
							家庭	社会	固定	流动			
中间投入	1	x_{11}	x_{12}	…	x_{1n}	μ_1	C_{h1}	C_{s1}	F_{f1}	F_{s1}	M_1	E_1	Y_1	X_1
	2	x_{21}	x_{22}	…	x_{2n}	μ_2	C_{h2}	C_{s2}	F_{f2}	F_{s2}	M_2	E_2	Y_2	X_2
	⋮	⋮	⋮	I	⋮	⋮	⋮	⋮	⋮	II	⋮	⋮	⋮	⋮
	n	x_{n1}	x_{n2}	…	x_{nn}	μ_n	C_{hn}	C_{sn}	F_{fn}	F_{sn}	M_n	E_n	Y_n	X_n
	合计	τ_1	τ_2	…	τ_n	τ	C_h	C_s	F_f	F_s	M	E	Y	X
最初投入	折旧	D_1	D_2	…	D_n	D				IV				
	劳动者收入	V_1	V_2	…	V_n	V								
	利润和税金	Z_1	Z_2	III	Z_n	Z								
	合计	N_1	N_2	…	N_n	N								
总投入		X_1	X_2	…	X_n	X								

x_{ij} 表示部门间的产品流量。从纵列看，它表示生产第 j 部门总产品 x_j 的过程中对第 i 部门产品的消耗量。

X_j 表示第 j 部门的产品总量或总投入量。

Y_i 表示第 i 部门的最终产品总量，由家庭消费、社会消费、固定积累、流动积累等四部分组成。

D_j 表示第 j 部门在生产过程中所消耗的固定资产价值,即固定资产折旧额。

V_j 表示第 j 部门在生产过程中所支付的劳动报酬的数额,如工资、资金等。

Z_j 表示第 j 部门的劳动者所创造的社会纯收入的数额,如利润、税金等。

从表的横向看是各中间产品与最终产品之和为总产品,从表的纵向看是各部门的价值构成,分别有

$$\sum_{j=1}^{n} x_{ij} + Y_i = X_i \quad (i = 1, 2, \cdots, n) \tag{6-1}$$

$$\sum_{i=1}^{n} x_{ij} + D_j + V_j + Z_j = X_j \quad (j = 1, 2, \cdots, n) \tag{6-2}$$

令 $a_{ij} = x_{ij}/X_j$ ($X_j \neq 0$, $i,j = 1, 2, \cdots, n$) 为直接消耗系数,表示国民经济第 j 部门生产单位产品需要第 i 部门的产品数量,式 (6-1) 和式 (6-2) 分别有向量形式:

$$AX + Y = X \tag{6-3}$$

$$CX + D + V + M = X \tag{6-4}$$

式中,$C = \text{diag}\left\{\sum_{i=1}^{n} a_{i1}, \sum_{i=1}^{n} a_{i2}, \cdots, \sum_{i=1}^{n} a_{in}\right\}$。

对式 (6-4) 改写得到:$X = (I-A)^{-1} Y$。$(I-A)^{-1}$ 称列昂剔夫逆矩阵,由于 X、Y 与时间无关,故该模型是静态的,称静态投入产出模型或列昂剔夫模型。

最终产品 Y 可分为消费、积累与净出口三大项,其中消费又分为家庭消费与社会消费;积累又分为固定资产积累和流动资产积累;净出口又分为出口与进口两类。用矢量表示,则有

$$Y = C_h + C_s + F_f + F_s + E - M \tag{6-5}$$

式中,C_h、C_s、F_f、F_s、E、M 分别为城镇居民家庭消费、农村居民家庭消费、社会消费、固定资产积累、流动资产积累、出口与进口列向量。

投入产出模型可以反映国民经济活动的许多内容,如社会总产品的分配和使用、社会总产品的价值构成、国民收入的总量和来源、劳动力资源和分配使用、生产性固定资产的总量与分配、经济增长情况等。衡量经济的总体发展水平和相应的结构特征,一般采用国内生产总值(GDP)指标。从投入产出表第三象限看,GDP 在数值上等于各部门增加值总和,包括折旧、工资和利税三项,即

$$\text{GDP} = \sum_{j=1}^{n} N_j = \sum_{j=1}^{n} \alpha(r_j \cdot X_j) \tag{6-6}$$

式中,N_j 为第 j 经济部门增加值;r_j 为第 j 经济部门增加值率;X_j 为第 j 经济部门总产出;j 代表产业部门数;α 代表产业部门增加值占总产值比例;X 代表部门总产值。

从投入产出表第二象限看,GDP 也等于各行业最终使用量之和,即

$$\text{GDP} = \sum_{i=1}^{n} Y_i \tag{6-7}$$

由式 (6-6) 和式 (6-7) 可以看出,各行业增加值之和等于各行业最终使用产品量之和。这表明,增加值通过最终使用产品量而得到分配。

（5） 多目标决策分析模块

多目标决策分析模块主要处理社会、经济、环境、资源等各维之间的相互发展关系。多目标的耦合问题，一向是水资源调配过程中的难点之一。基于耗水控制的水资源优化配置方法，引入多目标决策分析理论，利用数学优化方法来解决水资源多维配置的问题。

水资源利用中多个目标之间的矛盾性和不可公度性，决定了必须用多目标分析方法来处理水资源调配问题。水资源调配决策问题通常具有如下特点：

1）决策问题的目标多于一个；
2）各目标间不可公度，即它们没有统一的衡量标准或计量单位，难以进行比较；
3）各目标间的矛盾性，即如果采用一种备选方案去改进某一目标的值，很可能会使另一目标的值变坏。

由于多目标决策问题多个目标之间的矛盾性和不可公度性，不能把多个目标简单地归并为单个目标，因此不能用求解单目标决策问题的方法求解多目标决策问题。

最常用的多目标决策问题的分类法是按决策问题中备选方案的数量来划分。一类是决策变量离散型多目标决策问题，也称多属性决策问题或者有限方案多目标决策问题，其备选方案数量为有限个。该类问题求解的核心是对备选方案进行评价后排定各方案的优劣次序，再从中择优。另一类是决策变量连续型多目标决策问题，也称无限方案多目标决策问题，其备选方案数有无限多个。求解这类问题的关键是向量优化，即数学规划问题。多目标决策问题如果没有最优解，就一定有一个以上非劣解。根据决策人的偏好结构，从可行域或非劣解集中选出决策人最满意的解称作最佳调和解。

常用的多属性决策方法有加权和法、加权积法、TOPSIS 法、基于估计相对位置的方案排队法、ELECTRE 法等。衡量多属性决策问题求解方法优劣的标准包括：

1）基础数据容易获得，允许使用定性属性；
2）对权重的敏感性低；
3）无关方案独立性；
4）属性值的标度无关性；
5）有定量的评价结果；
6）计算方便且结果容易理解。

根据各种多属性决策问题求解方法的特点并按上述各条评价标准衡量，可以确定各种方法的大致适用范围。结合面临的多属性决策问题的特点以及各种方法的大致适用范围，就可以选择适当的求解方法。

求解多目标决策问题的关键在于获取决策人的偏好信息即偏好结构。Hwang 根据获取决策人的偏好信息的时间将多目标决策问题的求解方法分成三类：

1）在优化之前，即由决策人事先一次性提供全部偏好信息；
2）在优化过程中，由分析人员向决策人逐步索取偏好信息；
3）在优化之后，即事后索取偏好。

相应的求解方法的分类如图 6-2 所示。

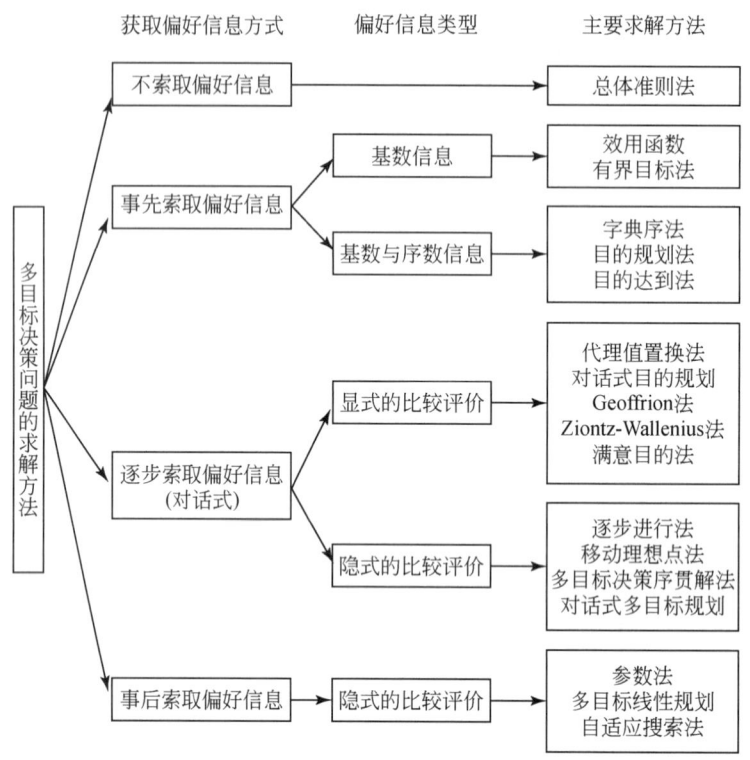

图 6-2 多目标决策问题求解方法的分类

6.2.3 多目标决策方法

从本质上讲，水资源多目标决策分析是一个涵盖社会经济、水资源、生态环境等各领域，由目标函数和约束条件构成，包含数百个优化变量的大规模线性规划问题。各个目标看似相互独立，实际上它们通过各类复杂的约束条件紧密联系在一起，相互竞争和相互影响，各个目标之间具有十分显著的矛盾性和不可公度性。例如，水资源的可持续利用要求降低耗水，但大幅度降低耗水必然导致粮食产量和 GDP 的降低。因此需要根据决策分析过程中约束层的特点及各目标之间的相互制约关系寻求适宜的多目标决策方法以辅助水资源系统的规划配置决策。目前，水资源多目标决策分析可选取逐步法（step method）或者其他适宜的优化方法进行多目标决策，逐步法的原理如下。

逐步法简称 STEM 法，是一种决策人逐步宣布偏好的多目标决策方法。逐步法每求解一次，分析人员都要与决策人进行对话，分析人员把计算结果告诉决策人并征求反馈意见。若决策人对结果不满意，则分析人员要根据决策人的意见对决策模型中的参数进行必要的修改并重新计算，以改进计算结果，直到决策人满意结果为止。由于这种方法是逐步进行的，所以称作逐步法。

假设决策人对每个目标 f_i 设定一个目的值 $\hat{f}_i$，给定各目标的优先级或权重，在备选方

案集中选择方案 x，使其目标函数 $f(x)$ 与目的值 $\hat{f} = (\hat{f}_1, \cdots, \hat{f}_n)$ 的组合偏差最小，即

$$\min\{d_p[f(x) - \hat{f}] = [\sum w_j |f_j(x) - \hat{f}_j|^p]^{1/p}\} \tag{6-8}$$

上式可以看作实际目标函数与目的值的距离。式中，$p=1$ 表示绝对值距离，$p=2$ 表示欧几里得距离，$p=\infty$ 表示契比雪夫距离。当距离范数 p 从 $1 \to \infty$ 逐渐增大时，最大偏差分量所起的作用越来越大，$p=\infty$ 时，只有最大偏差分量在起作用。逐步法中即令 $p=\infty$，其实质是假设决策人希望使离理想点最远的目标的偏差最小化，因此逐步法的决策规则属于极小化极大规则。

该方法是一个迭代过程。分析人员用极小化极大规则求问题的解，把结果交给决策人，由决策人判断：对结果是否满意？希望改进哪些目标的值？为了改进某些（个）目标，决策人必须降低对另一些目标的要求。所以决策人还必须在分析人员的协助下了解各目标之间的相互关系，并对所有目标函数的值进行权衡，然后回答：哪些（个）目标函数的值还能降低，可以降低多少。决策人回答所有这些问题之后，分析人员把降低了要求的目标函数作为新的约束条件加入决策问题的模型中，再按极小化极大规则进行新一轮计算。这种交互过程不断进行，直到获得决策人满意的结果为止。

线性目标函数和线性约束条件的多目标决策问题如下：

$$\begin{cases} \max\{f(x) = \boldsymbol{C}\boldsymbol{x}\} \\ \text{s. t. } \boldsymbol{A}\boldsymbol{x} \leq \boldsymbol{b} \\ \boldsymbol{x} \geq 0 \end{cases} \tag{6-9}$$

式中，$\boldsymbol{x}$ 为 N 维列向量；$\boldsymbol{C} = (c_{ji})_{n \times N}$，$c_{ji}$ 是第 j 个目标函数中 x 的第 i 个分量 x_i 的系数；$\boldsymbol{A}$ 为系数矩阵；$\boldsymbol{b}$ 为条件向量。把式（6-9）中的约束条件记作 $\boldsymbol{X}^q$。逐步法的算法步骤如下。

(1) 求理想点

首先求解 n 个单目标优化问题：

$$\max_{x \in X} f_j(x), \quad j=1, \cdots, n \tag{6-10}$$

所示问题的解为 $x_j^* (j=1, \cdots, n)$，与 x_j^* 相对应的目标函数记作 $f_j^* = f_j(x_j^*)$，可以由此定义出理想点 $(f_1^*, \cdots, f_n^*)$，然后计算每个 x_j^* 的各目标的函数值 $f_k(x_j^*)$，$k = 1, \cdots, n$，并把它们列入表 6-2 所示的性能指标表中，使决策人对取不同的 x_j^* 时各目标值有直观认识，以便下一步作出适当判断。最后令 $q=1$。

表 6-2　性能指标表

项目	f_1	$\cdots$	f_j	$\cdots$	f_n
x_1^*	f_1^*	$\cdots$	f_{1j}	$\cdots$	f_{1n}
$\vdots$	$\vdots$		$\vdots$		$\vdots$
x_j^*	f_{j1}	$\cdots$	f_j^*	$\cdots$	f_{jn}
$\vdots$	$\vdots$		$\vdots$		$\vdots$
x_n^*	f_{n1}	$\cdots$	f_{nj}	$\cdots$	f_n^*

(2) 解极小化极大问题

由于

$$d_{\infty}[f(x) - f^*] = \max\{w_j[f_j^* - f_j(x)]\} \quad (6-11)$$

求最大偏差的极小值就是求解

$$\begin{cases} \min\{d_{\infty}[f(x) - f^*]\} \\ \text{s.t.} \quad x \in X^q \end{cases} \quad (6-12)$$

上述问题等价于求解如下线性规划问题：

$$\begin{cases} \min \quad \lambda \\ \text{s.t.} \quad \lambda \geq w_j[f_j^* - f_j(x)], \quad j = 1, \cdots, n \\ \quad x \in X^q \\ \quad \lambda \geq 0 \end{cases} \quad (6-13)$$

式中，$w_j(j = 1, \cdots, n)$ 是权，由式（6-14）给定：

$$w_j = \alpha_j / \sum_{j=1}^{n} \alpha_j, \quad j = 1, \cdots, n \quad (6-14)$$

式（6-14）中 α_j 是规范化了的目标函数的偏差幅度：

$$\alpha_j = (|f_j^* - f_j^{\min}|) / (f_j^* \times \sqrt{\sum_{i=1}^{N} c_{ji}^2}) \quad (6-15)$$

式中，$f_j^{\min}$ 可以从性能指标表中获得，它是第 j 列中的最小值。α_j 的含义可这样理解，将式（6-15）的等号右侧分成两部分，一部分是 $|f_j^* - f_j^{\min}|/f_j^*$，这是性能指标表中第 j 列各元素之间的最大差值与最大值之比，反映了各方案的第 j 个目标函数相对于 f_j^* 的变动幅度。$|f_j^* - f_j^{\min}|/f_j^*$ 的值越大，f_j 对方案 x 的变化越敏感，在求解过程中的作用也越重要。第二部分是 $(\sum_{i=1}^{N} c_{ji}^2)^{-1/2}$，由于 $f_j(x) = \sum_{i=1}^{N} c_{ji} x_i$，而 $f_j^* = f_j^*(x_j^*) = \sum_{i=1}^{N} c_{ji} x_{ji}^*$，所以

$$f_j^* - f_j(x) = \sum_{i=1}^{N} c_{ji}(x_{ji}^* - x_i) \quad (6-16)$$

由式（6-16）可知 $(\sum_{i=1}^{N} c_{ji}^2)^{1/2}$ 是 x_j^* 与 x 之差为单位列向量时，第 j 个目标函数 f_j 的变动幅度，把它放在分母上起目标函数规范化的作用，便于比较各个不同的目标。

式（6-14）由 α_j 计算 w_j 也是为了规范化，使 $0 \leq w_j \leq 1$，$j = 1, \cdots, n$，且有 $\sum_{j=1}^{n} w_j = 1$。解式（6-13）所示的线性规划问题，得 x^q 并计算 $f_j(x^q)$，$j = 1, \cdots, n$。

(3) 将计算结果交由决策人判断

决策分析人员把第（2）步求得的 x^q 和 $f_j(x^q)$ 交给决策人，由决策人判断各目标函数值，看看是否有某些目标值太高而另一些目标的值太差。如果有，则由决策人确定降低某个太好的目标 l 的值 $f_l(x^q)$，下降 Δf_l。再由分析人员修改约束条件，使 X^{q+1} 为

$$\begin{cases} Ax \leq b \\ x \geq 0 \\ f_l(x) \geq f_l(x^q) - \Delta f_l \\ f_j(x) \geq f_j(x^q), \quad j=1, \cdots, n, \quad j \neq l \end{cases} \quad (6\text{-}17)$$

并令目标 l 的权重 $w_l = 0$，$q = q + 1$。返回第（2）步，进行下一轮计算与对话，直到决策人对解满意为止。

逐步法具有以下优点：①决策人从性能指标表中不仅可以知道各目标函数所能达到的最大值，还能了解一组方案的性能；②每一轮计算结果可以与这些方案以及前些轮的结果进行比较，有了这些信息，决策人对目标函数的修改就有针对性。总之，逐步法在寻求最佳调和解的过程中，决策人比较容易提供必要的偏好信息。

6.3 水资源配置方法

6.3.1 水资源配置的概念

水资源配置是流域规划与管理的核心环节和关键内容。按照资源配置的经济学基础，水资源配置的需求基础在于水资源的稀缺性特征。水资源短缺和水环境恶化使得有效可用的水资源量减少，形成了水资源的稀缺特征。同时，水资源的多效用性及其与土地、生物等资源的密切关系决定了其配置的多效性需求。

水资源配置是实现水资源在不同区域和用水户之间的有效公平分配的重要手段。通过水资源配置可以实现对流域水循环及其影响的自然与社会诸因素进行整体调控。水资源配置的概念已经从最初的水量分配发展到目前协调考虑流域和区域经济、环境和生态各方面需求进行有效的水量宏观调控。因此，水资源配置的内容不仅包括水资源系统运行调度的分析和水量在行业区域间的分配，同时还包括水资源需求的合理性分析、水资源保护和环境措施等方面的工作，即水资源配置的基本功能涵盖两个方面：在需求方面通过调整产业结构、建设节水型经济并调整生产力布局，抑制不合理的需水增长，以适应较为不利的水资源条件；在供给方面需协调各项竞争性用水，加强管理，并通过工程措施改变水资源的天然时空分布来适应生产力布局。两个方面相辅相成，最终实现区域的发展模式与水资源条件相适应，达到可持续发展的目标。

6.3.2 水资源配置的方法

水资源配置的基础是对系统过程进行清晰准确的描述。因此水资源配置的方法包括对所研究的水资源系统的描述和基于所提出的系统进行分析两部分。

对水资源系统的描述一般以系统概化表达。系统概化就是通过抽象和简化将复杂系统转化为满足数学描述的框架。系统概化是建立分析框架的必然途径，通过系统概化提炼出具有代表性意义的系统元素可以建立系统框架，可以实现实际系统到数学表达的映射和转换，从而实现系统的模式化处理。通过系统概化可以表达实际过程中各类水源在工程、节点与用水户等实体间完成相应的传输转化；各类实体在该过程中承担着控制和影响水量运动的作用，其物理特征和决策者的期望决定了其作用的方向。通过系统概化可以选取并提炼与水源运动相关的实体，以点线概念表达水源和这些实体，并建立相应的水量传递转换关系，如图 6-3 所示。

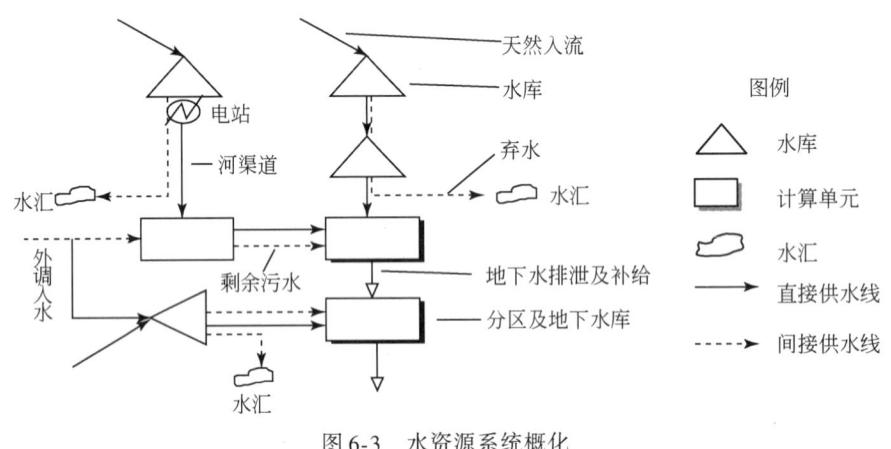

图 6-3 水资源系统概化

通过系统概化可建立研究区域的水资源系统网络图。系统网络图以概化后的点线元素为基础，通过天然水循环、供水、排水、调水等子网络共同构筑水循环系统。系统网络图中的各类点线元素是模拟各类供用耗排等水量变化过程的承载体，通过系统网络图可以在实际系统与模拟系统之间建立一一对应的关系。

针对所概化的水资源系统进行配置研究，一般需要采用模型分析的办法，实现多水源、多用户在多目标要求下的决策分析。水资源配置模型主要包括优化和模拟两种构建方法。

(1) 优化模型的构建

优化方法以数学方程反映物理系统中的各物理量之间的动态依存关系，如表达各类水量平衡关系的水量平衡方程。这些方程又可以进一步分成两类：一类为在决策过程中应当遵循的基本规律及其适用范围，即数学模型中的约束条件；另一类则为决策所追求的目标或衡量决策质量优劣的若干标准，即数学模型的目标函数及其辅助性的评价指标体系。

水资源配置优化模型的目标函数可以是以下一种或多种：①供水量最大；②缺水量（率）最小；③供水的净效益最大；④系统弃水量最小。同时可以考虑发电量最大、水量损失最小、供水费用最小或缺水损失最小等多个目标函数。以单一目标或者多个目标合并考虑时可以构建单目标优化模型，多个目标独立并行时可以构建多目标模型。

系统约束条件主要包括：①水量平衡方程，包括对用水户、工程以及渠道等各类涉水量传输交换的水量平衡关系；②河道内用水约束，包括河道内各控制断面的生态、发电和航运等用水量；③地下水开采量和地下水位约束可以是外部给定阈值，也可由模型本身计算给出；④工程蓄水和分水约束；⑤水库调度方式约束，包括在不同来水和蓄水状况对不同类别用水户的水量分配；⑥非常规水源利用约束；⑦渠道过流能力、电站保证出力等约束。

优化模型可以采用各种优化方法求解，包括人工智能内在的各种优化计算技术的发展为优化模型解决复杂系统的水资源配置问题提供了更广阔的前景。

（2）模拟模型的构建

模拟是分析复杂水资源系统的重要手段。模拟技术是根据对系统实际过程的深入分析，模仿实际系统的各种效应，对系统输入给出预定规则下的响应过程，模型根据不同的输入信息和内部预定的逻辑判断完成相应的系统输出结果。对于水资源配置，模拟模型的基本思路是按照符合实际过程的逻辑推理对水资源配置系统中的水资源存蓄、传输、供给、排放、处理、利用、再利用、转换等进行定量分析和计算，以获得水资源配置和系统水量过程的模拟结果。因此模拟模型也可以看作是一种带有复杂输入、输出和中间过程，并可以由外部控制的"冲击-响应"模型。但与优化模型的"黑箱"方式不同，模拟模型的过程是透明的，并可以由外部控制，属于"白箱"模型。

模拟技术侧重于给定条件下系统的运转过程，以预定的规则设计各种制约关系和临界变化状况。模拟与实际过程的吻合程度取决于模拟过程的设计，过程设计的仿真程度和难度在一定程度上是相互对立的。如果希望实现某种状况的控制，只能增加控制规则，当控制规则太多时又容易出现相互矛盾的情况，这又会增加系统设计的难度。由于模拟过程与实际的差异，当对过程的描述不够深入时难免出现与实际存在较大差异的结果；而如果过于追求与实际过程一致又容易陷入对具体细节的纠缠而失去对总体目标的把握。所以，对模拟模型的构造必须把握追求过程设计与实际一致性上的适度原则，必须考虑模拟模型的目标从总体上追求过程的宏观合理性，避免陷入对细节过程进行完全的仿真设计工作中。

从模拟和优化模型设计的准则来看，二者各有特点。优化模型侧重于系统内部各因素之间的动态约束关系和期望条件下系统的最优可行结果，而不考虑系统实际的运转过程。其优势在于可以方便地设定各种目标和约束，具体运行过程由寻优计算控制，所以其过程具有不可控性，很容易出现过程跳跃和突变等不符合实际的结果。模拟方法则侧重于给定条件下系统的运转过程，以主观预定的运行规则设计相互制约关系。对于模拟模型，由于模拟过程与实际的差异，难免出现结果不够全面和完善，容易陷入对具体细节的纠缠而失去对总体目标的把握。因此，应针对不同的需求选择模型，使得模型的应用可以为需求服务。

6.3.3　水资源配置结果的评价

效果评价是水资源配置决策的关键环节，其最终目标要从水资源所具有的自然、社会、经济和生态等属性出发,分析对区域经济发展的影响。水资源配置的结果需要反映水资源以及与其关系密切的各种天然和非天然系统的状况和关系,主要包括以下几部分内容:①系统水资源状况,包括系统水量转化过程、水量消耗及类型、入海水量等;②水资源开发与利用合理性,包括工程利用效率与供水结构,用水户供需平衡状况,缺水程度与性质,缺水的时空分布和用户分布,各类用户需水的保障程度;③水资源开发利用与生态环境的协调程度,包括流域水循环稳定程度、河流功能是否可以维持、地下水水量是否持续减少、水质是否恶化;④水资源的其他利益状况,如水力发电、航运、旅游景观等非耗水型用户的经济效益和社会影响。对水资源配置结果的评价实际就是对水资源及其开发利用状况的评价,具有很强的综合性。

从评价内容而言,应当包括区域的社会、经济和环境各方面的内容。在对这些方面进行综合评价时应遵循高效性、公平性和可持续性的原则,同时满足操作方法的可行性。高效性原则反映水资源开发利用的经济效益;公平性原则体现了水资源天然条件与不同区域发展之间的协调性;可持续性原则反映了水资源利用的长远效益,也是代际公平性的表现。

评价的最终目标要从水资源所具有的自然、社会、经济和生态等属性出发,分析对区域经济发展的各方面影响,在区域经济发展、工程建设与调度管理三个层次全面衡量推荐方案实施后对区域经济社会系统、生态环境系统和水资源调配系统的影响。通过评价调整决策方案,一方面强调应该满足的是社会对水资源的"合理的需求",不能因为用水效率低而造成浪费;另一方面要认识到满足社会发展对水资源的"长远要求",考虑经济发展水平提高、用水增多以后的水资源供需平衡状况,不能以现状的分析代替未来;同时还要考虑生态环境需求,不能因为经济发展而挤占生态用水、破坏生态环境,影响社会发展的持续性。通过评价的结果分析比较不同决策方案之间的优劣,辨识各种方案存在的主要问题。对最终确定的决策推荐方案再进行必要的修改完善,确定多种水源在区域间和用水部门之间的调配,提出不同地区的水资源开发、利用、治理、节约和保护的重点、方向及其合理的组合等。

6.3.4 ROWAS 模型基本构架

ROWAS(rules-based objected-oriented water allocation simulation)是基于规则模拟技术的水资源配置模型。在海河流域二元模型构建中,ROWAS 处于串接 DAMOS 和 WEP-L 模型的位置,通过水资源的合理配置实现对 DAMOS 宏观决策目标的时空合理分配并检验其合理性,同时为 WEP-L 提供预定情景目标下可用于水文模拟的供用水过程。所以,ROWAS 模型的设计目标即是要模拟流域内水量在时空上的合理调配和工程的运行。为此,ROWAS 模型的构建首先在以下系统概化与计算原则的指导下进行了计算单元的划分、工程节点确定以及跨流域调水的处理，然后，在此基础上进行海河流域水资源的配置。以下给出概要说明。

ROWAS 模型的系统概化与计算原则：

1）系统概化得到具有物理意义的水资源系统节点图；

2）以属性参数和规则化参数描述各类节点属性；

3）考虑专家意见和经验因素遵循事先给定的一系列系统运行规则，依据水源利用顺序和用户优先序，采取工程常规的中长期调度方式，解决多水源、多用户、多工程的水资源大系统水源利用与分配等复杂的调节计算；

4）通过调整设置工程运用、水源转换、水源利用、用水需求等各类参数控制得到不同条件下的模拟结果。

计算单元确定：以三级区套地市作为基本计算分区。同时，为体现城市供需状况，将流域内 26 个地级以上城市建成区作为独立的计算单元参与供需平衡分析计算。另外，为更准确地模拟重点大型水库工程实际状况，将大型水利工程以上流域按地级单元进行进一步划分，海河流域共划分 125 个计算分区。

工程节点的确定：模型模拟中需要对地表工程中的大型水库进行单独模拟计算，重点引提水工程也进行单独调算；为提高模型对系统的识别程度，除大型地表工程节点外，重要控制节点在系统中也需单独模拟计算。如部分重点河段的省界断面作为单列节点，以满足水资源配置对行政区间水量分配和重要控制断面过流影响的分析的要求。全流域共计 64 个单列工程及节点。

对于跨流域调水，模拟中也单独进行处理。海河流域主要的调水水源为黄河流域和长江流域，按照调水位置和供水范围划分共有南水北调中线、南水北调东线、豫北引黄、引黄济冀、鲁北引黄、万家寨引黄和引黄入津 7 个外调水工程。南水北调工程和万家寨引黄为规划工程，其余已经投入使用，引黄入津为天津市的应急水源工程。

综合考虑海河流域的工程状况，ROWAS 模型概化的水资源系统网络如图 6-4 所示。在此基础上，ROWAS 通过对该决策目标的模拟分析出该目标下的水量分配过程和工程调度的结果，再通过水量分配过程可以为分布式水文模拟模型 WEP-L 提供工程调度和区域水量分配与水源利用的结果。

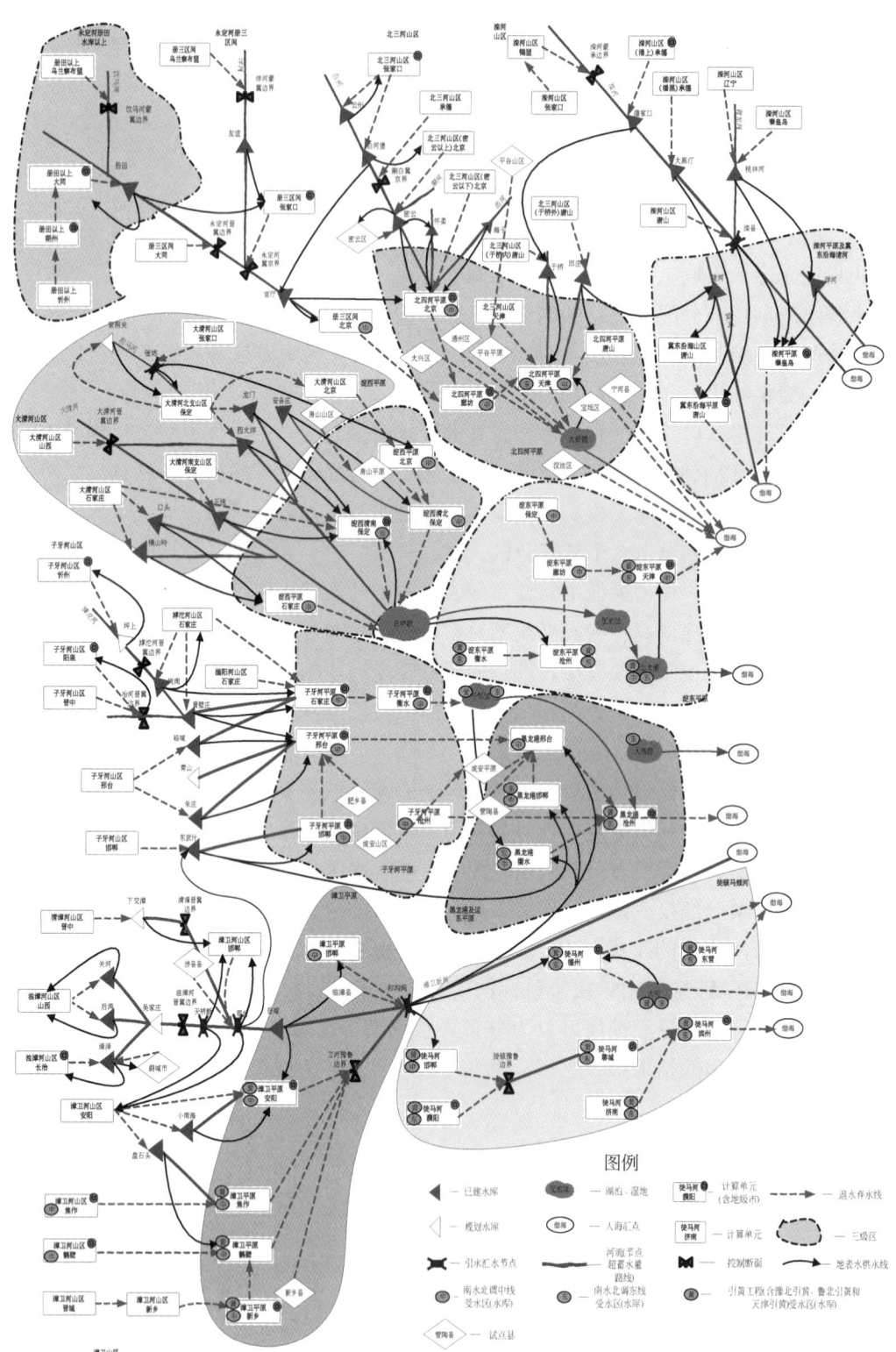

图6-4 ROWAS模型概化的海河流域水资源系统网络

第7章 流域水循环及其伴生过程综合模拟系统集成

7.1 二元水循环模型耦合关系

二元水循环模型简称二元模型（D-Model），由分布式流域水循环及其伴生过程模拟模型（简称水循环模型）WEP-L（Jia et al.，2006；贾仰文等，2005a）、水资源配置模型ROWAS（游进军等，2005）和多目标决策分析模型DAMOS（甘治国等，2007）耦合而成。

二元模型包括模拟模型（ROWAS 和 WEP-L）和优化模型（DAMOS），其中，优化模型侧重于系统内部各因素之间的动态约束关系和期望条件下系统的发展结果，而不考虑系统的运转过程，两个模拟模型则侧重于给定条件下系统的运转过程，较少考虑给定诸条件间的相互制约关系。

因此，需要采用两层耦合的方式进行 WEP-L、ROWAS 和 DAMOS 之间的耦合，即首先进行 WEP-L 和 ROWAS 两个模拟模型之间的耦合，然后再和 DAMOS 进行耦合，形成完整的流域二元模型。上述模型的耦合不是简单的连接，而是在一定的逻辑关系下按特定的决策内容连接起来的。

(1) 模拟模型之间的耦合

即在 WEP-L 模型重点分析天然水文过程的基础上，采用 ROWAS 模型处理水资源配置和水库调度，并对两个模型进行数据交换等耦合，从而构建完整合理的二元水循环模型。

根据 WEP-L 模型和 ROWAS 模型的计算过程和数据要求，模型交互的核心可以归结为：WEP-L 模型为 ROWAS 模型提供径流性资源量（水库入流过程、节点入流过程和坡面径流过程）和地下水储水及蓄变状况（补给量和排泄量），经过"时空聚合"给出适合 ROWAS 模型时空尺度的输入过程，ROWAS 模型模拟后把得到的水资源供、用、耗、排过程进行"时空展布"，得到适合 WEP-L 模型时空尺度的输入，并反馈给 WEP-L 模型，其交互关系如图 7-1 所示。

具体来说，首先要建立 WEP-L 模型水文计算单元（子流域内等高带）、控制节点（水库、节点）、地下水含水层与 ROWAS 模型配置计算单元（水资源三级区套地市）、控制节点（水利工程、节点）、地下水库的对应关系；然后调用 WEP-L 模型进行天然水循环过程的模拟，得到各个水利工程的入流日过程、各个水文计算单元的径流日过程及地下水储水及蓄变过程，然后把各个水文计算单元的径流过程通过"时空聚合"得到 ROWAS 模型需

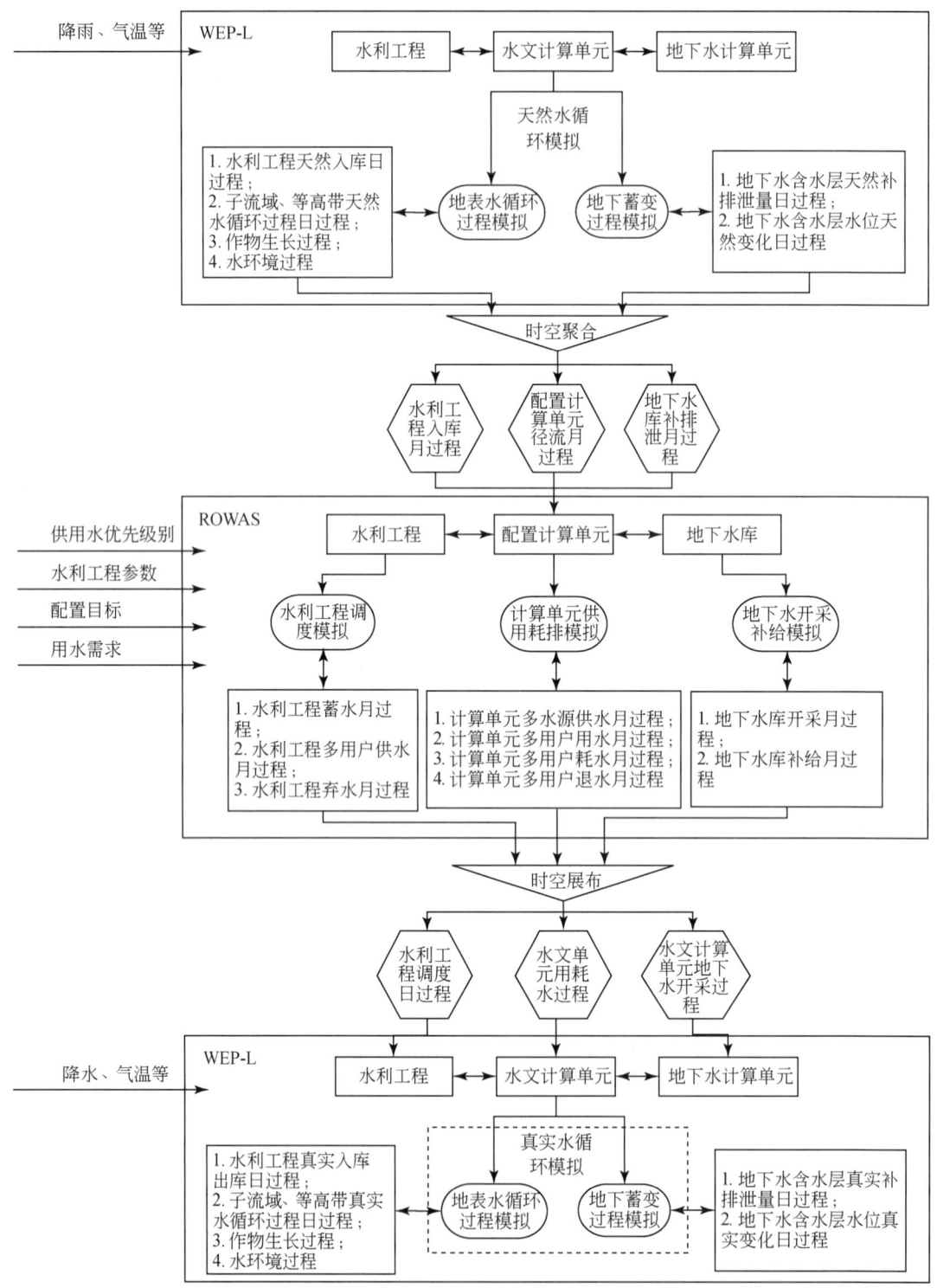

图 7-1 WEP-L 模型与 ROWAS 模型耦合关系

要的时空尺度,即空间尺度为水资源配置单元,时间尺度为月;水利工程入流、节点入流只进行时间统计;WEP-L模型计算得到的地下水储水状态、与地表水交换关系等过程也输入到ROWAS模型的地下水库中。

反之,ROWAS模型利用WEP-L模型提供的来水信息及外部输入(DAMOS模型或历史统计信息)的需水信息,进行长系列水资源供需平衡分析,得到每个水利工程、配置计算单元的供、用、耗、排过程。对这些过程进行"时空展布",即把月尺度的配置计算单元的信息展布到日尺度的水文计算单元上;同时把水利工程的月调度过程(供水、蓄水、弃水等)展布到日尺度的水利工程调度过程;地下水库的月调度过程(开采量、补给量等)也要展布到各个水文计算单元上。

耦合过程可以有两种方式:①直接性耦合,即数据底层耦合。直接针对两个模型的计算过程和数据输出建立数据输入输出关系,通过底层的数据交互接口设计,两个模型直接相互提供计算的直接结果。②总体性耦合,即上层耦合。以WEP-L模型中调控水量分配和工程调度的参数为基准,通过分析建立这些参数和配置结果的关系,以ROWAS模型的计算结果指导参数的调整,得到合理的解。根据实际情况可采用介于这两种耦合方式之间的数据交换方式。

(2)模拟模型与优化模型之间的耦合

在通过WEP-L模型与ROWAS模型耦合实现二元水循环模拟的基础上,进一步耦合多目标分析决策模型DAMOS模型,形成调控与模拟相结合的完整二元模型,即由DAMOS模型的运行结果中得到多目标优化条件下的发展模式、供水工程方案组合,以及由经济发展状态确定的用水水平和过程,由ROWAS模型以实测的水文资料系列在当前时段的预报信息条件下进行逐月配置计算单元的实时供、用、耗、排模拟,得出在不同来水条件下供水破坏的程度、缺水程度以及水供需平衡分析,并通过WEP-L模型进行精细的模拟,得到不同来水条件和用水水平下的水循环过程各要素模拟结果,以具体指导水量管理、供水管理、排水管理以及ET管理等,耦合关系如图7-2所示。

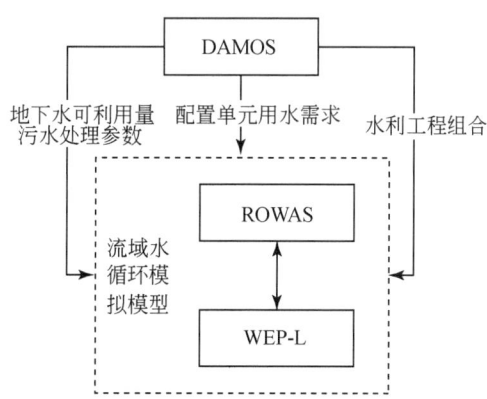

图7-2 DAMOS模型与ROWAS及WEP-L模型的耦合关系

7.2 综合模拟系统集成

7.2.1 系统总体构架

将流域二元水循环模型（NADUWA）与伴生的水环境与生态模型进行耦合，综合考虑"水-经济-环境-生态"的相互作用，构成流域水循环及其伴生过程综合模拟模型（natural-artificial dualistic water cycle model considering economy-environment-ecology，NADUWA3E）。流域水循环及其伴生过程综合模拟系统是专门为 NADUWA3E 开发的软件系统，简称二元模型系统，包括二元模型数据管理功能和模型计算功能的系统平台，其总体架构如图7-3所示。其中，数据管理功能包括各类属性和空间数据、水文数据、水环境数据和社会经济数据等；模型计算功能包括模型计算必要的前处理、多模型耦合、后处理等功能。

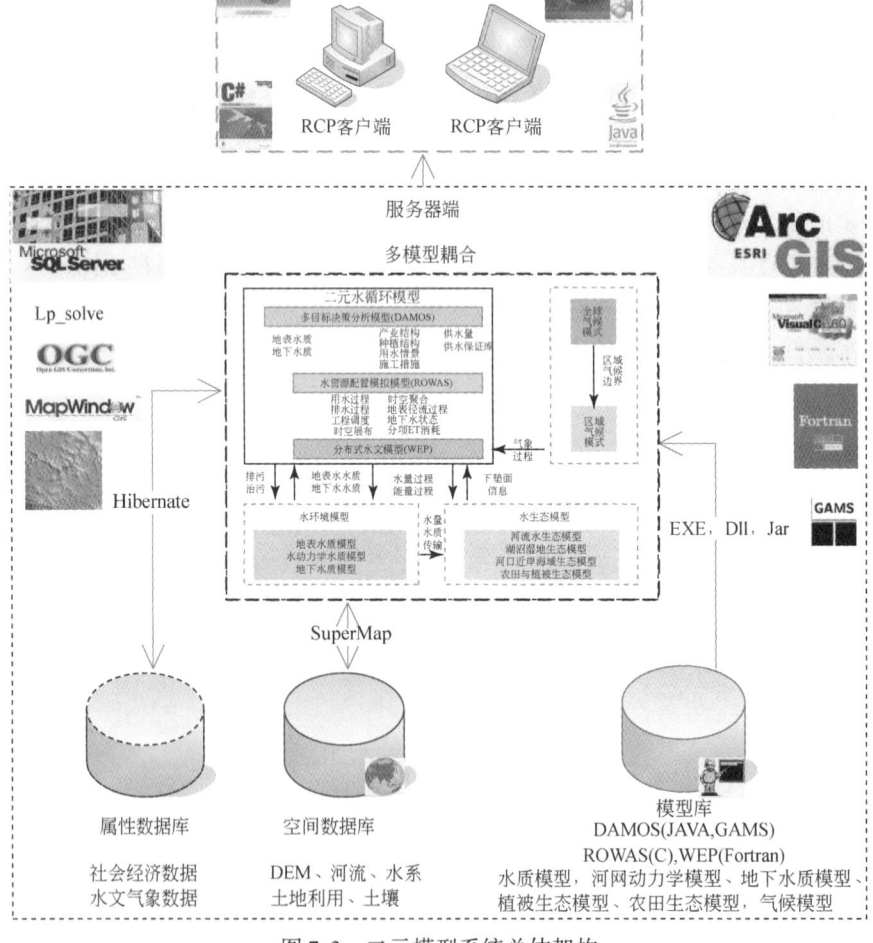

图 7-3 二元模型系统总体架构

7.2.2 系统的特点

综合模拟系统是一个庞大的软件工程，其系统具有以下特点。

1）模型众多且结构复杂，系统开发难度高。二元模型中每个单独的模型都由不同的编程语言和编程方式来实现，如 DAMOS 模型采用通用优化软件 GAMS（general algebraic modeling system）（Brooke et al.，1997）来实现对多目标水资源优化配置问题的描述及求解，ROWAS 模型采用 C++来实现对水资源供需平衡长系列的模拟，而 WEP-L 模型则全部采用 Fortran 语言来实现其对"自然–人工"耦合的水循环过程、水环境过程、地下水过程的模拟。开发二元模型系统要把这三个模型进行有机的耦合形成一个整体，要对各个模型进行适当的改造使其能够集成到二元模型系统中，如开发通用的优化模型构建、求解框架把利用 GAMS 开发的 DAMOS 模型完全用 Java 语言来实现，最终实现了和应用系统的整合。

同时，对于不同模型具有不同的数据管理方式（DAMOS 模型、WEP-L 模型都采用文本方式进行数据管理，ROWAS 模型采用文本与数据库共同管理的方式）的问题，为实现模型有机耦合，本系统把各个模型的输入、输出数据进行了统一管理，在统一的数据库平台上构建多个模型的统一数据管理模块。

2）集成了各种软件技术，创新程度高。为了适应高度复杂的二元模型计算及数据管理的需求，二元模型系统采用富客户端/服务器模式进行系统开发。该开发方式综合了胖客户端/服务器（C/S）和瘦客户端/服务器（B/S）两种方式的优点，可以保证二元模型系统的所有功能，用户可以在系统界面上调用各种复杂的模型进行计算，不需要调用其他的界面与平台，同时又可以支撑更加丰富的用户交互，实现更好的用户响应。其中，客户端采用开源的 Eclipse RCP（http：//www.eclipse.org/home/categories/rcp.php）框架，用 Java 语言来进行开发，数据库服务器则采用 SQL Server2000，客户端服务器之间采用 Hibernate 数据访问框架来实现。采用 Java 语言开发是为了更好地和海河流域 KM 应用系统集成，并为将来开发基于 WEB 版本的二元模型系统打下了一定的基础。

二元模型系统中集成了多种软件技术，包括优化软件 GAMS、Lp_Solve（http：//tech.groups.yahoo.com/group/lp_solve）；数据库软件 MS SQL Server；数据库连接组件 Hibernate；空间展示组件 Supermap 以及空间数据管理组件 ArcGIS SDE 和一些开源的 GIS 组件 MapWindow（http：//www.mapwindow.org）等。

7.2.3 关键技术

系统的技术路线选择对项目建设的成败至关重要，系统采用跨平台、标准的、开放的、技术成熟的、先进的应用集成技术进行建设，主要包括 Eclipse RCP 技术、组件技术、大规模优化模型求解技术、GIS 技术、多模型耦合技术等。

（1）Eclipse RCP 技术

技术存在着一定的周期性。在经历了一段由 B/S 瘦客户端（浏览器）统治的时期后，富客户端技术开始回归。大量的组织正在将它们的应用程序构建成富客户端，其中许多组织将其应用程序建立在 Eclipse RCP（eclipse rich client platform）的基础上。二元模型系统采用最新的富客户端/服务器（RCP/Server）的开发方式构建整个系统平台。

"富客户端"表明此应用程序为用户提供丰富的体验，还表明此应用程序是某台服务器的客户端。虽然富客户端并不必须具有对应的服务器组件，但是它们通常会有对应的服务器组件。

富客户端在很多方面与胖客户端类似。两者都能为用户带来本地桌面体验，并提供那些通过瘦客户端技术很难、不方便或不可能提供的信息和功能。然而，富客户端可提供更多好的特性。胖客户端通常是一个难以部署和更新的大型单体应用程序，而富客户端在体积上更为轻巧，并且是基于部署和更新相对容易的组件模型的。从历史上来看，胖客户端是特定于平台的；而当今的富客户端技术发挥了底层平台的强大功能，同时隐藏了底层平台的细节，允许开发人员将精力集中于任务而不是各种特殊平台的特殊细节。

相对于胖客户端，富客户端还具有更好的可伸缩性。传统上，胖客户端直接与数据库相连接，限制了胖客户端的运行环境（防火墙可能会限制胖客户端与数据库之间的连接），同时应用程序的可伸缩性（客户端与服务器之间的连接总数）也可能会受到数据库的限制。富客户端通常利用应用服务器，后者负责建立到数据库的连接。这种配置非常灵活（防火墙友好的）并且具有高度的可伸缩性。当然，技术中并没有必然限制胖客户端与应用服务器进行通信的东西。

富客户端技术代表了胖客户端与瘦客户端二者优势的结合：丰富的用户体验、高度的可伸缩性、平台独立，以及易于部署和更新。

Eclipse RCP 是一项位于 Eclipse 平台核心的功能。Eclipse 本身是一个 Java 集成开发环境（IDE）。但是如果将 Eclipse 中关于 IDE 的内容剥去，剩下的就是一个提供基本工作台功能的核心，这些功能包括对可移动和可叠加的窗口组件（编辑器和视图）、菜单、工具栏、按钮、表格、树形结构等的支持。核心功能是 Eclipse RCP。Eclipse RCP 为应用程序开发人员提供了：

应用程序和特性的一致；

公共应用程序服务，如窗口管理、更新管理、帮助和选择管理；

本地的外观，利用 Windows、Mac OS X、Linux、Solaris、HP-UX、AIX 和嵌入式设备上的实际平台窗口部件；

标准化的组件模型；

普及的可扩展性；

整合的更新机制；

顶级开发工具 [Eclipse 软件开发包（SDK）是世界级的软件开发环境]。

同时，Eclipse RCP 仍可以被视为构建富客户端应用程序的中间件。它提供应用程序所需的基础设施，从而允许开发人员将精力集中于核心应用程序功能而不是细节。

(2) 组件技术

Eclipse RCP 由许多组件构成，每个组件负责整个环境中相应部分的功能。事实上，

Eclipse RCP 几乎所有的部分都是由组件构成的；除了少量的引导代码，RCP 的每一部分都是一个组件。在 Eclipse 世界中，组件被称为插件（或者在 OSGI 词汇中被称为包裹）。"插件"表明了这项组件功能在某种程度上属于二级功能，或只是内置功能的一个附加物。但事实并非如此，Eclipse RCP 对待所有的插件都是平等的，内置和定制插件之间并没有明确的概念界限。创建的用于实现应用程序行为的插件可与构成 Eclipse RCP 的插件一起运行。

作者构建的数据管理平台及模型计算平台都是采用组件技术开发的，每个组件只是完成自己独立的功能，而不用完成整个系统的所有功能，它是由整个系统中的不同组件之间的分工协作来完成的。

（3）大规模优化模型求解技术

DAMOS 模型从求解方法上说是一个优化模型，采用成熟的线性规划来描述水资源的调度问题。因此要在渭河水资源调度系统中实现大规模优化模型的求解是本课题的一个关键。

在水资源领域应用最广泛的是 GAMS、Lingo 等商业优化软件包，这些软件包的优点在于提供了一个非常方便的模型语言，使模型开发者可以不用考虑太多的优化算法实现方面的细节，而把研究的重点放在问题本身上。但一方面，这些软件包通常都自成体系或者非常昂贵，很难在这些软件包的基础上开发自己的水资源优化配置软件系统平台；另一方面，一些开源软件包，如 Lp_Solve、SCIP（http：//scip.zib.de）等，虽然是免费的且代码公开，但是都缺乏类似一些高级功能，模型开发者要在模型构建、模型调试、模型输入输出等方面花很多时间。因此，作者开发了一个基于开源优化软件包的大规模水资源优化配置模型通用框架。在该框架中，通过对开源混合整数线性规划软件包 Lp_Solve 进行再封装，实现了类似 GAMS 的大部分功能，并扩展了很多针对水资源优化配置问题的功能，包括基于集合的模型构建、模型调试、整合数据库的输入输出、针对水资源优化配置问题的多时段连续优化做的特殊定制等。这个框架的开发将大大促进水资源优化配置模型的大规模推广及应用。

（4）GIS 技术

二元模型系统中存在大量的属性数据，可以通过与空间数据进行连接实现对其的空间展示。本系统中采用 ESRI 公司的最新的 WebGIS 软件 ArcIMS 来搭建 WebGIS 服务器，在二元模型系统软件中通过一个专门开发的 WebGIS 客户端，对该 WebGIS 服务器发送请求，处理反馈。

这种开发方式的好处，在于其在不减少系统功能及用户体验的前提下，弱化了客户端的软件要求，不需要安装专门的 GIS 分析展示软件，所有计算、展示工作都在 WebGIS 服务器上完成。这样的体系结构使得将来开发基于 Web 的二元模型系统更加简易、快捷。

（5）多模型耦合技术

二元模型系统中包括众多的模型，如 DAMOS 模型、ROWAS 模型和 WEP-L 模型等。由于各个模型的特点及其历史发展等原因，各个模型都采用不同的开发语言来实现，其中 DAMOS 模型是采用 GAMS 语言开发的，ROWAS 模型是采用 C++语言开发的，WEP-L 模型则是采用 Fortran 语言开发的。要把这些复杂多样的模型系统集成到一个系统中去，最关键的是要保证各个模型之间的数据可以交互，同时要在一个统一的开发语言上进行集成。

在模型间数据交互的接口方面，所有模型都采用了基于关系型数据方式的数据库表格与文件共存的方式来管理数据；在整个系统集成过程中，所有的数据都要存储到数据库中，以方便数据管理、模型计算、结果展示等，在这个过程中作者开发了一套方便文件数据与数据库表格数据之间转换的组件。

7.3 系统界面与功能

7.3.1 通用数据管理界面

二元模型系统主要由两大部分组成：一是属性、空间数据管理系统；二是模型系统，其中包括三个模型，即①多目标综合决策模型（DAMOS）；②基于规则的水资源配置模型（ROWAS）；③水循环模型（WEP-L，含水质模块和地下水模块）。

为了方便系统开发及简化用户对系统界面的熟悉过程，作者采用通用的数据管理界面，其中包括：①通用的数据增、删、改、查、分页等界面，如图 7-4 所示；②通用的数据结果查询、排序、分组等界面，如图 7-5 所示；③通用的数据结果图形显示界面，如图 7-6；④通用 GIS 展示界面，如图 7-7 和图 7-8 所示。

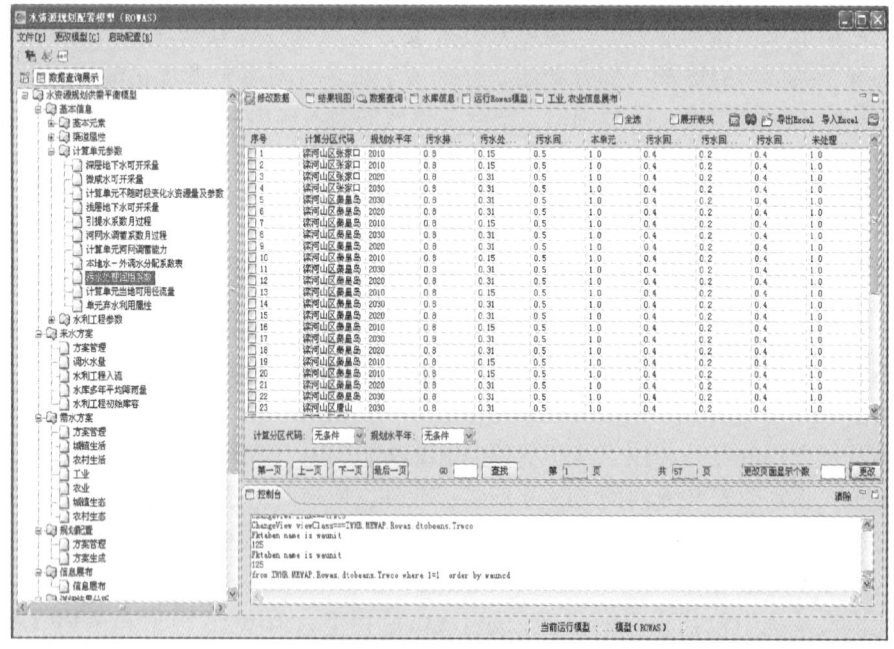

图 7-4　通用的数据增、删、改、查、分页等界面

第 7 章 流域水循环及其伴生过程综合模拟系统集成

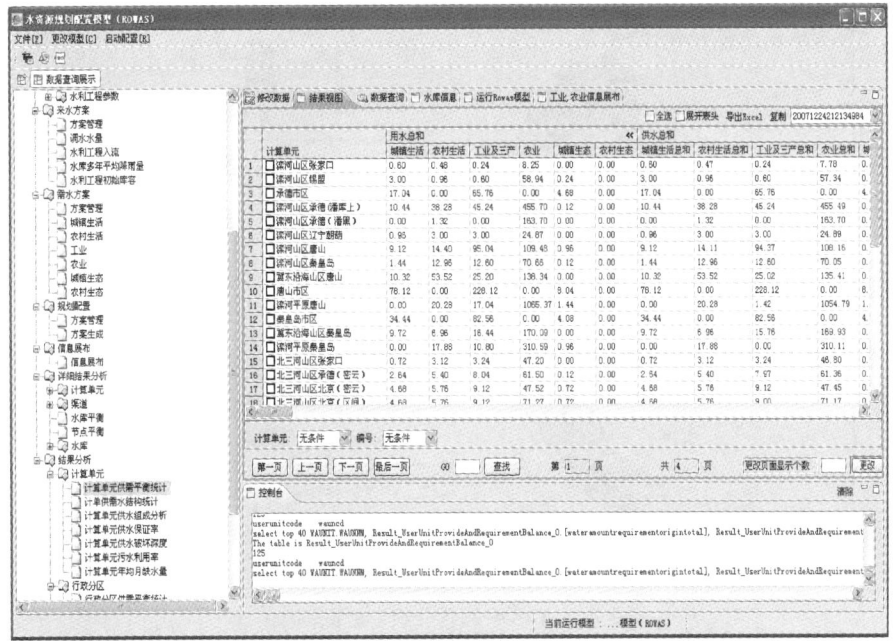

图 7-5　通用的结果数据展示界面

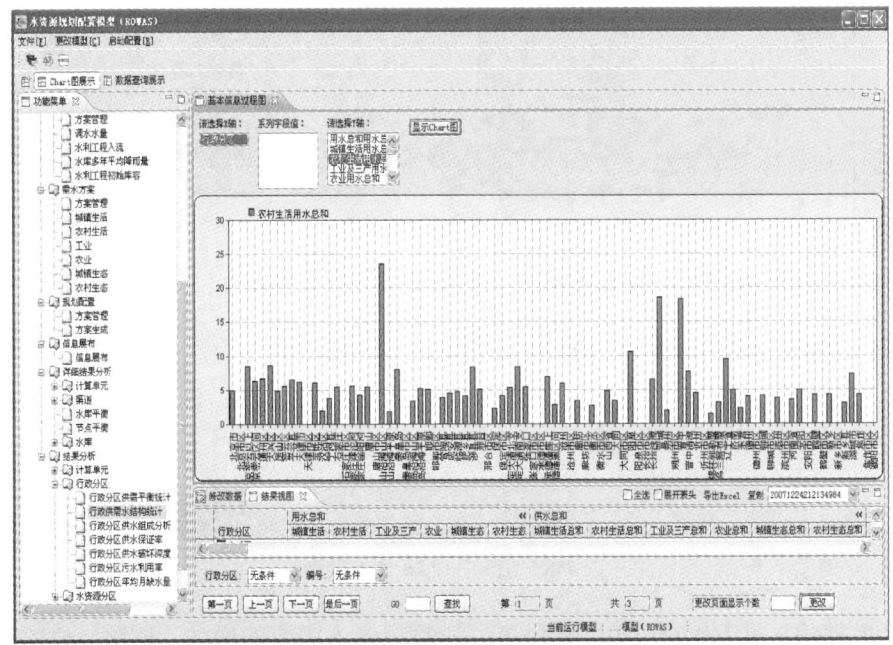

图 7-6　通用的数据结果图形显示界面

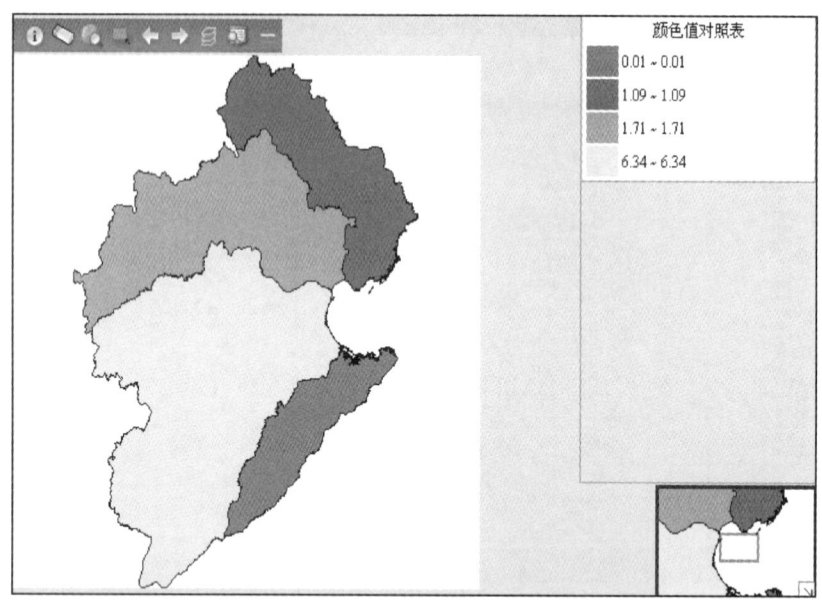

图 7-7　GIS 中颜色分级专题图渲染

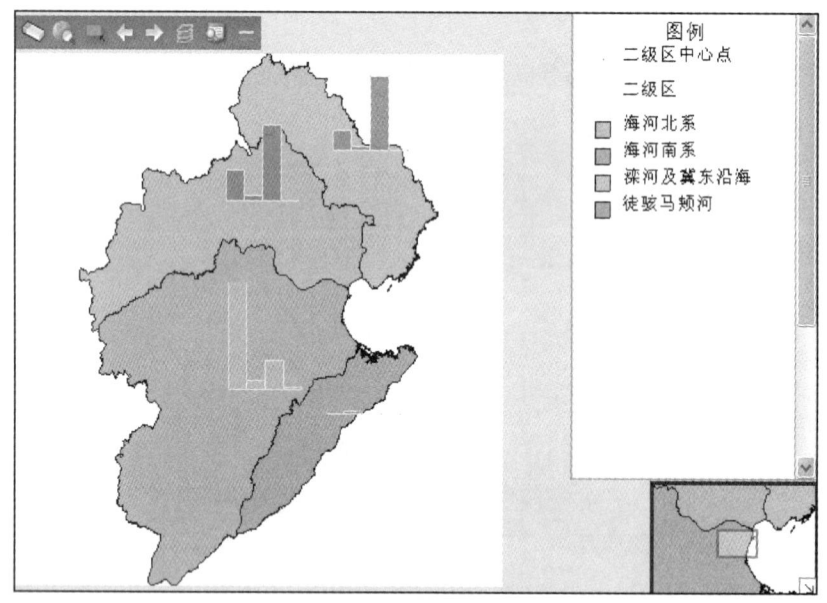

图 7-8　GIS 中 Chart 图专题图

通用数据输入界面比较简单，提供了一般数据输入需要的增加、删除、修改、查询、分页显示、快速过滤等功能。通用结果数据展示界面则为了方便数据展示，提供了横向、竖向的分组折叠以及求和等功能。通用图表界面则可以对任何数据表格进行柱状图、折线图的图形展示。GIS 展示主要分颜色分级专题图渲染和 Chart 图专题图渲染两种，颜色分级专题图渲染主要是渲染面的颜色，根据不同区域选择需要展示的值的不同，渲染出不同的颜色，如图 7-7 所示；Chart 图专题图就是画 Chart 图，可以画单柱状图也可以画多柱状图，根据选择的需要展示的字段的不同画出不同个数的柱子，如图 7-8 所示。

7.3.2 系统界面及主要菜单

二元模型系统主要由四部分组成：①DAMOS；②ROWAS；③WEP-L；④情景分析。

图 7-9 是用户进入系统显示的主体操作界面，左侧展示相关模型系统的菜单选择项，中间是相关数据的展示，右上角是具体功能的相关操作，包括数据的增删改、数据的导入导出、数据的全选、展开列表和界面刷新等。

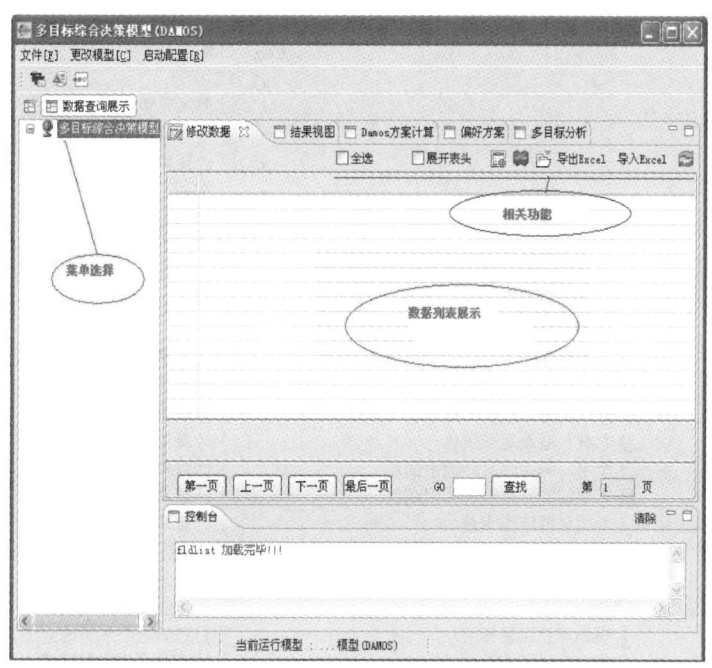

图 7-9 二元模型系统主界面

主体操作界面上数据列表显示下面是数据分页的相关操作以及控制台。控制台在系统操作相关功能时同步显示相关信息内容。

控制台的设置是为了方便各种模型计算过程中各种中间信息的展示，如同一般 DOS 程序计算过程中的屏幕输出一样，既方便了模型调试人员对模型计算过程的掌控，也提高了一般用户的用户体验，使得模型计算过程可以直观地反映给用户。

当用户在主菜单选择"更改模型"时，可切换到相关模型系统进行查询和操作。系统包括三个主要模型：①DAMOS；②ROWAS；③WEP-L。如图 7-10 所示。

为了方便用户操作，每个模型的菜单都由三部分组成：①输入数据；②运行模型；③结果输出。各个模型的主菜单如图 7-11 和图 7-12 所示。

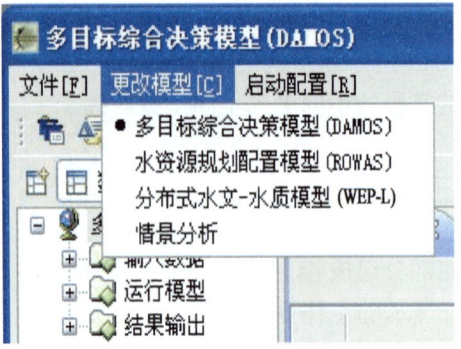

图 7-10 模型系统选择

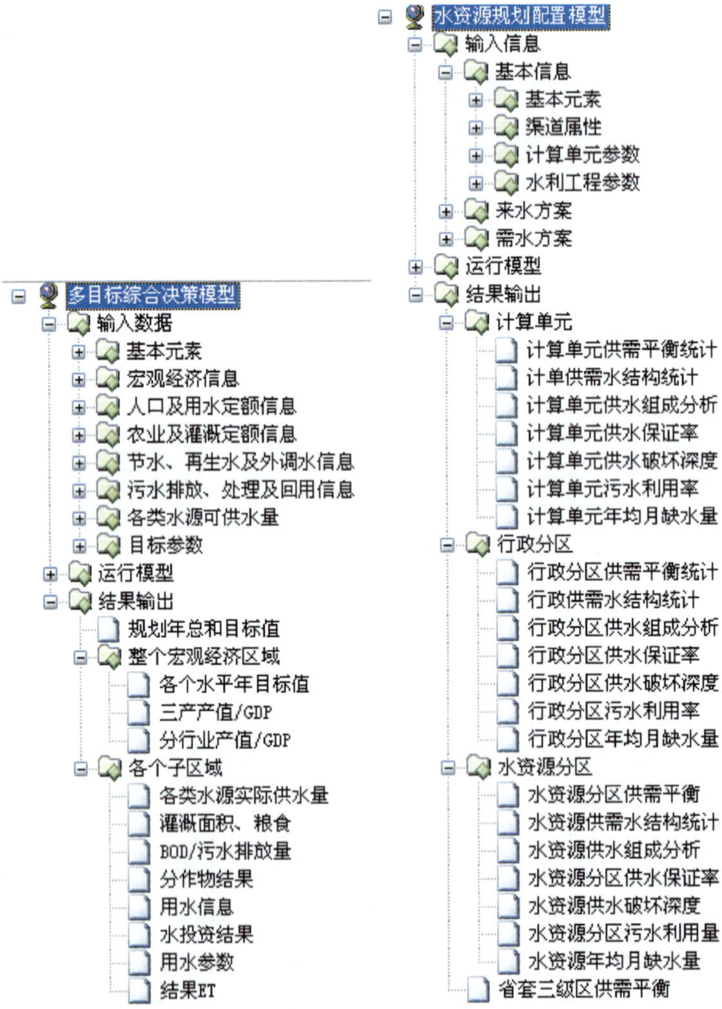

图 7-11 DAMOS 模型、ROWAS 模型主要菜单

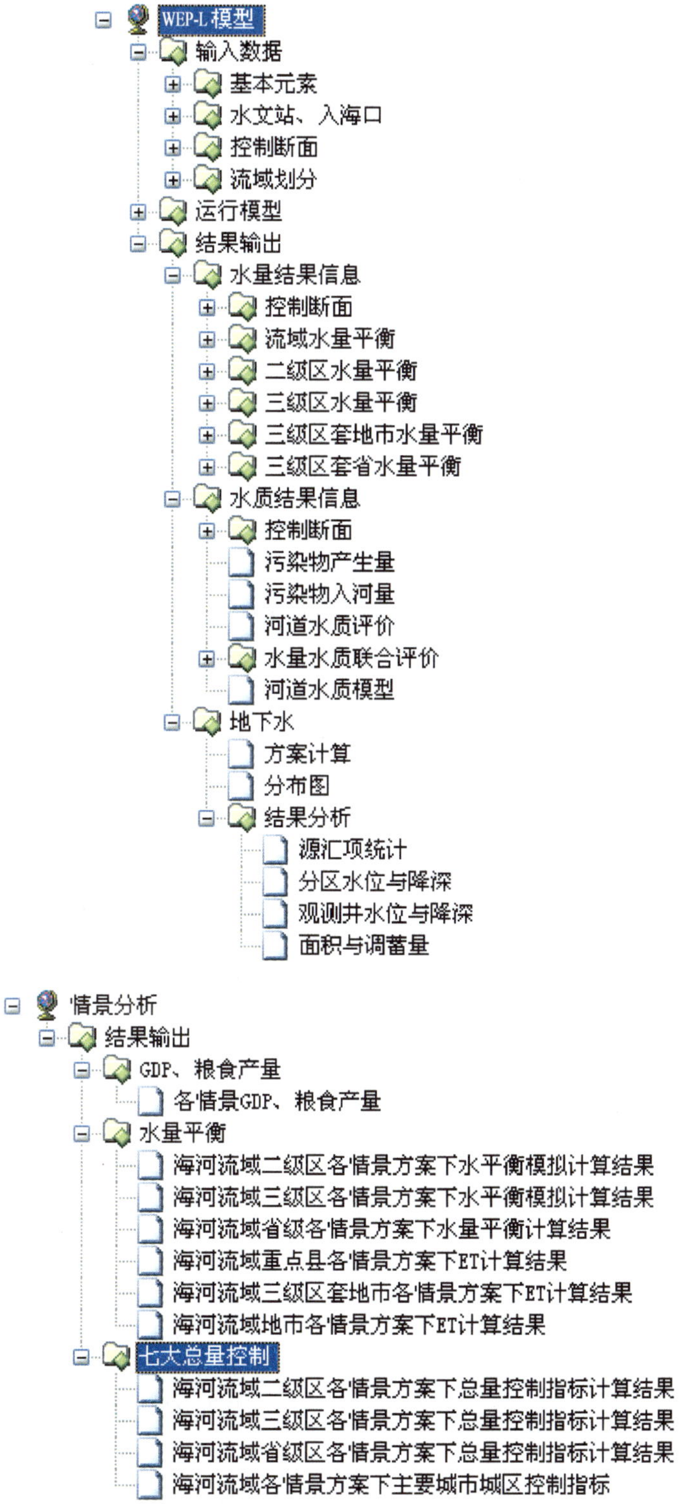

- WEP-L 模型
  - 输入数据
    - 基本元素
    - 水文站、入海口
    - 控制断面
    - 流域划分
  - 运行模型
  - 结果输出
    - 水量结果信息
      - 控制断面
      - 流域水量平衡
      - 二级区水量平衡
      - 三级区水量平衡
      - 三级区套地市水量平衡
      - 三级区套省水量平衡
    - 水质结果信息
      - 控制断面
      - 污染物产生量
      - 污染物入河量
      - 河道水质评价
      - 水量水质联合评价
      - 河道水质模型
    - 地下水
      - 方案计算
      - 分布图
      - 结果分析
        - 源汇项统计
        - 分区水位与降深
        - 观测井水位与降深
        - 面积与调蓄量

- 情景分析
  - 结果输出
    - GDP、粮食产量
      - 各情景GDP、粮食产量
    - 水量平衡
      - 海河流域二级区各情景方案下水平衡模拟计算结果
      - 海河流域三级区各情景方案下水平衡模拟计算结果
      - 海河流域省级各情景方案下水量平衡计算结果
      - 海河流域重点县各情景方案下ET计算结果
      - 海河流域三级区套地市各情景方案下ET计算结果
      - 海河流域地市各情景方案下ET计算结果
    - 七大总量控制
      - 海河流域二级区各情景方案下总量控制指标计算结果
      - 海河流域三级区各情景方案下总量控制指标计算结果
      - 海河流域省级区各情景方案下总量控制指标计算结果
      - 海河流域各情景方案下主要城市城区控制指标

图 7-12　WEP-L 模型与情景分析模块主要菜单

如图 7-11 所示，DAMOS 模型的输入数据包括基本元素，宏观经济信息，人口及用水定额信息，农业及灌溉定额信息，节水、再生水及外调水信息，污水排放、处理及回用信息，各类水源可供水量，目标参数等，信息当中有信息属于海河流域的基本信息，有属于某个方案的情景数据，根据这些情景数据可以计算不同边界条件下的未来几十年水、国民经济、水环境情况、粮食情况的发展轨迹。DAMOS 模型的结果包括所有宏观经济区的分行业产值、GDP、用水、灌溉面积、粮食产量、BOD 排放、ET 等信息。在 DAMOS 模型界面上还可以对该计算结果进行时空展布并输入到 ROWAS 模型中，实现对每个计算方案在配置层面的模拟。

如图 7-11 所示，ROWAS 模型的基本信息包括基本元素、渠道属性、计算单元参数、水利工程参数，这些信息是 ROWAS 模型对海河流域的概化信息。在此基础上，加上来水方案信息、需水方案信息，形成一个配置方案，通过计算每个配置方案则可以得到长系列的配置结果及多年平均配置结果。ROWAS 模型的结果主要包括计算单元、行政分区、水资源分区的各种长系列结果及多年平均统计结果。

对于每个空间统计单元来水，其统计信息包括供需平衡结果、需水结构统计、供水组成分析、供水保证率、供水破坏深度、污水利用量、年均月缺水量等。另外，在 ROWAS 模型的界面上，可以对配置结果进行时空展布并输入到 WEP-L 模型进行水文层面的详细模拟。

如图 7-12 所示，WEP-L 模型的输入数据包括基本元素、水文站、入海口、控制断面、流域划分等，这些信息涵盖了水循环模型构建所需的所有空间、属性数据。WEP-L 模型在计算和进行水文模拟的同时，还可以进行水环境模拟和地下水模拟，从而实现水循环全过程的模拟。因此，WEP-L 模型界面包括三个部分的结果信息，即水量结果信息、水质结果信息和地下水结果信息。水量结果信息包括控制断面、流域水量平衡、二级区水量平衡、三级区数量平衡、三级区套地市水量平衡、三级区套省水量平衡等。水质结果信息包括控制断面、污染物产水量、污染物入河量、河道水质评价、水量水质联合评价等。地下水结果信息包括方案计算、降深分布图、源汇项统计、分区水位及降深、观测井水位及降深、面积与调蓄量等。

情景分析模块包括：①GDP、粮食产量；②水量平衡；③七大总量控制。其详细功能菜单如图 7-12 所示。

以下介绍系统各模型及情景分析的主要界面。

(1) DAMOS 模型主要界面

DAMOS 模型在宏观经济投入产出分析模型的基础上，对于以水资源为制约因素的区域可持续发展还有许多地理因子和资源条件的约束，利用数学规划模型的开放性，将水资源约束条件写入区域宏观经济投入产出模型，构成了宏观经济水资源分析模型，可以描述社会经济与水资源系统的相互作用关系，可以回答水资源对区域社会经济发展的支撑能力问题。我们采用了基于开源优化软件包 Lp_Solve 的大规模优化模型求解平台来构建 DAMOS 模型，该开发方式可以保证模型与相应的数据管理结果展示系统更加紧密的集成，提高了 DAMOS 模型的软件化水平。同时，由于 Lp_Solve 是开源的，所以 DAMOS 模型系统的开发成本非常低，可方便 DAMOS 的系统推广应用。图 7-13 展示了 DAMOS 模型的一个结果，即各个省不同水平年的 GDP 变化过程图。

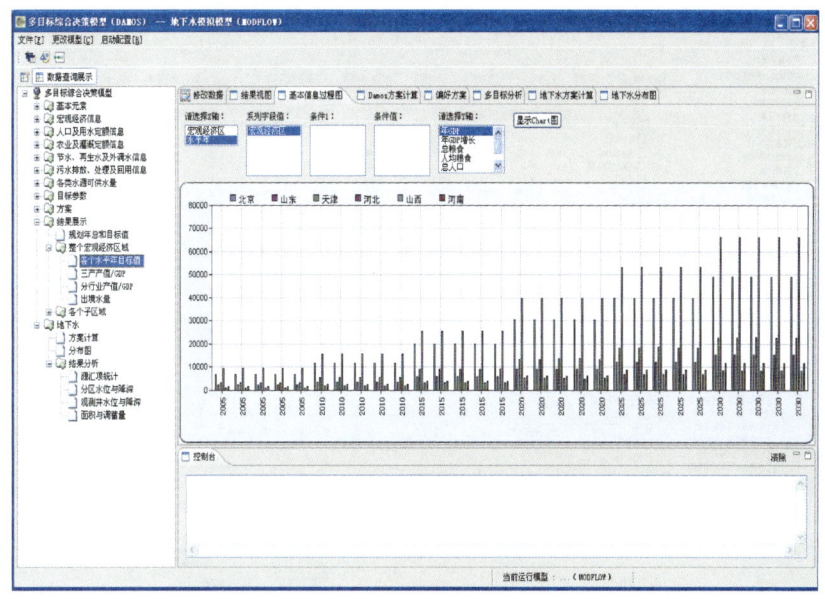

图 7-13　DAMOS 模型各省各水平年 GDP 结果

（2）ROWAS 模型主要界面

ROWAS 模型是在给定的方案条件下，通过追求整个水资源系统的供水量最大、弃水量最小等目标，对水资源系统的运行方式进行模拟。模型采用面向对象开发语言 C++ 来进行开发，模型采用文本来管理模型的输入输出数据。在系统开发方面，首先把 ROWAS 模型的输入输出数据和数据库衔接起来，即把从数据库中读取数据生成模型需要的文本输入数据，在 ROWAS 模型计算完后，把模型生成的文本文件通过程序自动导入到数据库中，从而建立了模型与数据库的关联。在数据管理方面，采用了前述的通用数据管理框架。图 7-14 显示了 ROWAS 模型的一个计算结果，即各个行政区的水资源平衡情况。

（3）WEP-L 模型主要界面

WEP-L 模型采用 Fortran 语言来开发，并集成了地下水、水质（包括河道水质）等模块。和 ROWAS 模型类似，WEP-L 模型的数据管理也是基于文本数据，采用了前述的通用数据管理框架来对模型数据进行管理。图 7-15 显示了 WEP-L 在水量模拟的一个计算结果，即省套三级区的水量平衡结果。

WEP-L 模型的大多数结果都可以通过 GIS 的方式来展示，如图 7-16 给出了海河流域 3067 个子流域的平均坡度分布图，从中可以看出海河平原区的平均坡度比较小，山区的平均坡度则比较大。图 7-17 给出了海河流域 11 752 个等高带的面积分布图，可以发现平原区等高带的面积普遍比较大，通过这种 GIS 的展示方式，可以提高水循环模型各种数据的可读性。另外，图 7-18 给出了海河流域 1981 年水资源三级区年降水量分布图。

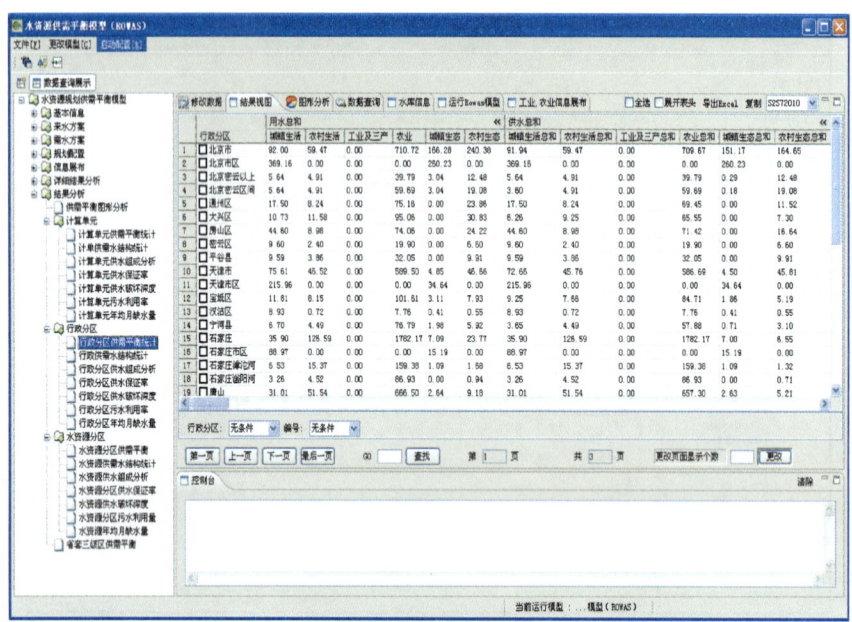

图 7-14 ROWAS 模型各行政区水资源供需平衡

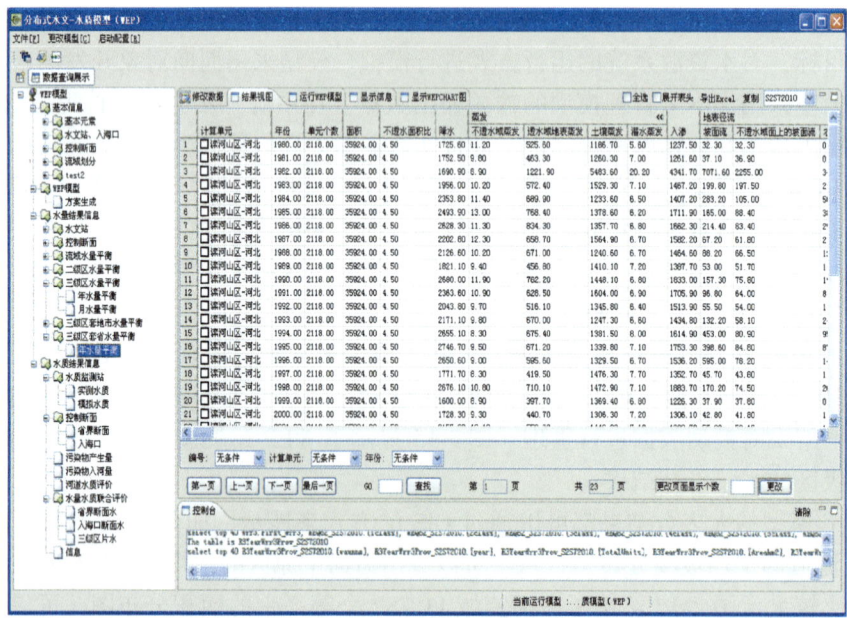

图 7-15 WEP-L 模型省套三级区水量平衡

第 7 章 | 流域水循环及其伴生过程综合模拟系统集成

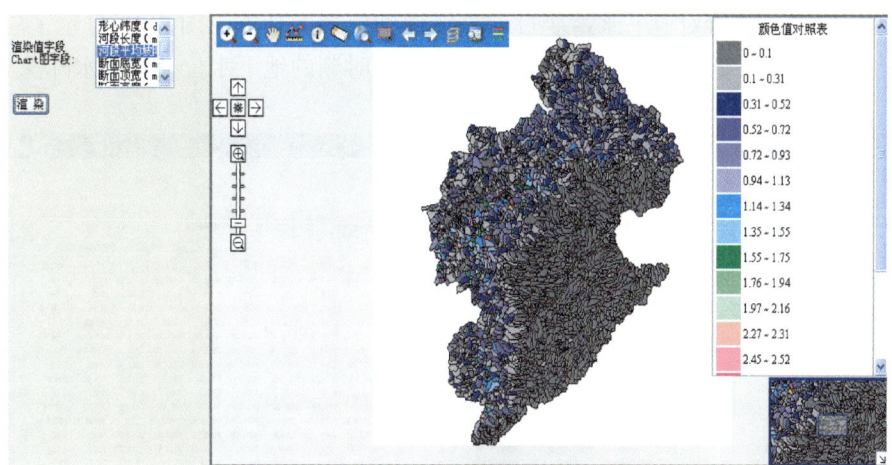

图 7-16　海河流域子流域平均坡度分布图

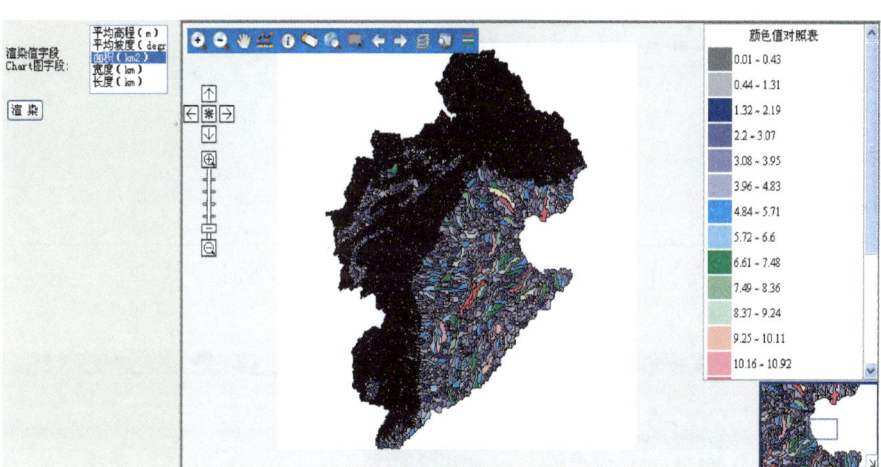

图 7-17　海河流域等高带面积分布图

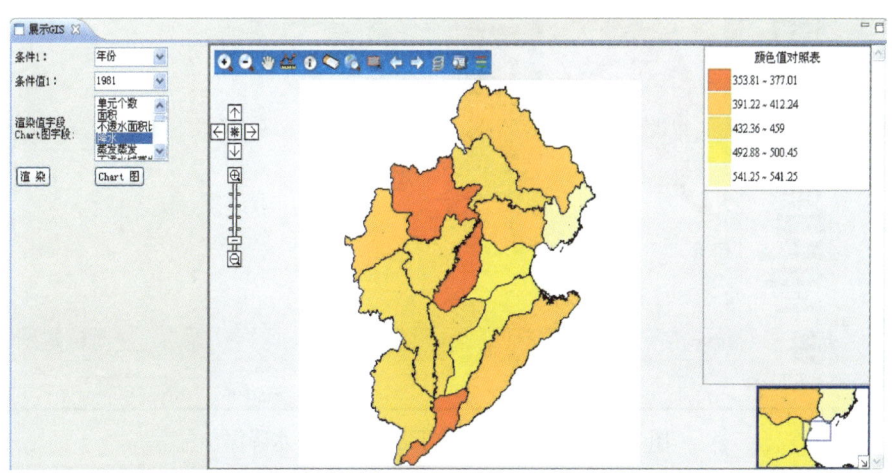

图 7-18　海河流域 1981 年三级区年降水量分布图（单位：mm）

WEP-L 模型还支持对地下水蓄变过程进行详细模拟的功能，图 7-19 显示了三级区套地市的地下水源汇项统计结果，图 7-20 则显示了某时刻的地下水位及地下水降深分布图。

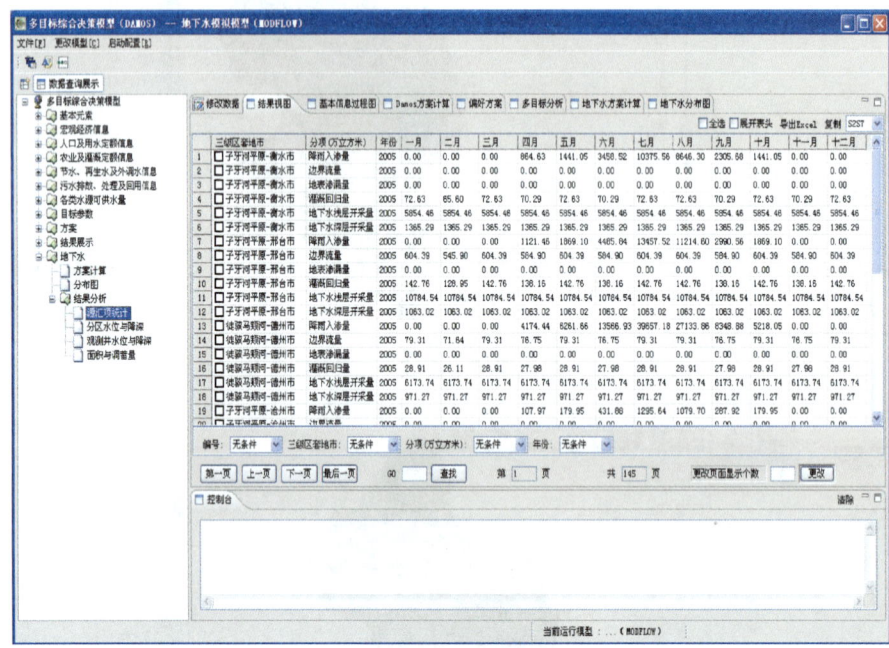

图 7-19　三级区套地市的地下水源汇项统计

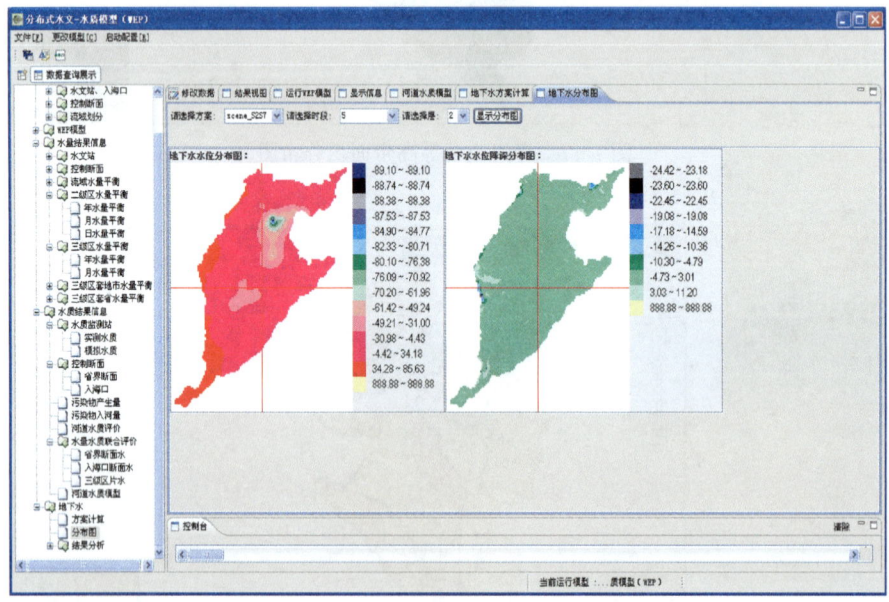

图 7-20　某时刻浅层地下水位与地下水降深

在水质方面，WEP-L 模型支持对流域面上的水质状况进行大尺度模拟，图 7-21 显示了水质模块中各个三级区的污染物产生量。

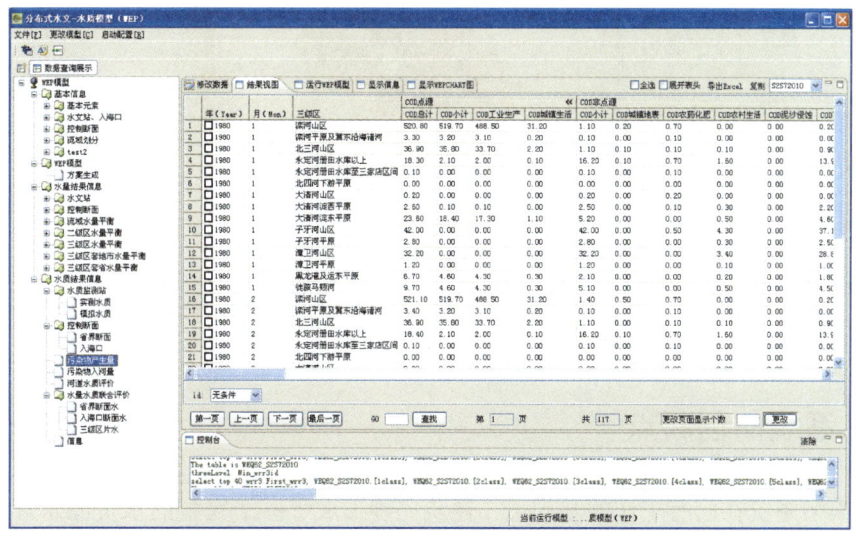

图 7-21 WEP-L 模型水质结果——污染物产生量

（4）情景分析主要界面

如前所述，情景分析模块主要展示的是各个方案的宏观统计结果，如果需要查询更加详细的信息，在前面的几个模型的输入及结果中可以找到。图 7-22 为海河流域二级区各情景方案下总量控制指标计算结果。图 7-23 为海河流域三级区套地市 S10 方案多年平均 ET 分布。

水资源分区	方案	ET(亿m³)	地下水开采量(亿m³)	地下水耗水量(亿m³)	地表水取水量(亿m³)	地表水耗水量(亿m³)	国民经济用水量(亿m³)	生态环境
滦河及冀东沿海	s1	275.70	24.80	20.60	10.70	7.40	35.50	0.20
滦河及冀东沿海	s10	277.10	18.31	9.71	20.12	14.32	37.14	1.18
滦河及冀东沿海	s11	276.90	17.94	10.01	20.02	13.08	35.76	1.64
滦河及冀东沿海	s14	286.50	17.76	10.90	22.64	15.10	39.35	1.15
滦河及冀东沿海	s15	285.70	16.22	9.64	22.25	14.78	36.90	1.64
滦河及冀东沿海	s2	275.30	21.30	16.70	13.40	10.70	34.00	0.70
滦河及冀东沿海	s3	274.60	20.40	15.90	12.80	10.00	32.50	0.50
滦河及冀东沿海	s4	276.10	21.90	16.80	14.40	11.40	35.80	0.50
滦河及冀东沿海	s5	284.30	20.60	15.40	15.50	12.10	35.70	0.50
滦河及冀东沿海	s6	272.60	11.70	8.10	16.50	11.70	27.70	0.70
滦河及冀东沿海	s7	271.00	9.40	7.00	15.30	11.40	25.10	0.70
滦河及冀东沿海	s8	280.90	12.00	8.10	19.10	13.60	30.10	1.18
滦河及冀东沿海	s9	273.90	13.40	9.10	17.90	12.60	30.50	1.20
海河北系	s1	382.70	52.00	40.10	25.80	16.40	76.10	1.60
海河北系	s10	387.00	43.82	19.99	46.84	31.83	84.06	6.77
海河北系	s11	390.10	44.21	20.32	53.61	33.26	92.81	7.35
海河北系	s14	399.00	42.41	21.58	50.76	32.90	88.93	6.77
海河北系	s15	405.80	46.52	22.02	61.73	38.68	101.44	7.35
海河北系	s2	377.90	42.90	31.20	26.30	18.60	63.20	6.10
海河北系	s3	376.90	42.80	30.30	27.50	20.70	61.40	8.90

图 7-22 海河流域二级区各情景方案下总量控制指标计算结果

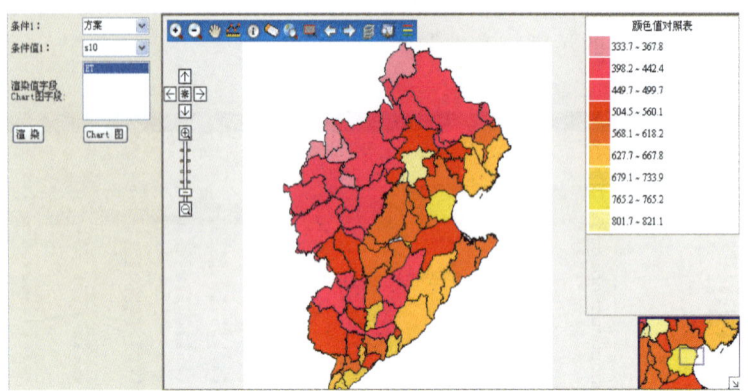

图 7-23　S10 方案海河流域三级区套地市的多年平均 ET 分布

7.3.3　系统的创新点

二元模型系统在已有工作的基础上，逐步完善形成了一个完整的水资源水环境模拟与管理分析平台。总结来看，二元模型系统有以下几个创新点：

1）实现了基于属性/空间数据的模型管理平台，同时对二元模型系统中每个模型都开发了相应的用户界面，实现了对各个模型的集成管理与计算，使得二元模型系统的数据管理、模型计算和结果展示更加方便、友好。

2）开发了基于开源优化软件包 Lp_Solve 的大规模水资源优化模型求解平台，并利用该平台构建了 DAMOS 模型系统。

3）二元模型系统的开发方式采用最新的 RCP/Server 的体系结构，实现了二元模型系统的高度可扩展性及跨平台性。

下 篇
海河流域应用

第8章 海河流域概况

8.1 自然地理与水文气象

海河流域位于华北地区，东临渤海，西倚太行，南界黄河，北接内蒙古高原。流域内人口密集，大中城市众多，在我国政治、经济和文化领域均有重要地位。流域总面积31.8万 km^2，占全国总面积的3.3%（任宪韶，2007）。全流域总的地势是西北高、东南低，大致分高原、山地及平原三种地貌类型。西部为山西高原和太行山区，北部为内蒙古高原和燕山山区，东部和东南部为平原。

海河流域包括海河、滦河和徒骇马颊河三大水系、七大河系、十条骨干河流。其中，海河水系是主要水系，由北部的蓟运河、潮白河、北运河、永定河（又称海河北系）和南部的大清河、子牙河、漳卫河（又称海河南系）组成；滦河水系包括滦河及冀东沿海诸河；徒骇马颊河水系位于流域最南部，为单独入海的平原河道。各河系分为两种类型：①发源于太行山、燕山背风坡，源远流长，山区汇水面积大，水流集中，泥沙相对较多的河流；②发源于太行山、燕山迎风坡，支流分散，源短流急，洪峰高、历时短、突发性强的河流。历史上洪水多是经过洼淀滞蓄后下泄。两种类型河流呈相间分布，清浊分明。根据全国水资源综合规划，海河流域划分为海河北系、海河南系、滦河及冀东沿海诸河和徒骇马颊河四个水资源二级区（图8-1）。1956~2000年多年平均水资源总量约为370亿 m^3，人均水资源占有量仅276m^3，不足全国平均水平的1/7。

流域属于温带东亚季风气候区。冬季受西伯利亚大陆性气团控制，寒冷少雪；春季受蒙古大陆性气团影响，气温回升快，风速大，气候干燥，蒸发量大，往往形成干旱天气；夏季受海洋性气团影响，比较湿润，气温高，降雨量多，且多暴雨，但因历年夏季太平洋副热带高压的进退时间、强度、影响范围等很不一致，致使降雨量的变差很大，旱涝时有发生；秋季为夏冬的过渡季节，一般年份秋高气爽，降雨量较少。流域多年平均气温为10.0℃，年平均相对湿度为50%~70%；年平均降水量为539mm，属半湿润半干旱地带；年平均陆面蒸发量为470mm，水面蒸发量为1100mm。

8.2 高强度人类活动特点

海河流域是我国政治文化中心和经济发达地区，既包含有全国的政治中心首都北京，也包含经济发展"第三极"渤海经济带的龙头地区直辖市天津，同时又分布着贯穿我国南北的交通大动脉京广、京沪、京哈干线和华北、大港油气田、开滦煤矿等重要基础设施。

图 8-1 海河流域主要河流及水资源分区

因而,该流域目前是我国十大流域人类活动最为强烈的区域,且随着环渤海经济带的构建和未来商品粮基地的发展,其中的人类活动强度将会进一步增强。由于经济、政治和文化的高速发展,流域内高强度人类活动呈现出如下独特的特点。

(1) 人口密度大,城镇化率较高

流域内人口发展迅速。据统计,到 2008 年全流域人口达到 1.37 亿,其中城镇人口 6006 万,分别较 1980 年增加了 40.9% 和 162%;城镇化率由 1980 年的 24% 增加到 2008 年的 37.4%,其中北京、天津作为我国的大都市,城镇化率分别达到 80.5% 和 63.9%,居全流域前两位,且超过全国城镇化率水平 45.7%(中国社会科学院,2009),成为城镇化最为集中的地区。

随着经济的发展、人口的增加,特别是流动人口的大量涌入,海河流域占全国 3.3% 的有限国土面积,承载着全国 10.3% 的人口。流域内平均人口密度由 1980 年的 297 人/km^2 发展到 2008 年的 419 人/km^2(水利部海河水利委员会,2009),其中平原区 2008 年达到 747 人/km^2,成为全国人口密度最大的区域,为全国人口密度平均值的 5.7 倍。

(2) 经济发展迅速,区域间发展不均衡

海河流域在全国经济社会发展中始终处于极其重要的地位,是我国重要的农业、工业和高新产业基地。同时,环渤海经济带已成为继长江三角洲、珠江三角洲后国家经济发展的"第三极"（谢良兵，2009），海河流域在其中占有极为重要的地位。据统计，到 2008 年，流域 GDP 达到 25 750 亿元，较 1980 年的 1592 亿元增长了 15 倍；人均 GDP 达到 1.92 万元，较 1980 年的 1638 元增加了 10.7 倍，其中北京、天津的最高，人均 GDP 分别为 4.43 万元和 3.51 万元，而内蒙古和辽宁的最低，仅为 1.09 万元和 0.52 万元（水利部，2006）。在海河流域的经济发展中以工业和三产的发展最为迅速，到 2008 年工业增加值达到 10 571 亿元，形成了以京津唐以及京广、京沪铁路沿线为中心的工业生产布局。在工业发展中，以高科技信息产业、生物技术以及新能源、新材料的发展最为迅速。

在农业方面，由于经济的快速发展而区域水资源条件的限制，农业所占的比例不断下降，但是特殊的地理位置和土地资源已使该流域成为我国三大商品粮生产基地之一，也将在未来解决粮食安全问题方面发挥重要作用。据统计，到 2005 年，全流域拥有耕地面积为 15 981 万亩[①]，占流域面积的 33%，其中有效灌溉面积为 11 314 万亩；在农业用水不增长的情势下，2005 年全流域粮食总产量达到 4762 万 t，占全国的 9.9%，人均粮食占有量为 355kg，但区域间分布不均，其中平原区为 375kg，山丘区为 297kg（食品商务网，2009）。

（3）水资源需求量大，供给不足

在经济高速发展的条件下，海河流域的水资源需求量极大。根据海河流域水资源综合规划成果，在不考虑现状生态环境需水量的条件下，流域现状总需水量为 447 亿 m^3，其中城市需水量为 98 亿 m^3，农村需水量为 349 亿 m^3（水利部海河水利委员会，2004），农业灌溉需水量约占全流域现状需水量的 78%。

然而，海河流域的水资源本底条件较差，供给严重不足。海河流域多年平均降水量为 535mm（1956~2005 年），是我国东部沿海降水量最少的地区。多年平均水资源总量为 370 亿 m^3，其中地表水资源量为 216 亿 m^3，不重复的地下水资源量为 154 亿 m^3，人均当地水资源量为 276m^3，亩均水资源只有 213m^3，仅相当于全国平均水平的 12%（于伟东，2008），远低于国际人均 1000m^3 紧缺标准和 500m^3 极度紧缺标准。在维持良好生态条件下，海河流域水资源多年平均可利用量为 235 亿 m^3，可利用率为 63%（郑世泽和李秀丽，2009）。全流域以其仅占全国 1.3% 的有限水资源，承担着占全国 9.7% 的人口和粮食生产以及 13% 的 GDP 发展的用水任务。流域经济社会的发展已远远超出水资源的承载能力，处于供需严重失衡状态。

（4）水利工程发达、用水量大、水资源开发利用强度高

经过多年的建设，海河流域已形成了较为完善的水利工程，水源包括当地地表水与地下水、引黄水、非常规水源等。截至 2008 年，全流域已建大型水库 34 座，中型水库 114 座，小型水库 1711 座，总库容达到 308.9 亿 m^3。其中，密云、官厅、潘家口、于桥、岳城、黄壁庄、岗南、王快、西大洋等 9 座大型水库，总库容达 191.3 亿 m^3。此外，有蓄水能力的塘坝 17 505 座，蓄水能力为 1.4 亿 m^3。除此之外，流域内还建有从大型水库向城市输水的引提水工程和引黄工程。其中，典型的引提水工程包括京密引水、引滦入津、引滦入唐、引青济秦、引册济大等，主要的引黄工程有引黄济冀、人民胜利渠和位山灌区等

---

① 1 亩 ≈ 666.7m^2。

（水利部，2009）。

在大量水利工程的调节下，海河流域2008年总用水量为371.6亿m^3，占全国总用水量的6.3%。其中，生活用水量为57.1亿m^3（城镇生活32.7亿m^3，农村生活24.4亿m^3），占海河流域全部用水量的15.4%；工业用水量为51.3亿m^3，占总用水量的13.8%；农业用水量254.0亿m^3，占总用水的68.4%；生态环境用水9.2亿m^3，占总用水量的2.5%。各省（直辖市）的用水指标差别较大，河北、山东、河南农业灌溉用水量较大，北京、天津以生活用水占有量较大（水利部，2009）。

从水源构成来看，全流域2008年总供水量371.6亿m^3之中，跨流域调水（引黄）为43.3亿m^3，当地地表水供水量为80.0亿m^3，地下水供水量为240.6亿m^3，其他水源（废污水再生水等）供水量为7.7亿m^3。流域水资源开发利用量大大超过海河流域水资源的承载能力，其中超采地下水为77亿m^3。另外，为弥补供水不足，海水直接利用量为24.9亿m^3。

（5）节水工作较好、用水效率较高

经过多年的发展，海河流域的节水工作目前已处于全国领先水平。截至2008年，海河流域人均用水量为272m^3，万元GDP用水量为86m^3，万元工业增加值用水量为28m^3，农田实灌面积亩均用水量为233m^3。城镇生活节水器具普及率为45%，工业用水重复利用率为81%，农业节水灌溉率为49%，灌溉水利用系数为0.64，用水消耗率为69.9%，较全国平均水平高17.3%。近50年来，海河流域总人口增加了1倍，灌溉面积增加了6倍，GDP增加了30多倍，而总用水量却仅增加了4倍，海河流域在水资源短缺条件下实现了社会经济的快速发展，节水工作发挥了极为重要的作用。

8.3 主要水问题

水资源作为支撑社会、经济和生态环境发展的基础资源之一，迫于流域内巨大需求压力，目前面临着较为复杂的问题。海河流域作为我国十大流域分区中水资源短缺最为严重的地区，其水资源情势更加严峻，而且由此引发了一系列与水相关的问题，集中表现为水少（干旱）、水质差（水污染严重）和水生态退化等问题。流域水资源匮乏，地下水超采严重，全流域累计超采量超过1000亿m^3，占全国超采总量的2/3（王志民，2002）；水污染严重，目前全流域55条重要河流中，严重污染的有49条，劣V类水河长占评价河长的58.7%，居全国首位（任宪韶，2007）；水生态失衡，主要河流每年几乎全部要发生断流，白洋淀等12个主要湿地总面积较20世纪50年代减少5/6（韩鹏和皱洁玉，2009）。海河流域存在的主要水问题概述如下。

（1）水资源短缺，供需矛盾突出

海河流域人口稠密，土地矿产资源丰富，工农业发展较快，既是重要工农业基地，又是全国政治、文化中心。随着工农业和城市的发展，用水量急剧增长。全流域现状需水量已超过可供水量，成为我国缺水最为严重的地区。据统计，全流域人均当地水资源量为276m^3，居全国十大流域之末，仅为以色列人均水平的76%，在现状一般年份缺水20%以上。根据海河流域水资源评价结果（任宪韶，2007），1980~2000年海河流域水资源总量为316.5亿 m³、平均年供水量为310.7亿 m³，水资源开发利用率达98%，远超过国际公认的合理开发程度30%，极限开发程度40%。

面对如此严峻的水资源现状，尽管海河流域也在节水、提高水资源利用效率方面做了许多工作，但是与发达国家相比，用水效率仍待提高、用水浪费现象依然存在。如农业用水比例占68%，部分区域仍沿用传统的耕作与灌溉方式，2008年节水灌溉率（节水灌溉面积占有效灌溉面积的比例）达到49%，尚有提升空间；万元GDP用水量为86m³，主要城市工业用水重复利用率约为80%，与发达国家相比还有较大差距；大中城市管网漏失率高达15%~20%，远高于国家规定的8%的指标。由于流域内地区之间、城市之间、行业之间发展很不平衡，加上经济结构不尽合理、经济增长方式粗放，水资源浪费依然存在，加剧了流域水资源紧缺的情势。

（2）地下水超采、地面沉降，水环境恶化

由于海河流域地表水极为短缺，流域内平原区地下水供水量占总供水量的70%，为保证流域经济和社会的稳定发展，一些地区地下水长期处于超采状态。从区域分布特征看，海河太行山前平原为大范围整体性超采区，北部燕山平原区为局部超采区。目前平原浅层地下水超采区总面积已达6万 km²，深层地下水超采区面积为5.6万 km²（韩瑞光，2004）。全流域地下水超采范围已近9万 km²，占平原面积的70%，累计超采地下水1000亿 m³以上，形成了以北京、石家庄、保定、邢台、邯郸、唐山为中心，总面积达4.1万 km²的浅层地下水漏斗区，其中1万 km²范围内的部分含水层已被疏干；同时，形成了以天津、衡水、沧州、廊坊等多个城市为中心，面积达5.6万 km²，整体连片的深层地下水漏斗区。沉降严重的沧州沉降区1975~1998年累计沉降量为2098mm，天津沉降区1959~1998年最大累计沉降量为3040mm。从20世纪60年代至1995年，流域中东部平原累计地沉量大于500mm的面积达13 700km²，沉降最大的地区为天津，其市中心、塘沽、汉沽和海河干流下游分别下沉2740mm、3040mm、2610mm和1360mm；1998年沉降大于2000mm的面积为37km²，塘沽已有8.0km²降至海平面以下。地下水的严重超采，还引发了地裂和地面塌陷等生态地质灾害。

在水污染方面，据统计，2000年全流域工业废水和城镇生活污水排放总量为53.9亿 m³，这些废污水大部分未经深度处理就直接排入河道，与地表径流相混合，造成河流的污染，其中受到污染的河长比例（水质劣于Ⅲ类）为66.5%。废污水在陆地的消耗量和入海量受流域来水丰枯影响较大，1998年（接近平水年）入海废污水量约为7亿 m³，而1997年（特枯年）不到4亿 m³，1996年（丰水年）入海废污水量则达13亿 m³（食品商务网，2009）。河道水污染已由20年前的局部河段发展到现在的全流域，由下游蔓延到中上游，由城市扩散到农村，由地表侵入地下。据统计，近年来海河流域的废污水排放量每年高达60亿 t。2001年的水质监测结果表明，在全流域近1万 km²的水质评价河长中，受污染（水质劣于Ⅲ类）的河长达70%，浅层地下水质劣于Ⅲ类的范围达到6.8万 km²，其中近1万 km²的范围由人为污染造成。

流域内每年还引用超过20亿 m³的污水进行灌溉，污水灌溉对浅层地下水、土壤和农作物造成污染。其中，天津市每年引用 7 亿 m^3 污水灌溉，农作物中的铅、砷、汞、镉等的含量明显高于其他地区。近海 5~10km^2 海域受到严重污染，污染指标超过规定的Ⅲ类水标准数倍至数十倍，渤海赤潮时有发生。秦皇岛市洋河、戴河、汤河等冲洪积扇出现海水入侵面积达 27km^2，使抚宁县枣园水源地逐渐报废；沧州和河间市咸淡水界面下移 10m 的面积已达 1959km^2。

(3) 河道断流、入海水量锐减，水生态退化

"有河皆干"是对海河流域平原河流现状的形象描述。20 世纪 50 年代，海河流域的降水较为丰沛，河道水量充足，呈现水运盛况。然而，随着降水的减少和用水量的增加，海河流域 21 条主要河流中，有 18 条呈现不同程度的断流，断流时间平均为 78 天。超过 4000km 的平原河道已全部成为季节性河流，其中断流 300 天以上的占 65.3%，有的河道甚至全年断流。永定河自 1965 年以来连续断流，一条大河波浪宽的情景已成为人们美好的回忆。河道的干涸使水生动植物失去了生存的条件，大量的水生物种灭绝。同时，破坏了水的自然循环系统，失去了补给地下水、输沙、排盐等作用，还丧失了河道航运、景观等功能。

入海水量已由 20 世纪 50~70 年代的 116 亿~241 亿 m^3 锐减为近年来的 10 亿~40 亿 m^3。海河流域的水生态系统已由开放型向封闭型和内陆型方向转化，造成了河口泥沙淤积和盐分积累，河口海洋生物大量灭绝，如大黄鱼和蟹类等已基本消失。

湿地萎缩，作用衰退。海河流域的湿地面积已由 20 世纪 50 年代的近 1 万 km^2 降至目前的 1000km^2 余。地处"九河下梢"的天津市，当年湖泊密布、湿地连片，湿地面积占总面积的 40%，如今湿地仅占总面积的 7%。流域内 194 个万亩以上的天然湖泊、洼淀现已大多干涸。"华北明珠"白洋淀，自 20 世纪 60 年代以来出现 7 次干淀，干淀时间最长的一次是 1984~1988 年连续 5 年。作为"地球之肾"，湿地的萎缩大大降低了其调节气候、调蓄洪水、净化水体、提供野生动植物栖息地和作为生物基因库的功能。由于大量湿地急剧减少和严重缺水，许多水生生物灭绝。据调查，白洋淀原有浮游植物 129 种，后来减少到 50 多种；七里海原有鱼虾蟹类 30 多种，后来溯河性和降海性鱼蟹类基本灭绝。团泊洼养鱼面积减少了约 90%，芦苇面积减少了 80% 以上，天然鱼虾蟹几乎绝种，鸟类及水生物减少了 80%~90%，涉禽、游禽几乎不见。

生态环境遭到破坏。地下水超采改变了地下水的补排关系，也加剧了天然植被衰退。据统计，海河流域浅层地下水位下降，已经使得太行山前平原区包气带厚度由 20 世纪 60 年代的 3~5m 增加到目前的 10~40m，中部平原区由 20 世纪 60 年代的 2m 左右增加到目前的 5~10m。包气带厚度的变化，阻断了地下水毛细作用对表层土壤的水分补给，使得土壤干化，造成部分耕地沙化趋势严重。

尽管我国在"十一五"期间对海河流域加大了水资源保护和治污的力度，但海河流域水环境和水生态恶化的局面尚未得到根本扭转。

第9章 基础信息采集与时空展布

9.1 基础信息分类与采集

9.1.1 信息分类

水循环（水分）、水环境、水生态信息是流域水循环及其伴生过程的三大基本要素，要完成对流域水循环及其伴生过程的精确模拟，上述三大类信息及流域外在环境的基础信息缺一不可。

(1) 基础信息

基础信息是流域二元水循环赖以存在的外部环境，是水循环模拟的基础和平台，主要包括地表高程信息、水系信息（如河网分布、河道断面参数等）、土地利用信息、土壤信息、水文地质信息（如含水层性状、水文地质参数等）、水利工程信息（如水库空间位置及参数、调度规则和运行调度图、灌区空间分布及参数等）、社会经济信息（人口、GDP、产业结构等相关信息）等。

(2) 水分信息

水是水循环系统的主体，水分信息也就成为水循环的主体信息，具体包括两大部分，一是通量信息，二是存量信息。

流域水循环水通量信息主要包括降水、径流（包括地表径流、地下径流和壤中流）、蒸散发（包括蒸发和蒸腾）以及人工侧支水循环中"取水—输水—用水—排水"的过程通量信息；水分存量信息包括流域地表蓄水、地下蓄水、土壤水分信息和生物蓄水量等。

(3) 水环境信息

水环境信息包括水质监测信息、典型污染源调查信息、海河流域分省污染源信息、水功能分区等。

(4) 水生态信息

水生态信息包括作物结构、土壤含水量和作物产量、生物量、植被叶面积指数、覆盖度、水生生态系统结构、功能状况等。

9.1.2 采集信息描述

采集信息分为实测信息、统计信息、遥感信息、试验信息。实测信息采集体系包括水文信息实测信息采集、气象实测信息采集、地下水实测信息采集、主要取水退水断面信息采集、典型小流域实测信息采集等；统计信息采集体系包括不同口径的国民经济社会统计信息、各部门和专业信息采集、供用水信息采集等；遥感信息采集包括不同尺度的陆地资源遥感信息、气象遥感信息等；试验实验信息采集包括对已有试验实验信息的采集，如水文地质试验数据、小流域观测试验，还包括为本次研究专门开展的试验信息的采集。

为实现流域水循环、水环境和水生态过程的精确模拟，在本次研究中进行了各过程信息的系统采集。按照前面信息分类，所获取的主要数据和信息描述如下。

9.1.2.1 基础信息

（1）地表高程信息

本次研究采用的海河流域 DEM 来自于美国地质调查局（USGS）EROS 数据中心建立的全球陆地 DEM（也称 GTOPO30）。GTOPO30 可直接从互联网上下载，网址是 http://edcdaac.usgs.gov/gtopo30/gtopo30.asp。GTOPO30 为栅格型 DEM，它涵盖了全球陆地的高程数据，采用 WGS84 基准面，水平坐标为经纬度坐标，水平分辨率为 30 弧秒。海河流域 DEM 图见图 9-1。

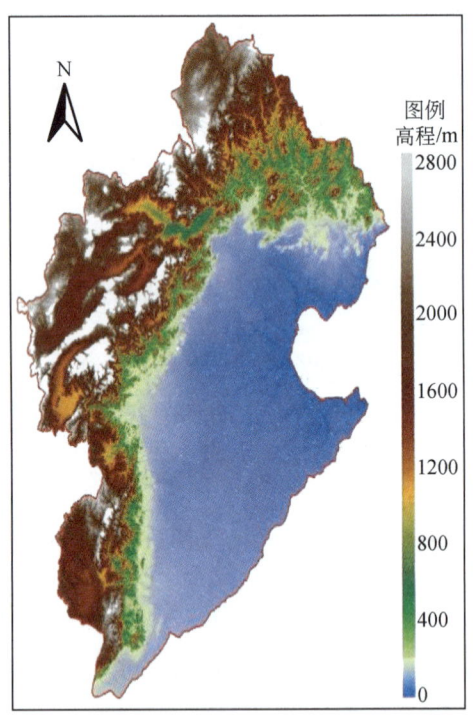

图 9-1　海河流域地表高程

（2）水系信息

1）实测河网。实测河网取自全国 1∶25 万地形数据库。

2）模拟河网。模拟河网是利用 GIS 软件从前面提到的全流域栅格型 DEM 上提取出来的，提取过程中参照了实测的水系图，使模拟河网与实测水系比较一致。

3）河道断面。模型计算中需要河道断面形状参数，这涉及整个流域3067个子流域的河道。实际上不可能获得如此多的实测资料，所以本研究在分析了大量河道断面实测数据的基础上，用统计等方法来推算河道断面形状参数。

首先是推算实测断面形状参数。实测资料取自于水文年鉴的实测大断面成果表。为获得最大的过水断面，尽可能取不同年份中实测序列最长的实测大断面成果。将最大过水断面概化为梯形，依据实测资料推算梯形的上底宽、下底宽及高度。具体计算如下。

河道过水断面的上底宽：依据资料数据，以测量过程中的左右岸的起点距之差为过水断面的上底面宽。

河道过水断面的高：下底高程的计算分两种方法，对于规则断面，根据实测数据确定底面高程；对于不规则断面，首先利用线性回归的方式确定过水断面的两个侧面位置，取剔除特异点后的相关系数较大的实测点为侧面，并认为其他实测点是在下底面上，以这些实测点高程的平均值作为过水断面的下底高程。过水断面上下底面的高程差即为河道过水断面的高。

河道过水断面的下底宽：利用侧面的回归方程和下底面的高程，插值确定下底面的左右岸位置，从而确定下底面的宽度。

然后是推算3067段河道的断面形状参数。干流河道与支流河道的推算方法不同。本次干流选用了31个实测断面，这些断面所在河道的断面形状参数已通过上述方法得到，干流上其他河道的参数由这31个断面参数插值得出。支流河道的断面形状参数用统计回归的方法推算。

(3) 土地利用信息

收集了经国家相关部门审查批准生产的1986年、1996年和2000年三个时段的1∶10万土地利用图。土地利用的源信息为各时段的TM数字影像，波段为4、3、2；地表空间分辨率为30m。土地利用类型的分类系统采用国家土地遥感详查的两级分类系统，累计划分为6个一级类型和31个二级类型。通过地表抽样调查，遥感解译精度为93.7%。另外，根据历史统计资料和上述三个时段的土地利用图，推算出了20世纪50、60和70年代三个时段的土地利用图。各年代土地利用分布见图9-2。

(4) 土壤信息

土壤及其特征信息采用全国第二次土壤普查资料。其中，两套土壤分布图比例尺分别为1∶100万和1∶10万。土层厚度和土壤质地均采用《中国土种志》上的"统计剖面"资料（图9-3）。为进行分布式水文模拟，根据土层厚度对机械组成进行加权平均，采用国际土壤分类标准进行重新分类。

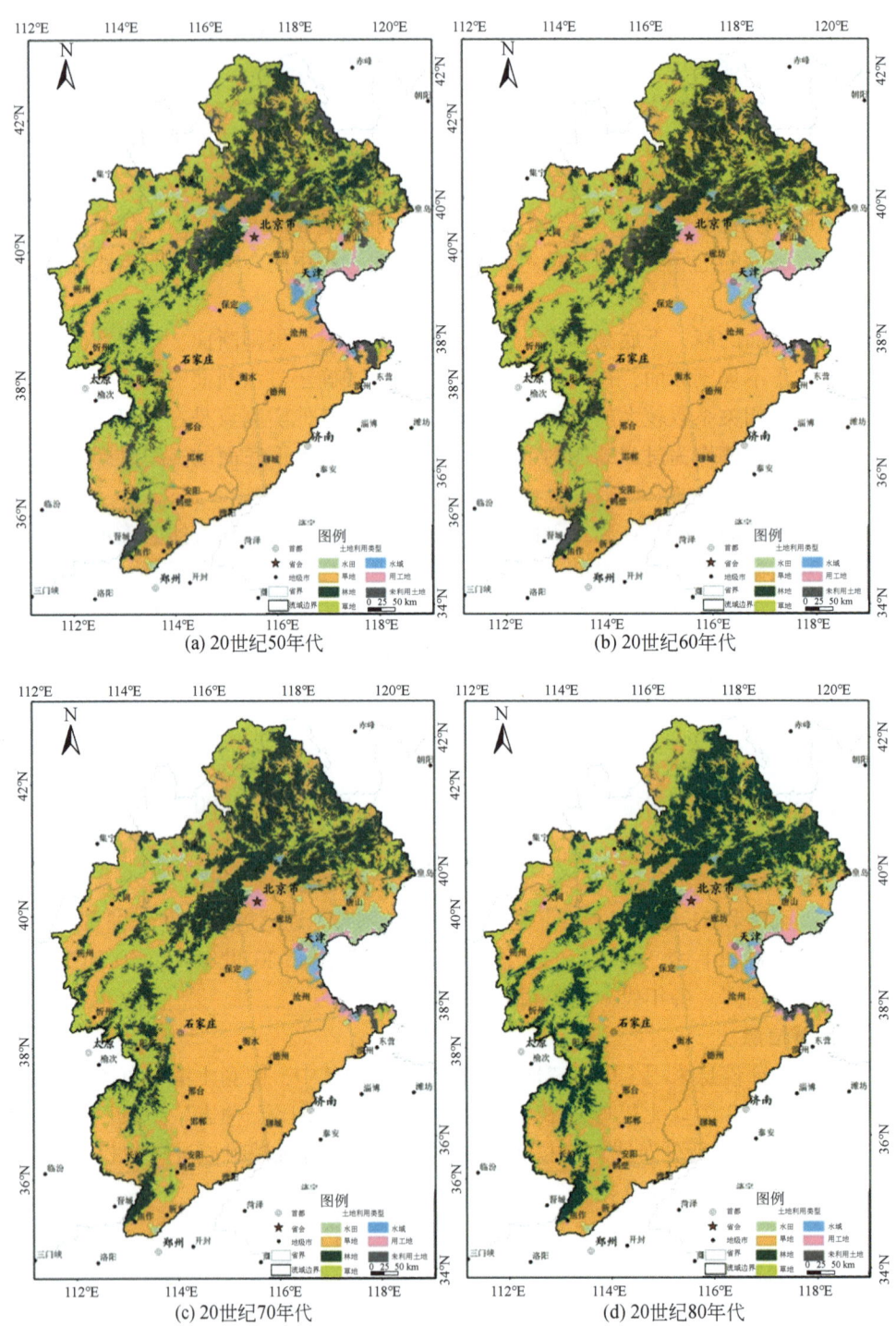

| 第9章 | 基础信息采集与时空展布

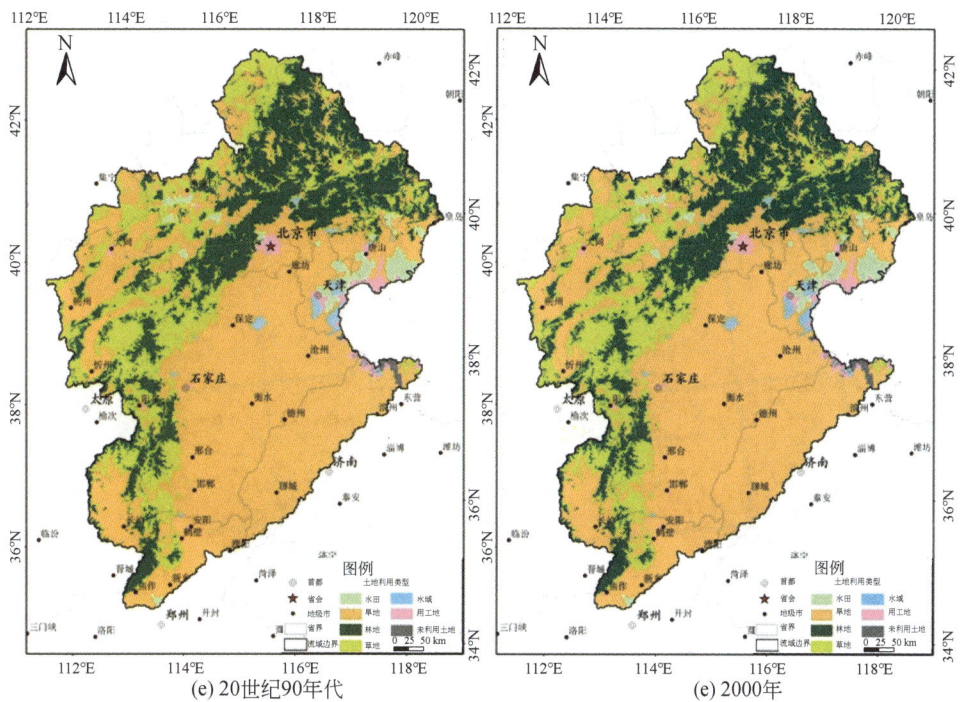

(e) 20世纪90年代 (e) 2000年

图 9-2　海河流域各年代土地利用分布

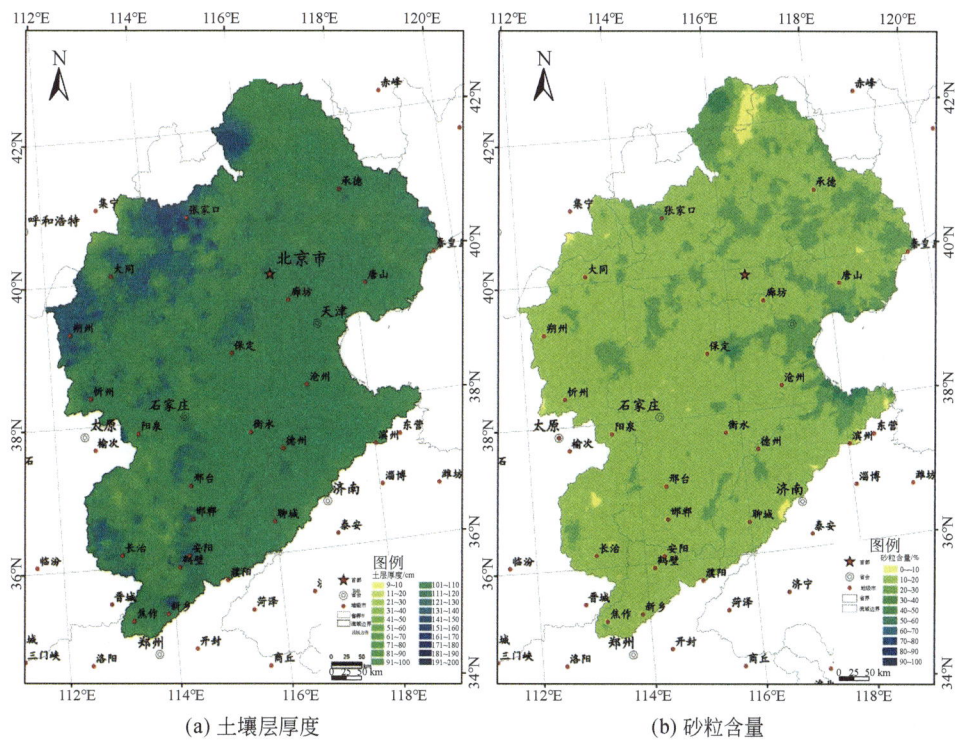

(a) 土壤层厚度 (b) 砂粒含量

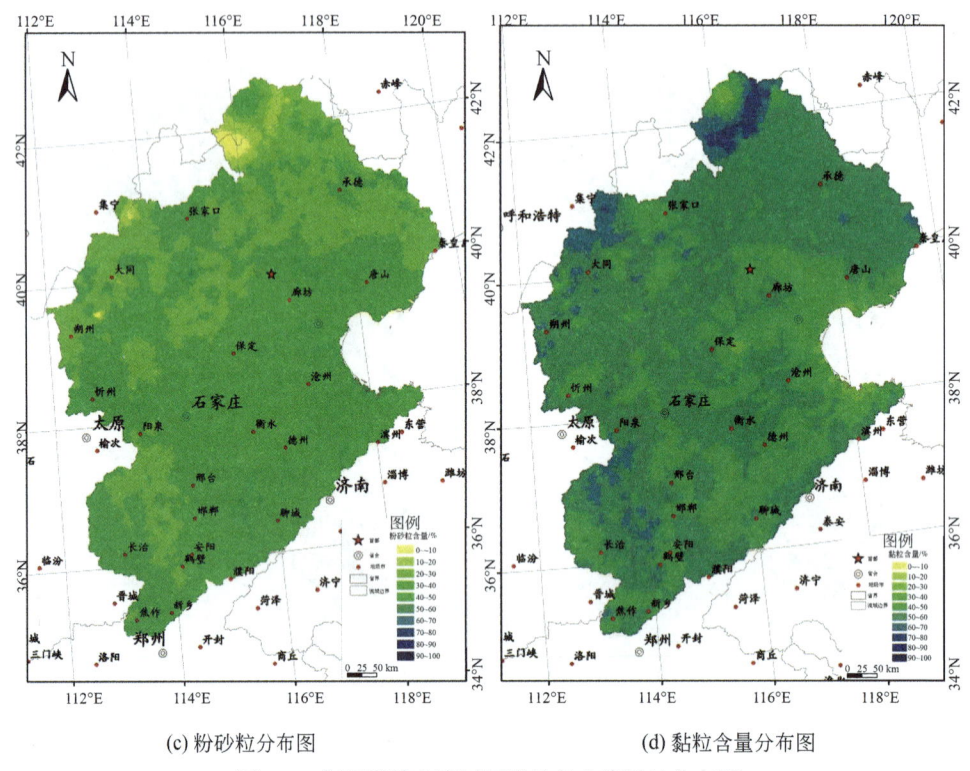

(c) 粉砂粒分布图　　　　　　(d) 黏粒含量分布图

图 9-3　海河流域土壤层厚度及各土壤质地分布图

（5）水文地质信息

1）主要水文地质参数。海河流域水文地质参数分布（U 值、K 值）均采用《海河流域水资源规划》中的相关资料。

2）岩性分区。采用《中国水文地质分布图》的分区资料。

3）含水层厚度。采用《中国水文地质分布图》的分区资料。

（6）水利工程信息

本研究重点考虑了海河流域内大型水库和主要水闸信息（图 9-4）。水库的资料准备主要包括水库的空间定位与属性数据两方面。水库的空间定位是指确定水库坝址处的空间位置；水库的属性数据主要包括水库起用日期、水位–库容–面积曲线、特征库容、特征水位、淤积状况、时间系列蓄变量、供水范围和目标、调度规则和运行调度图等。水闸的信息主要包括水闸的空间定位、运行调度规则等。

为了研究农业灌溉用水情况，本研究进行了灌区数字化工作，主要是确定灌区的空间分布范围，收集并整理灌区的各类属性数据。重点考虑了 110 处 10 万亩以上的大型灌区。

（7）社会经济信息

收集了海河流域涉及的省级行政区 1956~2005 年的人口、GDP、工业总产值等社会经济信息，收集整理了 1980 年、1985 年、1990 年、1995 年、2000 年、2001~2005 年共 10 年与用水关联的主要经济社会指标。

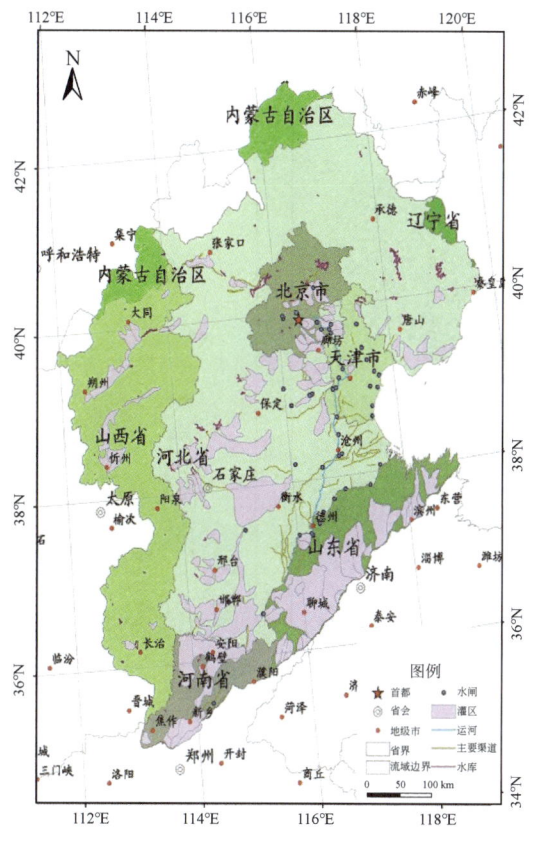

图 9-4 海河流域水利工程图

9.1.2.2 水分信息

(1) 降水

本次采集的降水信息包括站点观测信息和面雨量遥感信息,其中站点雨量信息是长系列过程数据,是本次水循环模拟的主要信息;面雨量遥感信息受信息源和其他条件限制,主要用于站点信息空间展布的校核使用。

所采集到的站点雨量信息源于水文和气象两个部门,具体信息特征如下。

1) 水文部门雨量信息参数。选用海河流域 1956~2004 年 49 年系列 1502 个雨量站的日雨量数据 [图 9-5 (a)],日内过程选用海河流域 1956~2004 年 49 年系列 536 个雨量站的降水要素数据。

2) 气象雨量信息参数。选用海河流域 1956~2005 年 50 年系列 47 个国家气象站 [图 9-5 (b)] 逐日温度、风速、气温、日照以及湿度等气象要素数据等。

3) 试验观测信息。本研究在河北省衡水水文试验站进行海河流域典型土壤水动力参数尺度提升试验,试验通过非均匀流动的观测,采用反演等方法确定等效水动力参数。并

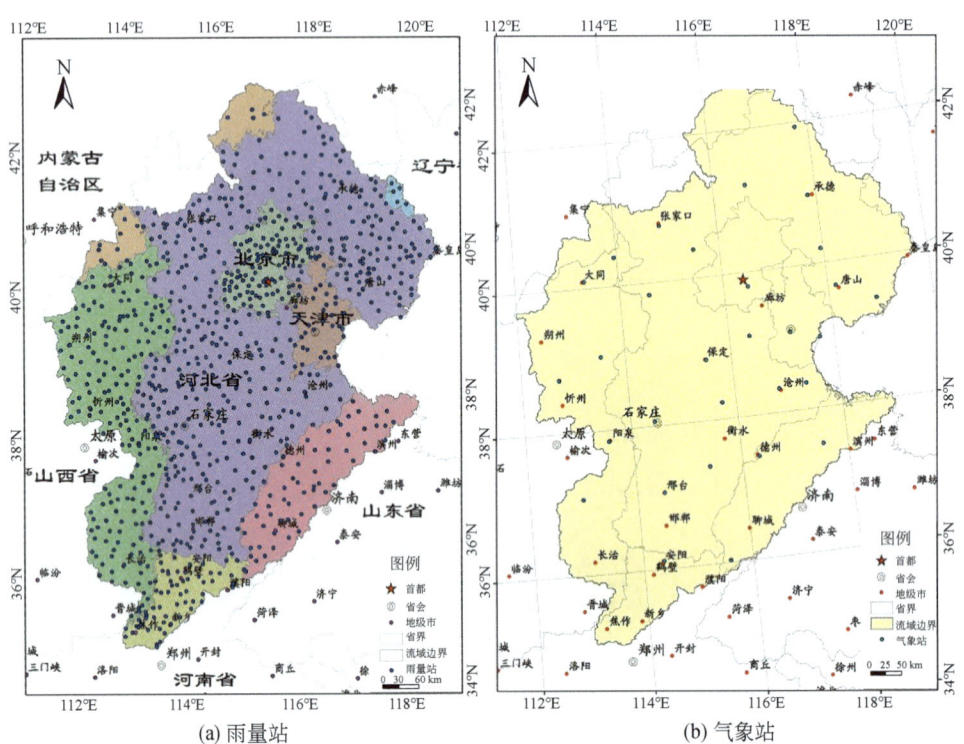

(a) 雨量站　　　　　　　　　　　　(b) 气象站

图 9-5　海河流域雨量站与气象站空间分布图

在武汉大学水资源与水电工程科学国家重点实验室进行确定海河流域典型土壤的降雨入渗规律试验，研究了海河流域降雨入渗对地下水补给的变化规律。

（2）径流

径流资料来自水利部海河水利委员会。

海河流域共有径流站（包括水文站点、库闸控制站）853 个，其中水文站 356 个（图 9-6）。

1）实测径流。采集并整理了海河流域干支流 1956～2004 年 49 年系列 356 个水文站逐日径流量和洪水摘录信息。

2）还原径流。还原径流来源于全国水资源规划水资源调查评价部分的成果，具体收集了海河流域 1956～2004 年 49 年系列干支流共 356 个水文站逐月还原径流资料。

（3）社会经济与供用水信息

1）供用水信息。收集整理了 1980 年、1985 年、1990 年、1995 年、2000 年、2001～2005 年共 10 个典型年份地表水、地下水供水量信息以及不同行业用水、耗水、排水信息。

2）灌溉制度。海河流域具有代表意义的 15 个三级区 $P=75\%$ 的灌溉制度。

3）种植结构。现状年海河流域各三级区各种作物播种面积。

4）典型地区引水过程。数据来自海河水利委员会水调局的海河流域各省区逐月引水

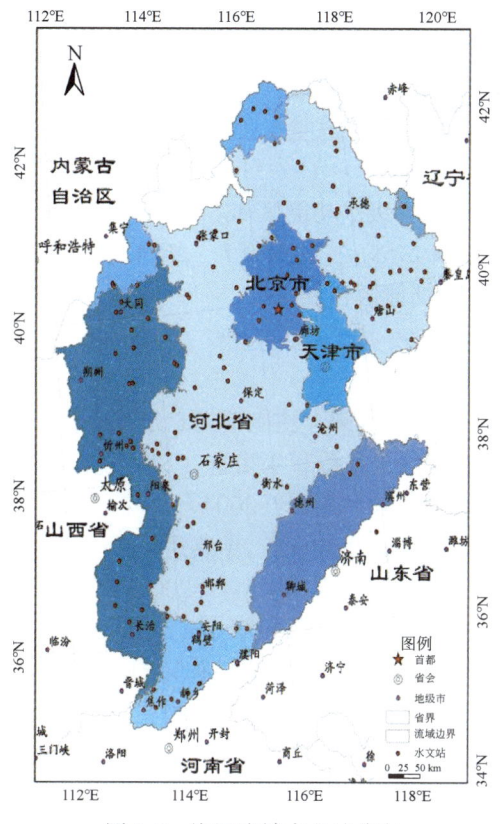

图 9-6 海河流域水文站分布

量统计,内蒙古为 1997~2002 年,山西为 2001~2002 年,河南为 1981~2002 年,山东为 1989~2002 年,河北为 1998~2002 年。

9.1.2.3 水环境信息

水环境信息包括海河水利委员会和海河流域各省的水质监测数据,全国水资源规划水资源调查评价部分的成果,《中国环境统计年鉴》的污染源调查数据以及海河流域水功能区等数据。

1)水质监测信息。水质资料包括海河干流基准年控制断面水质现状监测值以及省(自治区、直辖市)基准年水质测站监测值、湖泊(水库)水质、各测站控制河长(库容)等信息。海河流域共有地表水水质监测断面 516 个,平原区地下水质观测井 546 眼。

水质测站监测指标包括必评项目和选评项目,其中必评项目包括水温、流量、总硬度、溶解氧、高锰酸盐指数、化学需氧量(COD)、氨氮等 12 项指标。选评项目包括 pH 值、五日生化需氧量(BOD_5)等 11 项指标。

2)典型污染源调查信息。信息包括海河流域 1600 个主要排污口的入河废污水量、COD_{Cr} 和氨氮的分项排放量(工业、生活、混合),以及 BOD_5、挥发酚、总氮、总磷年度排放量。

海河流域按水资源三级分区和 81 个地级市，2000 年点源、非点源污染物产生量、入河量估算结果包括 COD、氨氮、总氮以及总磷等污染指标。

3）海河流域分省污染源信息。海河流域 1990~2008 年分省工业和生活废污水排放量、处理量，分省工业和生活 COD 排放量、处理量，分省工业和生活 NH_3-N 排放量、处理量等信息。

4）水功能分区。海河流域一级水功能区 336 个，河流总长度为 19 708km，一级区中开发利用区 220 个，河长为 14 275km，共划分为二级水功能区 352 个。对部分跨省的功能区进行了拆分，最终一、二级功能区合计 527 个。

9.1.2.4 水生态信息

水生态信息主要包括遥感监测成果，主要有 ET 分布图、土地利用图和作物结构图等数据，包括：①全流域 ET、土壤含水量和生物量（2003~2008 年，时段分 2 周、月和年，空间分辨率为 1km）。②全流域土地利用图（2004 年，空间分辨率为 250m）。③典型区 ET 数据（时段分月和年，空间分辨率为 30m）。④典型区卫星过境时的日 ET 数据（每年 4 次，空间分辨率为 30m）。⑤典型区土地利用图（2004 年，空间分辨率为 30m）。⑥典型区作物结构图（2003~2007 年，空间分辨率为 30m）。⑦1980~2000 年 21 年逐旬 NOAA/AVHRR 影像，地表分辨率为 8km。在该源信息的基础上，依次提取出植被指数（NDVI）、植被盖度（VEG）和叶面积指数（LAI）等有关植被指数信息。⑧海河流域 12 个重要湿地的信息。

9.2 计算单元划分

9.2.1 划分考虑因素

流域水循环分布式模拟和流域水资源规划及管理分析，都需要将整个流域划分为大量相对较小的基本单元。需要考虑的方面包括流域水系分布、水资源开发利用情况、重要控制断面分布、重点排污口分布、主要入海口分布等。本研究按照流域水循环分布式模拟（WEP-L 模型）的需要将流域划分为大量的水文模拟计算单元，同时按照流域水资源规划管理分析（ROWAS 模型、DAMOS 模型）的需要将流域划分为若干规划管理计算单元，水文模拟计算单元与规划管理计算单元之间存在有机联系。

水文模拟计算单元是流域水资源与水环境的管理和规划的基础对象，划分时考虑的因素包括：

1）分区水资源状况，包括降水、地表水、地下水、跨流域调水；
2）分区开发利用状况，包括用水及供水结构；
3）水环境现状，重要河流断面和省界断面水质状况；
4）重点入河排污口状况；
5）入渤海水量及污染物控制。

为控制和把握各区域水质、水量响应转换关系，为水资源和水环境综合管理战略行动提供分析评价平台，进行规划与管理方案的合理性与可行性检验，规划管理计算单元划分时考虑两类因素的影响：

1）天然产汇流关系及河道水力关系的影响；
2）人类规划、管理、使用水资源活动的影响。

9.2.2 计算单元划分

（1）子流域划分及编码

子流域划分及编码是 WEP-L 模型构建过程中非常关键的一步，精确的模拟河网提取，合适空间尺寸的子流域划分，合适级别的等高带划分，准确的水文站、水库位置确定及其控制范围的划分都从根本上影响着 WEP-L 模型的精度。WEP-L 模型空间数据分析流程如图 9-7 所示。首先利用自主开发的基于 MapWindow 的通用水文分析模块，实现 DEM 的河网修正、流向生成、累积数计算，模拟河网提取工作；然后通过手工添加入口点、出口点、水文站、水库等节点；最后利用自主开发的流域划分模块，实现河网编码、子流域划分、等高带划分、参数分区划分及各类属性文件生成等工作。全流域共划分为 3067 个子流域，见图 9-8。

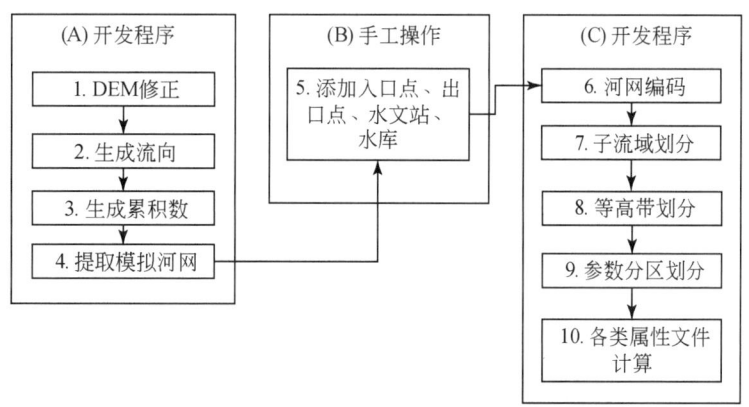

图 9-7 WEP-L 模型空间数据分析流程

（2）水文模拟计算单元划分

以子流域模拟单元为基础，根据 WEP-L 模型的需要，本次在山区的子流域模拟单元内部进一步划分为若干个等高带（1~10 个不等），以等高带为基本计算单元，涉及范围 17.2 万 km^2，共划分 10 154 个等高带，平均单个等高带面积约 16.9 km^2。平原区面积为 14.7 万 km^2，分为 1598 个子流域，因地形平坦故没有进一步划分等高带，而是以子流域作为基本计算单元。这样，全海河流域共有计算单元 11 752 个，参见图 9-9。

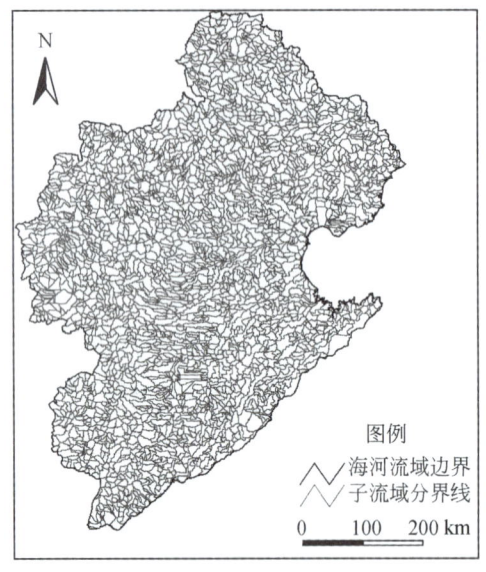 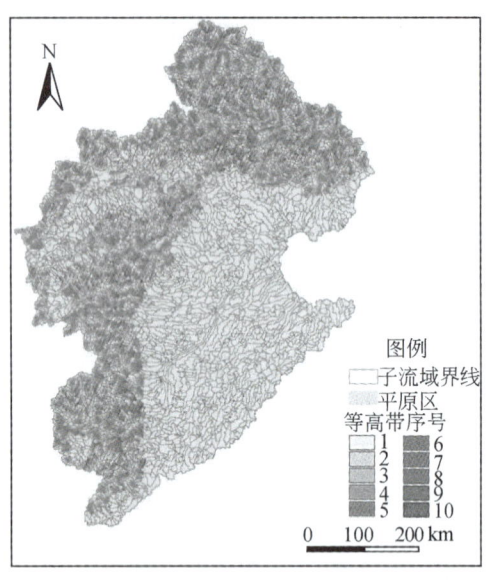

图 9-8　海河流域子流域划分　　　　图 9-9　海河流域 WEP-L 模型计算单元

(3) 规划管理计算单元划分

规划管理计算单元包括 ROWAS 模型和 DAMOS 模型的计算单元。海河流域涉及省级行政区 8 个，地级行政分区 41 个，县级行政分区 287 个；水资源二级区 4 个，三级区 15 个。以 80 个三级区套地级行政区为基础，同时为支撑城市及重点县的水资源规划管理，将 26 个地级以上城市建成区及 16 个重点县分离出来，并考虑与水资源三级区的嵌套，这样海河流域共划分 125 个规划管理计算单元，作为 ROWAS 模型的计算单元（图 9-10）。

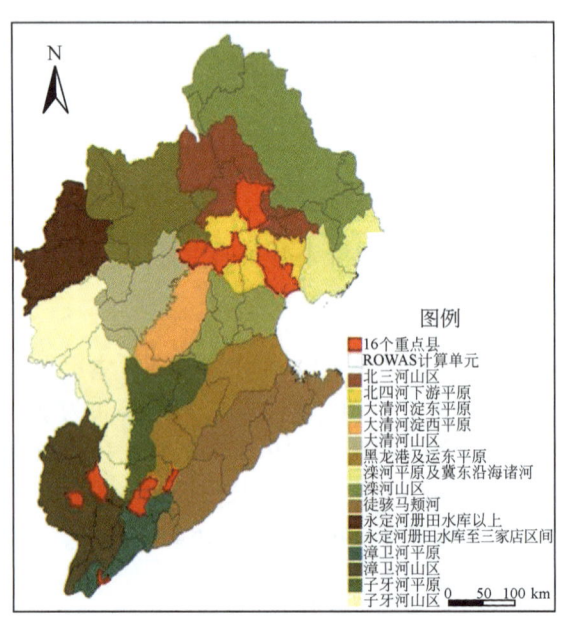

图 9-10　海河流域 ROWAS 模型计算单元

这 125 个规划管理计算单元同时也是 WEP-L 和 ROWAS 进行数据交换的基础。通过模型耦合建立的数据转换机制，WEP-L 基本单元的计算成果可以汇总到各个规划单元，而 ROWAS 规划单元水量分配结果则可以展布到 WEP-L 各基本单元，从而实现水循环模拟和水量配置结果的有机结合。而对于将水资源分配与宏观经济和产业结构密切关联的多目标决策分析模型 DAMOS，受社会经济统计数据制约，其计算单元定为 8 个省级行政区（图 9-11）。

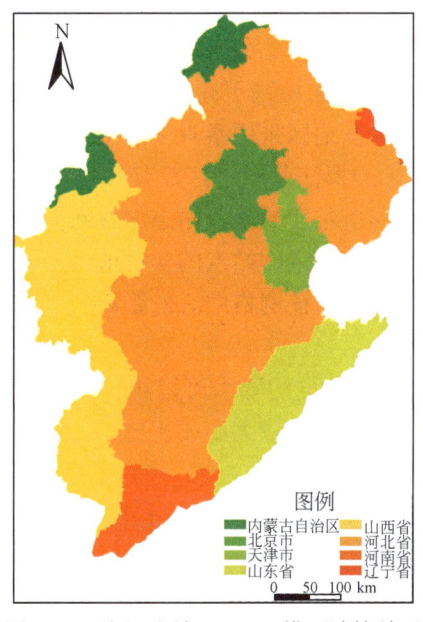

图 9-11　海河流域 DAMOS 模型计算单元

9.3　水文气象信息时空展布

流域二元分布式水循环模型能够考虑影响各类水循环和相关气象要素的时空变异性，要求输入的各种要素是分布式的。由于收集到的降水气象资料是测站上的值，所以需要根据模型要求对流域降水气象要素在时间和空间上进行展布，以满足流域二元分布式水循环模拟的需求。本研究按照水循环模拟的要求，计算每个子流域逐日降水气象要素值。

9.3.1　气象要素时空展布方法

降水气象要素空间插值方法很多，根据考虑因素的不同，可以分成两类：第一类是仅考虑平面位置影响的二维空间插值方法，比较典型的有泰森多边形法（Thiessen Polygon）、三角剖分线性插值法、网格雨量法、距离平方反比法（RDS）、分组面积–方位加权平均法（GAAWM）、距离方向加权平均法、Kriging 方法和趋势面法等；第二类是既考虑平面位置又考虑高程影响的三维空间插值方法，常见的方法有修正距离倒数方法和梯度距离平方反比法等。上述各种方法都有其自身的优缺点，没有绝对最优的空间插值方法。其根本原因就是插值要素的复杂性、随机性以及灰色性，因此必须对影响插值的物理机制，以及已有数据的实际特点（如时空分布规律）进行分析，选择最优的插值方法。

（1）插值方法选取

在选择插值方法时，精度是首先需要考虑的因素，然而计算效率也不能忽视。由于所研究的流域空间尺度很大，本研究中计算的时间系列又很长，所以在选用插值方法时，尽量避免采用计算量特别大的方法。

本研究对象海河流域虽有山区平原之分，但是总体来说，高程变化不算剧烈，故采用二维空间插值方法。在本研究中，采用基于距离平方反比法和泰森多边形法相结合的方法，以距离平方反比法为主，少量地区采用泰森多边形法。

1）泰森多边形法。泰森多边形法是一种广泛使用的空间插值方法，该方法一般需要绘制泰森多边形，以每个多边形所包含的雨量站点的降水量值作为该区域内各点的降水量值，其实质是平面上每个点取距离最近的站点的实测值。如果用计算机实现，可以先把研究区域划分为网格，计算每个站点与该网格中心的距离，取最近的雨量站点的观测值作为该网格的降水量。

2）距离平方反比法。假设待估点的降水可以用它周围的一些雨量站插值得到，同时假设待估点的降水量和雨量站点的降水量大小成正比，与雨量站点的距离成反比。根据此假设，待估点的雨量估计值可以表示为

$$P = \sum_{i \in I_R}^{m} P_i \frac{\dfrac{1}{d_i^n}}{\sum_{i=1}^{m} \dfrac{1}{d_i^n}} \qquad (9\text{-}1)$$

式中，P 为待估点的降水量；P_i 为雨量站的降水量；d_i 为雨量站到待估点的距离；$i=1,\cdots,m$，m 为站点个数；I_R 为用来插值的雨量站点集合；n 为权重系数，一般取 2，这就是距离平方反比法，如果取 0，上式为算术平均法。

由泰森多边形法和距离平方反比法的计算公式可见，两类方法概念清楚、计算简便、计算速度快，且距离平方反比法能够考虑降水空间趋势性，两种方法结合，适合于大尺度流域空间插值计算。

（2）综合插值方法及计算步骤

泰森多边形法的参证站为最近的一个站点，然而距离平方反比法需要选择一定的站点作为参证站。目前选择站点的方法一般有两类：一是固定参证站点个数 m，即选择离待估点最近的 m 个站点进行插值；二是固定距离 D，即选择离待估站点距离小于 D 的站点作为参证站。

由于本次收集到的海河流域降水气象站空间分布不均（图 9-5），如果采用第一类选择站点的方法，对于雨量站点分布密集的地方，选择的站点离待估点很近，插值效果很好；而对于雨量站点分布稀疏的地方，可能选择的参证站离待估点很远，两处在气象上关系并不密切，插值效果很难保证。如果采用第二类选择站点的方法，对于雨量站点分布密集的地方，可能有很多站点都会入选，而对于雨量站点分布稀疏的地方，可能得到的站点

很少，甚至一个站点也没有。由于站点的分布不均匀性，采用固定个数或距离的方式选取参证站是不可取的，需要采取一种比较灵活的、有弹性的方法。

考虑到不管采用什么插值方法，我们都希望参证站的降水量和待估点的降水量相关性比较好，二者的相关系数可以用来判断空间各点之间雨量相关性的好坏。因此，我们引入相关系数作为选取参证站点的指标。但是对于站点比较稀疏或者影响降水气象的因素特别复杂的地方，可能某个站点和其他所有站点的相关系数都小于该阈值，这样就没有相关站点了。对于这种情况，采用任何方法效果都不会好，为便于计算，采用最简单的泰森多边形法。这就是本研究所采用的考虑相关系数的综合插值方法（ARDS）。

采用 ARDS 进行降水、气象要素插值的具体计算步骤为：①两两计算所有站点之间的相关系数；②确定一个相关系数的阈值，针对每个站点，根据阈值判断与之相关的所有站点，并将最远一个相关站点与之相间的距离作为最大相关距离；③对每个子流域，计算该子流域的形心与每个降水气象站点之间的距离，如果小于某个站点的最大相关距离，该站点即为该子流域的参证站点；④如果某一子流域存在相关站点，采用距离平方反比法进行降水气象要素进行插值，如果不存在相关站点，采用泰森多边形法进行插值。

9.3.2 降水插值结果

按照 ARDS 法的计算步骤，对海河流域日降水进行空间展布，计算 3067 个子流域 1956~2005 年逐日降水量。运用地理信息系统软件，把生成的各子流域多年平均降水量表示成 GIS 图，如图 9-12 所示。从图上可以看到，降水量的分布呈现南部、东部沿海以及山区东部和南部大，平原区小、北部山区小的特点，符合海河流域降水量空间分布规律。

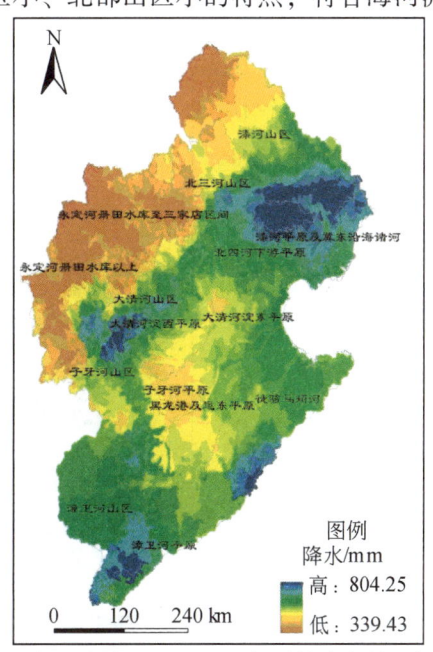

图 9-12 海河流域 1956~2005 年平均降水量空间展布图

9.3.3 其他气象要素插值结果

其他四个气象要素仍采用 ARDS 进行插值，空间展布目标单元为 3067 个子流域，1956~2005 年多年平均展布结果如图 9-13 所示。从图上可以看出，海河流域气温从东南

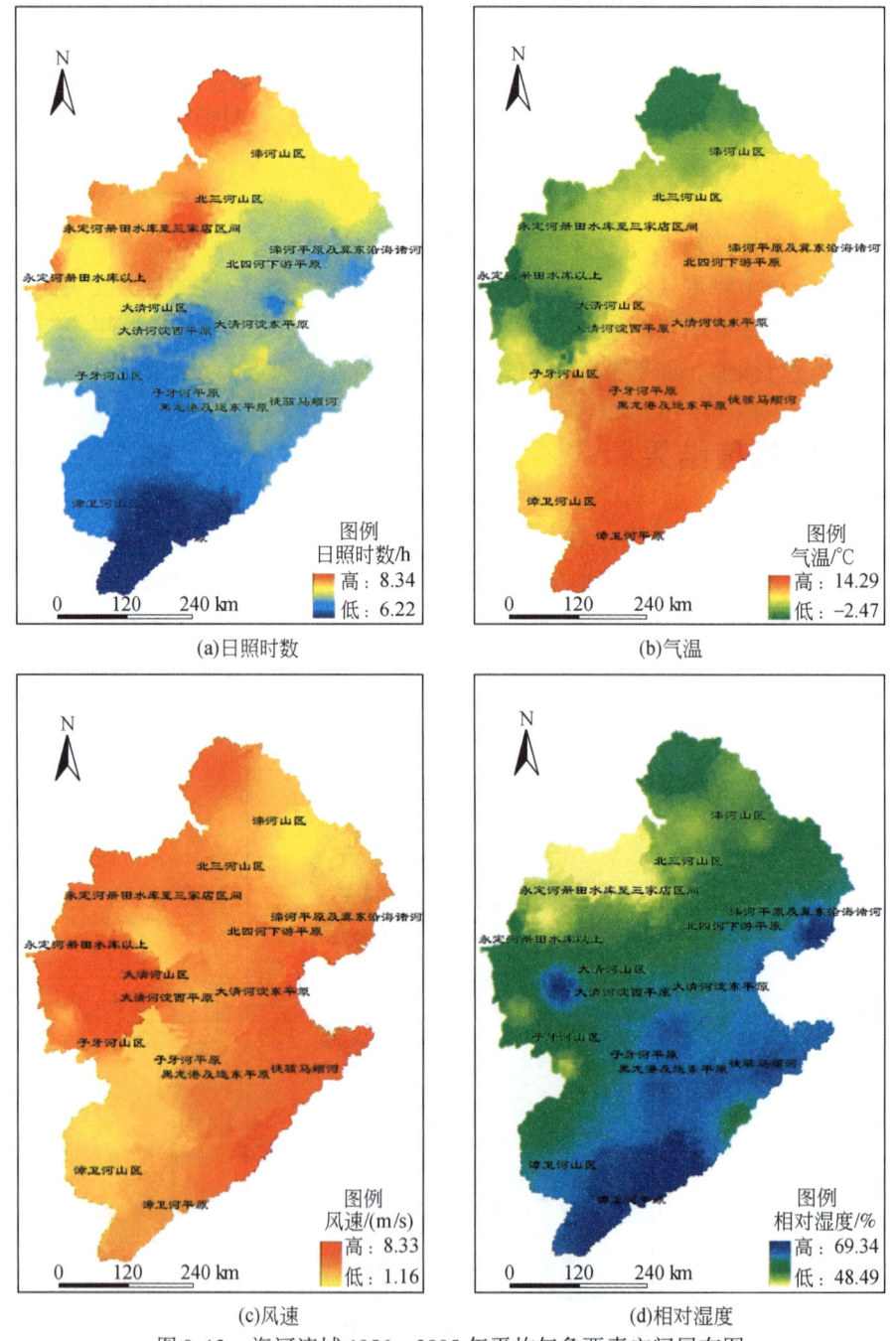

图 9-13　海河流域 1956~2005 年平均气象要素空间展布图

到西北呈递减规律，气温平原区大于山丘区；日照时数从南部向北部递增；相对湿度从南部到北部递减；风速分布呈现北部山区和沿海地区大、平原区和南部山区小的特点。计算得到的气象要素分布规律比较合理。

9.4 土壤水动力学参数

海河流域西部和西北部为中山与山间盆地，向东为低山、丘陵与岗台地，紧邻山前洪积、冲积平原，再向东为大面积冲积平原以及滨海平原。山区为基岩山地，以片麻岩、花岗岩、片岩等为主，山前丘陵台地为黄土覆盖；广大平原为第四纪冲积、湖积和海积沉积物，在上述自然因素的综合作用下，发育着地带性强而复杂的土壤类型。

海河流域土壤类型主要包括褐土、绵土、潮土、棕壤、栗钙土、沼泽土、盐土和风沙土。高原区主要为栗钙土并有部分黄绵土；燕山及太行山北段主要为棕壤和褐土，河谷阶地有部分黄垆土（褐土类）；太行山中、南段主要为褐土，海拔1000m以上有棕壤分布，盆地有部分黄垆土；山前洪积、坡积平原主要为黄垆土，冲积平原多为潮土，滨海平原多为滨海盐土和沼泽滨海盐土；流域最北端的内蒙古高原区多为风沙土。根据地区和土壤相似性及差异性，结合水热条件、地形、母质组合，可以将土壤划分为3个区及7个亚区：内蒙古高原栗钙土绵土区，包括坝上栗钙土亚区和坝缘丘陵盆地黄绵土、栗钙土亚区；华北山地棕壤褐土区，包括燕山、太行山北段棕壤淋溶褐土亚区，太行山中、南段褐土亚区；海河平原黄垆土、潮土、盐土区，包括山前平原黄垆土亚区、中部平原潮土亚区和滨海平原盐土亚区。

土壤水动力参数包括描述土壤含水率和基质势关系、非饱和水力传导度和土壤含水率（负压）关系的参数，描述土壤水动力参数的模型较多，本项研究主要结合van Genuchten (1980)模型确定海河流域土壤水动力参数。

土壤水分特征曲线模型为

$$\theta(h) = \theta_r + \frac{\theta_s - \theta_r}{[1 + (\alpha h)^n]^m} \tag{9-2}$$

非饱和水力传导度模型为

$$K(S_e) = K_s S_e^l [1 - (1 - S_e^{1/m})^m]^2 \tag{9-3}$$

式中，h为土壤吸力（cm）；S_e为有效饱和度，定义为

$$S_e = \frac{\theta - \theta_r}{\theta_s - \theta_r} \tag{9-4}$$

土壤水动力参数模型中共包括了进气点土壤含水率θ_s（饱和含水率）（cm³/cm³），下限含水率θ_r（土壤水分特征曲线在高负压拐点位置）（cm³/cm³），进气负压值倒数α，形状参数n和m，饱和水力传导度K_s（cm/s）以及参数l等7个参数，由于$m = 1 - 1/n$，且对于绝大多数土壤l取值0.5能够较好地描述土壤非饱和水力传导度与土壤负压（含水率）关系，因此实际上需要确定的土壤水动力参数为θ_s、θ_r、α、n和K_s。

土壤容水度和扩散度可以根据土壤水分特征曲线和非饱和水力传导度关系直接确定，

并非独立的土壤水动力参数。

土壤容水度：

$$C(h) = \frac{\mathrm{d}\theta}{\mathrm{d}h} = \frac{mn(\theta_s - \theta_r)\alpha_n h^{n-1}}{(1 + \alpha h^n)^{m-1}} \qquad (9\text{-}5)$$

土壤水扩散度：

$$D(\theta) = K(\theta)\frac{\mathrm{d}h}{\mathrm{d}\theta} \qquad (9\text{-}6)$$

土壤水动力参数一般通过两种方法获得：直接测定以及根据土壤物理性质（如粒径组成、容重）资料推求。由于水动力参数的现场测定相对较为困难，先前的研究对于流域内土壤水动力参数的实际测量资料较少。而根据土壤的粒径组成（黏粒、粉粒和砂粒含量）和容重估算土壤水动力参数，是获得区域土壤水动力参数的有效途径之一，并且区域土壤颗粒组成和容重等资料较易取得，数据资料较为全面。

根据海河流域内北京、天津、河北和山东部分地区土壤物理性质数据，流域内152个位置土壤剖面0~20cm、40~60cm、80~100cm深度土壤粒径分布和流域土壤类型的比较如图9-14所示，流域内土壤中粉粒含量集中在44%~76%，对于水动力参数的性质影响比较明显。0~20cm、40~60cm、80~100cm三个深度位置土壤容重分布直方图如图9-15所示，三个深度土壤容重基本上表现出正态分布性质，由于耕作的原因，0~20cm土壤容重明显小于0~40cm和80~100cm土壤容重，三个深度容重均值分别为1.35g/cm³、1.43g/cm³和1.44 g/cm³。容重分布标准差分别为0.031、0.033和0.035，容重分布的离散程度并未表现出明显的差异。

海河流域典型土壤水分特征曲线实测函数关系如图9-16所示，由于流域典型土壤粒径分布较为集中（图9-14），所以土壤水分特征曲线的形状也较为相似。根据土壤粒径（砂粒、粉粒和黏粒）含量分布以及土壤容重等物理性质参数，采用RETC对土壤水分特征曲线和非饱和水力传导度函数关系进行了估计。

图9-17为根据土壤物理性质参数估计的海河流域典型土壤的水动力参数与实测函数的比较。河北曲周0~37cm深度粉砂壤土、37~86cm粉砂土、86~140cm粉砂质黏壤土和140cm~200cm黏土估计土壤水分特征曲线和实测函数关系的比较分别如图9-17（a）~（d），北京通州表层0~20cm粉壤土和40~80cm粉砂土估计土壤水分特征曲线和实测函数关系比较如图9-17(e)~(f)所示。对于砂性较重的土壤，估计土壤水分特征曲线进气值偏小；而黏性较重的土壤，进气值偏大；粉土情况下进气值的估计较为准确。

对于海河流域6种典型土壤，高负压情况下，估计土壤水分特征曲线含水率要明显大于测定值，仅在粉砂土1种情况下，估计值与测定值较为接近。在低负压情况下，估计土壤水分特征曲线与测定土壤水分特征曲线函数关系基本一致，而高负压时，发生一定的偏移。总体来说，根据土壤物理性质参数估计的土壤水分特征曲线在低负压情况下与测定土壤水分特征曲线函数关系较为一致，而高负压情况下误差较为明显，可通过调整下限含水率提高水动力参数的估计精度。

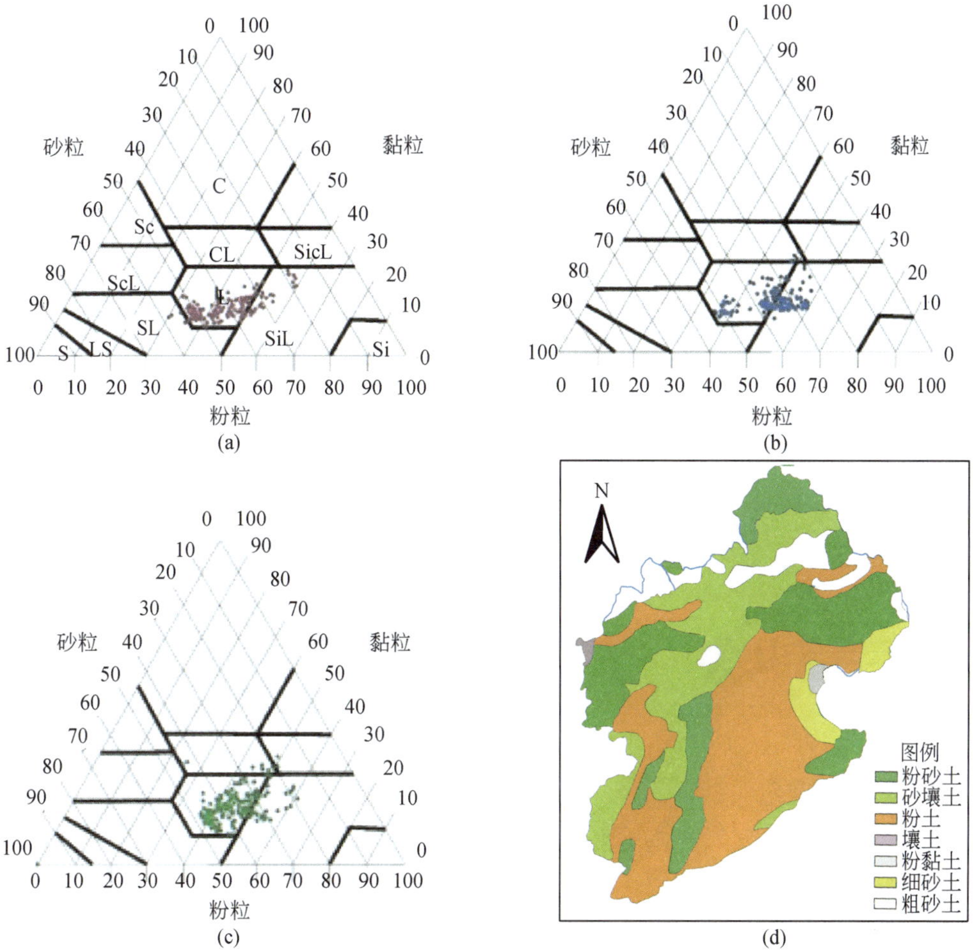

图 9-14 海河流域土壤类型和粒径分布情况

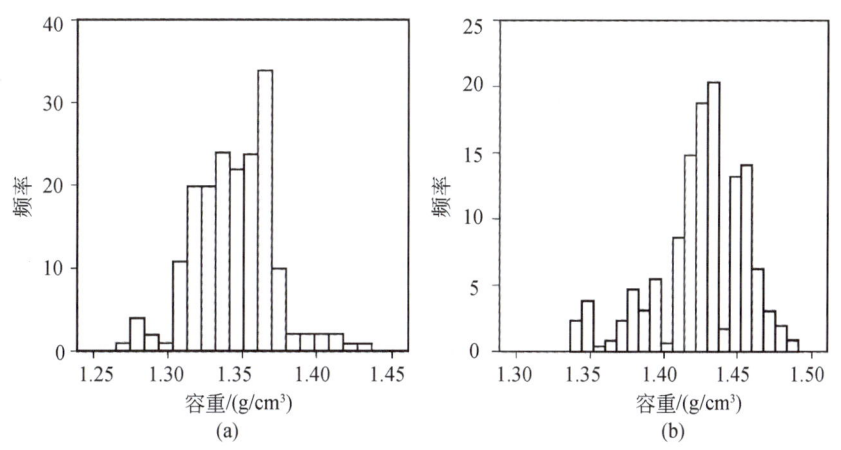

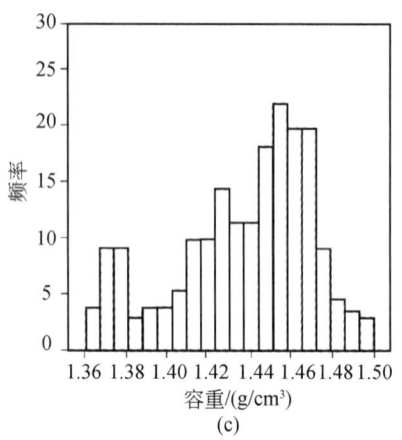

图 9-15 海河流域土壤容重分布直方图

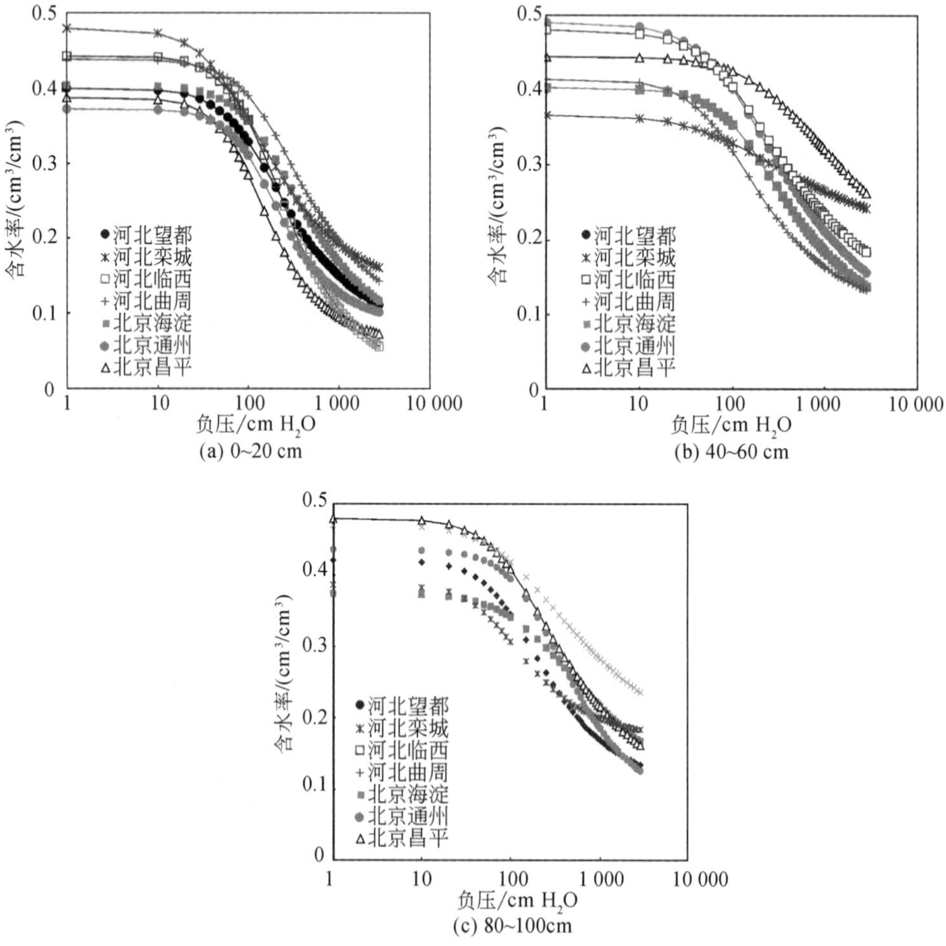

图 9-16 海河流域典型土壤测定土壤水动力学性质

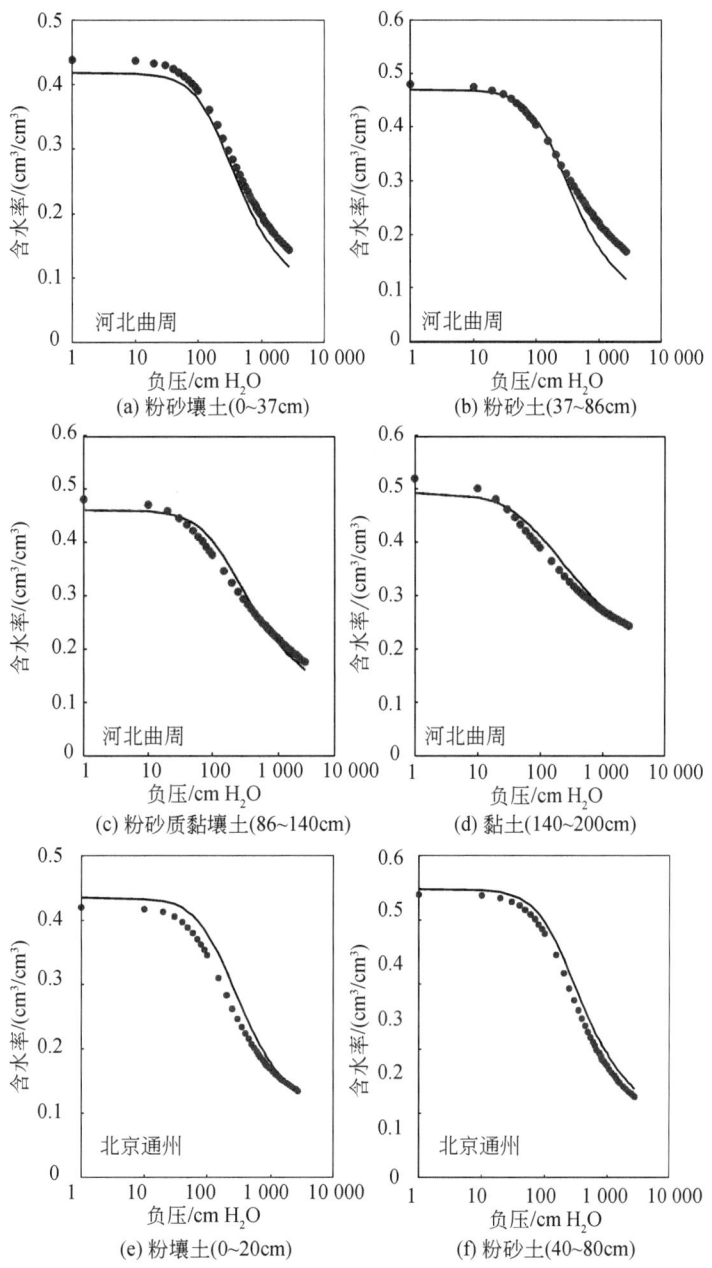

图 9-17 不同类型土壤水分特征曲线估计值和实测函数关系的比较

9.5 社会经济信息时空展布

社会经济信息是进行二元水循环模拟时必不可少的基础信息。社会经济数据一般以县为基础统计单元；这些单元边界常常存在着更改变动、层次等级不明确、编码不统一、行业之间边界不一致等问题,给行业、部门、机构之间的数据相互引用带来困难,共享程度低。随着综合研究和多学科交融的深入,统计资料的空间定位不稳定、不精确、不统一的矛盾会越来越突出,因此迫切需要建立一个高分辨率的基础地理单元,将社会经济信息与自然环境信息转换到一个可以方便操作、分析的数据平台上。社会经济数据空间化就是最好的解决办法之一,即将以行政区为单元的统计数据展布到一定尺寸的地理格网上,在空间单元及其编码的标准化基础上,将人口、社会经济等统计数据进行空间化,从而实现社会单元和自然单元信息向空间单元信息的转化,以便与土地利用/土地覆被数据、生态环境数据等天然水循环空间要素数据联合应用。

9.5.1 人口数据时间空间化

海河流域人口发展预测采用 Logistic 模型,设 $x(t)$ 为时刻 t 的人口总数,并将其视为连续可微的函数,$x(0)$ 为初始时刻 $t=0$ 的人口数,r 为人口的增长率,则在 t 时刻人口的增长满足:

$$\lim_{\Delta t \to 0} \frac{x(t+\Delta t)-x(t)}{x(t) \times \Delta t} = r \tag{9-7}$$

实际资料的分析表明:当自然环境条件较好、人口密度较小时人口增长率可视为常数;而当人口密度较大时人口增长未必是常数,且随人口密度的增加而减小,即增长率应为人口密度的减函数,记为 $r(x)$。为了方便,设 $r(x)$ 为变量 x 的一次多项式,即设 $r(x) = r - sx$,其中 r 相当于 $x = 0$ 时的增长率,称为固有增长率。又记 N 为自然环境条件和生产力发展状况所能允许的最大人口数量,则 $r(N) = 0$,从而 $s = r/N$。这样可将 $r(x)$ 表示为

$$r(x) = r\left(1 - \frac{x}{N}\right) \tag{9-8}$$

其中 r 和 N 可由历史的人口统计数据或经验来确定,这里因子 $(1 - x/N)$ 体现了自然环境条件等因素对人口增长的阻滞作用。

在上述假设下,$x(t)$ 应满足:

$$\begin{cases} \dfrac{\mathrm{d}x}{\mathrm{d}t} = rx\left(1 - \dfrac{x}{N}\right) \\ x(0) = x_0 \end{cases} \tag{9-9}$$

这是一个贝努里方程,容易求得它的解为

$$x(t) = \frac{N}{1 + \left(\dfrac{N}{x_0} - 1\right)\mathrm{e}^{-rt}} \tag{9-10}$$

该模型的不足之处在于 N 不易确定,通常 N 值应随生产力的发展和其他环境的改善而增加。此模型称为阻滞增长模型,也称 Logistic 模型,它在许多其他领域,特别是生态问题中有着广泛的应用。

对于海河流域,$r = 0.035$,$N/X_0 = 1.44$。拟合曲线如图 9-18 所示。

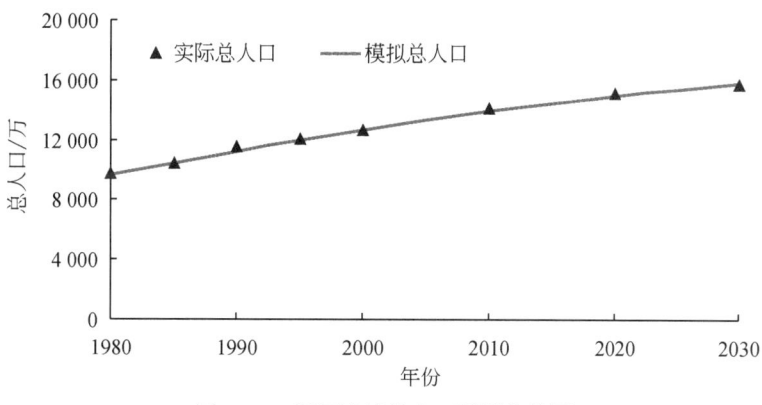

图 9-18　海河流域总人口预测曲线图

在生活用水的年内分配方面,通过对流域自然环境、生活习惯的典型分析,同时参考相关研究成果,拟定海河流域年内春、夏、秋、冬四个季节的用水比例为 0.9∶1.3∶1.1∶0.8,作为生活用水年内分配的基本依据。

我国现有的人口数据主要是以行政单元为基础的人口普查数据,一般以县为统计单元,通常每 10 年更新一次。人口分布问题原属社会学的研究范畴,但许多社会经济和生态环境问题与人口分布联系非常紧密,于是自然科学研究者开始利用新的地学研究手段,定量、定位地研究人口分布问题,20 世纪 90 年代初,人们提出了"人口数据空间化"的概念。人口空间分布模型迄今经历了理论分布模型阶段、定性描述与半定量分析和遥感、GIS 支持下的人口分布研究三个阶段。

(1) 基础数据

本研究所需的数据包括 1980~2000 年国家人口统计数据、1980~2000 年多期土地利用数据和相关辅助数据。

为了对人口模型进行修订,提高模型精度,研究中还选用了与人口相关的辅助数据:①道路数据——公路和铁路数据,选用单位面积道路长度为指标;②数字高程(DEM)数据——坡度、坡向和高程;③地貌类型数据;④黄河流域分区边界(1、2、3 级);⑤其他基础地理数据,如行政边界等。

在数据准备阶段,将以上数据转换为统一的比例尺(1∶100 万)。

(2) 技术路线

人口分布是一种社会经济现象,除受自然因素的影响和社会经济规律支配外,也有它特殊的发展和运动规律。土地利用状况是影响人口空间分布的重要因素,土地利用格局与人口密度之间存在着密切的关系。本研究的人口数据空间化思路是,在 GIS 背景数据和空间分析功能的支持下,探询人口密度-土地利用格局的耦合关系,构建空间分布模型,利用所建模型,生成 1km×1km 人口栅格数据。其技术路线可以用图 9-19 表示。

图 9-20(a)和(b)分别为海河流域农村人口和城市人口的分布,从分布图上可以看出,人口大部分集中在海河流域的平原区,海河流域的 26 个大中型城市基本分布在平原,山区有些零星的农村人口分布。

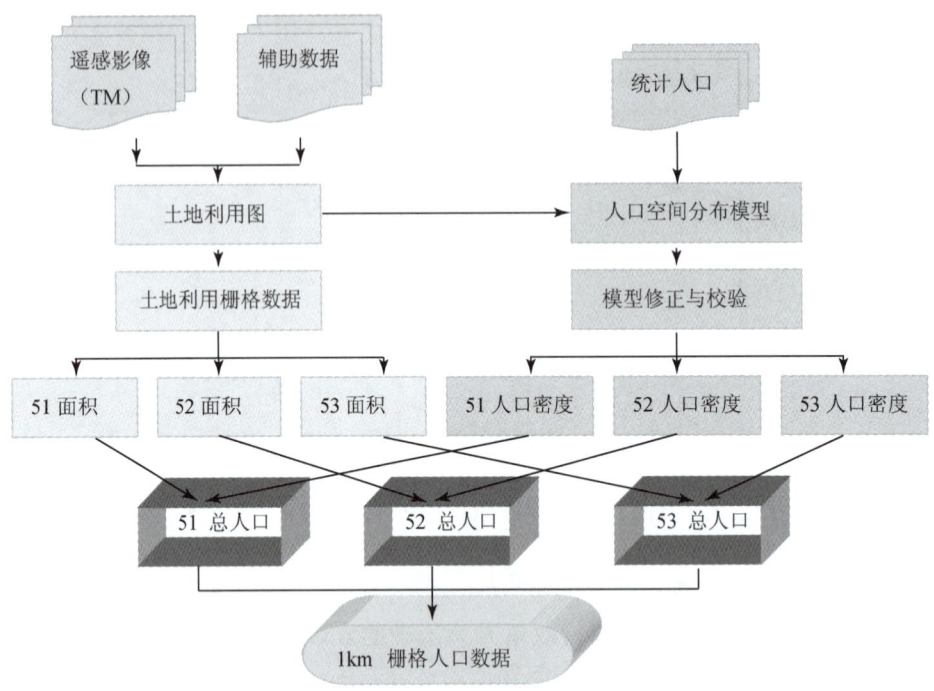

图 9-19 人口数据空间化的技术流程

注：51、52、53 分别代表城市居民点、农村居民点和工交建设用地三种土地利用类型。

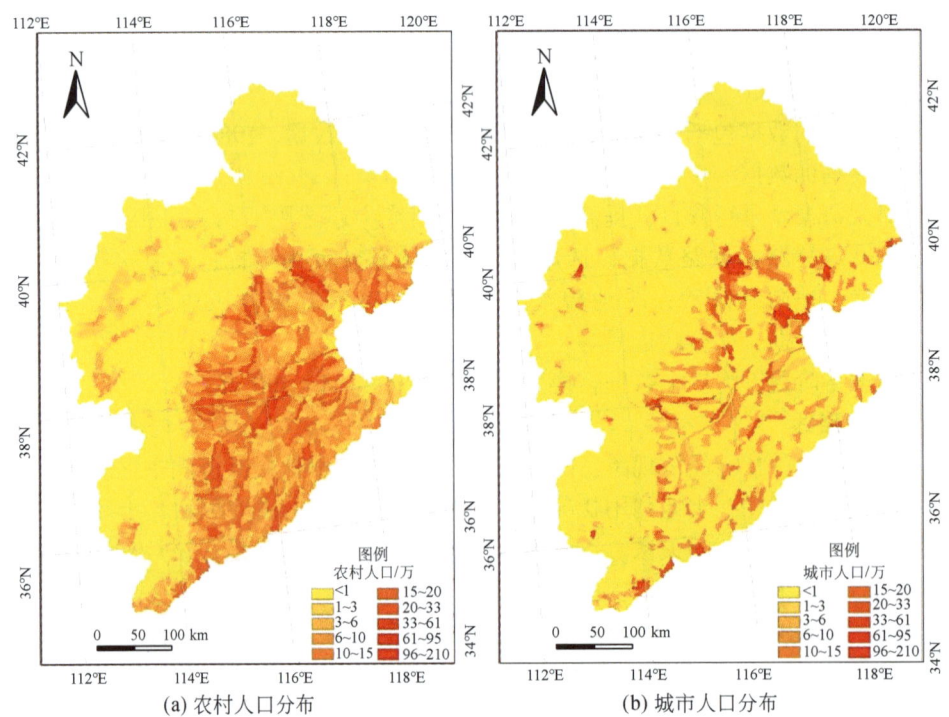

(a) 农村人口分布　　　　　(b) 城市人口分布

图 9-20 海河流域人口分布图

9.5.2 GDP 数据时间空间化

海河流域工业 GDP 预测采用指数函数。海河流域年 GDP 时间序列的模拟与预测值以及预测值与综合规划预测值的对比如图 9-21 所示。

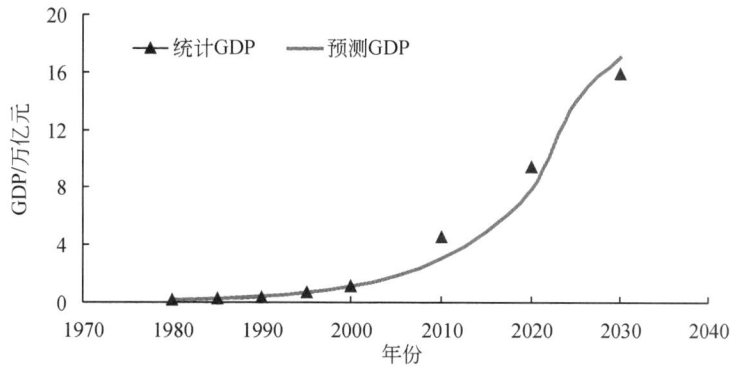

图 9-21 海河流域工业 GDP 预测曲线图

GDP 要素的空间化通过确定构成 GDP 产值的要素（第一、二、三产业结构）与土地利用要素（土地利用格局）的关系来构建 GDP 空间分布模型，从而实现 GDP 数据的空间化。表 9-1 给出了 GDP 要素-土地利用格局的关系矩阵。

表 9-1 GDP 要素-土地利用格局的关系矩阵

土地利用类型	G11（农）	G12（林）	G13（牧）	G14（渔）	G2（二产）	G3（三产）
L1（耕地）	1	0	0	0	0	待定
L2（林地）	0	1	0	0	0	待定
L3（草地）	0	0	1	0	0	待定
L4（水体）	0	0	0	1	0	待定
L5（城乡工矿居民地）	0	0	0	0	1	待定
L6（未利用地）	0	0	0	0	0	待定

关系矩阵中的 1 表示密切相关，0 表示无关或相关性极弱。三产与各种土地利用的关系待定（见下面内容）。设在某个子区内选择了 N 个样点县，第 j 个样点县的 GDP 为 G_j，所建立的模型如下。

(1) 第一产业模型

$$G1_j = G11_j + G12_j + G13_j + G14_j \tag{9-11}$$

$$G11_j = \sum_{i=1}^{2}(A_i \times g_{ij} \times L1_{ij}) + B_j \tag{9-12}$$

$$G12_j = \sum_{i=1}^{4}(A_i \times g_{ij} \times L2_{ij}) + B_j \tag{9-13}$$

$$G13_j = \sum_{i=1}^{3}(A_i \times g_{ij} \times L3_{ij}) + B_j \qquad (9\text{-}14)$$

$$G14_j = \sum_{i=1}^{6}(A_i \times g_{ij} \times L4_{ij}) + B_j \qquad (9\text{-}15)$$

式中，$G1_j$为第j个样点县的一产产值；$G11_j \sim G14_j$分别为一产中农、林、牧、渔业的产值；g_{ij}为该县第i种土地利用类型内的平均GDP；$L1_{ij} \sim L4_{ij}$分别为该县第1~4类土地利用类型的第i个二级类所占的面积；B_j为常数项。

对选出的N个样点县，用最小二乘法对式（9-12）~式（9-15）求解，即可得出单位面积的GDP（即g_{ij}）。式（9-11）用于对模型结果的总控和校验。

（2）第二产业模型

与一产模型类似：

$$G2_j = \sum_{i=1}^{3}(A_i \times g_{ij} \times L5_{ij}) + B_j \qquad (9\text{-}16)$$

式中，$G2_j$为第j个样点县的二产产值；$L5_{ij}$为该县第5类土地利用的第i个二级类所占的面积；g_{ij}、B_j含义同上。

（3）第三产业模型

在GDP要素-土地利用格局的关系矩阵中（表9-1），三产与各种土地利用的关系是最不容易确定的。为此，研究分三步进行。

1）初选：根据三产的具体内容，直接将与三产无关的二级土地类型剔除；

2）相关系数法初步筛选：将某县的三产产值（$G3$）与该县二级土地类型的面积进行单因子相关分析，剔除相关性极差的类型（相关系数$R^2<0.1$）；

3）主成分分析：利用$G3$与剩下的二级土地类型的面积构成相关系数矩阵$\mathbf{E}$，求$\mathbf{E}$的特征值和特征向量（$\lambda_1, \lambda_2, \cdots, \lambda_n$）；取累积贡献率$R>85\%$的前$m$个主成分（$P1, P2, \cdots, Pm$）[式（9-17）]，表征$G3$与二级土地类型之间的对应关系。

$$R = \left(\sum_{i=1}^{m}\lambda_i\right) / \left(\sum_{i=1}^{n}\lambda_i\right) \qquad (9\text{-}17)$$

$$G3_j = \sum_{i=1}^{m}(A_i \times g_{ij} \times P_{ij}) + B_j \qquad (9\text{-}18)$$

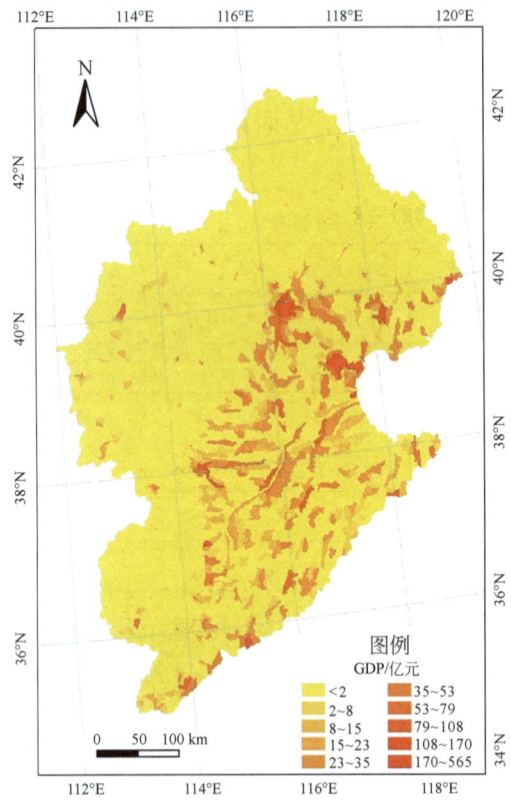

图9-22 海河流域GDP分布图

式中，$G3_j$为第j个样点县的三产产值；P_{ij}为该县土地利用的前m个主成分。

GDP的空间分布模型构建与人口模型构建类似，图9-22为GDP分布。从GDP的分布也可以看出，海河流域的工业生产集中在下游平原区，山区较少，这从一定程度上也可以估计出山口的水质相对较好，而河流经过下游工业区后，入海口的水质相对较差。

9.5.3 畜禽养殖量时间空间展布

大小牲畜的预测采用与人口预测同样的方法。大小牲畜的空间分布模型构建与人口模型构建类似。

大小牲畜的预测结果分别如图 9-23 和图 9-24 所示。

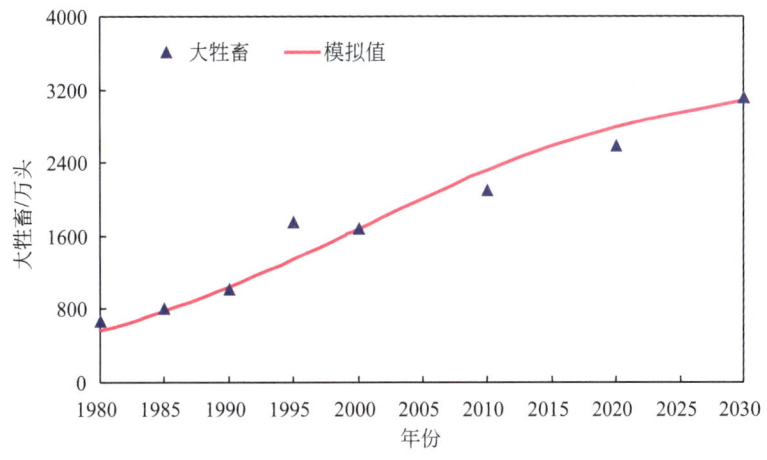

图 9-23　海河流域大牲畜模拟与预测

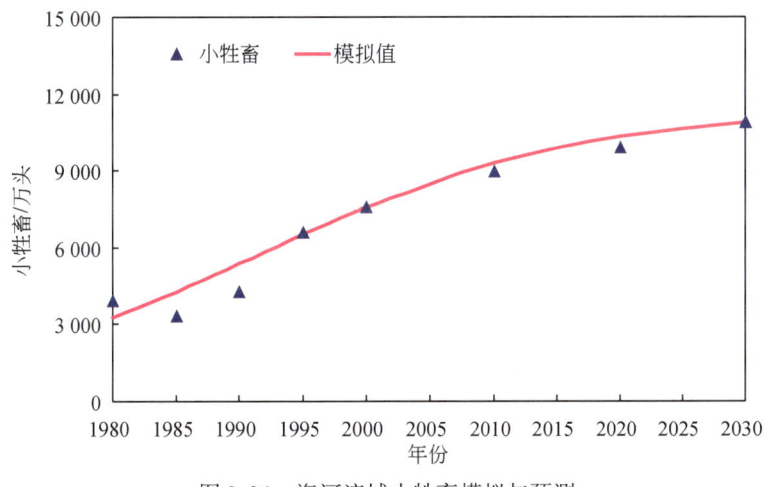

图 9-24　海河流域小牲畜模拟与预测

9.6　用水信息时空展布

社会经济用水一般分为农业用水、工业用水和生活用水，本研究分别对这三类用水都进行了时空展布。其中，农业用水的空间分布主要依据灌溉面积空间分布，结合分区农业种植结构情况进行展布,时间上则依据不同农作物生长的需水过程进行分配;工业用水的空间展布主要根据"全国水资源综合规划"提供的工业用水数据,按照 GDP 的空间分布进行空间展布,时间上则基本按照年内均化处理;生活用水分为城镇生活用水和农村生活用水,主要依据城镇人口和农村人口分布情况进行展布,时间上适当考虑夏季和冬季用水差异。本研究未考虑计算单元内工业用水定额和生活用水定额的差异。

9.6.1 生活用水的时空展布

生活用水分为城镇生活用水和农村生活用水,其空间分布与人口密度直接相关。在人口空间化数据基础上,结合计算单元的生活用水统计数据,就可以获取区域城镇生活用水和农村生活用水的空间分布。

$$Wcs_{cell} = Wcs_0 \times Pcs_{cell}/Pcs \tag{9-19}$$

$$Wnc_{cell} = Wnc_0 \times Pnc_{cell}/Pnc \tag{9-20}$$

式中,Wcs_{cell}、Wnc_{cell} 分别为某栅格的城市、农村生活用水量;Wcs_0、Wnc_0 分别为此栅格所在计算单元总的城市、农村生活用水量;Pcs_{cell}、Pnc_{cell} 分别为此栅格的城市、农村人口;Pcs、Pnc 分别为此栅格所在计算单元总的城市、农村人口。生活用水的年内分配上,通过对研究区域自然环境、生活习惯的典型分析,同时参考相关研究成果,拟定研究区域年内春夏秋冬四个季节的用水比例,作为生活用水年内分配的基本依据。

9.6.2 工业用水的时空展布

工业用水展布主要依据工业 GDP 的空间分布,假定在同一个计算单元内其工业用水定额是相同的:

$$W_{cell} = W_0 \times GDP_{cell}/GDP \tag{9-21}$$

式中,W_{cell} 为某栅格的工业用水量;W_0 为此栅格所在计算单元总的工业用水量;GDP_{cell} 为此栅格的工业 GDP 值;GDP 为此栅格所在计算单元的总的 GDP 值。

工业用水的年内分布按照年内均化处理。

9.6.3 农业用水的时空展布

本研究中的农业用水综合为五类,即水田灌溉用水、旱田灌溉用水、林果地灌溉用水、草场灌溉用水和鱼塘补水。计算步骤主要分三步:首先推求出各类灌溉农作物、灌溉林草地等的空间分布状况,其次计算出理论的灌溉需水量时空分布,最后利用用水统计资料对计算的灌溉需水进行修正。

(1) 灌溉等补水区的空间定位

这里推求灌溉农作物的空间分布指的是要求出每个栅格范围内各类灌溉农作物的面积。农作物包括水稻和有代表性的灌溉旱作物。另外,灌溉林草地及补水鱼塘的空间分布的含义也类似。主要依据各类灌溉面积、农作物种植结构及土地利用数据等资料来推求灌溉农作物、灌溉林草地等的空间分布。

灌溉旱作物选取了有代表性的 8 类：冬小麦、春小麦、春玉米、夏玉米、棉花、蔬菜、杂粮和其他经济作物。先求出旱田灌溉面积的空间分布，然后结合各分区的种植结构得出各类灌溉旱作物的空间分布。

(2) 灌溉需水量的计算

在得出上述灌溉农作物及灌溉林草地等的空间分布后，还需要利用气象资料和统计参数等来推算各配水区具体的灌溉量，本研究则以各配水区的需水量作为实际灌溉量的依据。本研究对水田灌溉、旱作物灌溉、林果地灌溉、草地灌溉及鱼塘补水五大类需水量分别进行计算，计算的思路是先求出理论的各栅格内各类作物的灌溉需水量过程，然后再结合灌溉农作物及灌溉林草地等的空间分布来得出各类灌溉需水量的时空分布。

1) 作物灌溉需水量。计算思路是：通过计算参照作物需水量来计算实际作物需水量，再用水量平衡分析法计算净灌溉需水量，最后在考虑蒸发渗漏损失后得到毛灌溉需水量。

参照作物需水量的计算选用 Penman-Monteith 方法，其表达式如下：

$$\mathrm{ET}_0 = \frac{0.408\Delta(R_n - G) + \gamma \dfrac{900}{T+273} U_2(e_s - e_a)}{\Delta + \gamma(1 + 0.34 U_2)} \tag{9-22}$$

式中，ET_0 为参照作物需水量（mm/d）；R_n 为作物表面净辐射 [MJ/(m²·d)]；G 为土壤热通量 [MJ/(m²·d)]；T 为 2m 高处的日平均气温（℃）；U_2 为 2m 高处 24h 平均风速（m/s）；e_s 为饱和水汽压（kPa）；e_a 为实际水汽压（kPa）；Δ 为饱和水汽压曲线斜率（kPa/℃）；γ 为干湿表常数（kPa/℃）。

求出参照作物的需水量 ET_0 后，再采用作物系数 K_c 对 ET_0 进行修正，得到某种具体作物的需水量 ET_c，可用下式表达：

$$\mathrm{ET}_c = K_c \times \mathrm{ET}_0 \tag{9-23}$$

K_c 值随作物的种类、作物的生育阶段以及作物生长的地域而不同。

作物净灌溉需水量是指为了满足作物的正常生长发育要求，在天然条件下需要通过灌溉补充的作物亏缺水量，以及为了改善作物生长环境条件所需增加的灌溉水量之和。净灌溉需水量 W_n 依据水量平衡原理进行计算，其水量平衡表达式为

$$W_n = f(\mathrm{ET}_c, \mathrm{Pe}, \mathrm{Ge}, W_\triangle) \tag{9-24}$$

式中，ET_c 为作物的需水量；Pe 为有效降水量；Ge 为作物对地下水的利用量；$W_\triangle$ 为同期土壤水变化量。

净灌溉需水量再加上灌溉损失量，则得到毛灌溉需水量，即为了灌溉土地作物而从水源取用的水量。灌溉损失量包括渠道渗漏损失和蒸发损失等。毛灌溉需水量 W 的计算式为

$$W = W_n / \eta \tag{9-25}$$

式中，W_n 为净灌溉需水量；η 为灌溉水利用系数。

2) 各类灌溉需水量。由上述步骤可得到理论上的各栅格内各类作物的灌溉需水量过程，再结合水稻及各类灌溉旱作物的空间分布，可以得出水田灌溉需水量与旱作物灌溉需

水量的时空分布。

由于假定水田内只种植了水稻一种作物，所以用水稻的灌溉需水量过程结合水稻的空间分布可以得到水田灌溉需水量的时空分布。

前面已提到，本次选取了 8 类有代表性的灌溉旱作物。所以要将各类旱作物的灌溉需水量过程与各类旱作物的空间分布相结合才可以得到旱作物灌溉需水量的时空分布。比如某个栅格某旬的旱作物灌溉需水量 W_{dry} 的计算式可写为

$$W_{dry} = \sum_{i=1}^{m}(A_i \times W_i) \tag{9-26}$$

式中，A_i 为栅格内作物 i 的灌溉面积；W_i 为作物 i 的灌溉需水深；m 为栅格内作物的种类数。

林果地与草地灌溉需水量的时空分布采用与上面类似的方法推算。鱼塘补水量的计算方法不同，是依据水面蒸发量、水体渗漏量及降水量等来进行推算的。

通过以上计算，得到了水田灌溉、旱作物灌溉、林果地灌溉、草地灌溉及鱼塘补水 5 类需水量的时空分布，即每个栅格内 5 类灌溉需水量的逐旬过程。

（3）对理论灌溉需水的修正

以上推算理论灌溉需水时有一个前提就是充分灌溉条件，但实际上在缺水地区或时期，由于可供水量的限制，并不能充分满足作物的需水量要求，从而只能进行非充分灌溉，所以理论灌溉需水量有可能大于实际灌溉用水量。推算理论灌溉需水时还假定灌溉过程是合理的，但实际上由于技术或管理等原因，灌溉中可能有浪费现象，使实际灌溉用水量大于理论需水量。另外，由于计算方法与资料准确性等原因，理论灌溉需水量与实际灌溉用水量不一致。所以要利用灌溉用水统计资料对推算出的灌溉需水时空分布进行修正。本研究主要是利用了各分区各类灌溉的年用水量统计值。

1）逐年系列的年用水量。由于只有部分有代表性的年份具有灌溉用水的统计值，所以要设法推算出比较合理的逐年系列灌溉年用水量。实际灌溉用水量与理论灌溉需水量及可供灌溉的水资源量这两个因素有密切的关系，本计算就是先利用已有数据拟合实际灌溉年用水量与理论灌溉年需水量及年径流量的函数关系，然后利用此函数关系来推算逐年的灌溉年用水量。在推算时，对不同计算单元的 5 类灌溉用水量分别进行推算。

首先要计算出理论灌溉年需水量。由于前面已经得出了各类灌溉需水量的时空分布，所以只要将前面的结果在空间和时间上进行累加即可。比如某个计算单元的某类灌溉年需水量的计算式可以写为

$$WD_{region} = \sum_{i=1}^{n}\sum_{j=1}^{m}WD_{grid}(i,j) \tag{9-27}$$

式中，WD_{region} 为某分区某一类灌溉年需水量；$WD_{grid}(i,j)$ 为分区内某栅格 i 第 j 旬的灌溉需水量；n 为分区内的栅格数；m 为一年的旬数。

把计算出的理论灌溉年需水量作为一个自变量，把已知计算分区年径流量作为另一个自变量，把实际灌溉年用水量作为因变量，建立二元线性回归数学模型：

$$WU = \beta_0 + \beta_1 \times WD + \beta_2 \times R \tag{9-28}$$

式中，WU 为实际灌溉年用水量；WD 为理论灌溉年需水量；R 为年径流量；β_0、β_1 和 β_2

为待估参数。

利用具有灌溉用水统计值的年份的资料进行回归分析，得到在绝大多数情况下实际灌溉年用水量与理论灌溉年需水量及年径流量的线性关系比较密切。

在回归分析中同时求出了待估参数 β_0、β_1 和 β_2。由于已经有了逐年系列的理论灌溉年需水量和年径流量，所以代入上式后可求得逐年系列灌溉用水量。

2）对理论灌溉需水量的修正。对各个年份各个计算分区的 5 类农业需水分别进行修正。定义某计算分区某类灌溉需水在某一年的修正系数 δ 为

$$\delta = \frac{\text{WU}}{\text{WD}} \quad (9\text{-}29)$$

则这一年中对该计算分区内此类灌溉需水的修正可表达为下式：

$$\text{WD}_{\text{grid}}^{m}(i, j) = \delta \times \text{WD}_{\text{grid}}(i, j) \quad (9\text{-}30)$$

式中，$\text{WD}_{\text{grid}}^{m}(i,j)$ 为修正后的分区内某栅格 i 第 j 旬的灌溉需水量；$\text{WD}_{\text{grid}}(i,j)$ 为修正前的分区内某栅格 i 第 j 旬的灌溉需水量；δ 为修正系数。

通过上述方法，可以得到各类农业用水的时空分布，即每个栅格范围内多年系列的逐旬各类农业用水。

9.6.4 用水数据展布结果示例

限于篇幅，此处仅列出了 2005 年各项用水数据时空展布成果，如图 9-25 所示。

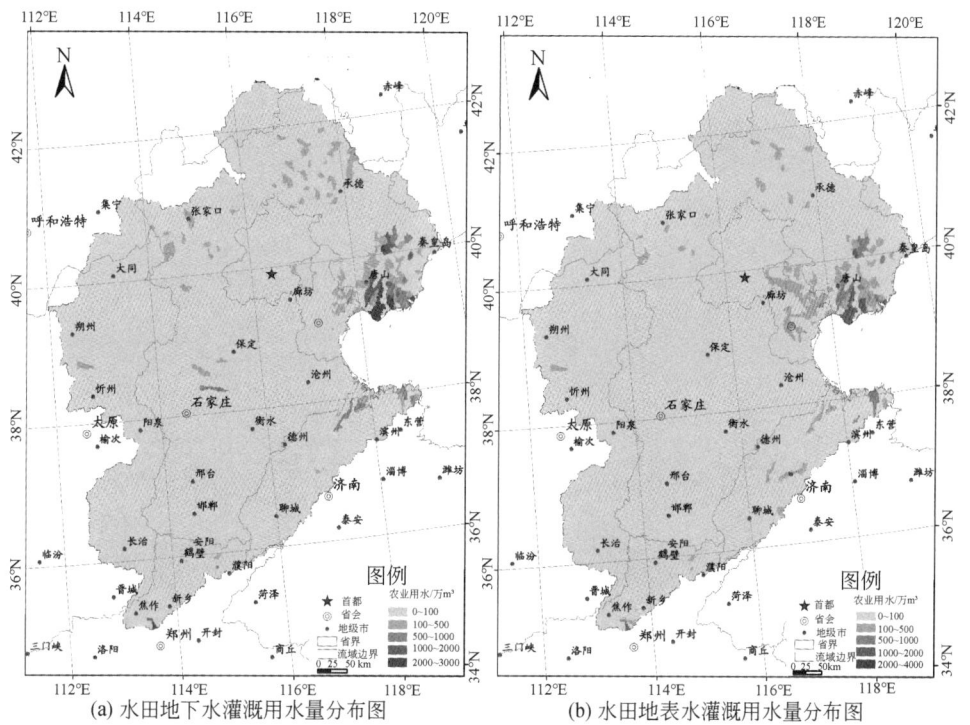

(a) 水田地下水灌溉用水量分布图　　(b) 水田地表水灌溉用水量分布图

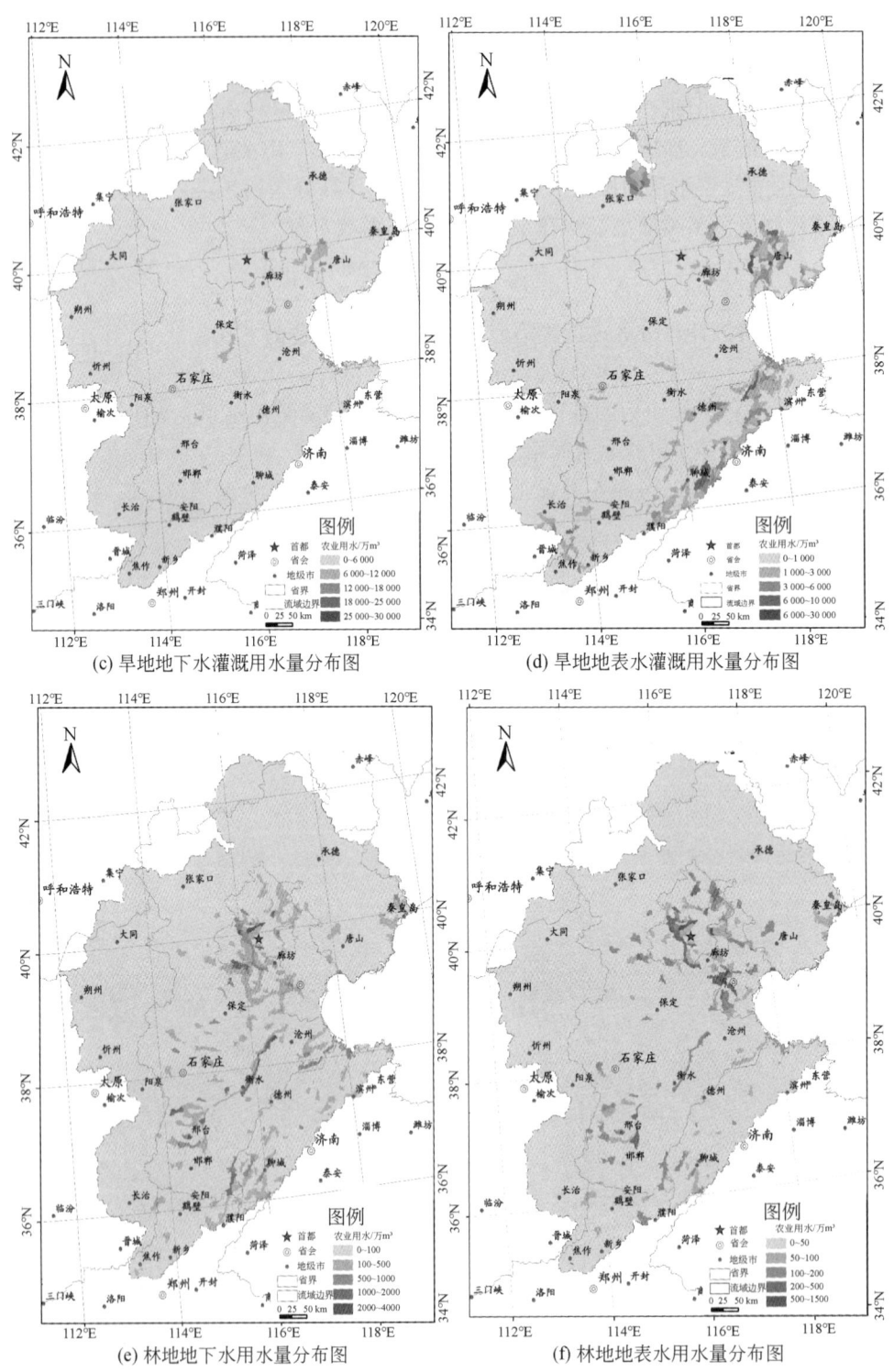

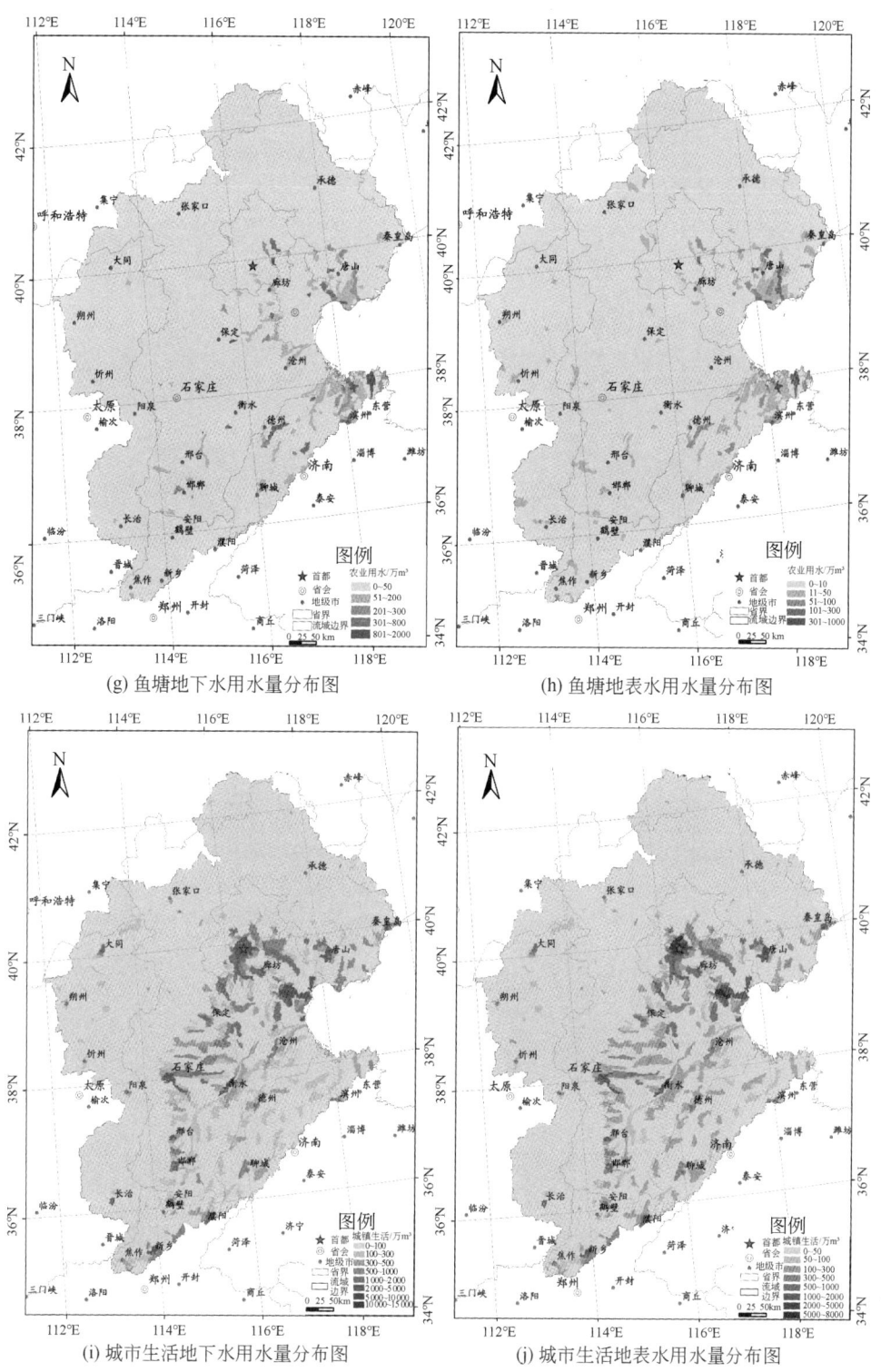

(g) 鱼塘地下水用水量分布图　　(h) 鱼塘地表水用水量分布图

(i) 城市生活地下水用水量分布图　　(j) 城市生活地表水用水量分布图

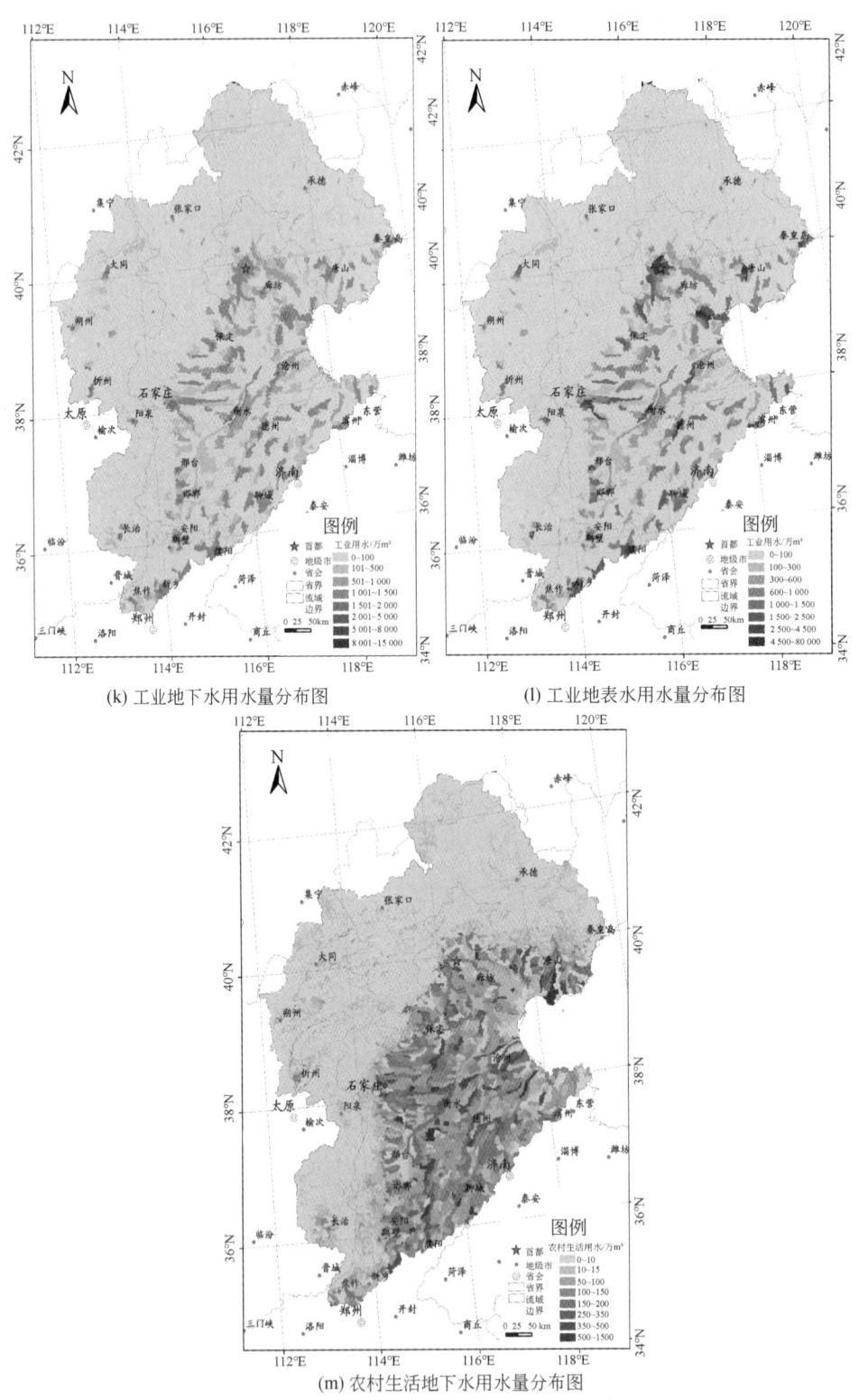

图 9-25 海河流域 2005 年用水时空展布

9.7 水污染信息时空展布

点源、面源（非点源）污染物产生量等水污染信息，是河湖水体水质模拟的基础。本研究考虑的污染物及水质的主要指标包括 COD、NH_3-N、TN、TP 等。

和用水信息一样，点源污染物信息的空间分布与人口、工业 GDP 等社会经济信息密切相关；而面源污染物信息的空间分布则与城镇、农田、农村人口、畜禽养殖、水土流失以及地表径流有关。水污染信息的时间依污染源历史调查和水体水质监测而变化，并建立基于人口和经济信息的统计模型对未来进行预测。以下给出本研究的分析结果示例。

(1) 污染源时间变化

点源包括工业污染源和城市生活污染源两类。2000 年以前，工业污染物的产生量呈逐年上升趋势；2000 年以后，由于国家水污染治理力度的加大，工业污染排放相对稳定。而城镇生活污染源由于人口的不断增长和生活水平的提高，污染物排放量逐年增加。

面源污染包括城镇地表径流、农药化肥、水土流失、农村生活和畜禽养殖等产生的污染。其中，城镇地表径流和水土流失产生的污染物由于逐年来水条件不同而存在上下波动。由于农田灌溉施肥面积及单位面积施肥定额逐年变化不大，农药化肥施用产生的污染物基本稳定。由于农村人口的逐年增加，农村生活及固体废弃物产生的污染略有增加。海河流域畜禽养殖数量多，所以畜禽养殖产生的污染物比例相当大，并且由于分散式畜禽养殖数量快速增加，所产生的污染物逐年增加明显。

以 COD 为例，海河流域点、面源污染物产生量近年变化情况如图 9-26、图 9-27 所示。

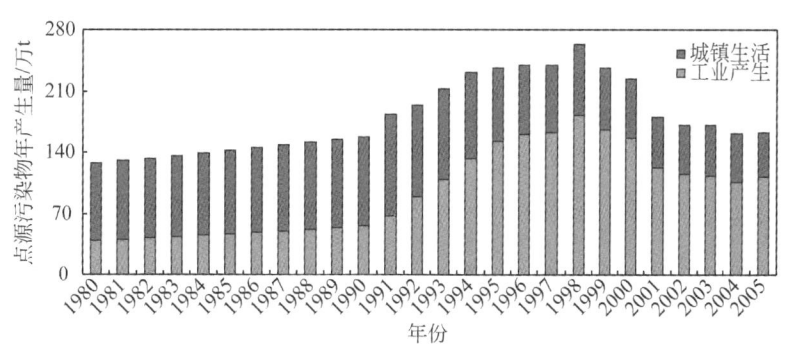

图 9-26 海河流域点源污染物（COD）年产生量变化

(2) 污染源空间分布

这里以面源为例，给出污染源空间展布结果示例。各类面源污染物 2000 年产生量空间分布情况如图 9-28、图 9-29 所示。

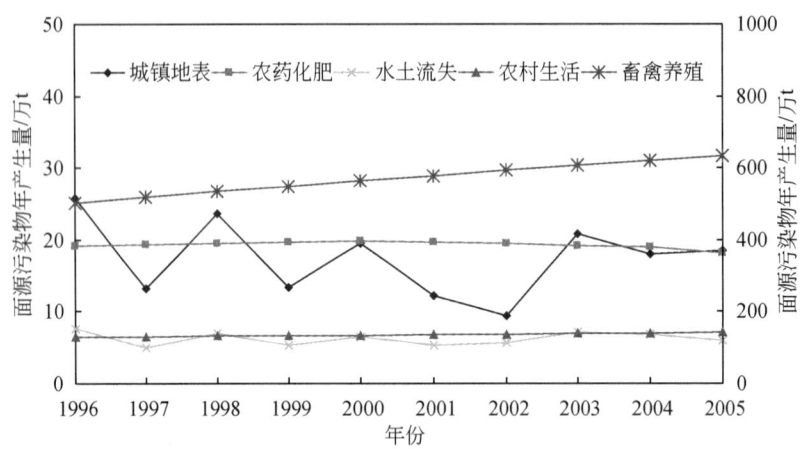

图 9-27 海河流域面源污染物（COD）年产生量变化

注：农村生活和畜禽养殖污染物产生量用次坐标轴体现，其他三个为主坐标轴。

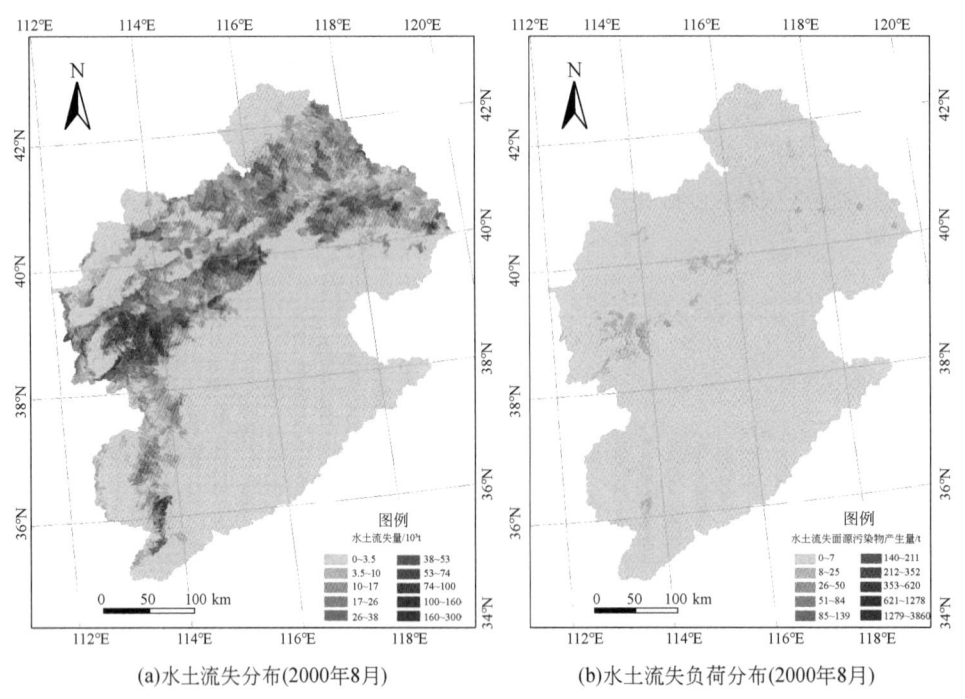

(a)水土流失分布(2000年8月)　　(b)水土流失负荷分布(2000年8月)

图 9-28 海河流域水土流失及其污染负荷分布图

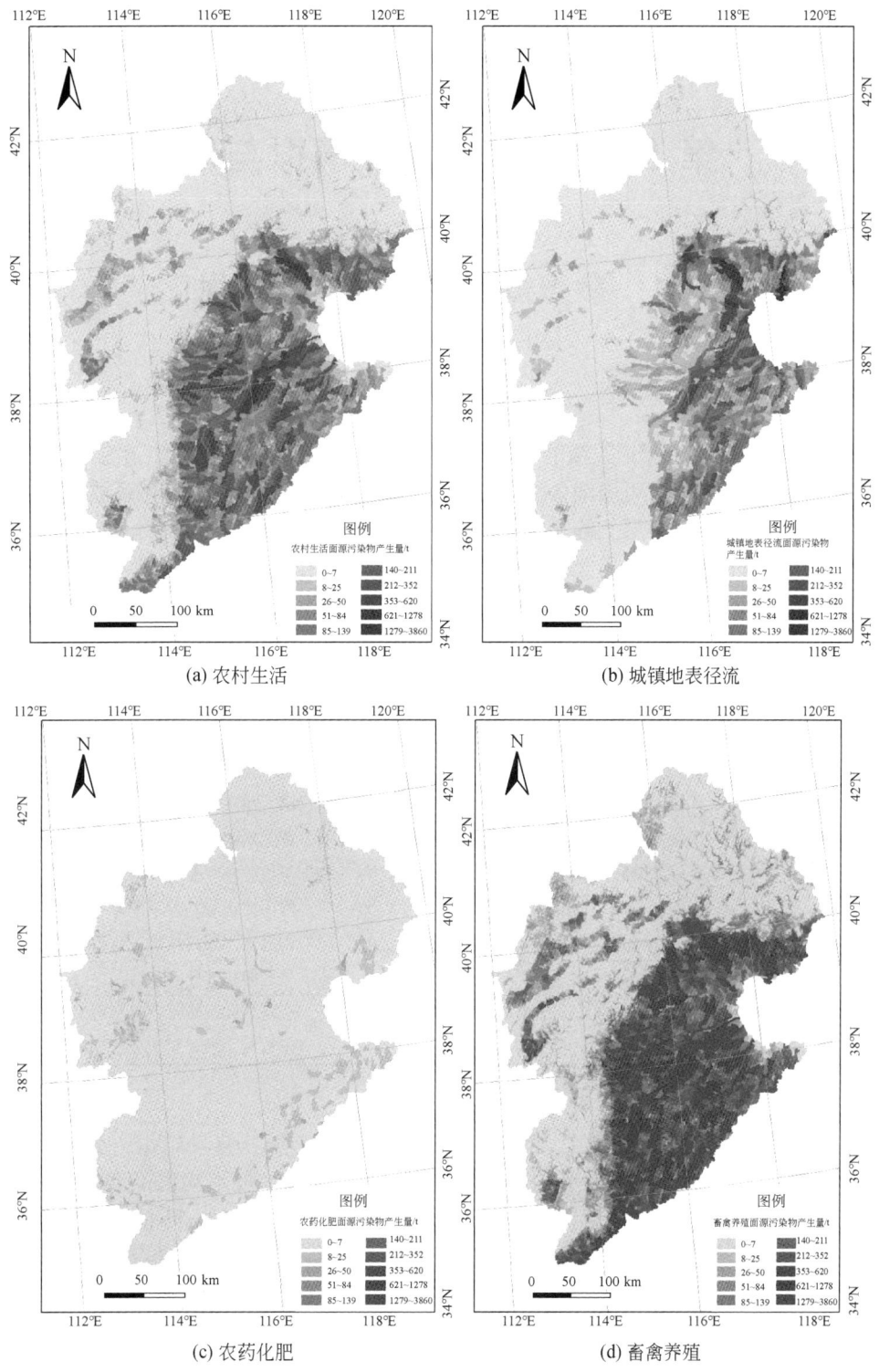

图 9-29 2000 年 8 月非点源污染 COD 产生量空间分布

第 10 章　水循环模拟与验证

10.1　参数敏感性分析与参数优化

10.1.1　模型优化参数

WEP-L 模型的参数按照产汇流的过程可以分为产流参数、蒸发参数、汇流参数三大类，见表 10-1。其中，产流参数又可以细分为地表过程参数（地表洼地储留深修正系数），土壤水运移过程参数（第一、二、三层土壤厚度，土壤导水率修正系数），地下水出流过程参数（河床底板材料导水率修正系数，山区含水层厚度修正系数）；气孔阻抗修正系数为蒸发参数；汇流参数包括子流域间河道汇流曼宁糙率修正系数和子流域内坡面汇流曼宁糙率修正系数。

表 10-1　WEP-L 模型参数介绍

序号	参数分类	名称	下限	上限	参数说明
1	产流参数	HSSFCoef	0.1	3.0	最大洼地储留深修正系数
2		SoilDE1	0.1	1.0	第一层土壤厚度（m）
3		SoilDE2	0.2	2.0	第二层土壤厚度（m）
4		SoilDE3	0.4	3.0	第三层土壤厚度（m）
5		AKCoef*	−1.0	1.0	土壤导水率修正系数
6		RCDTCoef*	−1.0	1.0	河床底板材料导水率修正系数
7		ATHKCoef*	−1.0	1.0	山区含水层厚度修正系数
8	蒸发参数	RCMICoef*	−1.0	1.0	气孔阻抗修正系数
9	汇流参数	RivMNCoef*	−2.0	0.0	子流域间河道汇流曼宁糙率修正系数
10		SubMNCoef*	−2.0	0.0	子流域内坡面汇流曼宁糙率修正系数

* 该参数的修正系数都采用对数形式，即 $\text{Log}(X)$。

WEP-L 模型根据下垫面特性（土地利用类型、土壤类型）自动给出一套默认的模型参数。如坡面曼宁系数是根据单元内的各种土地利用类型的加权平均值推算的，而每种土地利用类型都对应一种洼地储留深等。但是这些参数对不同的流域、不同的气候条件都会有一定的差异，需要根据不同的情况对参数进行适当的调整。

WEP-L 模型和其他分布式水文模型一样，大多数参数是分布式的，其中表 10-1 中所有带有"修正系数"或者"Coef"的参数都是分布式参数，这些参数在每个计算单元都不一样。为了方便程序设计及手工调参，简化了原有的参数设置方式，引入"修正系数"的概念。其中模型计算最终参数＝修正系数×模型默认参数。例如：对某些计算单元的土壤导水率修正系数（AKCoef）进行调整，是把各个计算单元的模型默认参数都分别乘以修正系数 AKCoef，即对所有计算单元的默认参数进行整体调整而不改变各个计算单元间该参数的相对关系。另外，对于第一、二、三层土壤厚度（SoilDE1，SoilDE2，SoilDE3）参数，则直接对参数值本身进行调试。另外，除前面 4 个参数以外，其余参数的变化范围比较大，上下限差都在两个数量级以上，所以采用对数形式的修正系数。修正系数小于 0 表示减小模型中默认参数，修正系数大于 0 表示增大模型中的默认参数。

10.1.2　LH-OAT 全局参数敏感性分析方法在宽城以上流域的应用

目前，分布式水文模型常用的参数灵敏度分析方法可分为局部参数敏感性分析方法和全局参数敏感性分析方法两种。全局参数敏感性分析方法又可细分为基于参数随机概率分布与基于参数全局抽样两种。LH-OAT 算法（van Griensven et al.，2006）是一种全局参数敏感性分析方法，其优点是结合了 LH（Latin-Hypercube）抽样算法的强壮性和 OAT（One-factor-At-a-Time）算法的精确性。因此，本研究中采用 LH-OAT 方法进行模型参数的敏感性分析。

为了说明 LH-OAT 全局参数敏感性分析方法的使用情况，以海河流域典型水文站宽城为例。在进行 LH-OAT 参数敏感性分析时，选用 1973～1980 年月径流过程为分析对象。其中，图 10-1 中给出了对 WEP-L 中 10 个参数进行 LH 抽样的结果，该抽样总共把整个参数空间划分为 10 层，因此抽样共得到 10 个参数集。图 10-2 中为第一次 LH 抽样的 OAT 参数结果。完成 LH 抽样，分别对每组参数集在各种参数空间进行 OAT 抽样，由于每次 OAT

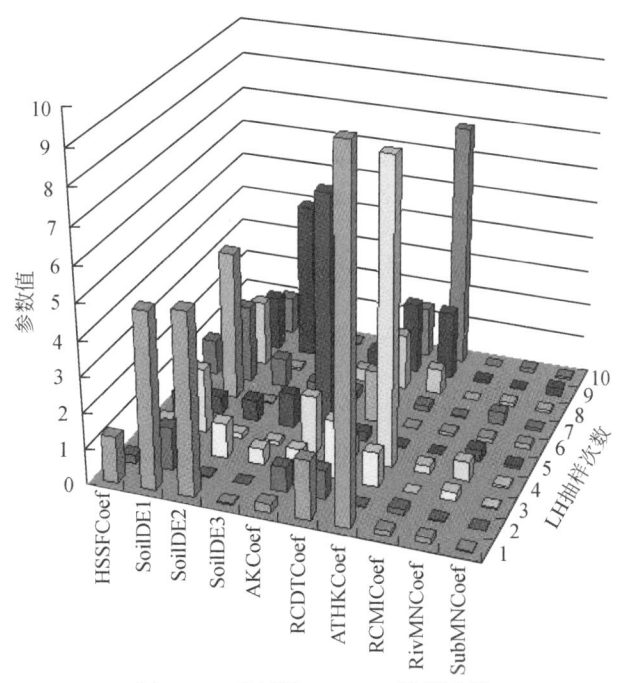

图 10-1　宽城站 LH-OAT 抽样结果

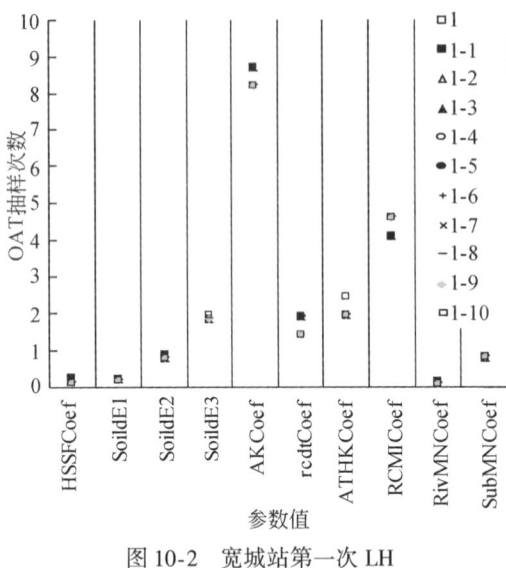

图 10-2 宽城站第一次 LH 抽样的 OAT 抽样结果

抽样只改变一个参数的值,而每组参数由 10 个参数组成,所以要完成对该组 LH 参数集进行全部 OAT 抽样,需要进行 10 次抽样。因此,LH-OAT 抽样次数为 10×(1+10) = 110。

对宽城站月径流平均流量（Qavg）和模拟流量与实测流量的残差平方和（SSQ）两个指标进行敏感性分析,结果如表 10-2 所示。其中给出了 Qavg 和 SSQ 两种方式的参数相对敏感度,另外图 10-3 还以折线图的形式形象地展示了该结果。根据相对敏感度（RS_i）的大小,可以把参数的敏感度归为 4 类:极端高度敏感（$RS_i \geq 1.0$）,高度敏感（$1.0 > RS_i \geq 0.20$）,中度敏感（$0.20 > RS_i \geq 0.05$）,低度敏感、几乎可以忽略不计（$0.05 > RS_i$）。按照各个参数的相对敏感度进行排序,得到敏感性排序结果,见图 10-4。从参数敏感性分析结果中可以看出,宽城站 ATHKCoef、AKCoef、rcdt、W3DE1 和 W3DE2 都是极端高度敏感或者高度敏感参数。这几个参数都属于产流参数和蒸发参数,这些参数通常对模拟的总水量（Qavg）影响很大,但是由于 SSQ 目标也是以月为时间尺度来进行分析的,因此尽管 SSQ 目标一定程度上反映了实测与模拟过程的拟合程度,但是对月过程来说水量的误差对过程影响也很大。所以对月过程模拟来说,起作用的应该是径流量大小的产流参数而不是影响过程形状、汇流时间等一些其他参数。

表 10-2 宽城站参数敏感性分析结果

SSQ 为目标				Qavg 为目标			
参数名	敏感度排序	相对敏感度	敏感度区间	参数名	敏感度排序	相对敏感度	敏感度区间
ATHKCoef	1	3.27	极端高敏感度	AKCoef	1	0.86	高敏感度
W3DE1	2	2.09	极端高敏感度	ATHKCoef	2	0.53	高敏感度
AKCoef	3	1.43	极端高敏感度	W3DE1	3	0.53	高敏感度
W3DE2	4	1.25	极端高敏感度	rcdtCoef	4	0.37	高敏感度
rcdtCoef	5	1.24	极端高敏感度	W3DE2	5	0.30	高敏感度
HSSFCoef	6	0.5	高敏感度	HSSFCoef	6	0.14	中敏感度
RivMNCoef	7	0.201	高敏感度	W3DE3	7	0.04	低敏感度
W3DE3	8	0.195	中度敏感	RivMNCoef	8	0.04	低敏感度
RCMIcoef	9	0.0727	中度敏感	SubMNCoef	9	0.02	低敏感度
SubMNCoef	10	0.0719	中度敏感	RCMIcoef	10	0.02	低敏感度

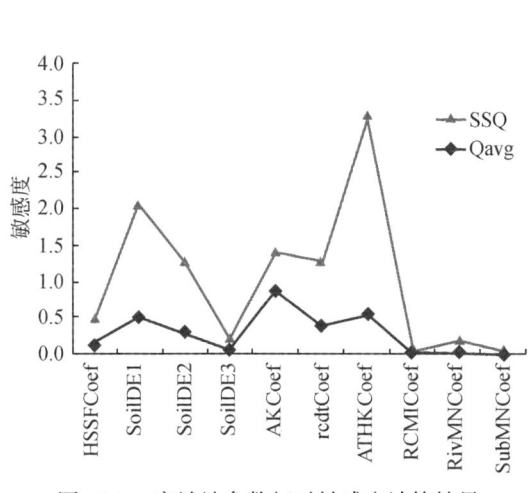

图 10-3 宽城站参数相对敏感度计算结果

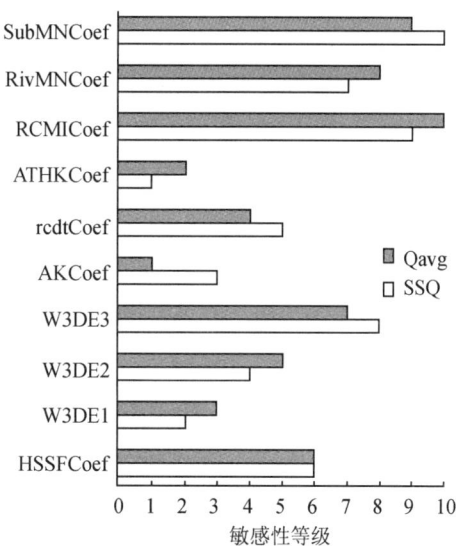

图 10-4 宽城站敏感性等级排序结果

10.1.3 SCE-UA 全局参数优化方法在宽城以上流域的应用

模型参数优化，也称参数识别、参数调试、参数估计或参数率定。SCE-UA 算法（Duan et al.，1992）是目前对于非线性复杂的分布式水文模型采用随机搜索方法寻优最为成功的方法之一，得到了广泛应用。许多研究表明 SCE-UA 算法稳健、有效和高效。

本研究在进行 LH-OAT 参数敏感性分析的基础上，采用 SCE-UA 全局参数优化方法对 WEP-L 模型的 ATHKCoef、AKCoef、rcdt、W3DE1 和 W3DE2 五个敏感参数进行优化，结果见表 10-3。率定期和验证期均采用月时段，率定期采用 1973~1980 年的数据，验证期采用 1981~1985 年的数据。

表 10-3 宽城站率定前后模拟效果评价结果

项目		误差/%	Nash 效率系数	相关系数
率定期	率定前	0.40	0.63	0.92
	率定后	0.44	0.93	0.96
验证期	验证	0.28	0.79	0.93

注：Nash 效率系数 $\eta = 1 - \sum(Q_{模拟} - Q_{实测})^2 / \sum(Q_{模拟} - \overline{Q}_{实测})^2$，其中，$Q_{模拟}$、$Q_{实测}$、$\overline{Q}_{实测}$ 分别为模拟流量、实测流量以及实测流量的均值。

水文模拟的最终目标为控制站模拟与实测流量过程线应相吻合。参数优化是一个反复调整参数以使这种吻合程度越大越好的过程。因此，参数优化的目标函数选用敏感性分析中采用的模型残差 SSQ，即水文站模拟与实测径流量的残差平方和。得到的目标函数值越小，参数越优。海河流域中各水文站参数优化时，按以下两个准则来判断参数是否达到最

优,来约束模型的迭代次数:

1) 目标函数在连续 5 次迭代后仍无法提高 0.01% 的精度,认为此时参数的取值对应的目标函数值(到了可行域的平坦面,迭代停止)。

2) 连续 5 次迭代后仍无法显著改变目标函数值,并且模拟结果没有明显的提高,则认为目标函数达到最优,迭代停止。

如表 10-3 和图 10-5 所示,经过 SCE-UA 参数优化后,模拟的 Nash 效率系数、相关系数等都大大提高,水量误差变化不大。

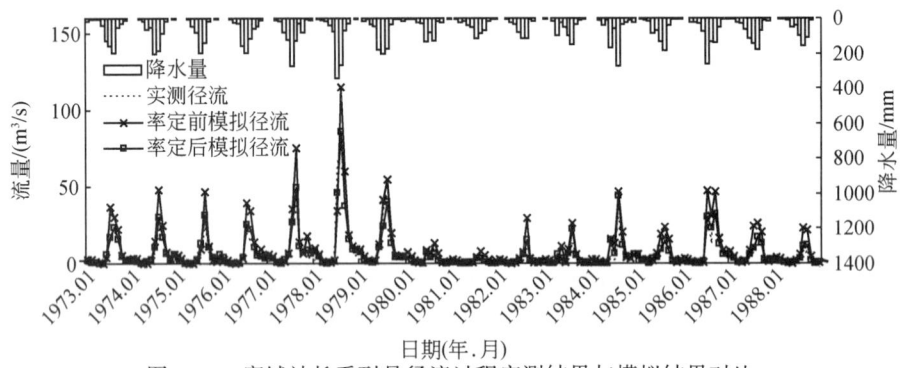

图 10-5 宽城站长系列月径流过程实测结果与模拟结果对比

图 10-5 给出了宽城站的长系列模拟结果,作为参照,图中显示率定前后不同的模拟结果,可以看出率定前的洪水过程普遍偏高,经过优化后,模拟径流和实测径流拟合得就比较满意。

10.2 河道径流模拟验证

10.2.1 采用参数优化法对河道径流模拟结果的验证

采用上面的 LH-OAT 敏感性分析方法、SCE-UA 方法,对海河流域 9 个重要水文站(表 10-4)进行了参数敏感性分析,并对敏感参数进行了参数自动优化,结果见表 10-5。整体来看,这 9 个站的模拟效果都比较满意,除个别站的 Nash 效率系数没达到 0.8 以外,大部分在 0.8 以上,甚至达到 0.9 以上。各站的降水、模拟径流、实测径流长系列过程详见图 10-6~图 10-14。

表 10-4 海河流域主要水文站基本信息表

名称	所在河流	经度/°	纬度/°	控制面积/km²
滦县	滦河	118.75	39.73	44 100
宽城	滦河	118.50	40.62	1 661
桃林口(河道二)	滦河	119.05	40.13	5 250
戴营	潮白河	117.10	40.75	4 266

续表

名称	所在河流	经度/°	纬度/°	控制面积/km²
水平口（河道二）	蓟运河	117.85	40.10	799
南庄	子牙河	113.23	38.47	11 936
三道河子	滦河	117.70	40.97	17 100
张家坟（二）	潮白河	116.78	40.62	8 506
下会	潮白河	117.17	40.62	5 340

表 10-5 模型率定和验证结果

水文站	率定结果 误差/%	率定结果 Nash 效率系数	率定结果 相关系数	验证结果 误差/%	验证结果 Nash 效率系数	验证结果 相关系数
水平口（河道二）	-8.51	0.98	0.99	11.08	0.93	0.97
南庄	-15.45	0.85	0.93	-23.39	0.64	0.91
张家坟（二）	-29.36	0.91	0.98	-19.87	0.89	0.96
下会	13.3	0.91	0.98	4.3	0.86	0.90
戴营	-15.06	0.84	0.93	9.50	0.89	0.95
三道河子	-27.31	0.75	0.92	-12.53	0.70	0.91
宽城	-22.63	0.94	0.99	-9.92	0.89	0.98
桃林口（河道二）	-1.48	0.94	0.97	-0.10	0.82	0.96
滦县	-12.52	0.95	0.98	-3.06	0.96	0.99

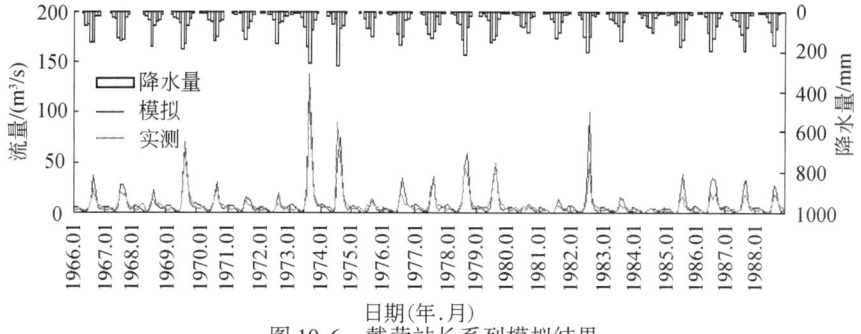

图 10-6 戴营站长系列模拟结果

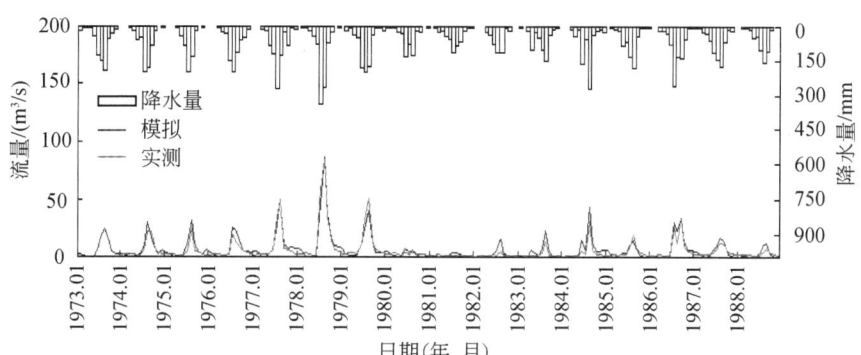

图 10-7 宽城站长系列模拟结果

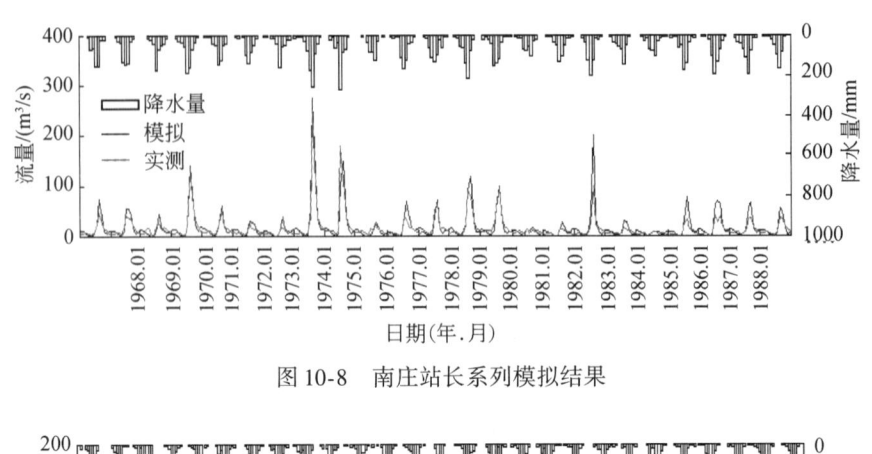

图 10-8　南庄站长系列模拟结果

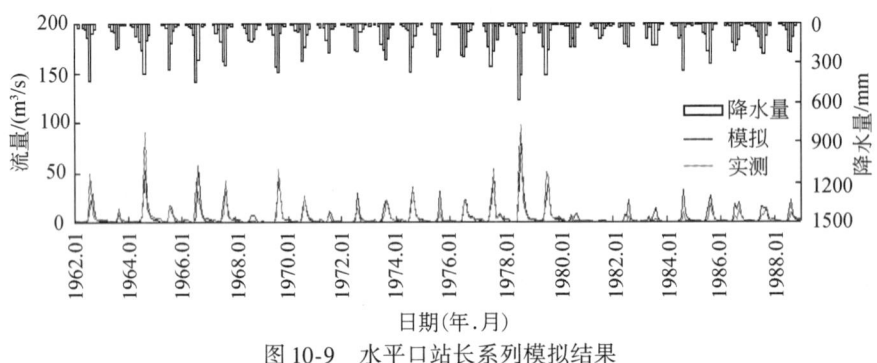

图 10-9　水平口站长系列模拟结果

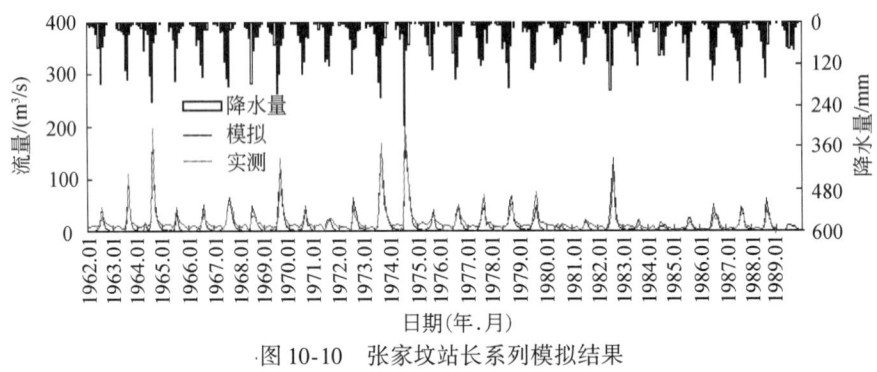

图 10-10　张家坟站长系列模拟结果

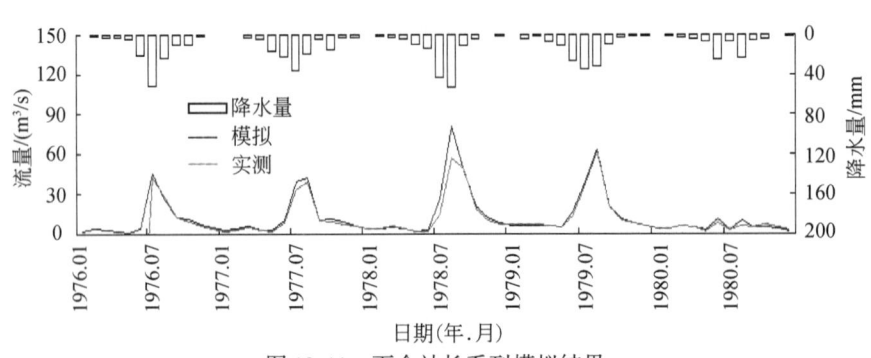

图 10-11　下会站长系列模拟结果

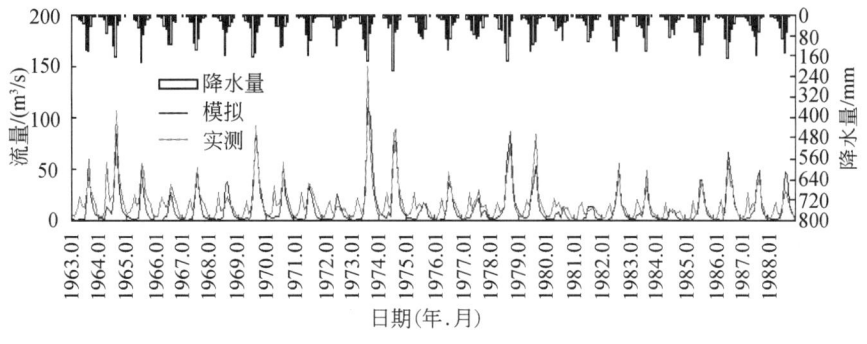

图 10-12　三道河子站长系列模拟结果

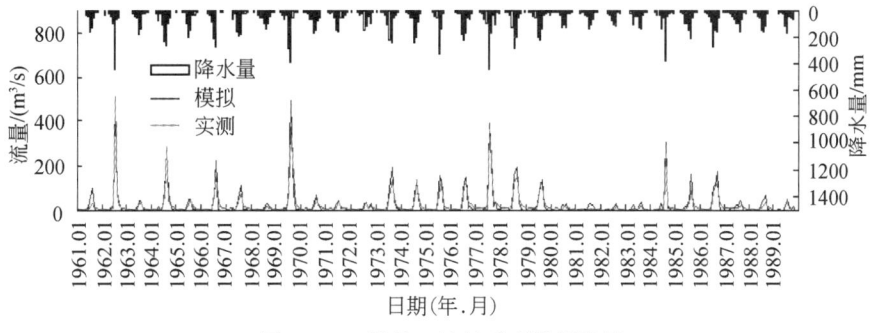

图 10-13　桃林口站长系列模拟结果

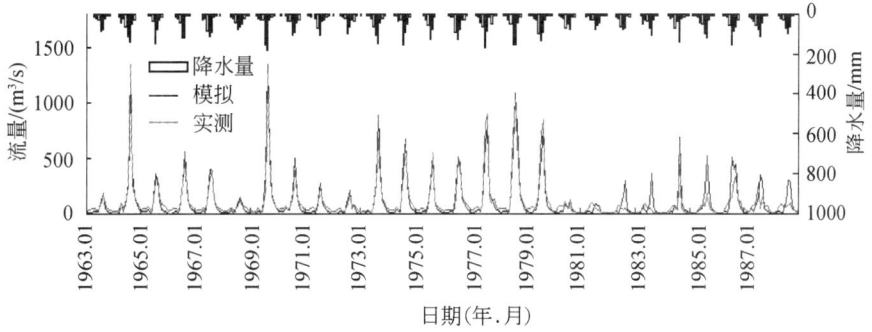

图 10-14　滦县站长系列模拟结果

10.2.2　采用试错法对河道径流模拟结果的验证

本书除了采用参数优化法对河道径流模拟结果进行验证外，还采用试错法进行参数优选和径流模拟验证，并综合考虑两种方法的参数优选结果进行模拟计算，增强模拟结果的客观性和可信度，同时又能提高计算速度。参数优选的原则是：模拟期总水量相对误差尽可能小，Nash 效率系数以及模拟径流与实测径流的相关系数尽可能大。

为进行模型验证,在 1956~2005 年共 50 年历史水文气象系列及相应下垫面条件下进行连续模拟计算。取 1956~1979 年为模型校正期,主要校正的参数为极端高敏感和高敏感的参数(表 10-2),验证期为 1980~2005 年。主要选取韩家营、承德、滦县、戴营、密云水库、观台、黄壁庄等水文站作为验证站,将各水文站模拟计算的径流过程与实测的径流过程进行对比,结果见表 10-6 和图 10-15。可以看出,试错法也取得了较好的验证结果,尽管 Nash 效率不如参数优化法高,但模拟期总水量相对误差较低。

表 10-6　模型验证结果(1980~2005 年)

水文站	总水量相对误差/%	Nash 效率	相关系数
韩家营	0.3	0.70	0.85
承德	-5.8	0.72	0.85
滦县	-1.3	0.60	0.86
戴营	-4.0	0.65	0.81
密云水库	11.8	0.79	0.89
观台	3.6	0.81	0.93
黄壁庄	-5.9	0.68	0.83

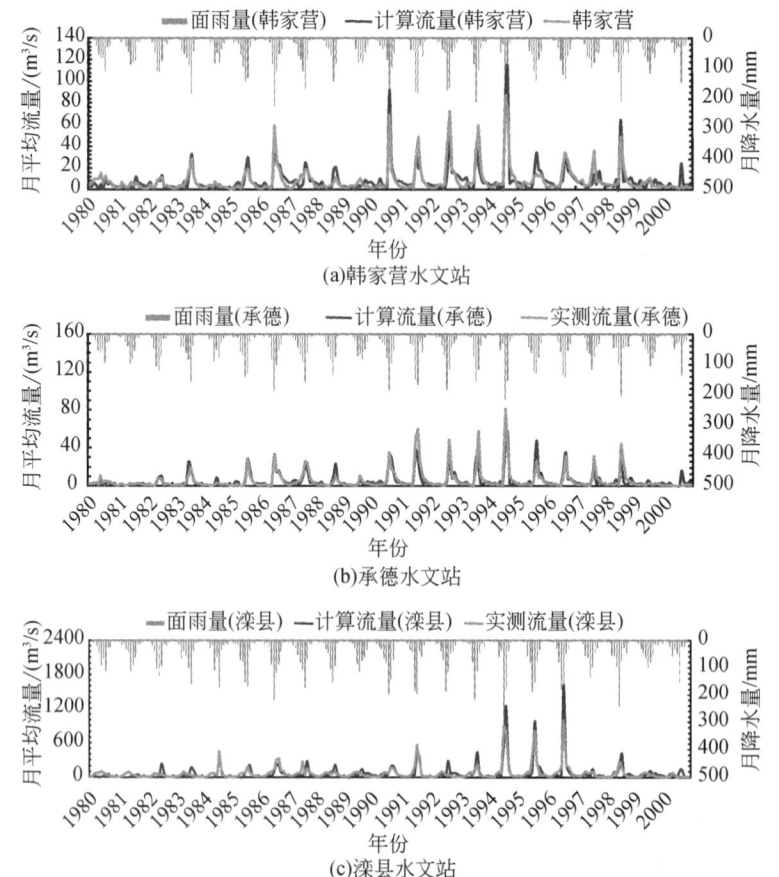

(a)韩家营水文站

(b)承德水文站

(c)滦县水文站

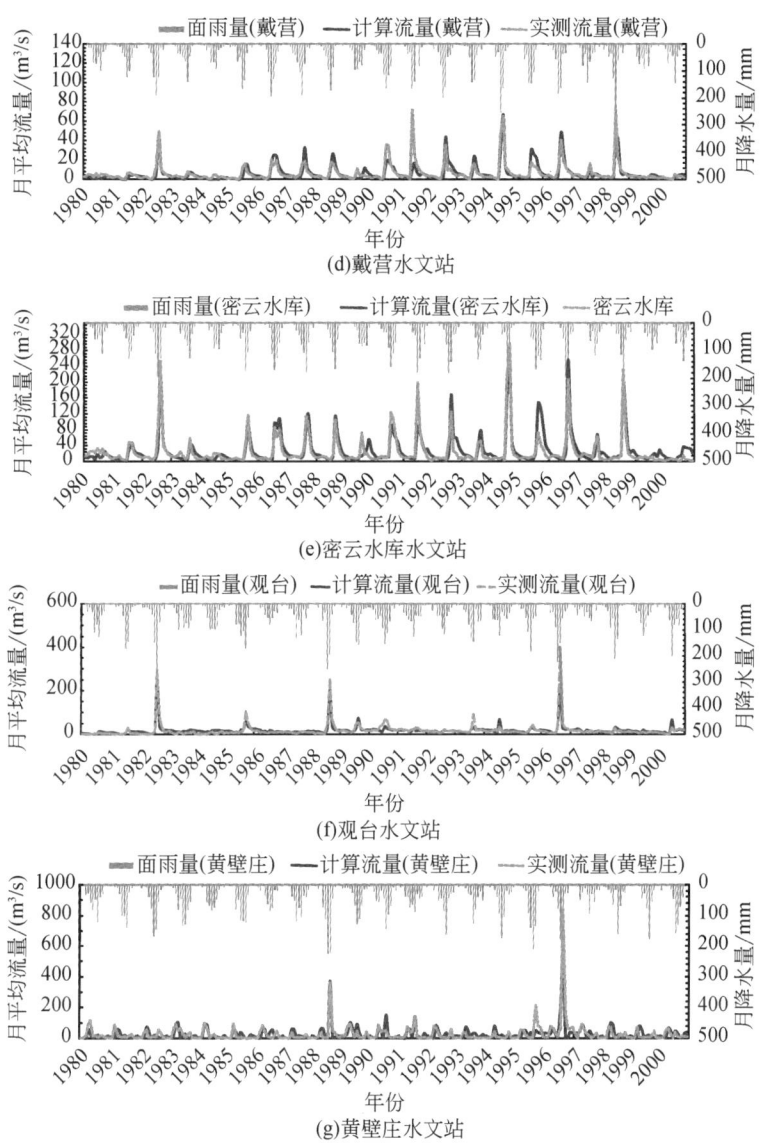

图 10-15　各水文站月径流量过程验证结果

10.3　地下水模拟验证

本研究地下水模型的研究范围如图 10-16 所示,包括北京市、天津市、河北省、河南省和山东省的海河流域华北平原区部分(图中阴影所示),总面积约 12.9 万 km²。平原区地势平坦,自北、西、西北三个方向向渤海湾倾斜,地面坡度由山前的 1‰~2‰ 向东部平原的 0.1‰~0.3‰ 变化。按成因和形态特征可分为山前冲洪积倾斜平原,中、东部冲积平原和滨海冲积、海积平原。

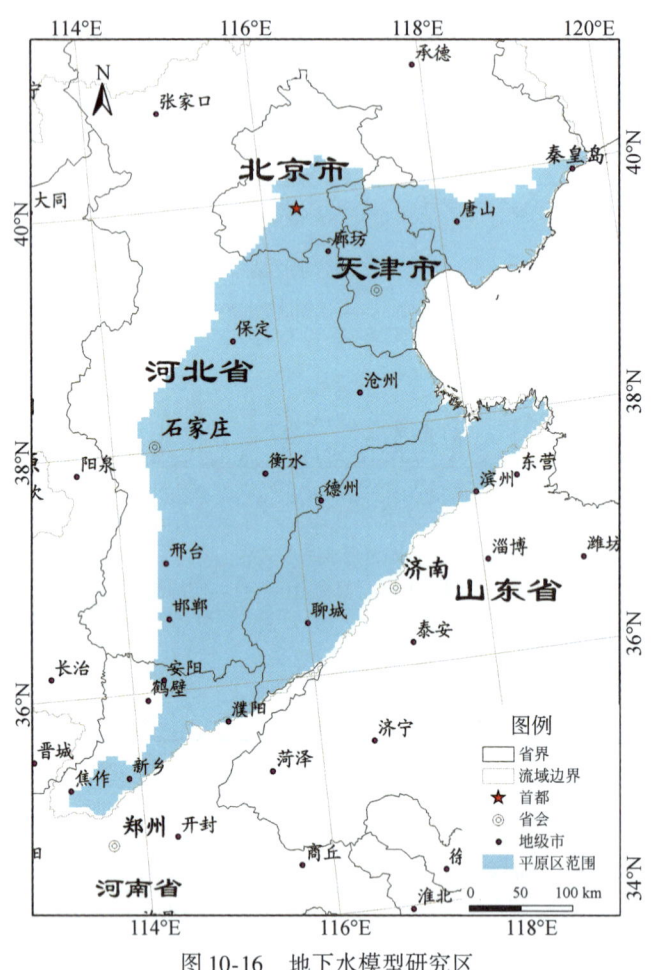

图 10-16 地下水模型研究区

10.3.1 研究区含水层组情况

海河流域第四系地下水是一个有机整体，也是一个巨大的地下水均衡单元。但在埋藏条件和含水介质的控制下，在空间上含水层的水力特征表现出差异性。由于受不同地质历史时期的古气候、古地理沉积环境及新构造运动等因素控制，含水砂层在不同深度的分布形态和发育程度均存在着差异，并导致地下水的富水性、循环交替强度等水文地质特征发生相应的变化。由于海河流域平原区面积巨大，沉积规律复杂，不存在完整的区域上连续的隔水体圈定各个含水层系统，研究时需要对海河流域含水层系统进行适当概化。海河流域水文地质部门根据以往和近期的相关研究成果，在 31 条水文地质剖面的基础上，通过综合分析水文地质剖面和钻孔资料，对海河流域平原区含水层组进行了划分。在平面上，海河流域目前划分为单层结构区和多层结构区，在多层结构区将第四系含水岩系自上而下划分为 4 个含水层组（表 10-7）。

表10-7 海河流域第四系含水层组特征表

分区	组别	层底深度/m	水文地质单元	含水层主要岩性
单层结构区		100~300	山前平原顶部	砾卵石、中粗砂及含砾中粗砂、中细砂
多层结构区	第一含水层组	10~50	山前平原下部	砾卵石、中粗砂及含砾中粗砂、中细砂
			中部平原	中细砂及粉砂细砂、粉细砂
			滨海平原	粉砂为主
	第二含水层组	120~210	山前平原下部	砾卵石、中粗砂、中细砂
			中部平原	中细砂及粉砂
			滨海平原	粉砂为主
	第三含水层组	250~310	山前平原下部	砾卵石、中粗砂
			中部平原	中细砂及粉砂
			滨海平原	粉细砂及粉砂
	第四含水层组	研究深度底界	山前平原下部	砾卵石、中粗砂
			中部平原	中细砂及细砂
			滨海平原	粉细砂及粉砂

资料来源：张兆吉等，2009

单层结构区主要分布于山前平原顶部，岩性颗粒粗，黏性土多以透镜体状分布，上下水力联系好，构成单层水文地质结构。

多层结构区分布于山前平原下部、中部平原、滨海平原区。在研究深度内又将其划分为4个含水层组：第一含水层组底板埋深为10~50m，是地下水积极循环交替层，该层对地下水开发利用意义不大，但对生态环境的研究和保护起到重要作用。第二含水层组底板面埋深一般为120~210m，属于微承压、半承压地下水，地下水循环交替能力较强，是该区农业用水主要地下水开采层；第二含水层组之下为深层承压地下水，循环缓慢，是地下水开发利用应该严格控制层，目前，该层地下水主要用于生活和工业用水，以地下水开发利用现状，该层又分为两层。第三含水层组底板埋深一般为250~310m，是目前深层承压地下水主要开采层。第四含水层组底界至研究深度底界，目前地下水的开采主要集中在滨海平原。

10.3.2 含水层组的发育程度

海河流域平原区第四系是一套砂泥多层交叠的复合地层，含水层岩性、结构、厚度等具有水平变化规律。在山前平原含水层呈扇状结构，扇轴含水层岩性以砾石卵石为主，厚度大；扇间含水层粒度变细，厚度变薄。在中部平原含水层逐渐过渡为湖相沉积穿插河流沉积的舌状结构，含水层岩性以中细砂为主，厚度在靠山前平原方向变薄，向滨海方向又略变厚。向东部、南部的滨海平原含水层又过渡为湖积的岛状结构，含水层岩性以粉细砂为主，厚度又变薄。海河流域平原区第四系是一套几何形态复杂的多种沉积类型交叉叠置的含水岩系。

海河流域平原区第四系粒度总的特点是自上而下由细变粗又变细，构成一个较完整的沉积旋回。在山前平原因受第四纪构造运动影响显著，升降幅度大，常形成明显的多阶不完整沉积旋回，第一与第二含水层组、第三含水层组分别形成两个沉积亚旋回，含水层粒度从细到粗多次交替，其中第三含水层组粒度较粗。在中部平原第四系自上而下由多个粉砂到细砂、中砂、粗砂韵律段构成，仍以第三含水层组较粗。在滨海平原含水层以粉砂、细砂、中砂为主，岩性韵律不明显。

第四系含水层厚度在垂向上与含水层粒度的变化规律一致。在山前平原含水层厚度一般为70~80m，在安阳以南、石家庄东北、保定以东、潮白河永定河冲洪积扇轴部、天津宁河及其以东、滦河冲洪积扇轴部等地可达到150~200m；含水砂层厚度与地层厚度比一般为40%~50%，冲洪积扇轴部可以达到80%~90%，以第三含水层组含水层最发育；但在河北邯邢山前平原，特别是扇间地带，含水层总厚仅为40~60m，含水砂层厚度与地层厚度之比为20%~30%，第三含水层组可达30%以上。中部平原含水层总厚度，古河道发育地带厚，泛滥平原区薄，一般为50~70m，或70~100m，局部100~150m；第一、第二含水层组的含水砂层厚度与地层厚度比一般为25%~30%，第三含水层一般为35%~40%，武陟一带及其以南可达70%，山东大部分地段为20%~30%。在滨海平原含水砂层厚度一般为30~50m，天津北部和冀东地区含水砂层厚度为40~80m；含水砂层厚度与地层厚度比一般低于30%。

10.3.3 地下水位动态特征

海河流域平原区第四系地下水在大量开采以前，第一含水层组和全淡水区的第二含水层组的水位多年动态变化与降水过程具有同步变化的特点，属于降水入渗补给-蒸发径流排泄型；其他地区第二含水层组和第三含水层组则为径流补给-顶托排泄型与径流排泄型。

地下水大量开采以后，第一含水层组和全淡水区的第二含水层组的水位多年动态变化与降水过程也具有同步变化的特点，但属于降水入渗补给-径流开发型；其他地区第二含水层组淡水部分和第三、第四含水层组则为径流、越流补给-开采型。在开采强度较大的地段，呈逐年下降趋势。第二含水层组咸水部分与下伏淡水具有类似的动态变化趋势，但水位波动幅度小。

综上所述，由于第一、第二含水层组混合开采，加之二者之间缺乏稳定的隔水层，具有更强的水力联系，如图10-17所示。

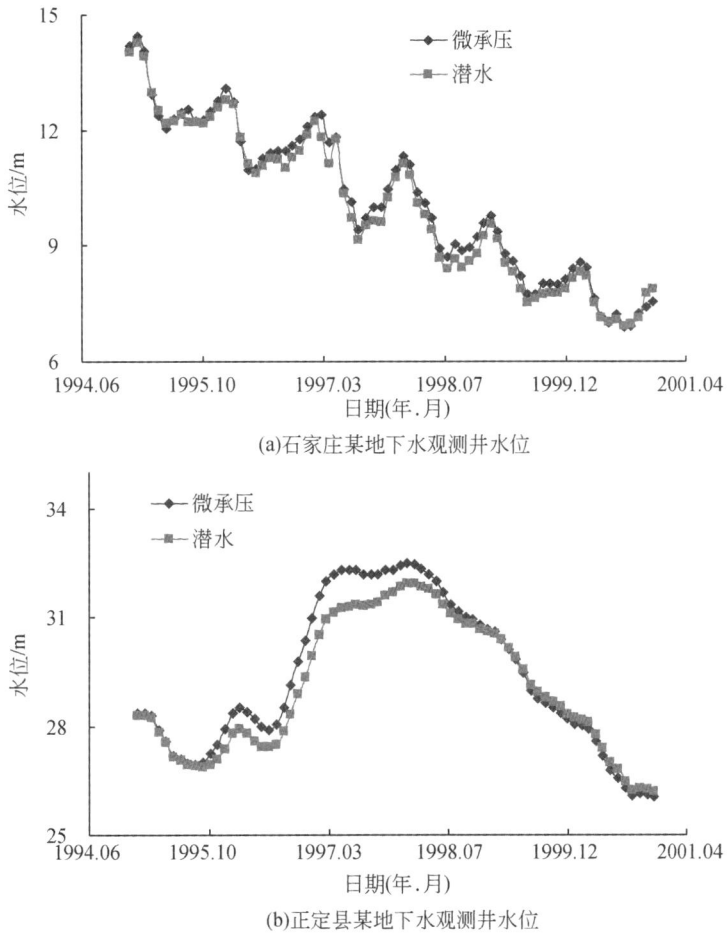

图 10-17 潜水（层组）和微承压水（层组）地下水位变化

10.3.4 海河流域地下水系统

根据海河流域地下水埋藏特征，以水文地质要素为依据，将第四系总孔隙含水岩组划分为浅层地下水系统和深层承压地下水（简称深层地下水）系统。

(1) 浅层地下水系统

第四系浅层地下水系统包括第一、第二两个含水层组。第四系顶部的第一含水层组，底板埋深一般为 40~60m，岩性为卵砾石、中粗砂、中细砂及粉细砂等。自山前冲洪积倾斜平原至中部冲积、湖积平原（或盆地中部）和东部滨海冲积、海积平原具明显的水平变化规律。

山前冲洪积平原、冲洪积扇呈扇状交错分布于山前。含水砂层主要由砂砾石、粗砂、中砂、中细砂等各类砂、砂砾石组成，单井出水量为 40~80m³/h。从冲积扇轴部向两侧含水层逐渐变薄、颗粒变细、富水性变弱。含水层下部与第二含水层组无连续隔水层，垂向水力联系好，常因下部含水层的开采而疏干。

中部冲积、湖积平原含水层多由河流相、河湖相粗砂、中砂、细砂、粉细砂组成，含水砂层厚度一般为 10~30m，多呈条带状、舌状，向东北方向展布，覆于咸水体之上呈透镜体状分布。含水层组的富水性主要受沉积岩相控制。古河道河床相地带含水层组的颗粒较粗，多以中砂、细砂为主，含水砂层厚为 10~30m；从河床相向两侧含水层颗粒逐渐变细，含水砂层厚度变小。古河道漫滩交替带含水层主要由粉细砂及细砂组成，含水砂层厚度一般为 5~10m；古河道间的河间地块地带含水砂层多由粉砂及粉细砂组成，厚度小于 5m。含水层组富水性由古河道的上游区向下游区具有规律性的变化，含水砂层颗粒由粗变细，厚度由大变小，单井单位涌水量由大变小。

由于受第四纪及晚古近纪、新近纪多次海侵的影响，滨海冲积、海积平原区海相地层较发育，浅层潜水—微承压水基本为咸水，仅局部地段有薄层淡水透镜体。

（2）深层承压地下水系统

第四系承压含水层组包括第三、第四两个含水层组和若干含水亚组。山前平原承压水（第三含水层组）底板埋深一般为 140~350m，以砂砾石、砂卵石、中粗砂为主。从冲积扇顶部向两侧富水性减弱。平原中部和东部的承压含水层位于咸水体下部。受构造控制拗陷区和隆起区埋藏深度与厚度差异很大，底板埋深为 350~550m。含水砂层累计厚为 200~400m，以中粗砂、中细砂、细砂、粉细砂为主。

（3）深、浅层地下水之间联系

海河流域平原区深层地下水属于承压水，与浅层地下水之间除主要冲洪积扇顶部以弱透水层相隔外，其余大部分地区以黏土相隔，而且越向东部及东北部相隔厚度越厚，与浅层地下水水力联系较差。深层地下水的补给来源主要为地下水侧向补给和浅层地下水垂直越流补给。深层地下水的径流方向基本与浅层一致。越是远离补给区，径流速度也就越缓慢。

10.3.5 地下水系统补给、径流和排泄

研究区地下水系统的主要补给源是大气降水入渗补给，河流沿岸和渠灌区也有相当数量的地表水补给。在天然条件下，地下水的排泄主要以泉水溢出、潜水蒸发和侧向径流为主，近 20 年来人工开采已成为一种新的重要排泄方式。

（1）浅层地下水

浅层地下水补给来源主要是大气降水和地表水体的入渗，这两项补给量占总补给量的 70% 以上，其中降水补给占补给总量的 65% 左右。

浅层地下水径流方向基本与含水层结构、地貌变化方向一致。由山前平原至滨海平原，由河道带上游至下游，径流强度逐渐减弱。山前平原的水力坡度为 0.5‰~1.8‰，导水系数介于 500~1000m²/d；中部平原水力坡度为 0.25‰~0.5‰，导水系数为 100~500 m²/d（河道带）及 50~100m²/d（河间带及洼地）；滨海平原水力坡度为 0.10‰~0.25‰，导水系数一般小于 50m²/d。

中部冲积、湖积平原含水砂层以中粗砂、细砂、粉砂为主，地下水水力坡度在1/5000～1/10 000以上，致使地下水渗流十分微弱。地下水埋藏浅（一般小于4m），因而蒸发较强。地下水以垂向水循环交替为主，即为垂向降水入渗、灌溉回渗补给-人工开采、蒸发排泄的循环方式。东部滨海平原，地下水开采很少，有些地方地下水仍为天然的降水入渗-蒸发型。

浅层地下水排泄有人工开采、蒸发消耗。近年来，浅层地下水资源大量开采，减少了蒸发量，增加了入渗补给量。

海河流域平原区地下水水位动态属于降水入渗-开采排泄型，年最低水位一般出现在6月月底至7月月初的开采期；进入7月中下旬降水补给期，水位上升，至次年开采期前2月月底至3月月初出现最高水位。

（2）深层地下水

深层地下水不能直接接受当地的大气降水垂向入渗补给，主要接受侧向补给。深层地下水从山前平原流到中部平原和东部平原需要数千年甚至上万年的时间，因此深层承压水恢复能力弱。

深层地下水的排泄途径，在20世纪70年代以前主要是径流排泄，局部地区为人工开采或向上部含水层的顶托排泄。70年代后大量开采地下水，目前人工开采成为深层地下水的主要排泄途径，以消耗存储量为主。人工大量开采深层地下水，增大了深层地下水侧向径流水力坡度，加快了地下水循环。

10.3.6 海河平原地下水模型构建

在进行海河平原区地下水数值模型开发时，首先需要在模型中对海河流域平原区进行水文地质条件的合理刻画，即对地下水含水层情况进行描述。由于海河流域平原区尺度大、地质条件复杂，目前能够取得的较为完整和详细的地质调查成果为前述的四层结构的含水层岩组，虽然对海河流域地下水含水层结构已经作了相当程度的概化，但从建模的角度来看，如能进行实际应用则在目前的地质研究条件基础下仍为最佳的选择。然而地下水数值模型的建模不仅需要结合水文地质调查基础，还要考虑各方面资料的匹配性问题。目前有关海河流域平原区的地下水位监测资料多数没有给出监测深度，只是以"浅井"、"深井"区分；地下水开采量也仅仅只有"浅层水开采"和"深层水开采"的概念，难以准确界定出各个含水层岩组的开采分配关系。出于资料匹配方面的考虑，以及宏观尺度地下水数值模拟研究的精度要求和便于未来演变情景分析方案的设置，本地下水数值模型对海河流域地下水含水层组进行进一步的概化，将第一含水层组和第二含水层组合并作为浅水含水层，对应浅层地下水系统，主要模拟研究潜水循环运动规律，同时也包含与潜水含水层紧密相关的微承压含水层的循环在内；将第三含水层组和第四含水层组合并作为统一的深层含水层，对应深层地下水系统，主要模拟研究海河流域第三层承压水的循环运动规律，同时也包含循环量较小的第四层承压水的循环在内。

（1）计算单元剖分

按照海河流域平原区的分布范围，在平面范围内将海河流域平原区用4km×4km网格进行剖分,剖分后海河流域平原区每层含水层的模拟计算单元个数为 8050 个,浅层和深层地下水含水层的计算单元总个数为 16 100 个(图 10-18)。

(2) 地下水边界条件设定

海河流域平原区边界西面为太行山,北面为燕山,东面为环渤海,南面为黄河。对于边界设定方面的考虑,山前侧渗量一般比较稳定,因此设定为定流量边界;黄河边界从理论上可以通过水头边界或三类边界模拟,但由于黄河下游水位变化不稳定,有时还会出现断流,使用水头边界或三类边界模拟不理想,根据近期评价,海河流域黄河段的渗漏量约 1 亿 m^3 左右,在海河流域整体地下水平衡总量中所占比例较小,因此设定为定流量边界对于模拟影响不大;环渤海边界为海河流域的海水边界,考虑到海水密度、海水风浪作用等因素,对于浅水层,采用 0.5m 的定水头边界进行模拟,对于承压水,则采用三类边界进行模拟,以上外边界条件如图 10-19 所示。除外边界条件外,与海河流域地下水循环有关的内边界条件(如降雨入渗、河道渗漏等)通过与水文模型耦合确定其流量大小和时间分配。

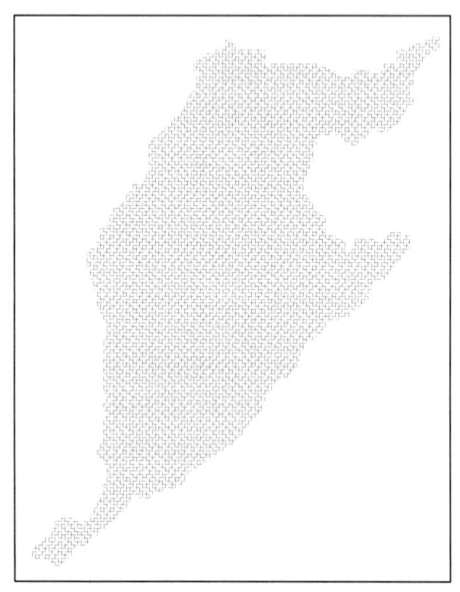

图 10-18 模拟区域单元剖分

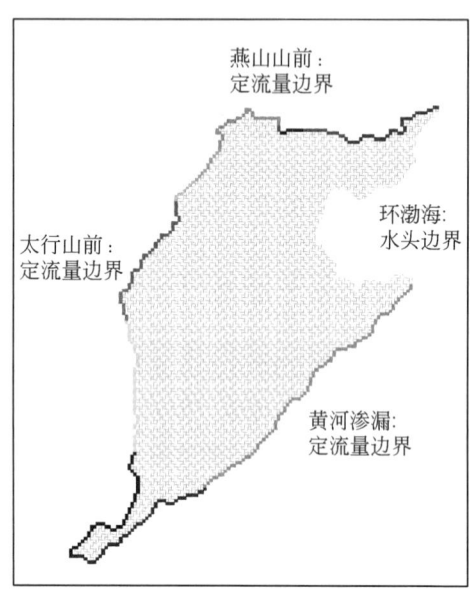

图 10-19 海河流域地下水模型边界处理

(3) 海河流域地下水模型率定

海河流域地下水的模拟分为两步,首先针对资料比较丰富、可靠程度较高的 1995~2000 年的地下水资料进行模型的率定,以对模型相关计算参数(如导水系数、给水度等)进行校准。然后将率定后的模型作为基础,研究未来不同情景方案下地下水位变化情况。通过对 1995~2000 年地下水分区补给量和排泄量的合理分析和对水文地质参数的率定,完成了现状地下水数值模拟。

图 10-20 是率定过程中 1995 年年初始地下水流场分布,图 10-21 是率定后 2000 年年末浅层地下水位实测与模拟结果的对比情况,图 10-22 是率定后 2000 年年末深层地下水位实测与模拟结果的对比情况。从对比结果来看,率定基础还是可靠的。

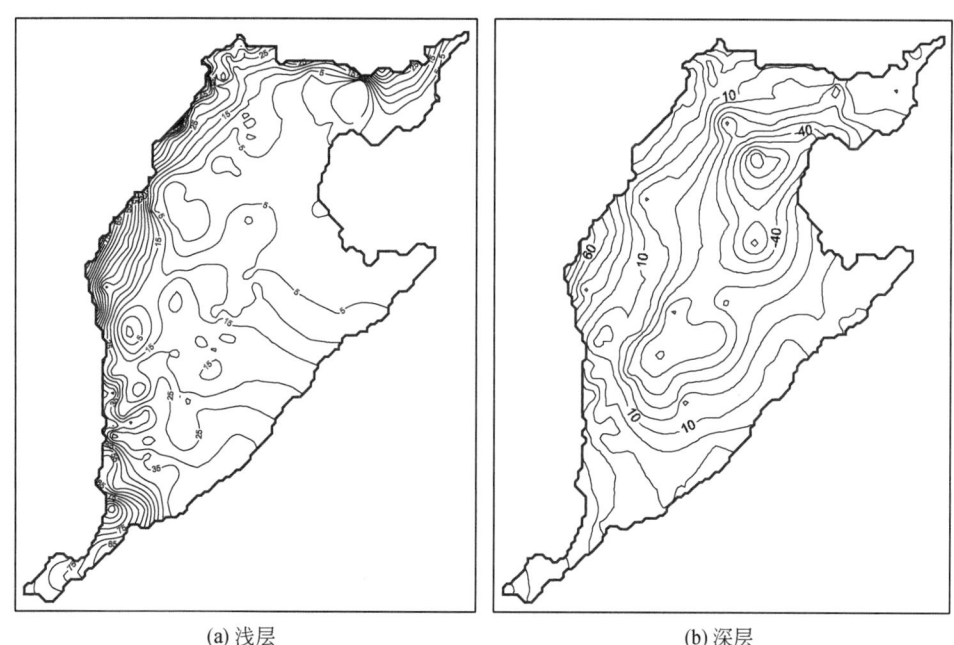

(a) 浅层　　　　　　　　　　　　　　　　　　(b) 深层

图 10-20　1995 年年初始地下水流场

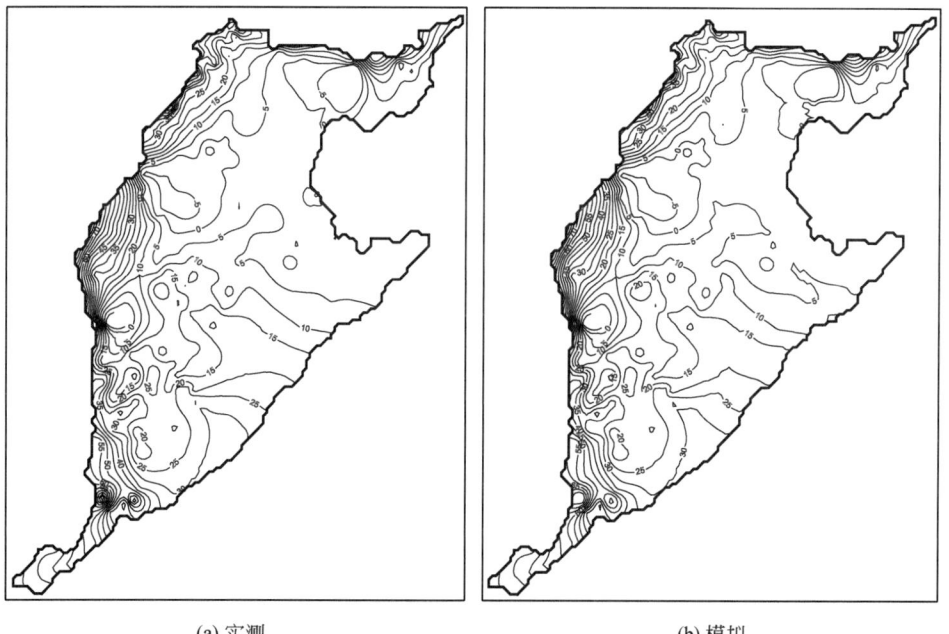

(a) 实测　　　　　　　　　　　　　　　　　　(b) 模拟

图 10-21　2000 年年末浅层地下水流场

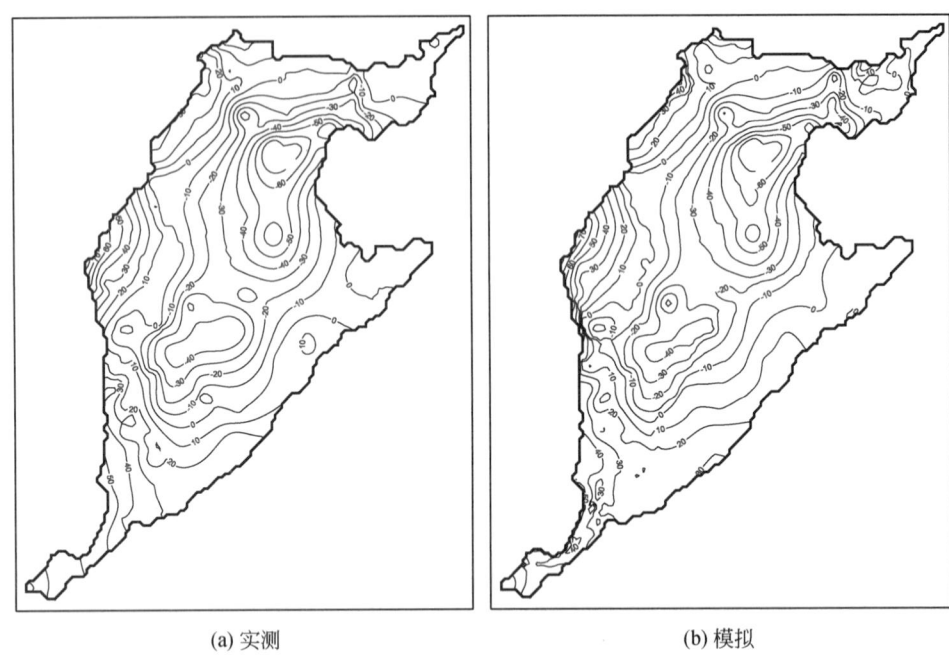

(a) 实测　　　　　　　　　　　　　(b) 模拟

图 10-22　2000 年年末深层地下水流场

基于地下水模型计算成果,模型可以给出每个计算单元网格在空间三维上不同方向的流量大小。借助于专业图形处理软件 SURFER,可以将海河流域浅层地下水和深层地下水的流向进行后处理显示,以获得直观的地下水运动规律展示效果。2000 年年末模拟的浅层和深层地下水运动矢量图见图 10-23。

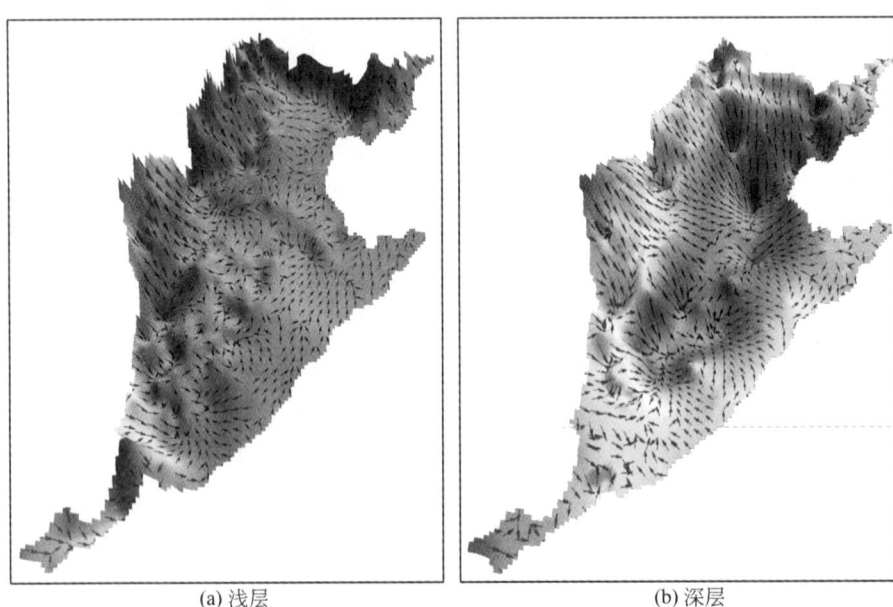

(a) 浅层　　　　　　　　　　　　　(b) 深层

图 10-23　2000 年年末地下水流向矢量图

10.4 基于遥感 ET 的数据同化

10.4.1 数据同化

传统的水文和地表能量通量观测通常局限于观测站点及其周围有限的空间范围内，对于大尺度的流域水平衡及能量收支分析需要耗费大量的人力和物力。过去 30 年，水文学家开发了众多分布式水文模型。从简单的经验方程到复杂的偏微分方程，这些分布式水文模型利用各种输入数据和边界条件，提供详细的空间定量分析结果，如土壤水、地下水通量等。然而，水文过程的分布式模拟存在其自身的局限性，突出表现为过度的参数化和不确定性，这是由于大多数模型无法详细验证其所有的参数。目前"异参同效"问题在分布式水文模型中仍然没有得到有效解决，极大地局限了 ET、地下水水位等具有空间属性变量的准确模拟计算。随着各种传感器和遥感反演算法的不断发展，新型来源的监测数据有望逐步改善水文模型在验证和业务化应用中所遇到的诸多问题。遥感观测正逐步为降水、土壤水、植被、地表温度能量通量和土地覆盖等关键变量提供越来越可信的空间反演信息。因此，水文模型通过适宜的数据同化技术融合遥感观测提供的空间反演信息，将提高水文模型的空间水平衡分析能力，进而为水资源管理提供可靠的信息。

大气、海洋数据同化系统的完善和发展，促进了陆面数据同化系统的研究。21 世纪初，随着全美（全球）数据同化系统的建立，利用卫星、雷达数据同化地表土壤水分、地表温度、能量通量的工作正逐步展开（黄春林和李新，2004）。与此同时，陆面数据同化的研究也已经成为当前陆面过程和水文过程研究的热点。在本研究中，为了提高模型的空间模拟可靠性，利用扩展卡曼滤波方法为 WEP-L 模型建立了遥感数据同化系统（图 10-24）。利用遥感数据同化系统，尝试将遥感反演 ET 数据融合到 WEP-L 模型的模拟体系中，以提高 WEP-L 模型的水文过程模拟，特别是垂向过程的水分收支状况分析。

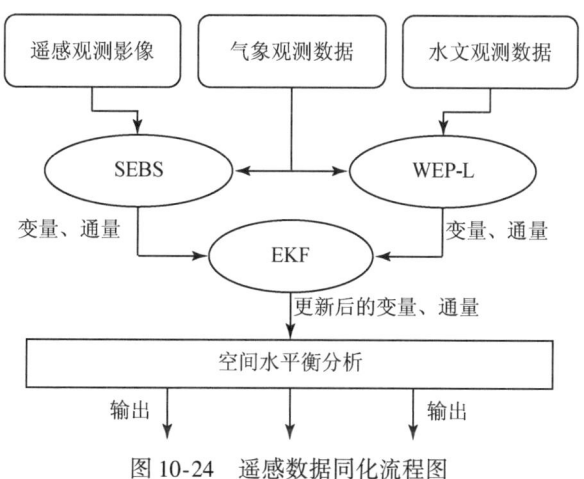

图 10-24　遥感数据同化流程图

10.4.2 遥感反演 ET 算法——SEBS

利用卫星遥感监测 ET 的方法主要有 SEBAL（surface energy balance algorithm for land）模型（Bastiaanssen and Menenti,1998），以及基于 SEBAL 模型发展起来的 SEBS（surface energy balance system）模型（Su,2002）等。在实现 ET 监测的业务操作性以及监测精度方面，SEBAL 和 SEBS 各有优势和不足。近几年来，SEBS 已经在美国、中国和欧洲、南亚以及非洲一些国家广为应用，取得了可信的结果（Su et al.,2001a,2001b,2005；Su and Wen,2003；Su and Yacob,2003；Timmermans and Kwast,2005；McCabe and Wood,2006）。

为了节约篇幅，本书仅给出 SEBS 算法的基本方程，详细的描述参见 Su（2002）。首先，能量平衡方程如下：

$$R_n = G_0 + H + \lambda E \qquad (10\text{-}1)$$

式中，R_n 为净辐射；G_0 为土壤热通量；H 为感热通量；λE 为潜热通量（λ 为水的蒸发潜热，E 为实际蒸散发）。

蒸发比的确定方法如下。在极干情况下，由于土壤水的限制，SEBS 将潜热确定为零，而感热则达到最大值 H_{dry}。方程如下：

$$\lambda E_{dry} = R_n - G_0 - H_{dry} \equiv 0, \text{ or}$$
$$H_{dry} = R_n - G_0 \qquad (10\text{-}2)$$

而在极湿情况下，蒸发则达到其最大潜力 λE_{wet}，而感热通量则取最小值 H_{wet}，方程如下：

$$\lambda E_{wet} = R_n - G_0 - H_{wet}, \text{ or}$$
$$H_{wet} = R_n - G_0 - \lambda E_{wet} \qquad (10\text{-}3)$$

相对蒸发比 Λ_r 利用如下方程得到：

$$\Lambda_r = 1 - \frac{H - H_{wet}}{H_{dry} - H_{wet}} \qquad (10\text{-}4)$$

最后可以计算得到蒸发比 Λ：

$$\Lambda = \frac{\lambda E}{R_n - G} = \frac{\Lambda_r \cdot \lambda E_{wet}}{R_n - G} \qquad (10\text{-}5)$$

通过式（10-5）即可计算得到潜热 λE。

感热通量 H 可以通过大气相似性方法（bulk atmospheric similarity approach）计算得到，其取值范围介于极湿条件下的感热通量 H_{wet} 和极干条件下的感热通量 H_{dry} 之间。H_{dry} 可以通过式（10-2）求得，H_{wet} 可以通过一组联合方程（Menenti,1984）求得，这组方程类似于极湿条件假设下的 Penman-Monteith 方程组。

表 10-8 给出了 SEBS 的输入数据来源，地表温度、反照率和植被属性等数据来源于 MODIS 陆地（Terra）观测平台提供的 L1B 产品，其分辨率为 1km×1km。由于云层的影响，我们仅利用 SEBS 反演得到了 2005 年 20 个晴好天气条件的空间 ET 分布结果，图 10-25 给出了 2005 年 9 月 17 日的 ET 分布结果。由于 WEP-L 的计算单元是基于水文响应

单元（HRU）的，为了进行数据同化，利用 1km×1km 的 SEBS 反演结果通过 ArcGIS 的空间统计功能计算得到 11 752 个水文响应单元的 ET 遥感反演结果。

表 10-8　SEBS 的输入参数

参数	来源
地表温度/℃	MODIS 反演
地表反照率	MODIS 反演
NDVI	MODIS 反演
DEM	MODIS 反演
边界层（PBL）高度/m	1000
大气温度/℃	50 个气象站
相对湿度/（kg/kg）	50 个气象站
风速/（m/s）	50 个气象站
地表压力/Pa	50 个气象站

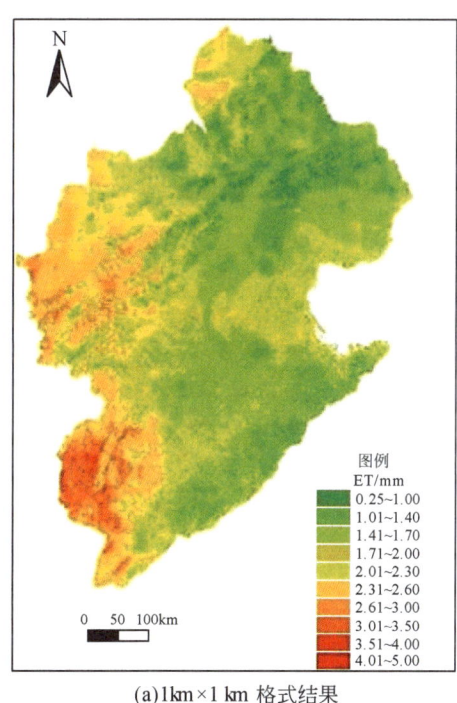
(a) 1km×1 km 格式结果

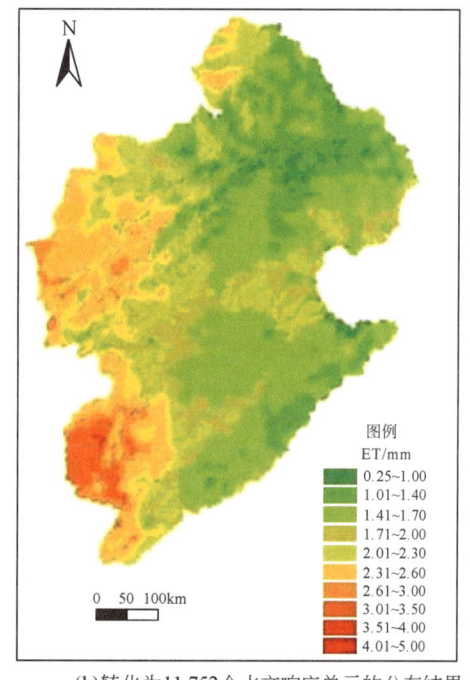
(b) 转化为 11 752 个水文响应单元的分布结果

图 10-25　SEBS 反演的 2005 年 9 月 17 日的 ET 分布结果

10.4.3　数据同化算法

目前，大气、海洋、陆面数据同化系统用到的数据同化方法主要有最优插值法、四维变分法、卡尔曼（Kalman）滤波（Kalman，1960）、扩展卡尔曼滤波（Jaswinski，1970）、集合卡尔曼滤波（Pham et al.，1998）、退火算法等。本研究采用扩展卡尔曼滤波算法对 ET 进行数据同化（图 10-26）。扩展卡尔曼滤波算法可以参考 Jaswinski（1970）的文献。

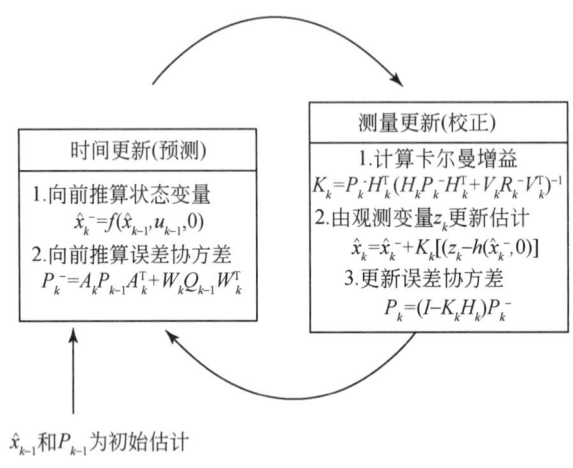

图 10-26　扩展卡尔曼滤波的工作原理

同化的关键步骤是计算卡尔曼增益（Kalman gain）：如果卡尔曼增益值太小，同化程序将不起作用；如果其太大，模型模拟结果将完全被遥感反演结果取代。扩展卡尔曼滤波器实际上提供了一个权重可变的优化插值算法。同化更新模型模拟值的程度取决于遥感反演方差与模型模拟方差的比例。如果比例非常小（$|R_k/P_k|\approx 0$），卡尔曼增益接近于 1，同化后的结果将非常接近遥感反演结果；反之，卡尔曼增益将接近 0，同化后模型模拟结果几乎不发生变化。图 10-27 给出了第 610 号水文响应单元（子流域编号 No. 327，等高带编号 No. 05）同化前后的日 ET 序列。在时间点 k，如果有合适的遥感观测数据，那么先验的 WEP-L 模拟值与遥感反演 ET 值之间的差值将得到部分修正，取得一个更接近遥感反演值的后验 ET 值。

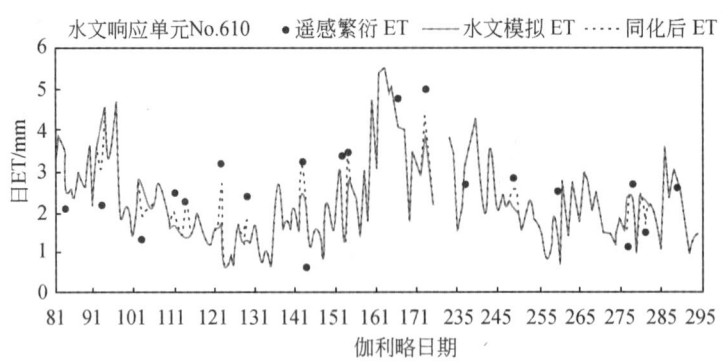

图 10-27　水文响应单元 No. 610 同化前后的 ET 时间序列

10.4.4 数据同化结果分析

图 10-28 对比了 SEBS 和 WEP-L 计算的流域日平均 ET 结果，结果表明二者拥有较好的相关性，相关性系数达到 0.602。而通过对比同化前后的 ET 空间分布（图 10-29），可以发现遥感反演 ET 拥有更好的空间分布。虽然我们没有确切的证据表明遥感反演 ET 比分布式水文模型计算的 ET 精度更高，但数据同化算法可以提高水文模型计算结果的空间分布合理性。对比图 10-29 中同化前后的 ET 分布结果，我们清楚地发现同化后 ET 的分布具有了更加明显的空间变异性。一个可能的原因就是，虽然分布式水文模型将海河流域划分为 11 752 个水文响应单元，但由于参数获取能力的限制，模型设定的很多参数采用了更大的尺度。

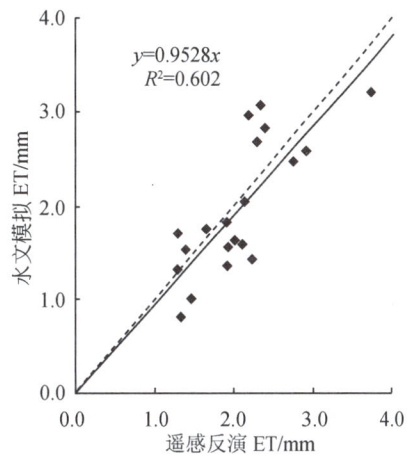

图 10-28 WEP-L 和 SEBS 计算的日平均 ET 散点图

注：虚线代表 1∶1 比例线，实线代表 WEP-L 和 SEBS 计算全流域日平均 ET 相关性。

为了评价遥感 ET 同化对水文模型模

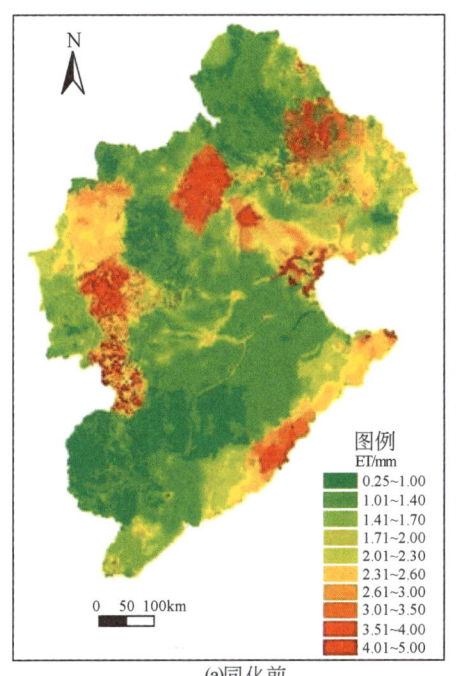

(a)同化前

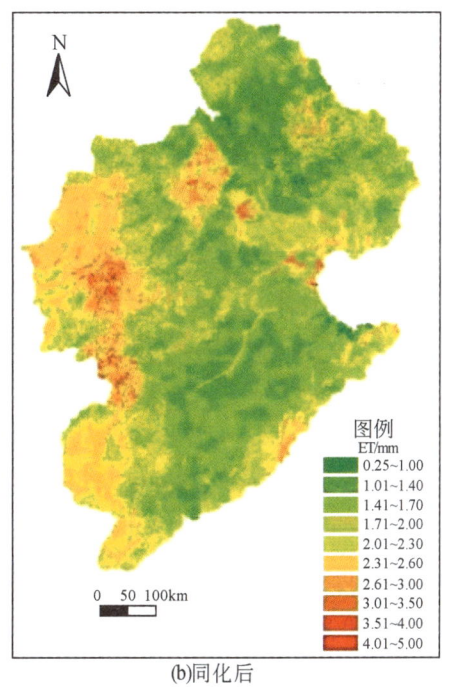

(b)同化后

图 10-29 2005 年 9 月 17 号同化前后的 ET 分布结果对比

拟结果的影响，我们采用均方根误差（RMSE）评价数据同化的效果。均方根误差为数据同化的潜力提供一种度量方法，如果同化后的均方根误差小于同化前的误差，那么就表明同化对水文模型产生了正面的影响。均方根误差计算公式如下：

$$\text{RMSE} = \sqrt{\frac{1}{n}\sum_{i}^{n}(\theta_{o,i} - \theta_{s,i})^2} \tag{10-6}$$

式中，n 为遥感反演 ET 的天数；θ_o 为 SEBS 反演的实际 ET 结果；θ_s 为 WEP-L 模型模拟的实际 ET 结果。

表 10-9 总结了 SEBS 和 WEP-L 同化前后的空间平均值、标准方差和均方根误差。结果表明，同化后均方根误差产生了显著降低。这表明遥感 ET 数据同化能对分布式水文模拟产生正向的影响。

表 10-9 SEBS 和 WEP-L 同化前后的 ET 空间平均值、标准方差和均方根误差

伽利略日期	月/日	SEBS 均值	SEBS 标准方差	同化前 均值	同化前 标准方差	同化前 RMSE	同化后 均值	同化后 标准方差	同化后 RMSE
84	3/25	1.350	0.599	0.828	0.870	1.229	1.146	0.496	0.489
93	4/3	1.464	0.524	1.004	0.778	1.023	1.287	0.479	0.411
103	4/13	0.886	0.466	1.700	0.880	1.190	1.206	0.460	0.483
111	4/21	1.390	0.800	1.523	0.829	1.238	1.442	0.549	0.500
114	4/24	1.291	0.745	1.330	0.645	1.018	1.305	0.509	0.410
123	5/3	2.102	1.175	1.574	0.694	1.827	1.892	0.684	0.722
129	5/9	1.661	0.802	1.733	0.908	1.421	1.686	0.478	0.566
143	5/23	2.337	0.787	3.058	1.052	1.339	2.620	0.593	0.560
144	5/24	2.370	1.001	2.806	1.071	1.575	2.536	0.660	0.638
153	6/2	2.270	1.087	2.672	1.210	1.981	2.428	0.676	0.801
154	6/3	2.819	0.820	2.550	1.046	1.605	2.713	0.540	0.659
166	6/15	2.738	1.262	2.474	1.173	1.884	2.628	0.834	0.758
173	6/22	3.704	1.113	3.209	1.085	1.884	3.507	0.725	0.776
237	8/25	2.184	0.810	2.952	0.885	1.437	2.485	0.496	0.590
249	9/6	2.125	0.882	2.050	1.055	1.622	2.097	0.566	0.654
260	9/17	1.910	0.572	1.819	0.996	1.243	1.872	0.494	0.504
277	10/4	1.925	0.619	1.538	0.690	1.228	1.775	0.378	0.493
278	10/5	2.009	0.678	1.628	0.739	1.163	1.858	0.507	0.472
281	10/8	1.910	0.580	1.361	0.671	1.246	1.695	0.340	0.498
289	10/16	2.193	0.382	1.422	0.890	1.330	1.890	0.413	0.532
平均		2.032	0.785	1.962	0.908	1.424	2.003	0.544	0.576

10.4.5 小结

尽管遥感反演 ET 同化对分布式水文模拟产生了正向的影响，但值得引起重视的是，遥感反演 ET 本身也包含误差。一个关键的问题就是遥感反演能否得到比分布式模拟更好的结果，这关系到同化系统的成败。同时，云覆盖条件下的 ET 遥感反演也是关系同化系统能否获取更多空间分布式观测数据的关键问题。另外，遥感数据同化系统需要进一步完善以适应更多水文参数和变量的同化。

第 11 章 水环境模拟与验证

11.1 流域水质模型验证与应用

参照全国水资源综合规划,模拟的污染指标主要包括 COD 和 NH_3-N。采用 1980~2005 年系列逐月模拟。

流域水质模型的开发需要进行人口发展的预测以及社会经济信息的空间化处理。

11.1.1 污染源估算

点源污染包括工业污染和城镇生活污染两类,查阅相关文献,2000 年以后由于国家水污染治理力度的加大,工业污染排放相对稳定,而城镇生活污染源由于人口的不断增长和生活水平的提高污染源排放量逐年增加(张远和王西琴,2007)。

非点源(面源)污染中,城镇地表径流和水土流失产生的污染物由于逐年来水条件不同而存在上下波动。由于农田灌溉施肥面积及单位面积施肥定额逐年变化不大,农药化肥施用产生的污染物基本稳定。由于农村人口的逐年增加,农村生活及固体废弃物产生的污染略有增加。

以 2000 年为例,五类非点源污染 COD 产生量所占比例如图 11-1 所示。在五类非点源污染中,畜禽养殖的污染物排放量占的比重最大。

模型考虑海河流域的污水处理情况,截至 2004 年海河流域已建成集中污水处理厂 31 座,总处理能力 502 万 t/d,年处理能力 18.3 亿 t,实际处理量 12.8 亿 t,全流域集中处理率达 24%(任宪韶,2007)。根据流域污水处理厂处理情况、废污水排放情况,各省采用不同的污水处理率计算污染物的入河量。

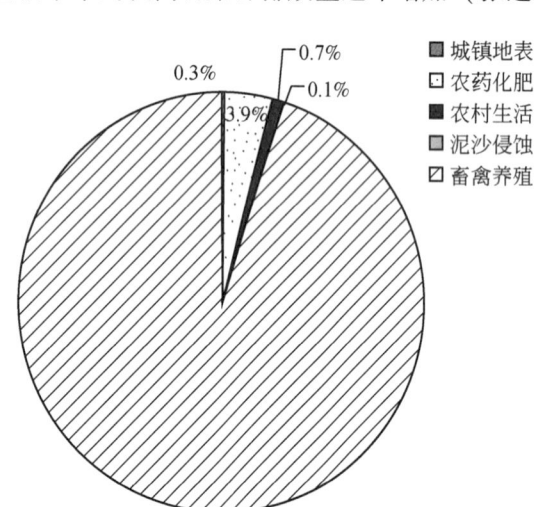

图 11-1 海河流域 5 类非点源污染物入河比例

11.1.2 水质模型校核与验证

基于 WEP-L 模型的子流域划分单元和水量模拟结果，完成点面源污染物入河量计算，并构造河道水质模型，完成海河流域水质模型构建。

流域水质模型的验证包括流域废污水排放量的验证、污染源的验证和河道水质模拟的验证。

(1) 流域废污水排放量的验证

海河流域水资源评价中，调查了 2000 年海河流域内 1270 个工矿企业污染源的废水和污染物排放量，这是本水质模型的参数率定和模型验证的重要参考。海河流域废污水排放的评价量为 60.4 亿 t（任宪韶，2007），模型计算量为 61.0 亿 t，废污水排放量的估算误差为 1.0%，说明模型估算的废污水量与综合规划的评价量在流域总量上基本保持一致（表 11-1）。

表 11-1　海河流域 2000 年废污水排放量评价量与模拟量对比

项目	评价量/亿 t	模拟量/亿 t	相对误差/%	备注
工业废污水	36.2	35.6	−1.7	模拟值偏小
生活废污水	24.2	25.4	5.0	模拟值偏大
合计	60.4	61.0	1.0	模拟值偏大

(2) 污染源的验证

参考海河流域水资源综合规划资料，模拟的海河流域点源、非点源污染物如表 11-2 所示，并与水资源综合规划的评价结果进行了对比。可以看出，从产生量上看，非点源污染物占的比重较大；而从入河量来看，点源污染物占的比重较大，所以海河流域目前污染问题的关键仍然在点源污染的控制。非点源污染物产生量虽然较大，但由于海河流域的严重缺水，非点源污染物的入河量相对较少，潜在污染危险较大。从各分项看，非点源污染物的产生量和入河量大部分来自畜禽养殖；还有部分来自农田化肥施用产生的污水；农村生活污水及固体废弃物虽然产生部分量，但入河量微乎其微，基本可以忽略不计。城镇地表径流、污染物入河量也基本可以忽略不计。

表 11-2　海河流域污染物产生量、入河量模拟结果与评价结果的对比　　（单位：万 t）

污染源类型		COD 评价		COD 模拟		NH$_3$-N 评价		NH$_3$-N 模拟	
			产生	入河	产生	入河	产生	入河	产生	入河
点源	工业生产	159.5	—	157.0	—	15.99	—	15.87	—
	城镇生活	61.3	—	67.5	—	5.27	—	5.92	—
	小计	220.8	133.06	224.5	134.8	21.26	11.04	21.79	14.58

续表

污染源类型		COD 评价		COD 模拟		NH₃-N 评价		NH₃-N 模拟	
		产生	入河	产生	入河	产生	入河	产生	入河
非点源	城镇地表径流	7.6	0.12	7.7	—	0.64	0.00	0.64	—
	化肥施用	9.4	1.36	9.5	—	11.64	0.35	11.34	—
	农村生活	133.7	0.20	132.5	—	3.63	0.01	3.80	—
	水土流失	6.3	0.04	6.1	—	4.21	0.03	3.99	—
	畜禽养殖	560.7	33.64	563	—	55.93	3.36	56.40	—
	小计	717.7	35.36	718.8	35.2	76.05	3.75	76.17	—3.56
总和		938.5	168.42	943.3	170.0	97.31	14.79	97.96	18.14

从表 11-2 可以看出，2000 年海河流域点源、非点源以及总量的 COD 产生量的评价值与模拟值误差均在 2% 以内，COD 入河量的模拟误差均在 1% 以内；NH₃-N 的产生量基本吻合，污染源入河总量误差在 10% 以内。

（3）河道水质模拟的验证

对于污染负荷的估算，COD 是最常用的指标，对于工业废水，由于有机污染物的浓度较大，通常采用重铬酸钾法，而河道水体水质浓度相对较低，多用高锰酸盐指数法测量（雒文生和宋星原，2000），这就对流域综合水质模拟的验证带来困难，因此研究 COD_{Cr} 和 COD_{Mn} 的关系具有非常重要的意义。

不同的研究区域，不同的污水组成，两者之间的关系不同，本研究选取了海河流域的北京和天津个别河道水质监测既有 COD_{Mn} 又有 COD_{Cr} 的监测断面，发现 COD_{Cr} 和 COD_{Mn} 呈现良好的线性关系，经过认真总结海河流域已知既有 COD_{Cr} 又有 COD_{Mn} 的站点，天津 COD_{Cr} 为 COD_{Mn} 的 3.25 倍，北京 COD_{Cr} 为 COD_{Mn} 的 5.08 倍，流域内其他地区取 4 倍。以此作为换算关系，对模型进行验证。

图 11-2 和图 11-3 为海河流域部分站点 COD_{Mn} 和 NH₃-N 浓度模拟效果对比图，可以看出，本次建立的海河流域水质模型，模拟结果反映了海河流域的水质状况，可以满足流域规划、污染源削减、总量控制的需求。

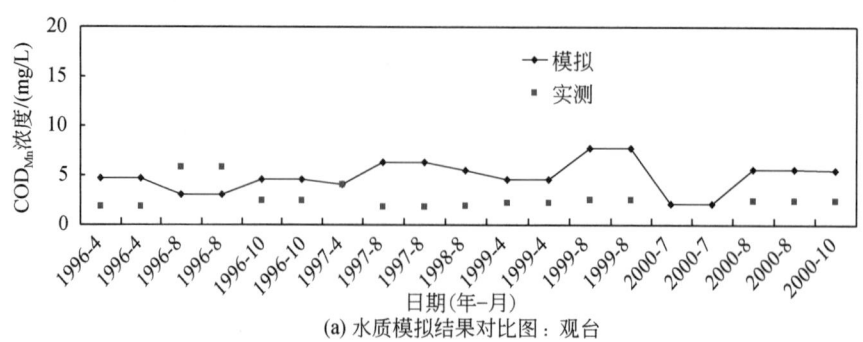

(a) 水质模拟结果对比图：观台

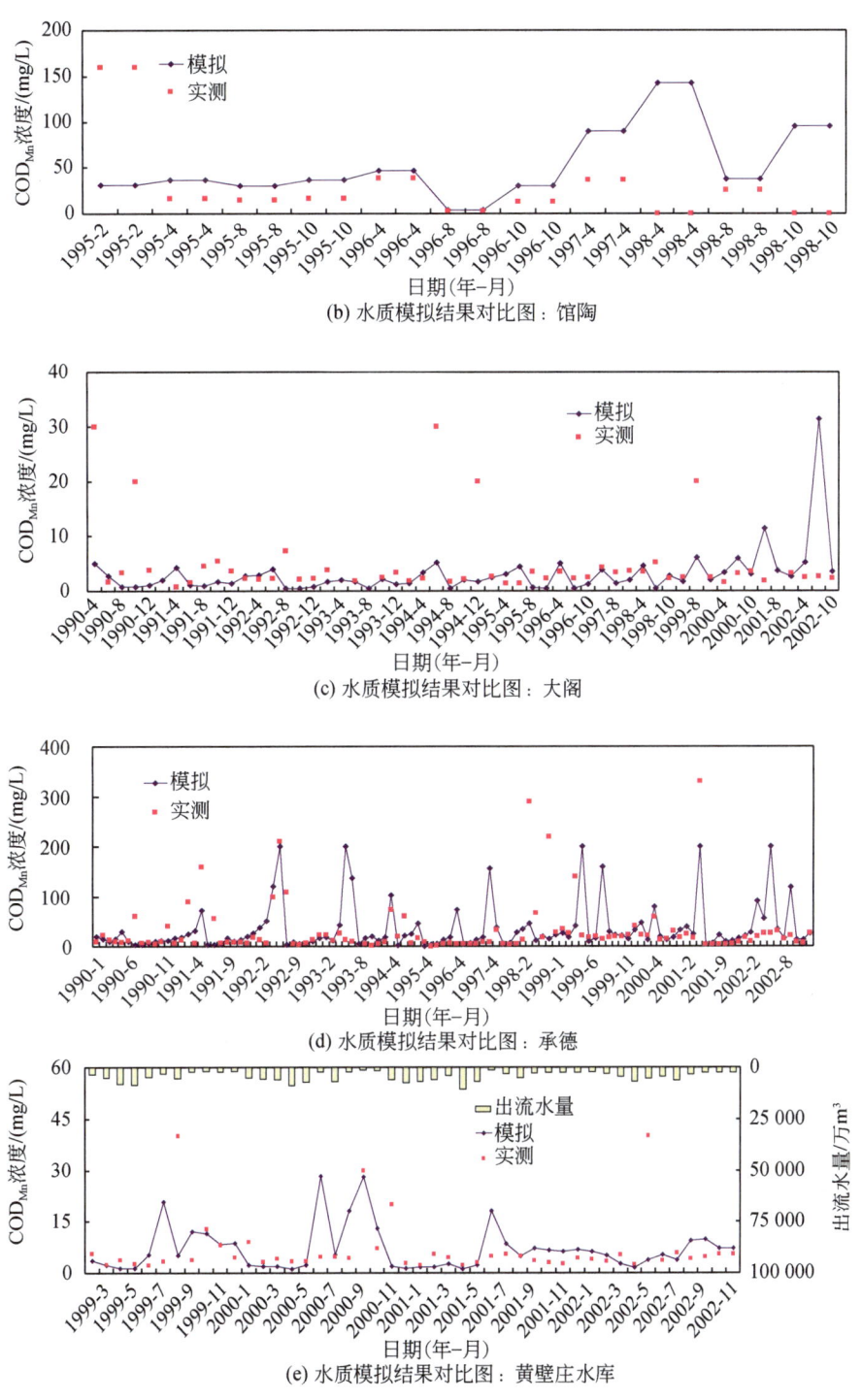

图 11-2 海河流域水质模拟对比（COD_{Mn}）

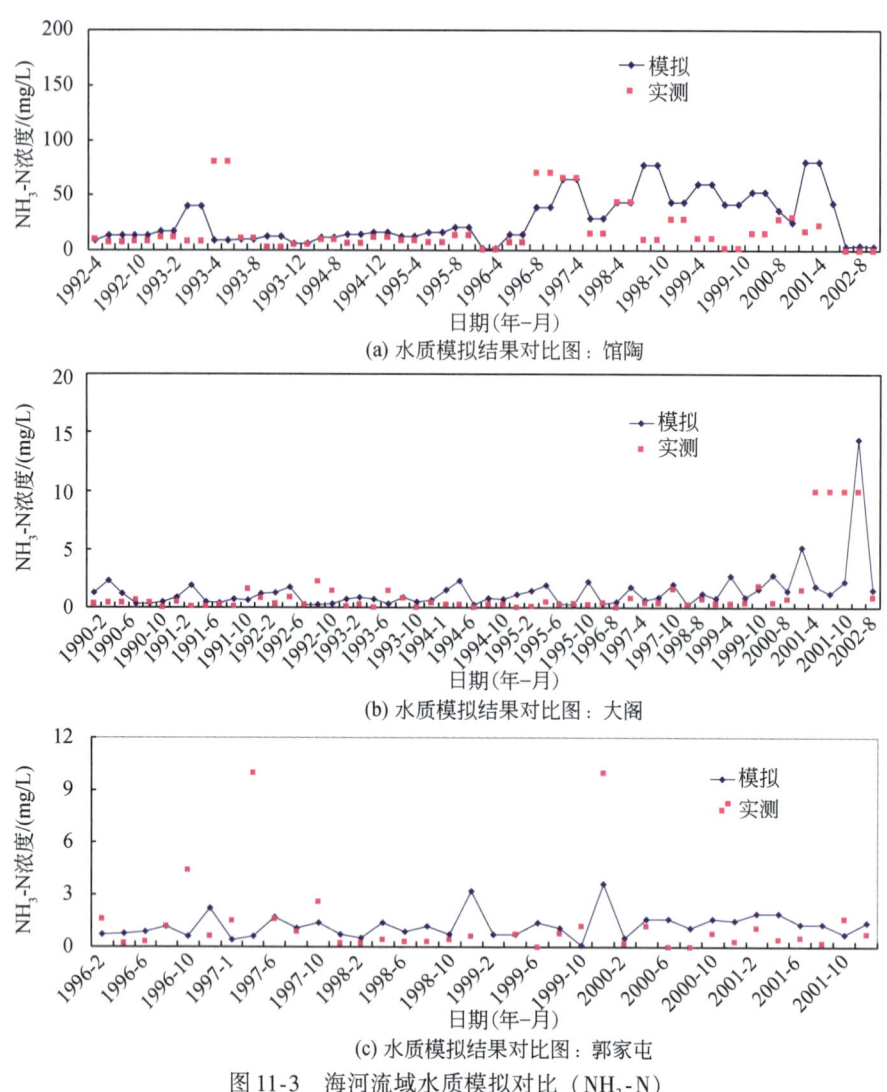

图 11-3　海河流域水质模拟对比（NH$_3$-N）

从上述对比的模拟结果可以看出，对于正常浓度的水质指标模拟相对容易，对于一些极大值和极小值的预测相对困难，这主要由模型结构和输入数据不足决定的。对于极值的水质浓度情况，一般都有污染事故或者河道断流等特殊情况发生，而现有资料难以描述这一过程。

11.2　河湖水动力学水质模型验证与应用

基于对河流现状水量条件与数据资料条件的考虑，本部分选择滦河的典型区间即郭家屯水文站至潘家口水库的滦河干流区间为研究对象，开展河湖水动力学水质模型的验证与应用研究。

11.2.1 滦河流域概况

（1）地理位置与主要水系

滦河流域位于华北平原东北部，地处北纬 39°10′~42°35′、东经 115°40′~119°20′区域；北起内蒙古高原，南临渤海，西界潮白、蓟运河流域，东邻辽河流域。流域面积为 44 880km²，其中山区占 98%、平原占 2%。滦河流域主要水系与水文站见图 11-4。

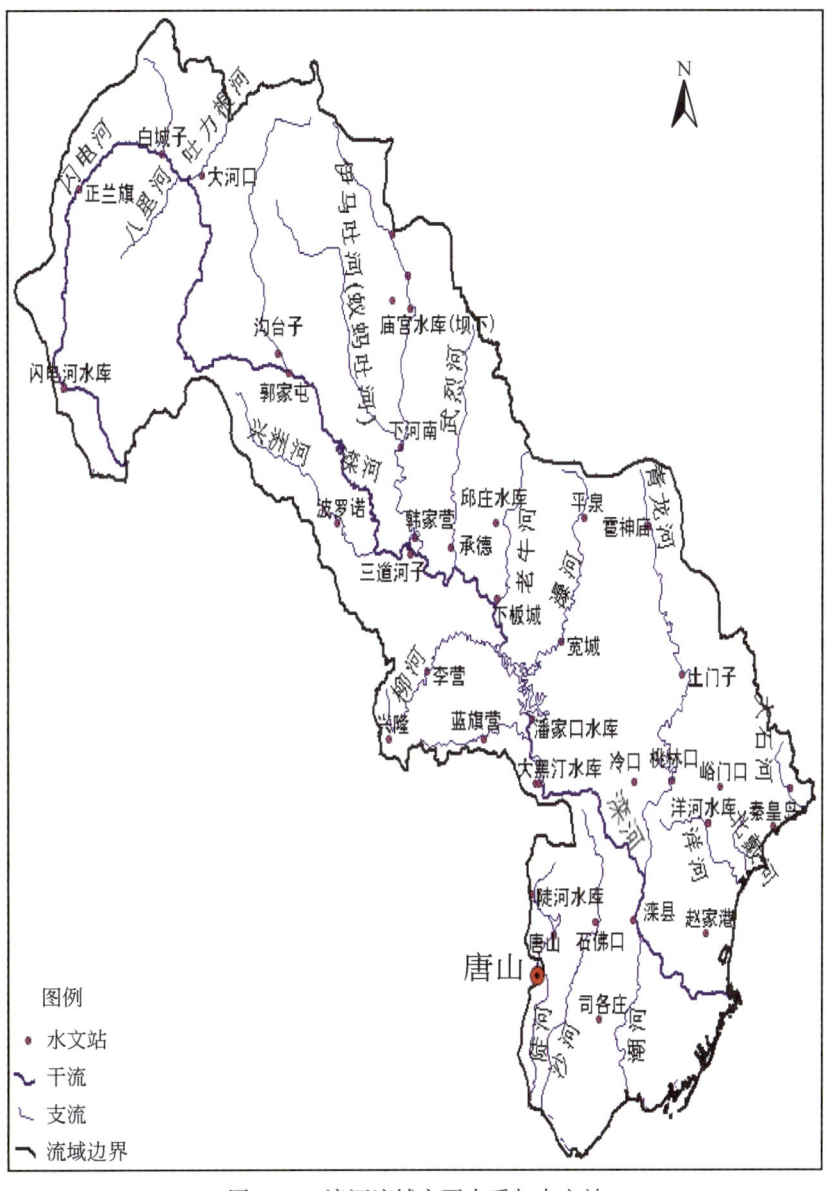

图 11-4　滦河流域主要水系与水文站

（2）地形与地貌

滦河流域地形差异大，按地质条件、地貌形态、成因类型等划分为坝上高原、燕山山地、南部平原区三大部分。上游多伦以上为内蒙古高原，地势较高，海拔为1300～1400m，河床比降约为0.0005；多伦以下流入高原山区过渡带，比降激增。郭家屯以下至罗家屯间，行经山区峡谷，河床比降平均为0.0033～0.00167；燕山山地经长期剥蚀、侵蚀，形态复杂。山势陡峻、丘陵密布、盆地交错。山地海拔西北部为1000～1800m，东南降至400～1000m，个别山峰海拔为1400～2116m；南部低山丘陵区高程为50～600m。罗家屯以下河谷逐渐展宽，至滦县进入冀东平原，河道比降约为0.00033。南部平原地面标高为4～50m，地势开阔。整个地势由西北向东南倾斜。

（3）气候与水文

本流域属大陆季风型气候，四季分明。其主要表现为春季干旱少雨、夏季炎热多雨、秋季昼暖夜凉、冬季寒冷干燥。由于上游受蒙古高气压中心影响，全年中有半年时间受强大的冷气团所控制，北部坝上地区多年平均气温为-1.4℃。下游地区濒临渤海，受海洋风调剂，因此全流域气温分布为自南向北递减。极端最高气温达41.5℃，极端最低气温为-42.9℃。流域内霜期及有霜日数北部较长，南部较短。全年无霜期自上游至下游为80～200d。

年平均相对湿度为65%～80%。夏季7月、8月相对湿度较大，约达80%～90%。春季4月份相对湿度最小，为45%～60%。年平均水面蒸发量为1200～1800mm（20cm口径蒸发皿）。

流域多年平均年降水量的地区分布规律主要受气候、地形等因素的影响。滦河流域多年平均年降水量分布的总趋势是自燕山迎风坡降水量高值中心向南北两侧逐渐减少。流域内多年平均年降水量为400～800mm。其中，以燕山南麓降水量最多，上游坝上高原区降水量最少。

流域降水量的年内分配很不均匀，全年降水量80%左右集中在汛期（6～9月）。丰水年份，汛期降水量占全年降水量的比重更大，而且由上游到下游有增大的趋势。

流域降水量的年际变化也比较大。降水量的年际变化幅度以燕山迎风坡一带为最大，实测最大最小年降水量比值为3~4，其他地区为2～3。

（4）社会经济

滦河流域分属于内蒙古、辽宁、河北三省区的27个县市，主要有汉、满、蒙、苗等20多个民族。其中，河北省占流域总面积的80.7%，是滦河流域主要行政区，具体包括承德、唐山、秦皇岛三市，三市的社会经济基本反映了滦河流域的社会经济情况。

（5）地表水资源与水环境

地表水体包括河流水、湖泊水、冰川水和沼泽水，地表水资源量通常用地表水体的动态水量即河川径流量来表示。流域内大量兴建蓄水、引水工程，在很大程度上改变了河川径流的天然情势。

滦河流域地表水环境有其明显的特点。根据2003年最新入河排污口监测资料统计，滦河水系监测100个入河排污口，其中工矿企业排污口62个，生活污水口38个。年入河1.4亿t废污水，其中工业废水约为1.3亿t，生活污水为0.1亿t。废污水中主要污染指标 COD 排放 6.1 万 t，氨氮 0.3 万 t。在调查的排污口中约有 16%的排污口废污水进行了部分废污水处理，多数废污水未经处理直接排入河道，造成水环境污染。

不同水质河长的分布为：70km 河长水质为Ⅰ类，20km 评价为Ⅱ类，547km 评价为Ⅲ类，没有Ⅳ类水质河长，124km 评价为Ⅴ类，有 964.5km 河长评价为劣Ⅴ类。污染河段出现的超标概率最高的水质指标是氨氮和高锰酸盐指数，超标率分别为 40%和 37%。

11.2.2 基础数据准备

水量模拟所需主要输入数据包括：

1）河道地理数据（河长、河宽、坡降、曼宁系数、节点断面形状及尺寸），数据来自 90m×90m 的 DEM 图。水文站头道河子站、三道河子站的断面形状如图 11-5 所示。

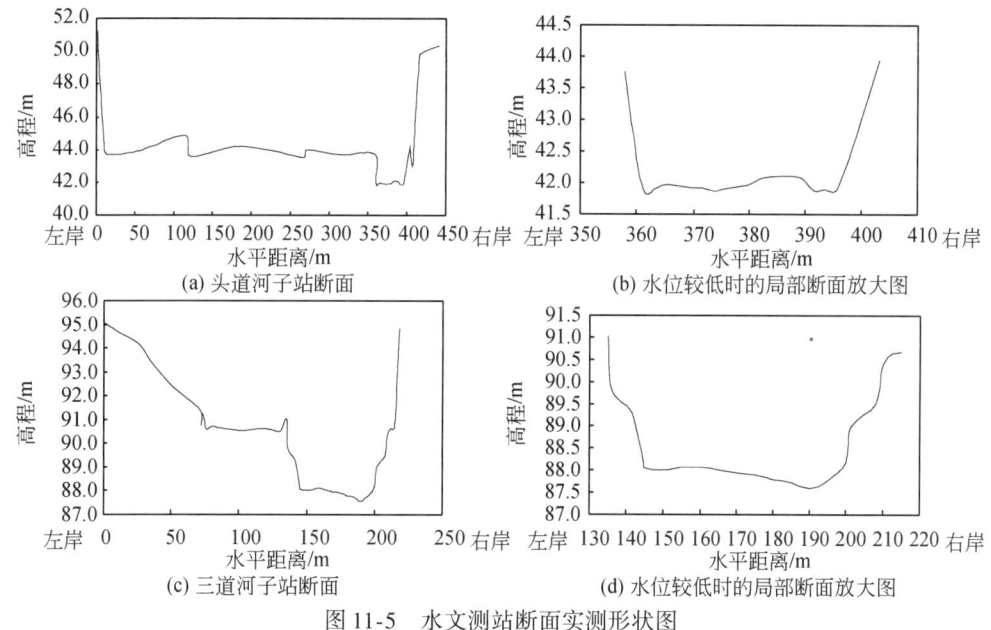

图 11-5　水文测站断面实测形状图

2）水文数据（边界条件：上游空间节点处各时间节点的流量数据，下游空间节点处，各时间节点的水深。初始条件：初始时间节点时，各个空间节点处的流量），数据来自《水文年鉴》洪水水文要素摘录表。

3）水质数据。

11.2.3 模型的验证

(1) 河网水力水质模型验证

本次河道水动力模型验证采用滦河干流的监测断面水位、流量过程进行验证。最后经过比较，采用滦河干流郭家屯站和三道河子站 2006 年的实测资料进行模型验证，模拟计算这两个河道断面的水位、流量过程。模拟结果与监测结果比较如图 11-6 ~ 图 11-8 所示。

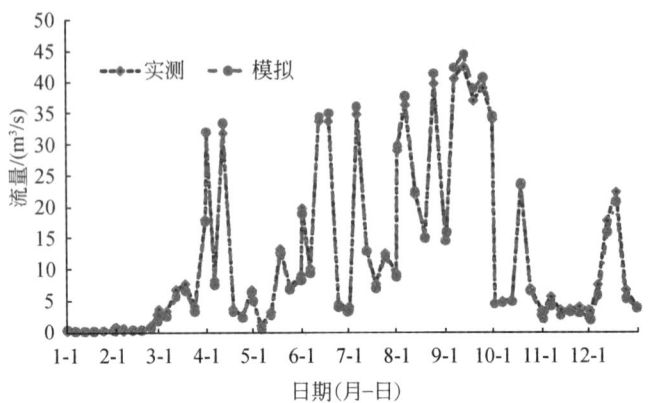

图 11-6　滦河干流郭家屯断面流量模拟值与监测值比较分析

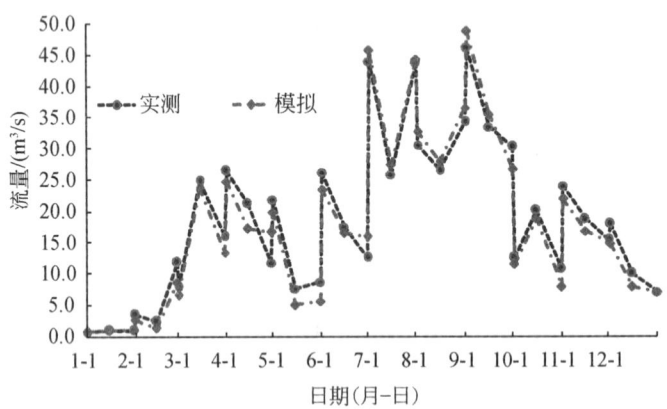

图 11-7　滦河干流三道河子断面流量模拟值与监测值比较分析

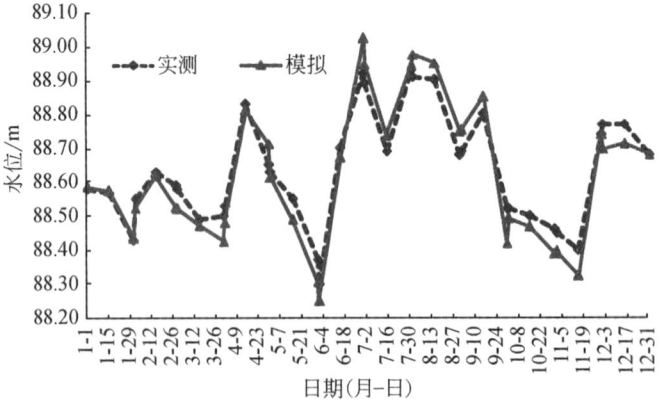

图 11-8　滦河干流三道河子断面水位模拟值与监测值比较分析

可以看出，验证结果很好，完全满足了模型应用的精度要求。需要说明的是，由于郭家屯站逐日平均水位受丰宁电站影响，除洪水外均失去代表性，因此，本次在水位验证中不考虑郭家屯站的水位验证。

以水动力模型模拟的水体流动过程作为水质模型验证的输入，并根据2006年统计的滦河干流段入河的污染源的量以及入河过程进行时程分配，对郭家屯断面和三道河子断面2006年各月污染物指标——NH_3-N 和 COD_{Mn}进行模拟验证，验证结果如图11-9所示。从图中可以看出，模型对污染物浓度过程模拟结果与实际监测浓度趋势一致，浓度值误差较小，满足了应用的要求。

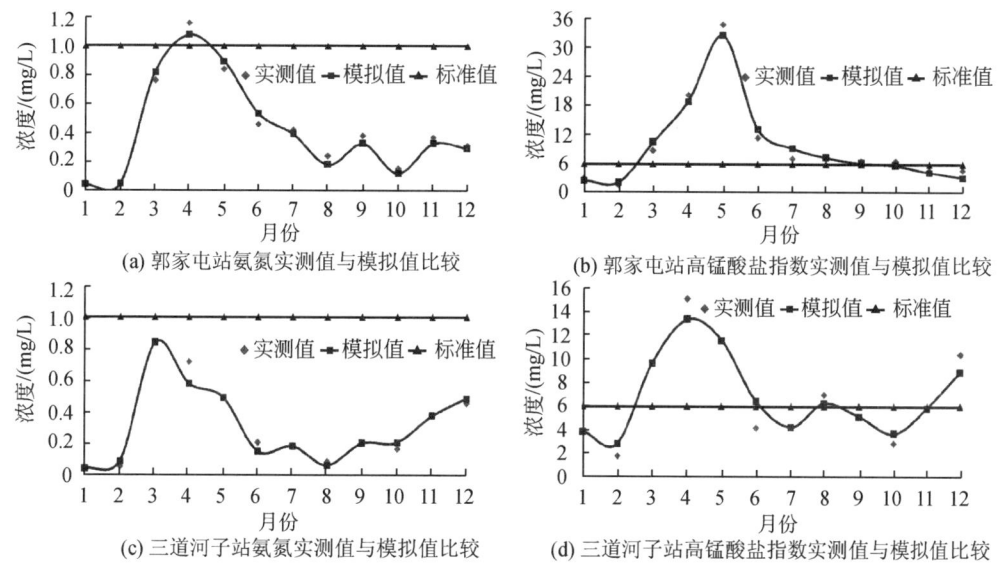

图11-9 郭家屯—三道河子站浓度模拟值与监测值比较

（2）湖泊水库垂向二维水质模型验证

受滦河流域水库水质的实测资料限制，选用铅直二维模型模拟日本宫崎县的绫北水库水温、浊度分布计算实例（高忠信和张东，2005）来验证模型的合理性。计算时段为1994年6月15日~7月8日的洪水期，相应的入流、出流的日径流过程，气温、风速、湿度、日照时数、云量等气象条件以及水库蓄水位日变化过程等作为模型计算的边界条件。

计算时间步长 Δt 应满足安定性必要条件——Courant-Friedrichs-lwey 条件：
$$\Delta t \leqslant \Delta x / (|u| + 2gh)$$

计算区域用流动方向网格长度 $\Delta x \approx 200\mathrm{m}$、水深方向厚度 $\Delta y = 1\mathrm{m}$ 进行划分，流动方向上分为19个计算单元，水深方向上分为40个计算单元。网格如图11-10所示。

图11-11、图11-12分别给出了6月21日水温在垂向方向不同断面观测结果与计算结果的比较以及流速分布情况。从图中可以看出，计算结果与观测结果基本一致。

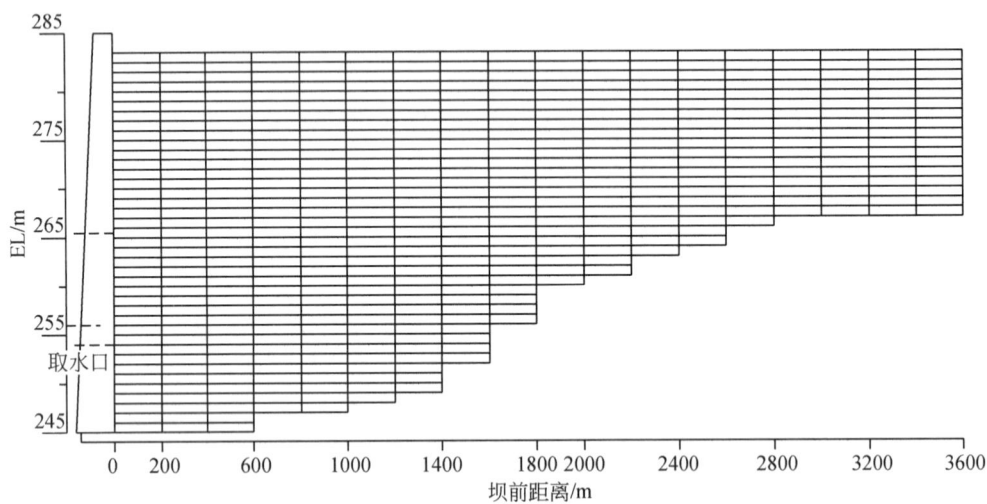

图 11-10 铅直二维模型网格划分（40×19）

注：EL 表示水深。

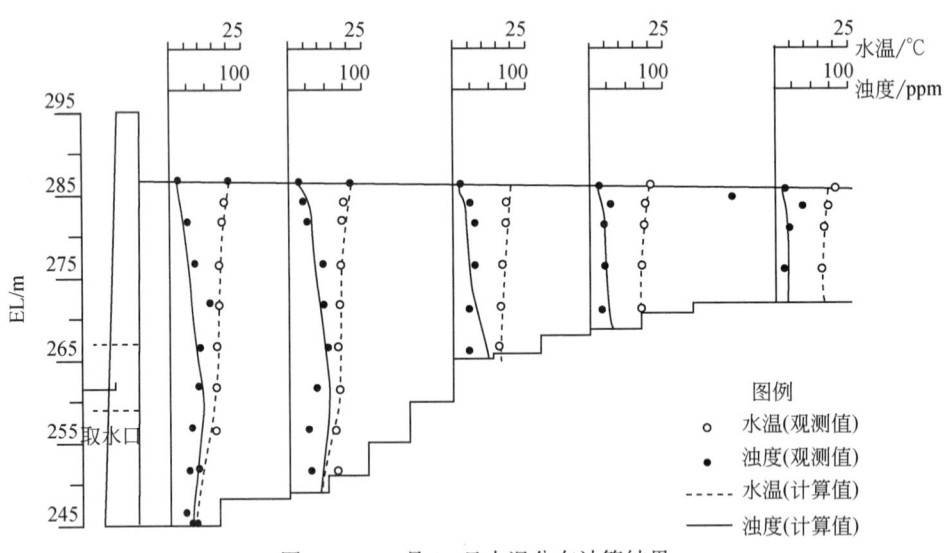

图 11-11 6 月 21 日水温分布计算结果

注：$1ppm=10^{-6}$。

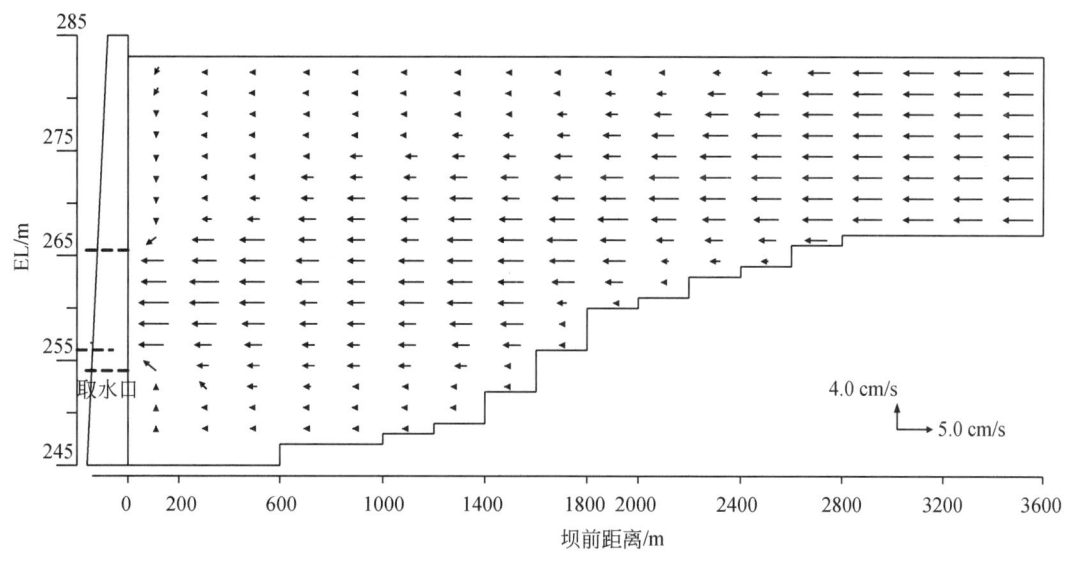

图 11-12　6 月 21 日流速分布计算结果

11.2.4　模型的应用

(1) 滦河水质模拟

1) 模型应用情景设置。

在模型验证合理的基础上，假设在上游郭家屯站附近有一个突发的高浓度点源排放到河道中，应用模型分析其浓度沿程变化，为事故预警预报提供支持。

郭家屯以下至三道河子间，行经山区峡谷，河床比降平均为 0.167‰ ~ 0.33‰，沿途有郭家屯、朱家湾、梁家湾等居民区和周台子村铁矿、麻纺厂、丝绸厂、铁选厂等点源污染排放口，沿河道有 S357 省道并在郭家屯与 G111 国道交汇。假设在 2006 年 6 月 28 日上游郭家屯站处发生交通事故，有一个突发的高浓度点源（1t 氨氮）瞬时排放到河道中，在 2006 年 6 月 28 日 ~ 7 月 1 日的汛期内，忽略源/汇项模拟从郭家屯断面检出该物质后河道浓度变化过程。

先将河道分为 11 段（前 10 段长 10 000m，最后一段长 10 586m），共计 12 个断面，如图 11-13 所示。

2) 计算结果与分析。

不同断面氨氮浓度过程如图 11-14 ~ 图 11-16 所示。受滦河地形的影响上游断面流速较快，尽管到达上游各断面的时间短，且浓度峰值较高，但持续的时间比较短。如浓度峰经过 5 ~ 6 小时到达 2# 断面，最大浓度达到 12.67mg/L，而超标浓度的持续时间为约 4 小时。浓度峰到达三道河子断面（模拟河段的出口断面）需经过 70 ~ 72 小时，最大浓度为 2.64mg/L，但超标浓度的持续时间达到 13 小时以上。

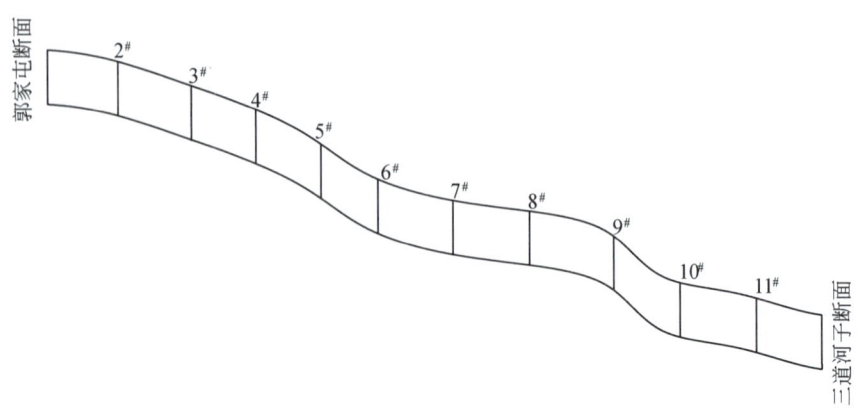

图 11-13　郭家屯—三道河子计算分段示意图

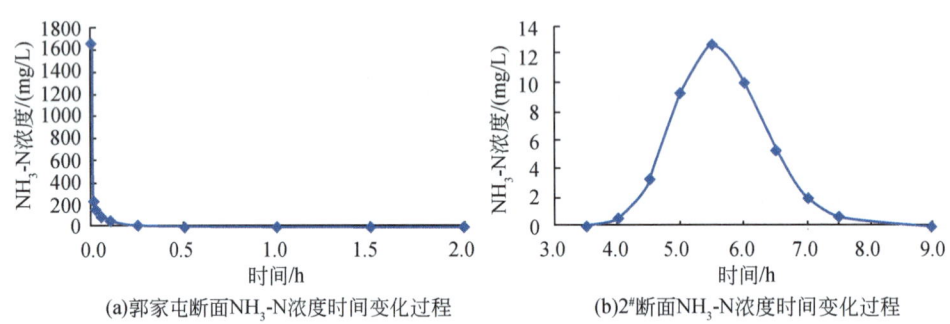

(a)郭家屯断面NH₃-N浓度时间变化过程　　(b)2#断面NH₃-N浓度时间变化过程

图 11-14　郭家屯以下 10m 断面与 2#断面 NH₃-N 浓度时间变化过程

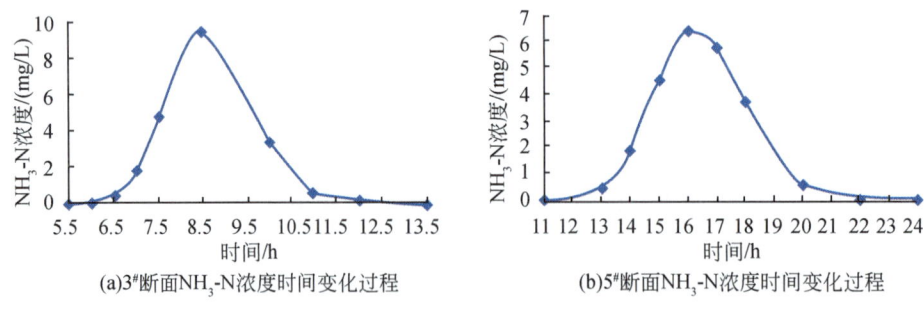

(a)3#断面NH₃-N浓度时间变化过程　　(b)5#断面NH₃-N浓度时间变化过程

图 11-15　3#断面与 5#断面 NH₃-N 浓度时间变化过程

从图中可以看出，从郭家屯断面到三道河子断面，污染物的浓度峰值逐渐降低，持续时间逐渐增长。

不同时间氨氮浓度沿程分布如图 11-17 所示。从图可以看出，伴随着河流水体流动，污染物在水体中对流、扩散和稀释作用逐渐明显，加上污染物在水体中的降解作用，随着时间的推移，污染物的浓度峰值逐渐降低。例如，在 5.5 小时后，浓度峰值为 12.67 mg/L；12 小时后，浓度峰值为 7.57 mg/L；24 小时后，浓度峰值为 4.11mg/L；36 小时后，浓度峰值为 3.79 mg/L；48 小时后，浓度峰值为 3.09 mg/L。

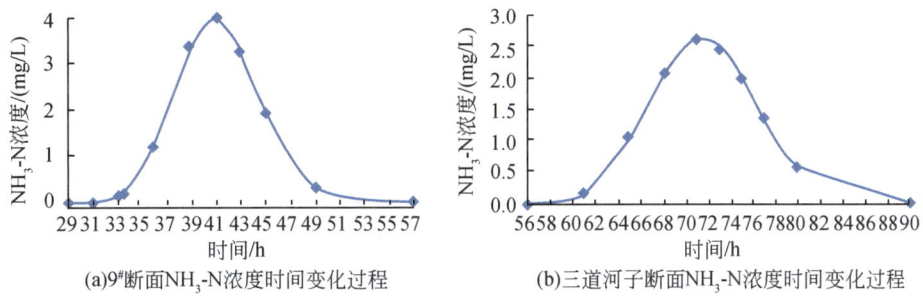

图 11-16　9#断面与三道河子断面 NH$_3$-N 浓度时间变化过程

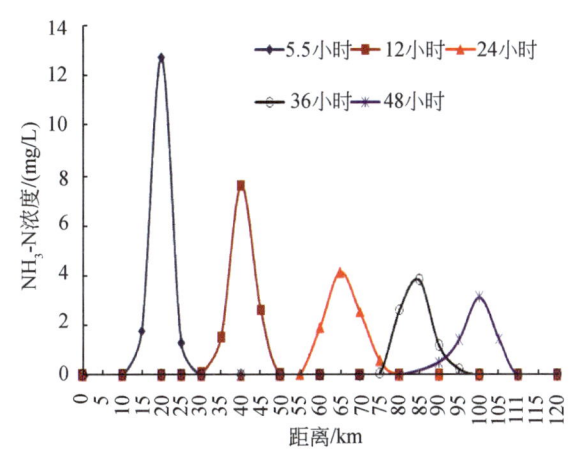

图 11-17　郭家屯检出后不同时刻 NH$_3$-N 浓度沿程变化过程

(2) 潘家口水库水质模拟

潘家口水库作为引滦工程的水源地，其污染物水质指标都能满足水源地要求《地表水水环境管理标准》（GB 3838—2002）。但是，水库引起的水流温度偏低的问题比较突出，可能诱发一系列水生态环境问题。因此，采用宽度平均的垂向二维水温模型，模拟了潘家口水库水温分布结构和水库下泄水温的变化规律。

根据 38 个大断面获取水库库底地形，将水库水体纵向分为 64×1km 个计算河段，坝前垂向为 64×1m 个计算水体分层。计算时段为 2006 年 6 月 1 日~8 月 30 日，相应的入流、出流的日径流过程，气温、风速、湿度、日照时数、云量等气象条件以及水库蓄水位日变化过程等作为模型计算的输入资料。计算可得坝前各断面处的水温垂向分布情况，如图 11-18～图 11-20 所示。合理设置放流口，可以避免不利的水生态环境问题发生。

上述研究结果表明，根据水温分布特点，合理设置取水口的高程，水库分层取水可在一定程度上减小水库下泄水温与坝址天然水温的差值，从而减轻水库下泄低温水对下游水生生态环境的不利影响。

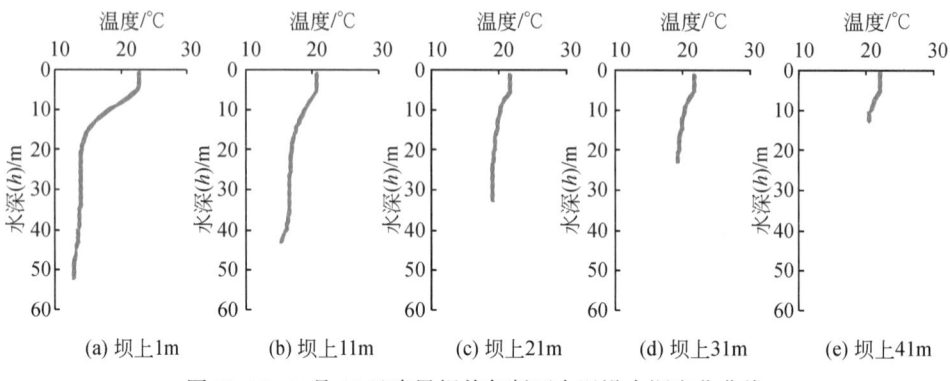

图 11-18　7 月 16 日凌晨坝前各断面水温沿水深变化曲线

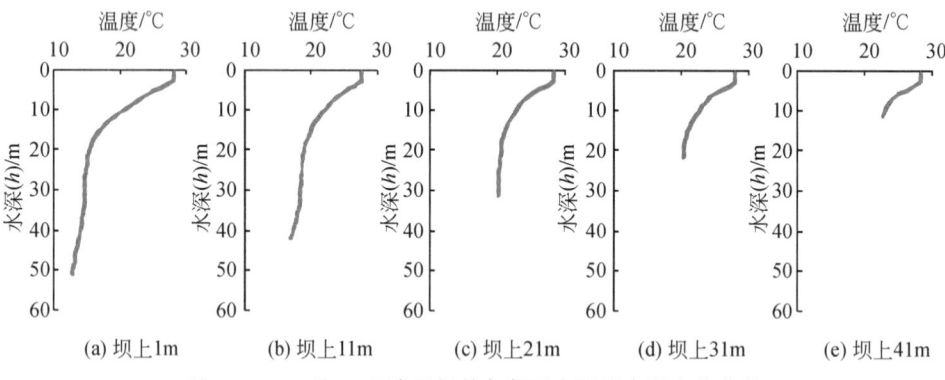

图 11-19　7 月 27 日凌晨坝前各断面水温沿水深变化曲线

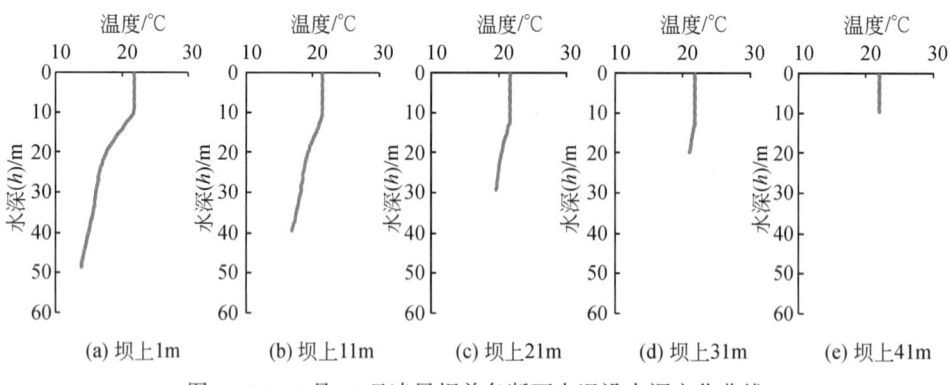

图 11-20　8 月 10 日凌晨坝前各断面水温沿水深变化曲线

11.3 流域地下水质模型

11.3.1 模型构建

(1) 地下水流模型及模拟区域介绍

本地下水氮和磷污染物溶质运移模型将采用地下水水流模型作为本模型模拟的基础，模拟农业活动对地下水水质的影响。同时本模型模拟区域与地下水水流模型模拟区域为相同区域，主要包括北京市、天津市、河北省、河南省和山东省位于海河流域内的平原区。

(2) 数据处理及来源

本模型所需的数据主要包括两大类：第一类为海河流域平原区地下水水质监测数据，监测数据主要为河北省监测数据，监测年份为 2000~2004 年，每年 5 月和 9 月各测一次，监测项包括氨氮、硝态氮、亚硝态氮和磷；第二类为海河平原区每个地级市使用氮肥、磷肥和复合肥的数据，来自于海河流域平原区相关各个省市 2000~2004 年各年年鉴。

(3) 模拟平台及模拟工具简介

本地下水水质模拟是在 PMWIN 模拟平台上对海河流域 2000~2004 年共五年的氮、磷运移状况进行连续模拟。PMWIN 是 Processing Modflow for Windows 的简称，由 Chiang 和 Kinzelbach (1991) 开发，是专用于模拟地下水流和污染物在多孔介质中运移的计算软件。该软件操作较简便，界面相对较好，能与 Suffer 等辅助软件有相对较好的结合，可以直观方便地进行数据输入、组织、数据输出以及分析等，可以用于多种类型地下水水流模拟和污染物运移模拟。该模拟平台包括 MODFLOW、MOC3D、MT3D、MT3DMS、RT3D、PEST、UCODE 和自动调参等多个模块，可以用于地下水水流模拟和地下水污染物运移模拟。本模型地下水水流部分采用 MODFLOW 模块，地下水污染物运移模型采用 MT3DMS 模块。

和污染物运移模型 MT3D 类似，MT3DMS 使用欧拉-拉格朗日近似方法求解污染物扩散和化学反应基本方程，模型基于浓度场变化不影响流场的假定（Zheng and Wang, 1999）。在 PMWIN 模拟平台里 MT3DMS 可以支持 4 种化学反应类型：一阶不可逆反应，可以用来模拟一般的一阶降解不可逆反应以及放射性元素衰变和生物降解；Monod 动力学模型，提供了一个更全面的方法模拟生物降解；一阶链式反应模型，可以用来模拟放射性元素链式衰变反应和氯化溶液的生物降解；反应物之间的瞬时反应，可以模拟一般碳氢化合物的好氧和厌氧生物降解反应。

(4) 化学反应类型定义

根据氨氮、硝态氮和磷在地下水中涉及的反应类型，本模拟选用一阶不可逆反应作为溶质运移模拟的化学反应项模拟，其中磷和氨氮选用 Langmuir 非线性等温吸附模型，硝态氮采用无吸附模式。

Langmuir 非线性等温吸附模型可以用以下方程来描述：

$$\overline{C_{k,i,j}} = \frac{K_L \cdot \overline{S} \cdot C_{k,i,j}}{1 + K_L \cdot C_{k,i,j}} \tag{11-1}$$

初始滞留因子可以用以下方程来计算：

$$R_{k,i,j} = 1 + \frac{\rho_b}{n_{k,i,j}} \cdot \frac{K_L \cdot \overline{S}}{(1 + K_L \cdot C_{k,i,j})^2} \tag{11-2}$$

式中，K_L 为 Langmuir 常数；$\overline{S}$ 为最大吸附量；$C_{k,i,j}$ 为单元 (k,i,j) 污染物浓度；$\overline{C_{k,i,j}}$ 为单元 (k,i,j) 污染物吸附浓度；ρ_b 为容重；$n_{k,i,j}$ 为孔隙度。

硝态氮和氨氮选用等温线性吸附模型（又称 Henry 吸附模型），其表达式为

$$K_d = \frac{C_s}{C} \tag{11-3}$$

式中，C_s 为吸附达到平衡时的固相浓度；C 为液相浓度；分配系数 K_d（或称吸附参数）为两项比值，其计算方法为

$$R_d = 1 + \rho_b \frac{K_d}{\theta} \tag{11-4}$$

其中，R_d 为阻滞因子；ρ_b 为多孔介质的密度（M/L³）；θ 为含水率。

（5）初始浓度

将 2000 年 5 月各站点监测浓度应用 Suffer 软件进行 Kringing 插值（Matheron，1963）得到每个计算单元初始浓度输入到模型中。其各个初始浓度如图 11-21 所示。

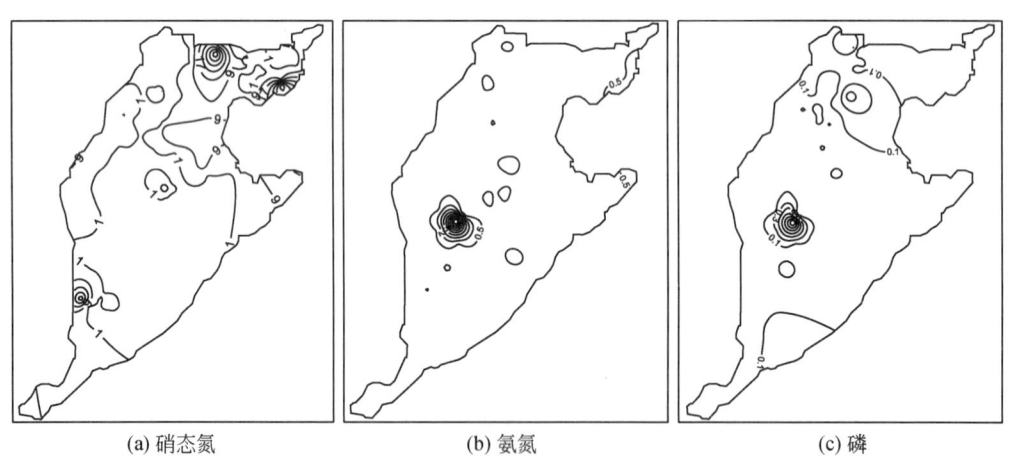

(a) 硝态氮   (b) 氨氮   (c) 磷

图 11-21 各污染物初始浓度插值结果

（6）Mass-loading

Mass-loading 为每个模拟期向地下水流场内注入的各污染物的质量。本模型在对各污染物的各时期 Mass-loading 进行估算时，根据 2000~2004 年年鉴中各地级市和北京市、天津市逐年化肥施肥量折纯和查找文献中海河流域平原区施用化肥大致进入地下水系数进行估算，得出每个地级市和北京市、天津市的 Mass-loading，并输入模型中。

11.3.2 模型率定

由于污染物运移模型中包含了对流、弥散、吸附以及化学反应四项，所以对这四部分所需参数进行分析。首先，对流项参数完全与地下水流模型直接相关，并且水流模型已经调试得相对较好，这里不再考虑对流项参数。其次，弥散、吸附以及化学反应项都与各自参数密切相关，这里就对这三项参数进行参数分析。

(1) 弥散度

研究表明，污染物随着地下水流运移时存在着一定的尺度效应，即研究区域尺度越大，运移的弥散度越大（Gelhar，1992）。弥散度一般可以分为纵向弥散度和横向弥散度，并且纵向弥散度为横向弥散度的数十倍，这里假定纵向弥散度是横向弥散度的10倍。由于本次分析弥散度参数的合理范围，所以在对弥散度进行分析时暂不考虑吸附和化学反应项。考虑到本次研究范围较大，本次对横向弥散度范围的讨论分为三个数量级，分别为0.1km、1km、10km以及100km。

本次对弥散度进行界定时，将面源污染输入模型中，不设定吸附项和一阶反应项，只模拟对流项和弥散项，并且不设定初始浓度。所以地下水的氮浓度在模拟初期从零开始逐渐增大，增大的幅度与面源输入量有很大关系。为了观察对流和弥散对污染物浓度的影响，在溶质运移模型中设置四个观测孔（OBS1～OBS4），其中OBS1设置在面源污染边缘，并且该测站所在网格面源污染较小；OBS2～OBS4分别设置在低面源污染、中面源污染以及高面源污染区域。

从这些观测站的模拟结果可以看出，弥散度越大，污染边缘地区的浓度越高，面源中的浓度会相对降低。当弥散度从0.1km变为1km时，观测井浓度没有明显变化，输出的数据显示浓度数值只有稍微的降低；然而，当弥散度升高到10km时，在污染区域边缘地区浓度发生了明显的上升，强面源污染地区的浓度也发生了较大幅度的下降，然而中、低面源污染地区的浓度变化依旧不大（图11-22）。总的来说，弥散度对模型精度的影响不是决定性的，在综合考虑模型尺度和实际污染的累积情况后，弥散度设定为10km。

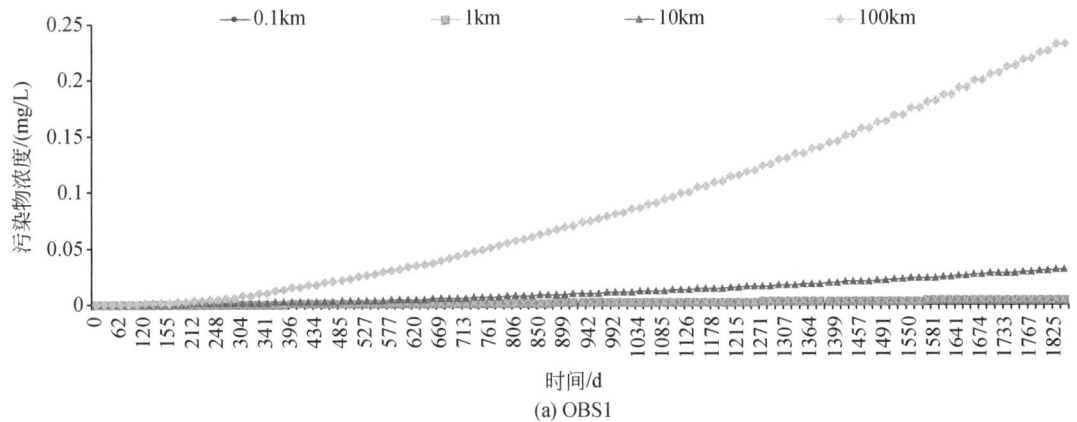

(a) OBS1

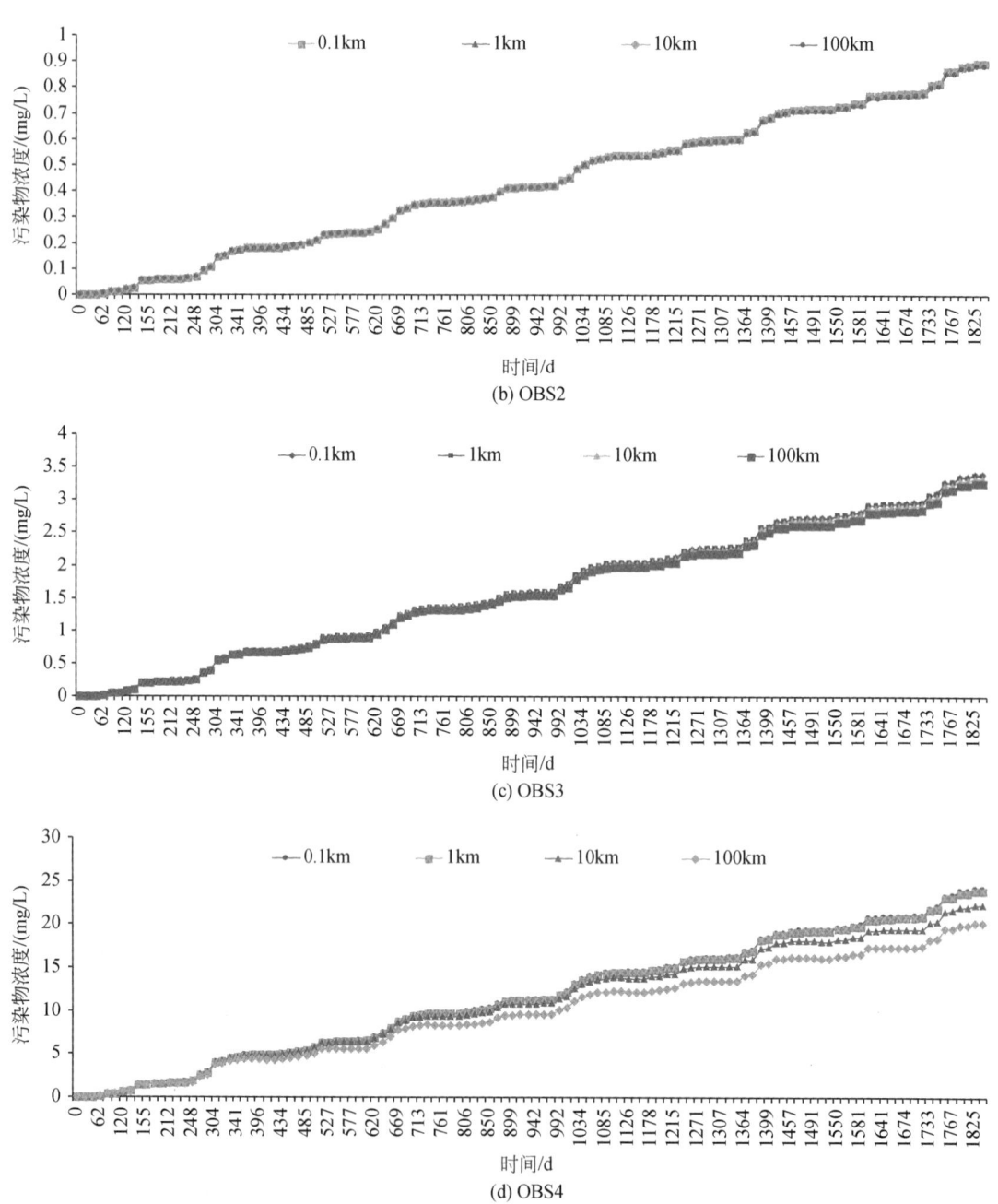

图 11-22 弥散度对污染物浓度的影响

(2) 单一吸附项

在对弥散项进行确定之后,对吸附项参数进行分析。这里吸附参数 K_d 选用 5 个不同数量级进行分析,分别是:$1.5\times10^{-3}\,cm^3/mg$,$1.5\times10^{-4}\,cm^3/mg$,$1.5\times10^{-5}\,cm^3/mg$,$1.5\times10^{-6}\,cm^3/mg$,$1.5\times10^{-7}\,cm^3/mg$。

根据模型在四个观测站点输出资料得出，K_d 在-5、-6、-7 三个数量级下几乎没有差别，在-3 数量级下，在污染源边缘、低、中和高面源污染的情况下，其污染物浓度都几乎减半。其中在面源污染边缘的浓度只有-5 数量级的20%，这是由于面源的污染物几乎大多被吸附在污染范围内引起的。从 OBS2～OBS4 可以看出，污染物浓度越高，被吸附的削减作用越大（图 11-23）。根据数值的合理性，本次选用-4 这个数量级作为吸附作用的分配系数。

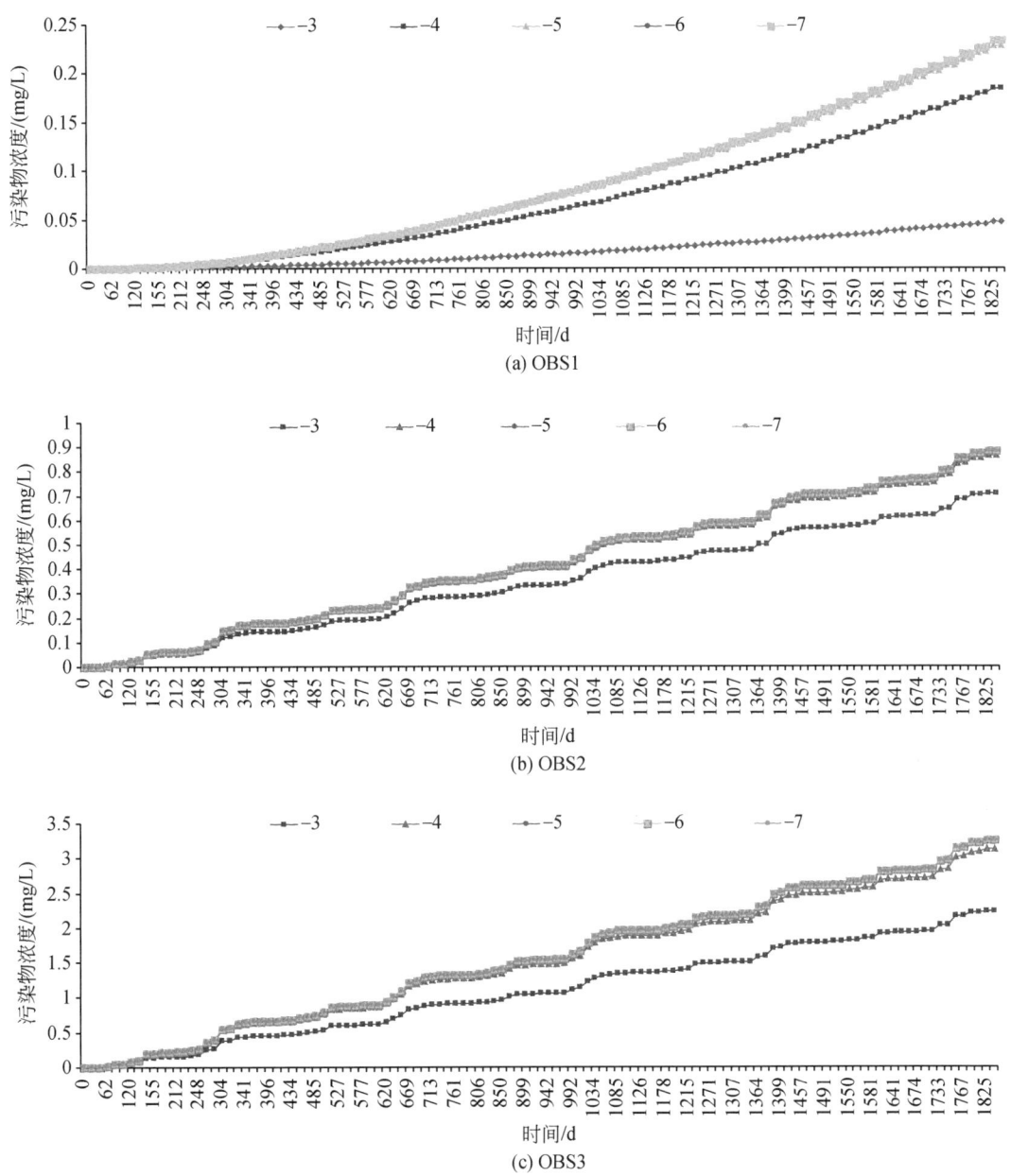

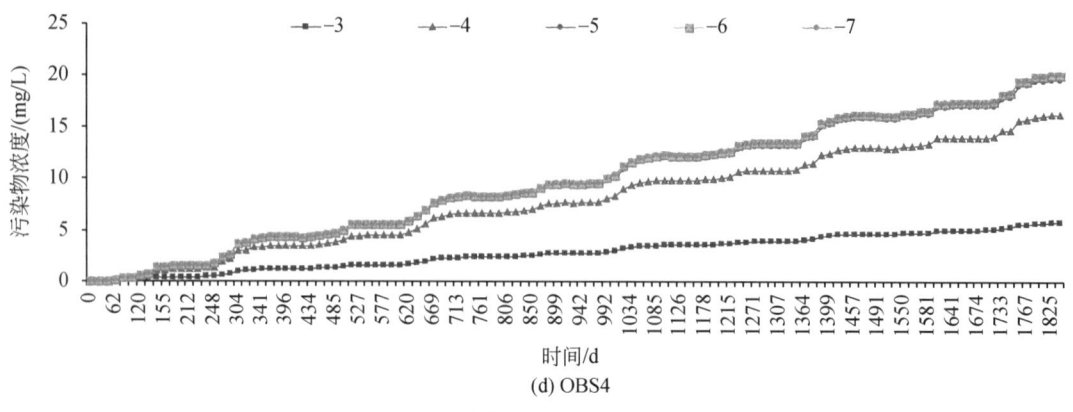

(d) OBS4

图 11-23 吸附作用对污染物浓度的影响

（3）单一化学反应项

在含水层对污染物无任何吸附作用的情况下，污染物自身具有一定化学反应，这里对单一污染物化学反应项进行分析。根据前人的研究（Lu，1999），氮的一阶不可逆反应系数为 $3.1\times10^{-4}D^{-1}$。这里对氮的一阶不可逆反应速率的数量级进行简单的分析。选 3.1×10^{-4}、3.1×10^{-6}、3.1×10^{-2} 三个数量级的参数进行分析。根据观测井以及面源污染物浓度的分布情况，可以看出，在没有吸附项时，反应参数数量级为 -6 时，消氮反应不明显，无论是在面源边缘还是在低、中和高强度面源污染区域。当观测点位于中低面源污染区域时，反应项参数数量级为 -2 和 -4 时几乎没有差别。当观测点位于面源边缘以及高面源污染区域时，反应参数数量级为 -2 和 -4 时出现明显差别，但是没有数量级为 -6 时的差别大（图 11-24）。在综合考虑前人的研究以及实际情况的基础上，下面对吸附项和反应项进行综合考虑，但是反应项数量级为 -6 的情况不在以下研究范围内。

（4）综合考虑吸附与反应项

根据上文分析可以看出污染物浓度对吸附项和反应项比较敏感。污染物在吸附和反应作用的共同作用下在含水层中消减。本次研究对吸附和反应项综合考虑，并分析适合流域

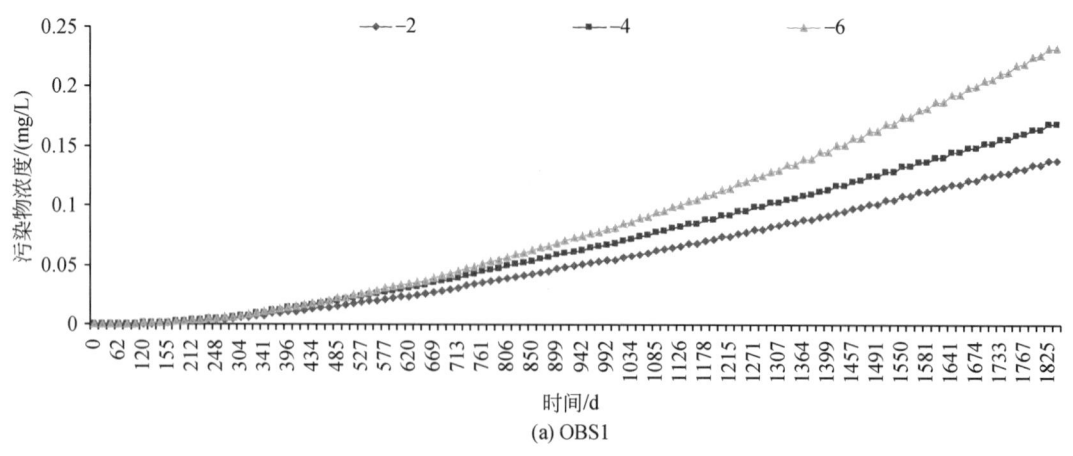

(a) OBS1

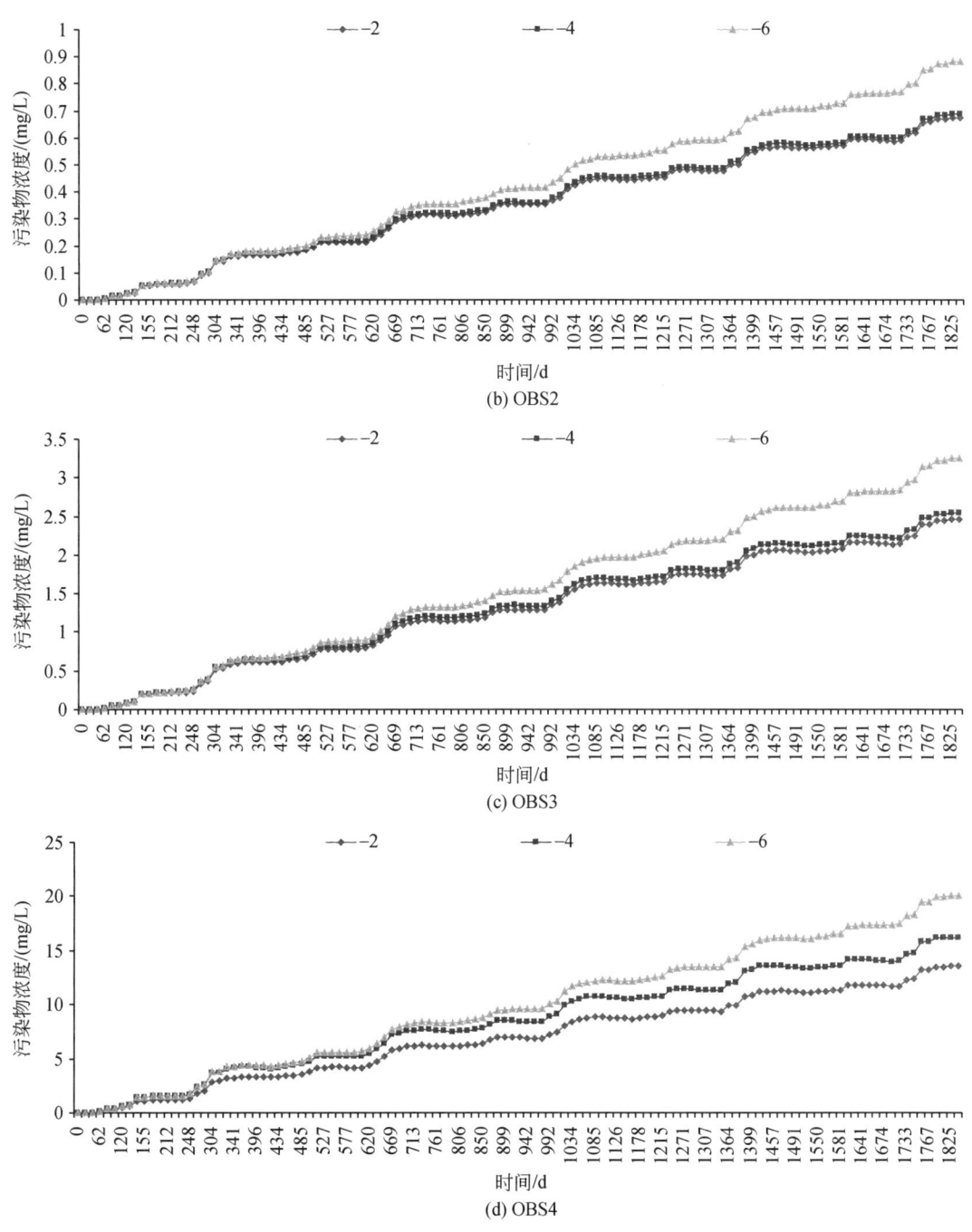

图 11-24 单一化学反应项对污染物浓度的影响

的参数组合。

根据在吸附项参数为 $1.5×10^{-4} cm^3/mg$ 的情况下,反应项参数为 $3.1×10^{-4}$、$3.1×10^{-6}$、$3.1×10^{-2}$ 时各测站的浓度变化情况,可以看出在吸附项参数为 $1.5×10^{-4} cm^3/mg$ 和反应项

参数为 3.1×10^{-6} 的参数组合下，OBS1、OBS2、OBS3 和 OBS4 的浓度比单一吸附项参数为 $1.5\times10^{-4}\mathrm{cm^3/mg}$ 时的浓度只有稍微的降低，在该参数组合下，吸附作用起绝对作用，反应的消减作用不明显。在吸附项参数为 $1.5\times10^{-4}\mathrm{cm^3/mg}$ 和反应项参数为 3.1×10^{-2} 的组合下，四个监测点的浓度都出现周期性的震荡，最高点出现在生长期氮肥进入地下水最高时期，最低点浓度值多在 0 附近，即使在高强度面源污染的地区也没有出现明显的污染物积聚。在吸附项参数为 $1.5\times10^{-4}\mathrm{cm^3/mg}$ 和反应项参数为 3.1×10^{-4} 的组合下，四个站点浓度曲线与在吸附项参数为 $1.5\times10^{-4}\mathrm{cm^3/mg}$ 和反应项参数为 3.1×10^{-6} 的组合下的情况比较类似，只是浓度有所下降。根据之前对氮污染的分析情况可以看出，在低面源污染情况下，地下水氮污染物没有发生明显的积聚现象，在高强度面源污染的情况下，地下含水层中的氮浓度出现 10mg/L 左右的氮污染物积聚。根据以上分析，真实情况应为吸附项为 $1.5\times10^{-4}\mathrm{cm^3/mg}$ 和反应项为 3.1×10^{-2} 的参数组合（图 11-25）。

在大致估算出每个时期各污染物进入海河平原区地下水系统的数量之后，对海河地下水水质模型进行率定，率定的主要参数为各污染物在地下水中的一阶反应系数以及弥散度参数。应用 2004 年 9 月各测站插值结果作为模型率定的参考，图 11-26～图 11-28 为各污染物运移模型率定结果。可以看出，因为磷的模拟较难，其模拟结果与实测结果差别较大，但硝态氮及氨氮的模拟结果基本上再现了实测结果。

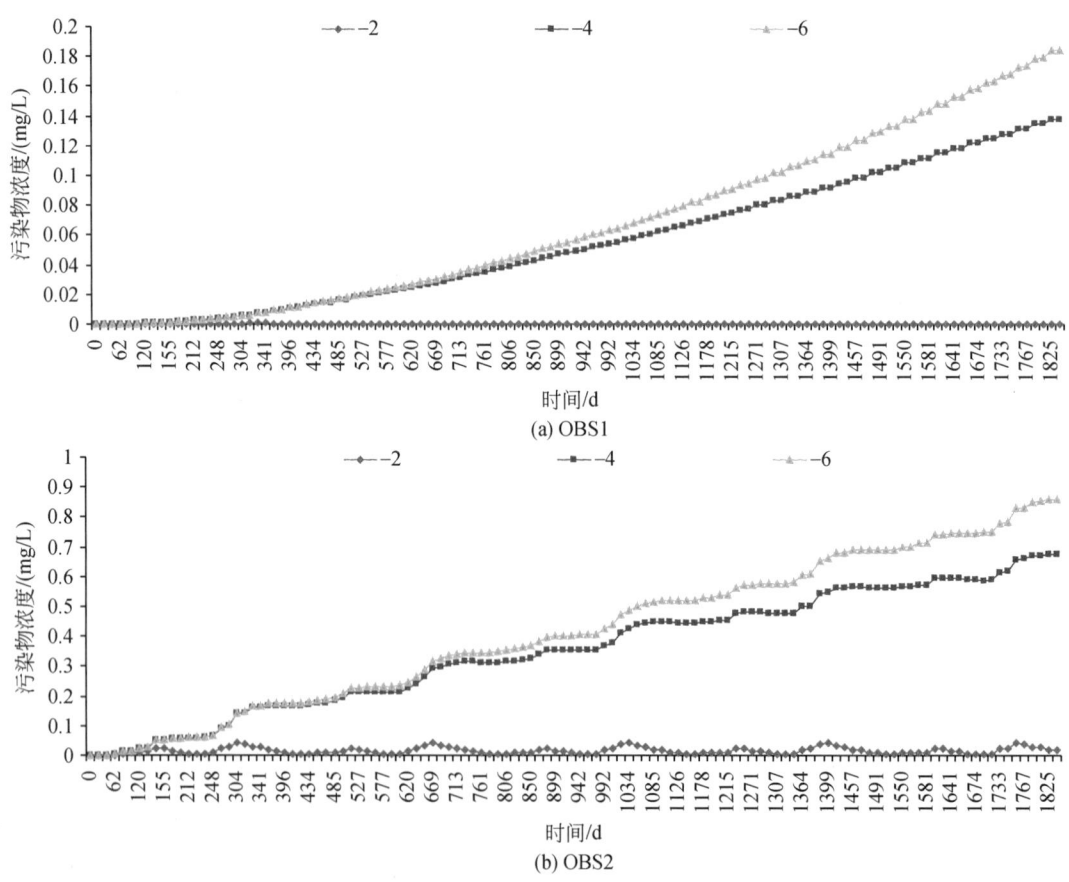

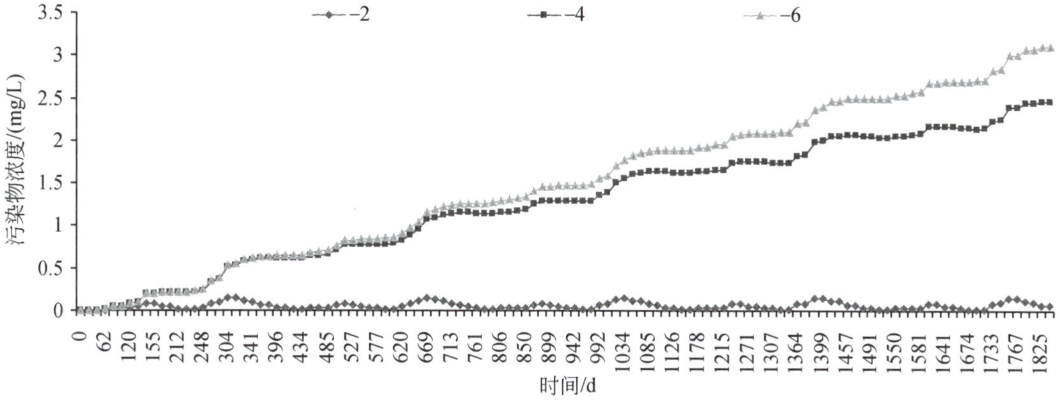

(c) OBS3

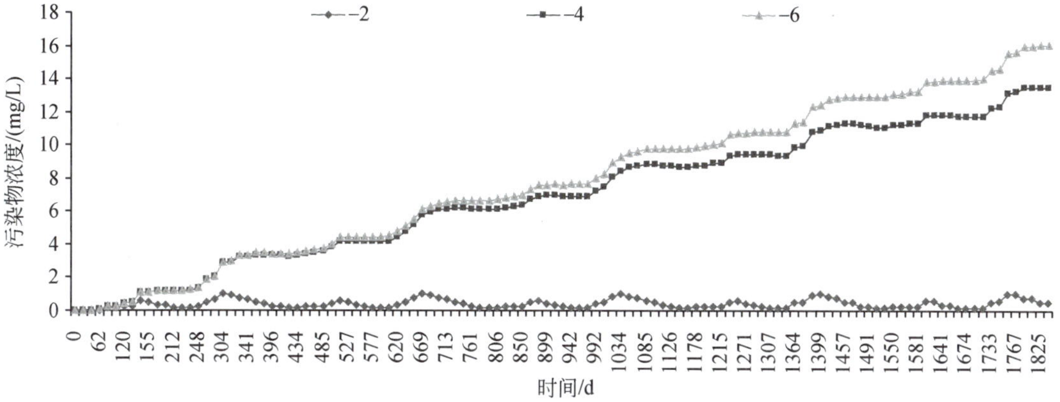

(d) OBS4

图 11-25　吸附与反应项对污染物浓度的影响

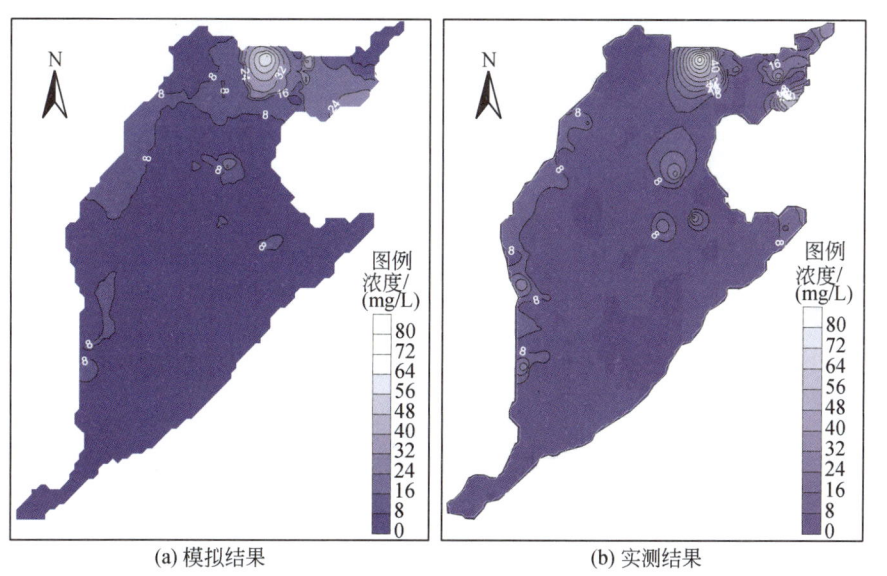

(a) 模拟结果　　　　　(b) 实测结果

图 11-26　硝态氮模拟与实测对比

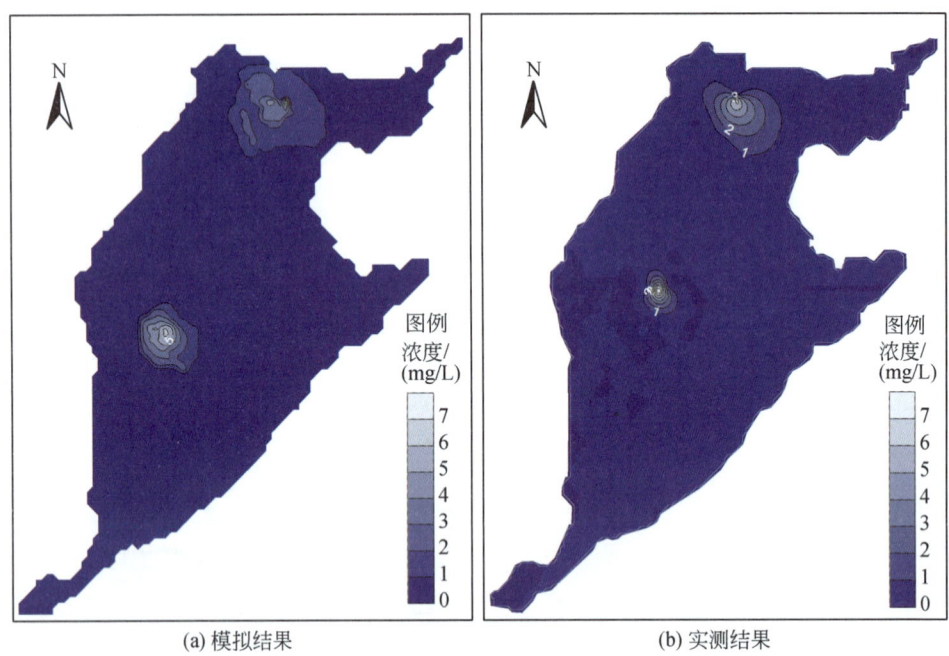

图 11-27　氨氮模拟与实测对比

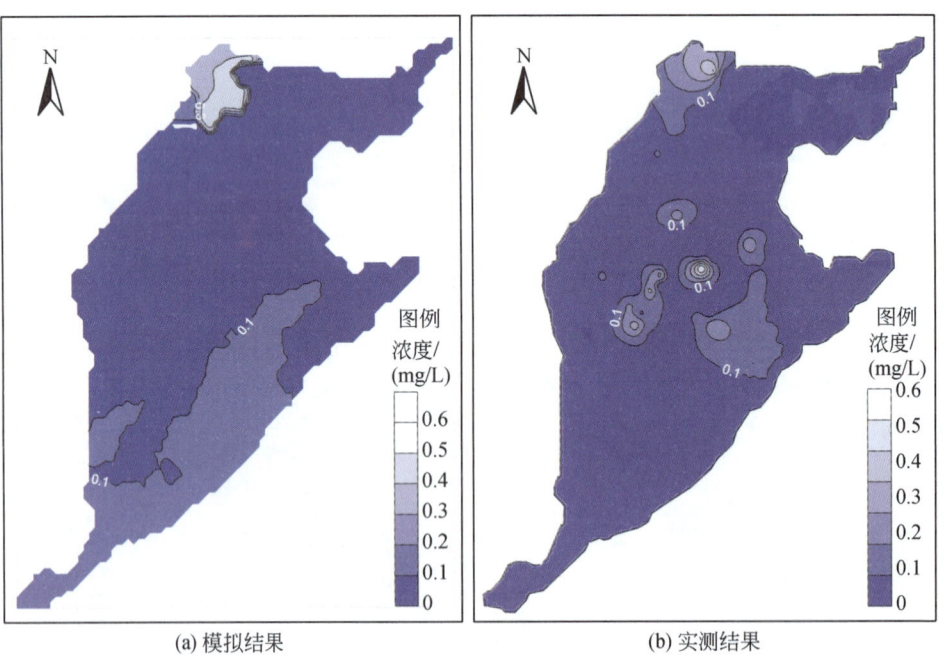

图 11-28　磷模拟与实测对比

第 12 章　水生态模拟与验证

12.1　陆地生态水文模拟与验证

12.1.1　模型输入数据与参数

陆地生态水文模型的输入数据包括河网水系数据、土壤植被数据、土地利用数据和水文水资源数据、气象数据、人口社会经济数据等。以地理信息系统为分析处理平台，将获得的信息空间化，模型的输入信息主要包括 DEM 以及河网及子流域、空间面状信息的处理（气温、降水、土地利用、土壤类型和土壤厚度、植被类型等）。模型输入的参数及数据准备流程见图 12-1。

由于生态水文模型的计算单元与 WEP-L 分布式水循环模型的子流域一致，因此大部分水文过程的输入数据与参数（见第 9 章和第 10 章）从 WEP-L 模型中提取。

有关生态过程模拟的主要输入数据见表 12-1，包括日气象数据（最高气温、最低气温、平均气温、降水量、水汽亏缺、短波辐射和理论日照时长）、CO_2 控制数据和研究地点信息（土壤、海拔、纬度）等。

表 12-1　生态过程模拟主要输入数据

数据类型	数据名称	单位
日气象数据	最高气温	℃
	最低气温	℃
	平均气温	℃
	降水量	cm
	水汽亏缺	Pa
	短波辐射	W/m^2
	理论日照时长	S
CO_2 控制数据	CO_2 稳定浓度	ppm
	CO_2 各年变化值	ppm
土壤	有效土深	m
	黏粒含量	%
	粉粒含量	%
	砂粒含量	%
海拔	海拔	m
纬度	纬度值	°

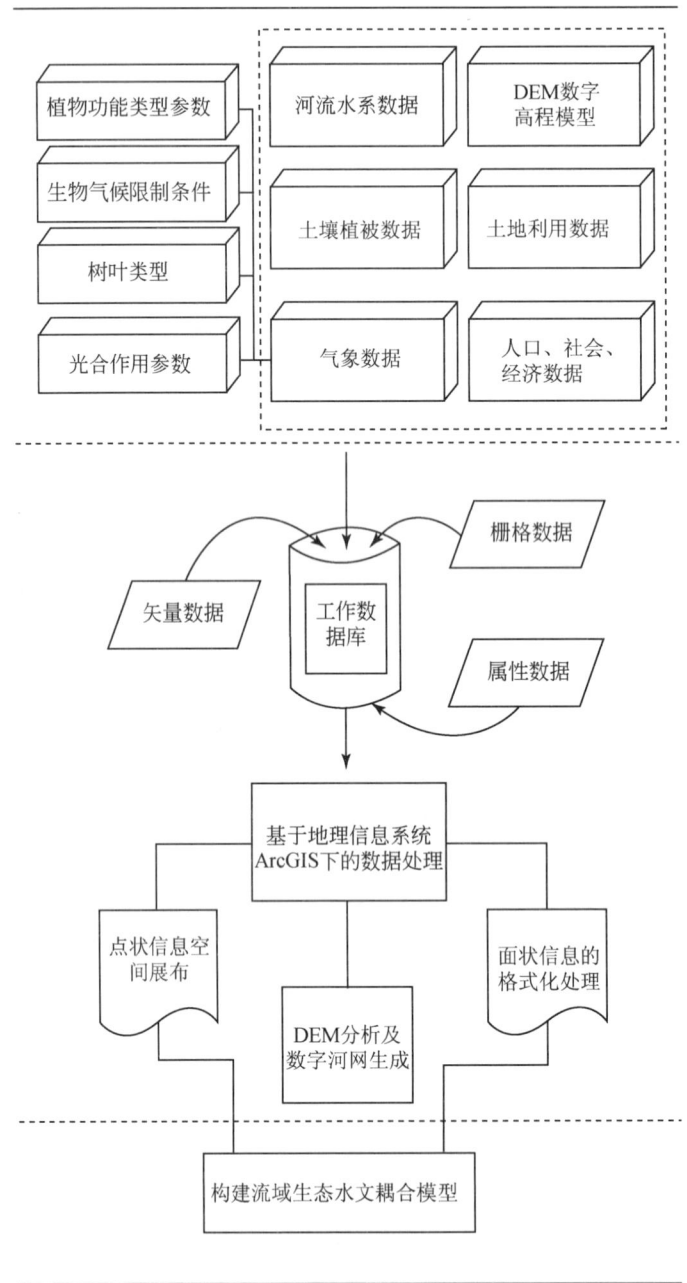

图 12-1 模型输入数据及参数准备流程

BIOME-BGC 模型属于过程型模型,生理学参数对生态过程模拟具有重要作用。本研究中使用的生理学参数是基于 NTSG 研究组推荐的各类植被的生理学参数(Running and Hunt,1993),再根据南小河沟试验站观测试验获得的数据进行率定。根据植被类型的分类、海河流域植被的实际情况和各计算单元的气候条件,林地使用经过率定的温带阔叶林参数和推荐的常绿针叶林参数，草地使用经过率定的 C3 草本参数。有关生态过程的主要生理学参数及取值见表 12-2。

表 12-2　生态过程模拟主要生理学参数

参数	单位	林地取值	草地取值
叶碳氮比	kg C/kg N	40	24
根碳氮比	kg C/kg N	42	42
比叶面积	m²/kg C	28	45
烧死率	1/a	0.0025	0.1
死亡率	1/a	0.005	0.1
最大气孔导度	m/s	0.005	0.005

12.1.2　模拟结果验证

水文模拟验证包括河川径流、地下水水位以及蒸发蒸腾等，详细参见第 10 章，这里不再赘述。

生态模拟验证分为叶面积指数和 NPP（净初级生产力）两个方面进行。林地叶面积指数模拟结果与实验数据对比如表 12-3 所示。从叶面积指数的验证情况来看，除 9 月以后模拟的值偏大以外，模型对于叶面积指数的模拟基本与实测情况相符，能够反映的叶面积指数的变化情况。

表 12-3　叶面积指数验证结果

日期	LAI 模拟值	LAI 实测
2009 年 7 月 5 日	2.161 148	2.24
2009 年 7 月 11 日	2.216 657	3.33
2009 年 7 月 23 日	2.325 949	2.44
2009 年 8 月 1 日	2.410 664	2.085
2009 年 8 月 11 日	2.494 719	2.2
2009 年 8 月 23 日	2.617 896	2.23
2009 年 9 月 1 日	2.698 832	1.96
2009 年 9 月 11 日	2.776 599	1.695

林地日 NPP 模拟结果与实验数据对比如表 12-4 所示。从日 NPP 的验证情况来看，模拟值略大于实测值，但基本上反映了日 NPP 水平。模拟值大于实测值的原因可能是观测试验条件所限，第一个观测时间为早上八点半左右，而夏天日出早，早上光合速率旺盛的一段时间都未进行观测，导致观测值偏小。

表 12-4 日 NPP 验证结果

日期	日 NPP 模拟值/[g C/(m² · d)]	日 NPP 实测值/[g C/(m² · d)]
2009 年 6 月 30 日	3.79	2.85
2009 年 7 月 2 日	3.8	2.76

草地生产力模拟结果 2009 年 1~8 月累加值为 87.2g C/m²，与实测的数据 78.0g C/m² 相比，误差在 20% 以内，结果可以接受。

利用改进率定后的模型进行了海河流域 3067 个子流域各植被类型 1956~2005 年 50 年连续计算。模型计算的日输出结果包括叶面积指数、净初级生产力（NPP）、总初级生产力（GPP）、净生态系统生产力（NEP）等。将 50 年的计算结果进行统计分析，对各子流域各植被类型的数据进行面积加权平均，得到海河流域各年的净初级生产力、总初级生产力、净生态系统生产力等统计值，进而求得各植被类型的多年平均值。

由于大尺度区域内的 NPP 数值很难利用直接观测获得，模型输出数据的校验主要是将计算所得的各植被类型多年平均 NPP 与国内其他学者的研究成果进行比较，其中刘勇洪（2010）等利用 CASA 模型计算华北植被的净初级生产力、朱文泉（2007）等采用遥感估计模型和朴世龙（2001）等采用 CASA 模型计算的中国各植被类型的净初级生产力成果对模型结果的验证有一定的参考意义，各植被类型多年平均 NPP 的比较如表 12-5 所示。

表 12-5 模型输出结果与其他研究成果对比

植被类型	多年平均 NPP 计算成果/[g C/(m² · d)]			
	本研究	刘勇洪等	朱文泉等	朴世龙等
林地	416.5	271~560	367.1	250~450
草地	90.6	97~278	226.2	120~180

12.2 作物生长模型模拟与验证

12.2.1 冬小麦田间试验研究方法

为了进行作物生长模型的模拟与验证，于 2007 年 10 月~2008 年 6 月在中国水利水电科学研究院大兴实验基地进行了冬小麦田间试验（申宿慧，2008）。冬小麦品种选用"9428"。试验区分为 15 个 5.5m×5.5m 的小区，外围为保护行，以减少与其他田块的相互影响。试验设置 5 个灌水处理（表 12-6），其中 T1、T2、T3 的灌溉下限分别是田间持水量的 70%、60% 和 50%，T4 根据冠气温差与土壤含水率模糊决定，T5 根据冠气温差决定，每个处理重复三次，田间布置按照随机方法确定（图 12-2）。

表 12-6　2007~2008 年度冬小麦灌溉处理设置

项目	T1	T2	T3	T4	T5
播前灌/mm	60	60	60	60	60
冬灌/mm	70	70	70	70	70
返青后灌溉开始（占田持的比例）	≥70%	≥60%	≥50%	根据冠气温差与土壤含水率模糊决定	根据冠气温差决定

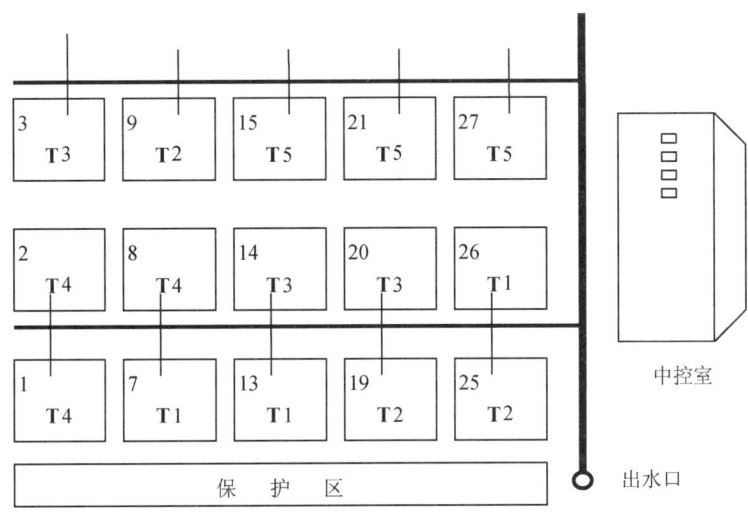

图 12-2　冬小麦灌溉处理田间小区布置图

冬小麦于 2007 年 10 月中旬播种，在 10 月月初进行播前灌，11 月中旬进行冬灌，这两次各个处理灌水量一致，分别为 60mm 和 70mm。作物返青后进行详细的试验观测和实时灌溉管理和控制。

观测的内容如下所示。

(1) 气象资料的观测

试验站建有自动气象站（澳大利亚，Monitor），可以实时监测降雨、气温、地温、太阳辐射、日照时数、相对湿度、风速、风向、水面蒸发等因子；采集间隔为 30min，并自动将采集的数据存储到模块内。

(2) 光合参数的测定

使用美国产的 LI-6400 光合测定仪测定。主要观测作物的光合作用速率 Pn、叶面蒸腾 Tr、气孔导度 Gs、叶面温度 Tl 和光合有效辐射 PAR 等参数。一般选择冬小麦旺盛生长季节进行观测。在天气晴朗的情况下，从早上 8:00 到晚上 18:00，每两小时监测一次。每个小区至少测三个植株的叶片，然后取平均值作为本次观测值。

(3) 土壤水分的测定

整个小区设有三种土壤水分自动采集装置，包括英国产 Delta-T 自动采集系统、以色列产 Galileo 系统和中国农业大学产 SWT-3 型自动采集系统，可以监测 6 个小区 1m 剖面（10cm、20cm、30cm、40cm、60cm 和 100cm）的墒情变化。

另外，每个小区打入 Trime 测管至 1m 深，每 3~4 天人工测量一次土壤体积含水率。测定深度也是 10cm、20cm、30cm、40cm、60cm 和 100cm，重复三次。

(4) 阶段干物质的测定

选取作物地上部分烘干称重。具体操作方法：在每个小区取中等长势的 20cm 长小麦，截取地上部分，记录样本的植株数量和叶片个数，装入纸袋，测量湿重；然后尽快放入烘箱杀青，在 45~50℃ 连续烘烤 48 小时，称取其干重。

为配合叶面积指数的测量，在称取湿重时，每个小区选取大、中、小各 1 片共 90 片叶片，用扫描仪扫描其叶面积，记录下来，另外用直尺分别测量其长、宽以计算叶面积折算系数，三个系数取平均作为小区的折算系数。

$$叶面积折算系数 = \frac{扫描叶面积}{长 \times 宽}$$

(5) 株高、叶面积指数的测定

人工测量冬小麦的株高和叶面积。一般每 5 天观测、计算一次。每个小区选择三株典型植株，做标记固定监测其株高和叶面积。

株高测定时，在抽穗前从土面量至最高叶尖的高度，抽穗后量至穗的顶部（不连芒）。叶面积测定采用长、宽乘积法，然后乘以测定阶段干物质时计算的叶面积折算系数。

$$取样点的总叶面积(cm^2) = \frac{单叶面积(cm^2) \times 单株有效叶片数 \times 20cm 株数 \times 作物总长度(cm)}{20(cm)}$$

$$叶面积指数 = \frac{取样点的总叶面积(cm^2)}{小区面积(cm^2)}$$

(6) 测产和考种

收割前组织考种，每小区取 $1m^2$ 的典型样本，计算每平方米株数及千粒重，在样本中取 20 株，算平均株高、穗长、穗粒数。各小区单打单收，计算实际产量。

穗长：自穗节基部量至穗尖（不连芒）的长度。

有效穗数：每穗结实粒数在 5 粒以上的穗数（被病虫害造成的空穗亦作有效穗计算）。

每穗粒数：从样点取 20~30 个麦穗混合脱粒，数清总粒数，然后用穗数除总粒数。

千粒重：每千粒的重量，重复三次取平均值，以克表示。

理论产量：按单位面积有效穗数、每穗实粒数和千粒重计算出的产量。

实际产量：单打单收晒干扬净的实收产量。

12.2.2 模型参数调整方法与步骤

对作物模型而言，参数调整是指校准一些特殊的函数。因为模型不可能精确地模拟其设计以外的领域，应用到特殊情形必须对其参数进行调整。因此，模型参数必须调整至能用于模拟环境和作物品种综合效应。适当的参数调整需要作物生育期、生长动态和产量的特征信息。

模型参数调整首先是在潜在生产条件下进行，即作物没有受涝灾、水分胁迫或养分不足，没有杂草、病虫害或其他限制因子可忽略不计。这样就需要理想的灌溉排水、养分供应和作物保护管理措施。其次，水分限制下的模型参数调整，即水分供应过多或过少或非理想的灌溉排水管理措施引起的作物生长。

模型参数调整步骤为：①生长发育日数和作物生育期；②光能截获和潜在干物质生产；③同化物在作物器官的分配；④水分有效性；⑤蒸发蒸腾。

12.2.3 作物生长参数敏感性分析

在潜在生产力条件下的水肥供应和作物保护管理措施均认为是一种理想的状态。在这种条件下，模型不用土壤数据。为了更好地调试参数，既保证一定的生物学意义和模拟效果，又适当减少计算量，有必要先进行生长参数的敏感性分析，找出影响作物模拟模型的主要敏感参数。本研究以敏感度为标准，即在其他参数值不变的情况下，测试参数值提高10%后，模型模拟结果变化的百分率（包括最大叶重、茎重、穗重、总重、LAI，收获时的叶重、茎重和LAI）。

用大兴2007~2008年度冬小麦生育期内的气象数据和WOFOST模型原有作物参数，计算部分作物参数的敏感度。结果表明，生物量（茎、叶、穗、总生物量）对于比叶面积（SLATB）、消光系数（KDIF）、光能利用率（EFF）、最大光合速率（AMAX）、光合产物转化干物质的效率和维持呼吸速率都比较敏感。

12.2.4 模型参数率定

冬小麦播种至出苗所用有效积温采用大兴试验站数据（2004~2008年）的平均值110℃·d。2004~2008年冬小麦平均播种日期和出苗日期分别为10月13日和10月26日，平均开花和成熟日期分别为次年5月10日和6月13日。

欧洲冬小麦种植区域一般以1月1日作为作物生长模拟开始日期，因此WOFOST模型中冬小麦作物出苗日期一般定义为春季某日。由于海河流域冬小麦播种时期为10月月初至10月月底，所以在处理气象数据时把10月1日作为次年的第一天，其他日期依次顺延。

初始总生物量采用试验实测数据（2004~2008年）的平均值为298.6kg/hm^2。根据最大叶面积指数调整比叶面积（SLATB），根据收获指数调整光合产物在作物器官的分配系数。

将2006~2007年的气象数据输入模型，以WOFOST模型自带参数为基础，结合海河流域冬小麦的特性对模型参数进行调试。用2006~2007年试验中T1处理的实测结果与模拟结果中的潜在生长进行比较，T3处理的实测结果与模拟结果中的水分限制生长进行比较。分别取叶面积指数、穗重、地上部分总干物质重为指标与模型模拟值进行对比，调试后的模拟结果见图 12-3。

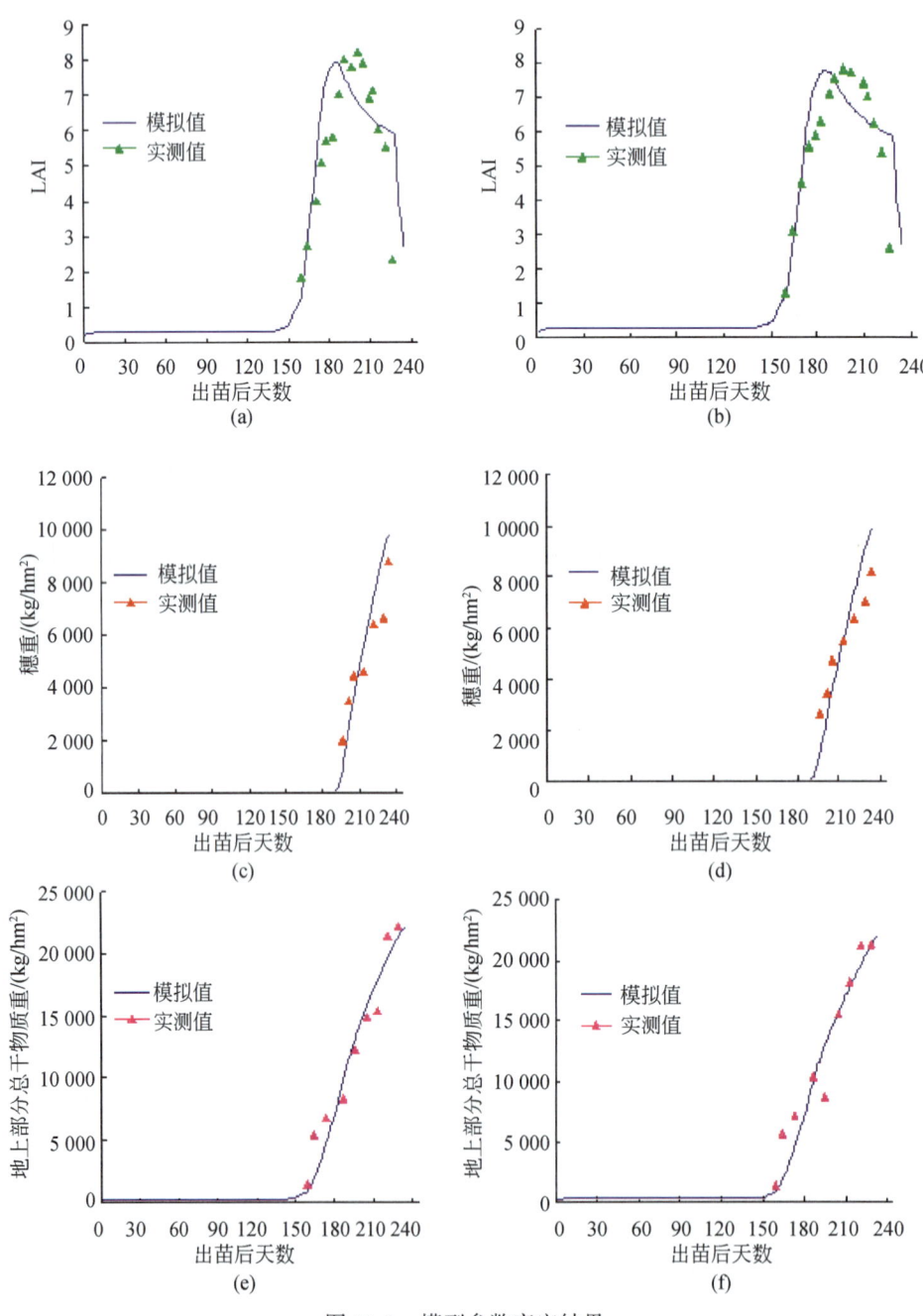

图 12-3 模型参数率定结果

注：(a)、(c)、(e) 为潜在生长的模拟，(b)、(d)、(f) 为水分限制生长的模拟。

经过调整后得到的模型参数如表 12-7 所示。

表 12-7 参数的取值

参数	定义	值
TBASEM	下限温度/(℃·d)	0
TSUM1	出苗到开花的积温/(℃·d)	1 105
TSUM2	开花到成熟的积温/(℃·d)	835
LAIEM	出苗时的叶面积指数	0.13
RGRLAI	叶面积指数的最大相对增长率	0.008 2
CVL	同化物转化成叶片干物质重的效率	0.69
CVO	同化物转化成储存器官干物质重的效率	0.72
CVR	同化物转化成根干物质重的效率	0.72
CVS	同化物转化成茎干物质重的效率	0.82
SLATB	比叶面积	0, 0.002 12, 0.5, 0.003 52, 2, 0.002 02
FRTB	以发育阶段为函数的根的分配系数	0, 0.5, 0.5, 0, 1, 0, 2, 0
FLTB	以发育阶段为函数的叶的分配系数	0, 0.65, 0.5, 0.5, 1, 0, 2, 0
FSTB	以发育阶段为函数的茎的分配系数	0, 0.35, 0.5, 0.5, 1, 0, 2, 0
FOTB	以发育阶段为函数的储存器官的分配系数	0, 0, 0.85, 0, 1, 1, 2, 1

12.2.5 模型参数验证

将 2007~2008 年的气象数据输入模型，用表 12-7 中的参数进行模拟，用 2007~2008 年实验中 T1 处理的实测结果与模拟结果中的潜在生长进行比较，T3 处理的实测结果与模拟结果中的水分限制生长进行比较。分别取叶面积指数、穗重、地上部分总干物质重为指标对模型进行验证，模拟结果见图 12-4。

由图 12-4 可知，潜在生长和水分限制生长的模拟值与实测值都非常接近，变化趋势也基本一致，但是最大值稍有差异，可能是因为 WOFOST 模型没有考虑养分和病虫害等实际生长条件的制约，并且 WOFOST 模型没有计算冬小麦死亡的器官。另外，叶面积指数的模拟值比实测值提前达到最大值，这可能是因为农田中水分和肥料的补充稍有滞后，没有及时供应小麦的生长。

从以上的比较中可以看到，分布式作物生长模型能较好地模拟冬小麦的动态生长过程，可以用于海河流域的模拟。

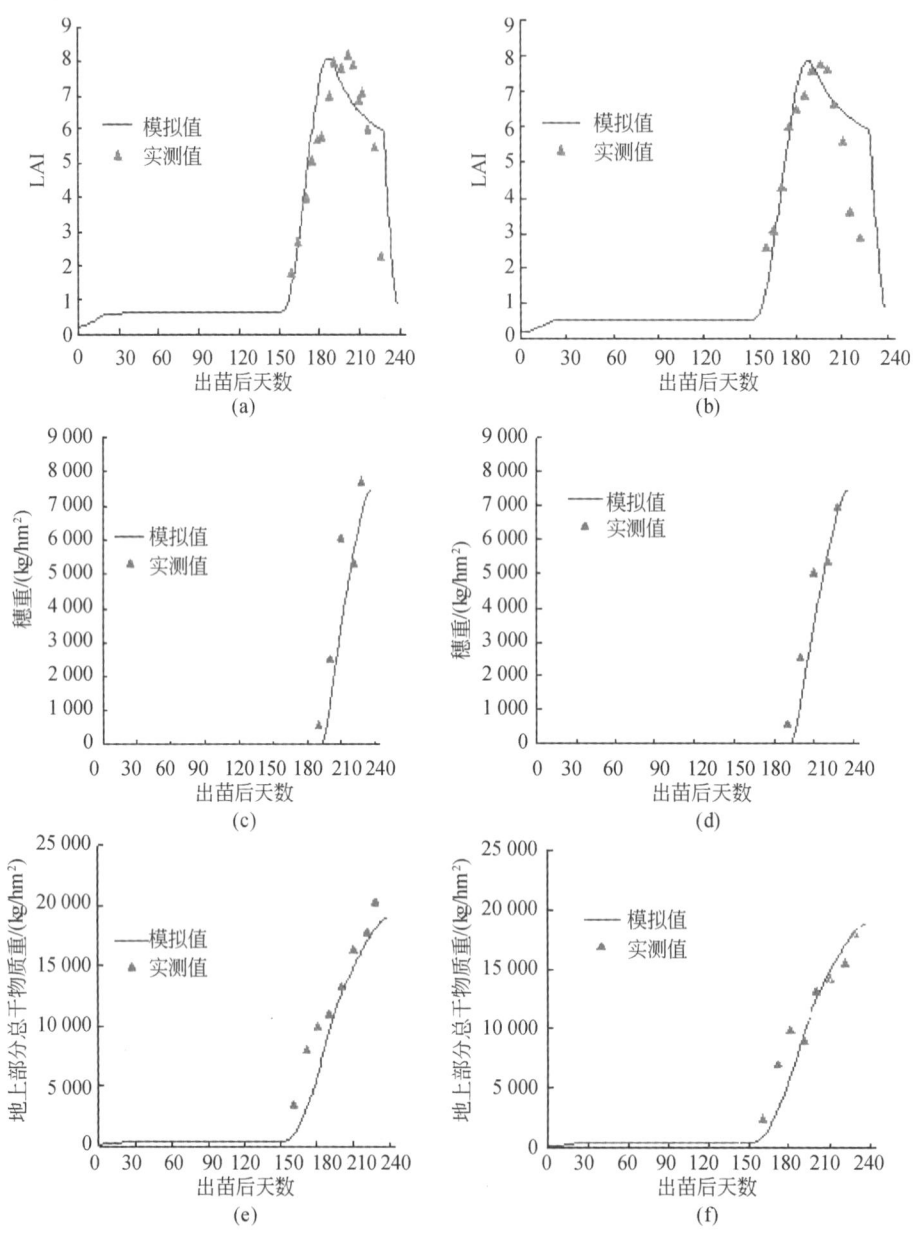

图 12-4 模型验证结果

注：(a)、(c)、(e) 为潜在生长的模拟，(b)、(d)、(f) 为水分限制生长的模拟。

12.2.6 流域模拟输入数据的整理

(1) 海河流域计算单元的划分

流域水循环分布式水文生态综合模拟需要将整个流域划分为大量相对较小的基本单

元。需要考虑的方面包括流域水系分布、水资源开发利用情况、土地利用类型和作物分布情况，等等。

模拟计算单元是进行流域水资源与水生态管理和规划的基础对象，对海河流域进行模拟计算单元划分，考虑的因素包括：

1）分区水资源状况，包括降水、地表水、地下水、跨一级流域调水；
2）分区开发利用状况，包括三生用水（生产、生活和生态用水）及供水结构；
3）分区土地利用类型和作物分布。

为了更精确地模拟海河流域的冬小麦生长情况，本文使用3067个子流域作为基本计算单元对其进行模拟。但是收集到的相关气象资料在空间分布上很难直接与模型的计算单元相匹配，另外，也不能直接作为模型输入，所以要对原始资料进行处理转化，以满足模型的需要。首先对气象资料进行空间展布，得到每个计算单元的气象数据；然后再用P-M计算模型所需输入数据。另外，根据二元水循环模型展布的农业用水数据折算出冬小麦的年灌水量，再按分配系数分成日灌水量，对照相应日序叠加到降水数据中，作为模型降水数据的输入。

(2) 模型数据准备

1）气象要素的计算。

对降水、温度、日照时数、风速、相对湿度5个气象参数进行空间展布，太阳辐射和水汽压通过P-M公式计算得来。

2）土壤参数的计算。

土壤质地及土层厚度以《中国土种志》为基础数据，采用加权平均法求算得到。它分为四大类：①砂土类，砂土或壤质砂土；②壤土类，砂质壤土、壤土、粉砂质壤土；③黏壤土，砂质黏壤土、黏壤土、粉砂质黏壤土；④黏土类，砂质黏土、壤黏土、粉砂质黏土、黏土、重黏土。

海河流域的土壤类型和土地利用分布如图12-5。大部分地区都属于黏壤土。各种土壤类型都对应有自己的土壤水力参数，所以每个子流域都有自己的土壤参数。

由于目前的土地利用数据只分为水田、旱地、林地等，而没有具体的作物种类分布，所以模型在模拟时，将所有旱地作为小麦地处理。

由于试验研究的为冬小麦，所以将模型的作物参数设置按冬小麦考虑。

由于海河流域地下水埋深普遍很大，模型在这种情况下选择自由排水，不考虑地下水与作物根层土壤水的水力联系。

12.2.7 流域模拟结果验证

本书选取1990~2005年各地级市冬小麦模拟单产与统计年鉴值对比分析来检验模型在海河流域应用的合理性。模型验证选取相对误差作为评价指标，各市1990~2005年多年平均单产模拟相对误差见图12-6，基本上都在20%以内。

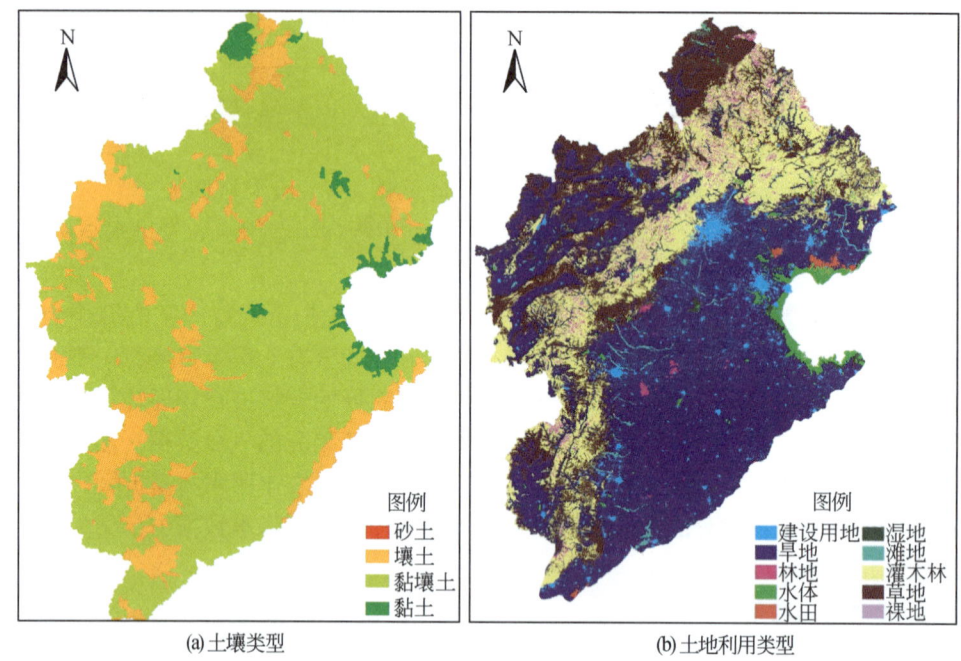

(a) 土壤类型　　　　　　　　　　　　　(b) 土地利用类型

图 12-5　土壤类型与土地利用分布

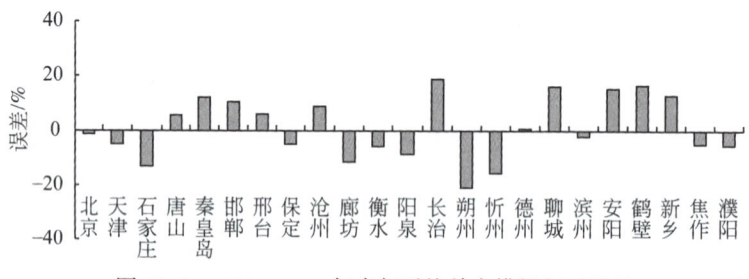

图 12-6　1990~2005 年多年平均单产模拟相对误差

12.2.8　流域模拟结果分析

经过前期模型的调整与输入数据的准备，对 1980~2005 年海河流域冬小麦的逐日生长进行了模拟，得到了 3067 个子流域上冬小麦的逐日总产量、叶面积指数等模拟结果。

另外还编写数据处理程序，把子流域上的数据汇总到行政单元、水资源分区和水资源分区套行政单元上，从而简化了结果的分析和水资源管理、配置方案的制定。

（1）流域潜在生产力分析

海河流域 1980~2005 年多年平均的冬小麦潜在生产力（即无水分限制时单位面积潜在产量）分布如图 12-7 所示，可以看出其分布呈明显的条状，与纬度有显著的关系，从西北往东南逐渐增加。最小的冬小麦潜在生产力主要分布在河北、山西北部以及内蒙古，这些地区由于自然气候条件的原因不适于播种冬小麦；最大的冬小麦潜在生产力主要分布在河南北部、河北和山东的南部，即黄河流域沿线，这一带自然条件丰厚，历来是粮食高产区。

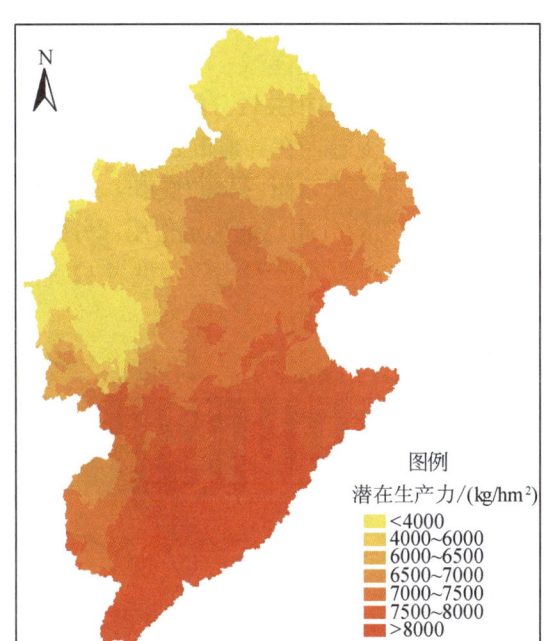

图 12-7　海河流域 1980~2005 年多年平均冬小麦潜在生产力分布

（2）流域水分限制生产力分析

海河流域 1980~2005 年多年平均的冬小麦水分限制生产力分布如图 12-8 所示，可以

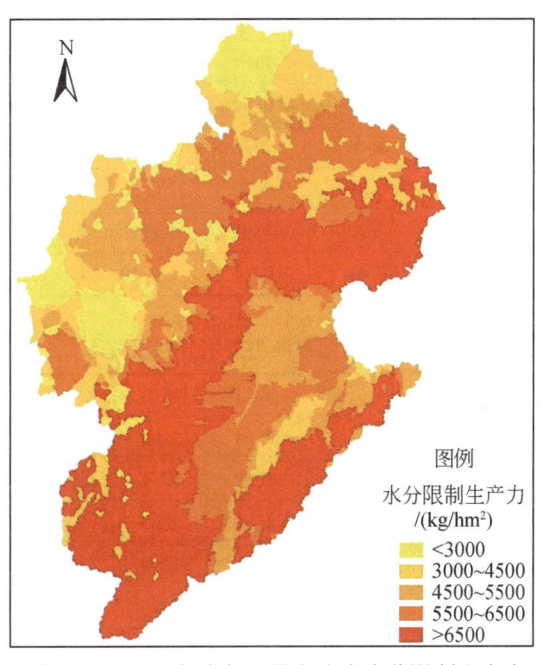

图 12-8　海河流域 1980~2005 年多年平均冬小麦水分限制生产力（TWSO）分布

看出其分布比较凌乱，但是与海河流域多年平均的降水分布呈明显的一致性，降水多的地方产量高，降水少的地方产量就低；另外还与灌区的分布密切相关；东部靠海地区和南部黄河灌区附近的产量比较高，向西北部逐渐递减。

(3) **降水和灌水总量与冬小麦单产的相关性分析**

由图 12-9 和表 12-8 可知，冬小麦单产在各地市之间的变化趋势与降水的变化趋势基本一致，水多的地方单产就高；但是也有水量一样的城市，产量却相差比较大，说明除了降水和灌水总量，其在不同生育时期的分布也起决定作用，另外，与各地市之间土壤、气候等条件也有很大的关系。各地市冬小麦水分利用效率见表 12-9，介于 1.17~2.57kg/m³，变化范围较大。

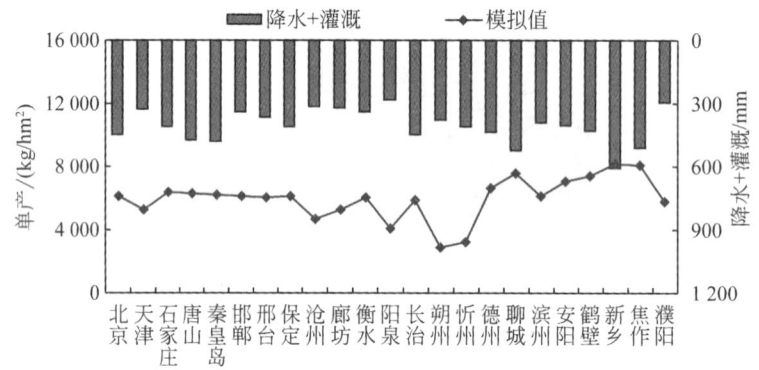

图 12-9 1990~2005 年多年平均模拟单产与水分供给的关系

表 12-8 各地市冬小麦单产与降水的相关系数

地级市	北京	天津	石家庄	唐山	秦皇岛	邯郸	邢台	保定
相关系数	0.34	0.83	0.59	0.38	0.41	0.70	0.68	0.48
地级市	沧州	廊坊	衡水	阳泉	长治	朔州	忻州	德州
相关系数	0.82	0.76	0.65	0.70	0.56	0.13	0.12	0.47
地级市	聊城	滨州	安阳	鹤壁	新乡	焦作	濮阳	
相关系数	0.18	0.73	0.44	0.31	0.19	0.36	0.81	

表 12-9 各地市冬小麦水分利用效率

地级市	北京	天津	石家庄	唐山	秦皇岛	邯郸	邢台	保定
水分利用效率/(kg/m³)	1.96	1.81	2.01	2.03	2.00	2.01	2.00	1.95
地级市	沧州	廊坊	衡水	阳泉	长治	朔州	忻州	德州
水分利用效率/(kg/m³)	1.74	1.76	1.90	1.65	2.03	1.17	1.32	2.09
地级市	聊城	滨州	安阳	鹤壁	新乡	焦作	濮阳	
水分利用效率/(kg/m³)	2.28	1.97	2.25	2.36	2.57	2.42	1.83	

第13章 海河流域水循环及其伴生过程历史演变分析

13.1 水循环要素演变检测及下垫面变化分析

13.1.1 水循环要素演变检测

13.1.1.1 检测方法

一般认为,水文过程中包含两种成分,即确定性成分和随机成分,而确定性成分又分为趋势项和周期项等。本研究中应用多种方法相结合的途径检测海河流域水循环要素的变化情势。

(1) 趋势性分析方法

目前常用的水文气象变化的趋势性统计分析方法有线性回归法、累积距平法、滑动平均法、二次平滑法、三次样条函数法,以及 Mann-Kendall 秩次相关检验和 Spearman 秩次相关检验等。以下重点介绍其中四种。

1) 线性回归法。线性回归法通过建立水文序列 x_i 与相应的时序 i 之间的线性回归方程,进而检验时间序列的趋势性,该方法可以给出时间序列是否具有递增或递减的趋势,并且线性方程的斜率还在一定程度上表征了时间序列的平均趋势变化率,其不足是难以判别序列趋势性变化是否显著,这是目前趋势性分析中最简便的方法,线性回归方程为

$$x_i = a \times i + b \tag{13-1}$$

式中,x_i 为时间序列;i 为相应时序;a 为线性方程斜率,表征时间序列的平均趋势变化率;b 为截距。

2) 滑动平均法。滑动平均法可在一定程度上消除序列波动的影响,使得序列变化的趋势性或阶段性更为直观、明显。一般依次对水文序列 α_i 中的 $2k$ 或 $2k+1$ 个连续值取平均,求出新序列 y_i,从而使原序列光滑,新序列一般可表示为

$$y_i = \frac{1}{2k+1} \sum_{i=-k}^{k} \alpha_{t+i} \tag{13-2}$$

选择适当的 k,可以使原序列高频振荡平均掉,从而使得序列的趋势更加明显。

3) Spearman 秩次相关检验。Spearman 秩次相关检验主要是通过分析水文序列 x_i 与其时序 i 的相关性而检验水文序列是否具有趋势性。在运算时,水文序列 x_i 用其秩次 R_i(即把序列 x_i 从大到小排列时,x_i 所对应的序号)代表,则秩次相关系数为

$$r = 1 - \frac{6 \times \sum_{i=1}^{n} d_i^2}{n^3 - n} \tag{13-3}$$

式中，n 为序列长度；$d_i = R_i - i$。

如果秩次 R_i 与时序 i 相近，则 d_i 较小，秩次相关系数较大，趋势性显著。

通常采用 t 检验法检验水文序列的趋势性是否显著，统计量 T 的计算公式为

$$T = r\sqrt{(n-4)/(1-r^2)} \tag{13-4}$$

T 服从自由度为 $n-2$ 的 t 分布，原假设为序列无趋势，则根据水文序列的秩次相关系数计算 T 统计量，然后选择显著水平 α，在 t 分布表中查出临界值 $t_{\alpha/2}$，当 $|T| \geq t_{\alpha/2}$ 时，则拒绝原假设，说明序列随时间有相依关系，从而推断序列趋势明显，否则，接受原假设，趋势不显著。

统计量 T 也可以作为水文序列趋势性大小衡量的标度，$|T|$ 越大，则在一定程度上可以说明序列的趋势性变化越显著。

4) Mann-Kendall 秩次相关检验。对于水文序列 x_i，先确定所有对偶值 $(x_i, x_j; j>i, i=1, 2, \cdots, n-1; j=i+1, i+2, \cdots, n)$ 中的 $x_i < x_j$ 的出现个数 p，对于无趋势的序列，p 的数学期望值为

$$E(p) = \frac{1}{4}n(n-1)$$

构建 Mann-Kendall 秩次相关检验的统计量：

$$U = \frac{\tau}{[V_{ar}(\tau)]^{\frac{1}{2}}} \tag{13-5}$$

式中，$\tau = \frac{4p}{n(n-1)} - 1$；$V_{ar}(\tau) = \frac{2(2n+5)}{9n(n-1)}$；$n$ 为序列样本数。

当 n 增加时，U 很快收敛于标准化正态分布。

假定序列无变化趋势，当给定显著水平 α 后，可在正态分布表中查得临界值 $U_{\frac{\alpha}{2}}$，当 $|U| > U_{\frac{\alpha}{2}}$ 时，拒绝假设，即序列的趋势性显著。

与 Spearman 秩次相关检验类似，统计量 U 也可以作为水文序列趋势性大小衡量的标度，$|U|$ 越大，则在一定程度上可以说明序列的趋势性变化（增加或减小）越显著。

(2) 周期性分析方法——小波分析

流域的降水和气温由于受到气候、地形和下垫面等多种因素的影响，其实际的时间序列中隐含的周期分量往往并非是确定性的周期振动，而是一种瞬时变化的准周期，因此传统的谐波分析方法并不能真实反映时间序列的频谱结构及其随时间的变化。而小波分析作为 Fourier 分析发展史上的一个里程碑式的进展，具有时、频同时局部化的优点，被誉为数学"显微镜"（张济世等，2006）。

1) 小波函数。

小波函数是指具有震荡特性，在远离原点处函数值迅速衰减到零的一类函数 $\psi(x)$。

$$\int_R \psi(x) \mathrm{d}x = 0 \tag{13-6}$$

$\psi(x)$ 也称为基小波或母小波。将母小波经过伸缩和平移可得到小波序列，也称为子小波。

$$\psi_{(a,b)}(x) = \frac{1}{\sqrt{|a|}} \psi\left(\frac{x-b}{a}\right) \tag{13-7}$$

小波函数 $\psi_{(a,b)}(x)$ 随参数 a 的变化而呈伸缩变化规律，决定了小波变换能够对函数和信号进行任意指定处的精细结构进行分析。

2）小波变换。

对任意函数 $f(x)$，其小波变换定义为

$$W_f(a,b) = \int_R f(x) \overline{\psi_{(a,b)}}(x) dx = \frac{1}{\sqrt{|a|}} \int_R f(x) \overline{\psi}\left(\frac{x-b}{a}\right) dx \tag{13-8}$$

式中，$\overline{\psi}(x)$ 为 $\psi(x)$ 的复共轭函数；$W_f(a,b)$ 称为小波系数。在实际应用中，水文参数系列常为等间隔离散形式，因此采用式（13-8）的离散形式：

$$W_f(a,b) = \frac{1}{\sqrt{|a|}} \Delta t \sum_{k=1}^{D} f(k\Delta t) \overline{\psi}\left(\frac{k\Delta t - b}{a}\right) \tag{13-9}$$

由式（13-9）可以看到，$W_f(a,b)$ 是时间序列 $f(k\Delta t)$ 通过单位脉冲响应的滤波器的输出，能同时反映时域参数 b 和频域参数 a 的特性。因此，小波变换实现了窗口大小固定、形状可变的时频局部化（王文圣等，2002）。

常用的小波函数包括实型小波和复数小波。复数小波变换系数的模（或模平方）作为判别时间序列中包含的各尺度周期信号的强弱及这些周期在时域中分布的依据，能够消除使用实型小波变换系数时产生的虚假振荡，从而更真实地反映时间序列中各尺度的周期特征。因此，本书选取 Morlet 小波对海河流域近 50 年降水和气温系列进行周期性分析。

13.1.1.2 检测结果

(1) 年平均气温演变趋势检测

选择海河流域内 26 个气象站 1961~2000 年实测数据系列，对其年平均气温演变趋势进行了分析，如表 13-1 所示，同时，对海河流域 15 个三级区的年平均气温演变趋势也进行了分析，如表 13-2 所示。

表 13-1　1961~2000 年海河流域 26 个气象站年平均气温变化趋势

站点名称	纬度/(°)	经度/(°)	气温 MK 值	临界值	气温变化率/(℃/10a)	趋势性
安阳	36.12	114.36	3.61	1.96	0.30	显著
北京	39.92	116.28	4.43	1.96	0.48	显著
多伦	42.17	116.45	4.33	1.96	0.46	显著
济南	36.67	116.98	2.91	1.96	0.27	显著
石家庄	38.02	114.41	3.38	1.96	0.34	显著

续表

站点名称	纬度/(°)	经度/(°)	气温 MK 值	临界值	气温变化率/(℃/10a)	趋势性
张家口	40.77	114.88	5.15	1.96	0.53	显著
保定	38.85	115.5	4.03	1.96	0.36	显著
承德	40.96	117.93	1.14	1.96	0.08	不显著
丰宁	41.22	116.63	4.15	1.96	0.36	显著
怀来	40.4	115.5	4.03	1.96	0.39	显著
惠民	37.5	117.53	2.75	1.96	0.24	显著
乐亭	39.42	118.9	3.17	1.96	0.28	显著
青龙	40.4	118.95	2.96	1.96	0.25	显著
莘县	36.03	115.58	0.33	1.96	0.02	不显著
天津	39.1	117.16	2.35	1.96	0.18	显著
唐山	39.66	118.15	2.80	1.96	0.25	显著
围场	41.92	117.75	3.87	1.96	0.34	显著
五台山	39.02	113.53	3.26	1.96	0.84	显著
蔚县	39.82	114.56	3.31	1.96	0.44	显著
郑州	34.71	113.65	1.35	1.96	0.13	不显著
原平	38.72	112.7	3.89	1.96	0.39	显著
榆社	37.07	112.98	−0.13	1.96	−0.05	不显著
沧州	38.32	116.83	2.80	1.96	0.27	显著
德州	37.42	116.31	3.34	1.96	0.35	显著
大同	40.1	113.33	1.89	1.96	0.21	不显著
邢台	37.07	114.5	5.01	1.96	0.47	显著

注：沧州和德州1995年缺测，这两个站计算采用1995年以前的系列；MK 为趋势检验统计量值。

表13-2 1961~2000年海河流域15个三级区年平均气温变化趋势

三级区	气温 MK 值	临界值	变化率/(℃/10a)	趋势
1	3.19	1.96	0.32	显著
2	3.54	1.96	0.34	显著
3	3.66	1.96	0.33	显著
4	2.77	1.96	0.35	显著
5	2.80	1.96	0.27	显著
6	3.47	1.96	0.34	显著
7	3.29	1.96	0.35	显著
8	3.59	1.96	0.39	显著
9	3.38	1.96	0.31	显著

续表

三级区	气温 MK 值	临界值	变化率/(℃/10a)	趋势
10	3.52	1.96	0.36	显著
11	3.66	1.96	0.37	显著
12	2.47	1.96	0.22	显著
13	2.21	1.96	0.24	显著
14	3.03	1.96	0.27	显著
15	2.59	1.96	0.23	显著
海河流域	3.15	1.96	0.30	显著

注：三级区代码对应三级区名称如下，1 为滦河山区；2 为滦河平原及冀东沿海诸河；3 为北三河山区；4 为永定河册田水库以上；5 为永定河册田水库至三家店区间；6 为北四河下游平原；7 为大清河山区；8 为大清河淀西平原；9 为大清河淀东平原；10 为子牙河山区；11 为子牙河平原；12 为漳卫河山区；13 为漳卫河平原；14 为黑龙港及运东平原；15 为徒骇马颊河。

由上表可以看出，上述 26 个站点除榆社站气温有略微减小外，其余站点气温都呈现出增加的趋势，其中 21 个站点的气温增加趋势显著，超过了显著性 $\alpha = 0.05$ 的临界值。26 个站点的平均气温变化率达到了 0.32℃/10a，最高的为五台山站，达到了 0.84℃/10a。

限于篇幅，仅给出了其中两个站点和全流域的年平均气温、变化趋势以及对应的 5 年滑动平均过程（图 13-1～图 13-3）。

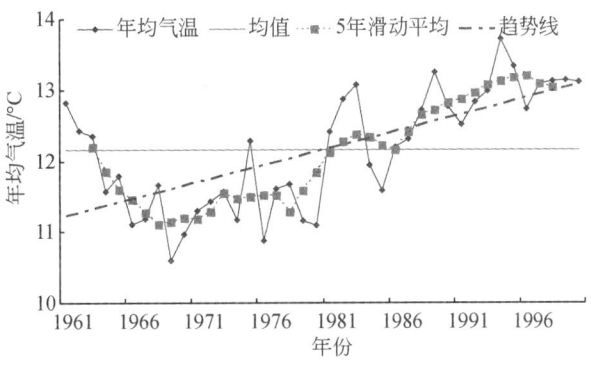

图 13-1　北京站年均气温变化情况

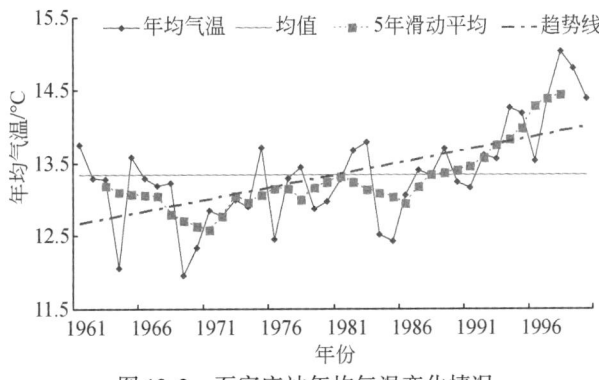

图 13-2　石家庄站年均气温变化情况

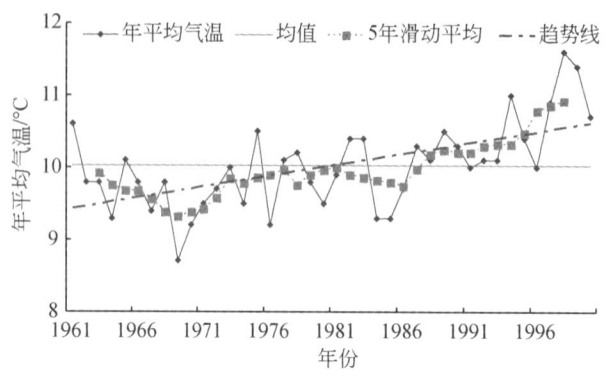

图 13-3 海河流域年平均气温变化情况

(2) 年降水量演变趋势

选择海河流域内 26 个气象站 1961~2000 年实测数据系列,对其年降水量演变趋势进行了分析,如表 13-3 所示,同时,对海河流域 15 个三级区的年降水量演变趋势也进行了分析,如表 13-4 所示。

表 13-3　1961~2000 年海河流域 26 个气象站实测降水量变化趋势

站点名称	纬度/(°)	经度/(°)	降水 MK 值	临界值	降水变化率/(mm/a)	趋势性
安阳	36.12	114.36	-0.58	1.96	-2.13	不显著
北京	39.92	116.28	0.21	1.96	2.06	不显著
多伦	42.17	116.45	1.30	1.96	1.14	不显著
济南	36.67	116.98	-0.40	1.96	-2.90	不显著
石家庄	38.02	114.41	-0.07	1.96	-0.94	不显著
张家口	40.77	114.88	-0.07	1.96	-0.41	不显著
保定	38.85	115.5	-1.37	1.96	-2.82	不显著
承德	40.96	117.93	-0.70	1.96	-0.88	不显著
丰宁	41.22	116.63	-0.61	1.96	-0.60	不显著
怀来	40.4	115.5	-1.05	1.96	-1.0	不显著
惠民	37.5	117.53	-1.17	1.96	-3.03	不显著
乐亭	39.42	118.9	-1.28	1.96	-3.39	不显著
青龙	40.4	118.95	-0.84	1.96	-2.55	不显著
莘县	36.03	115.58	-2.03	1.96	-4.68	显著
天津	39.1	117.16	-0.65	1.96	-1.65	不显著
唐山	39.66	118.15	-0.54	1.96	-2.69	不显著
围场	41.92	117.75	1.17	1.96	1.41	不显著
五台山	39.02	113.53	-2.98	1.96	-7.66	显著

续表

站点名称	纬度/(°)	经度/(°)	降水 MK 值	临界值	降水变化率/(mm/a)	趋势性
蔚县	39.82	114.56	0.26	1.96	0.19	不显著
郑州	34.71	113.65	-0.86	1.96	-1.73	不显著
原平	38.72	112.7	-0.31	1.96	-1.62	不显著
榆社	37.07	112.98	-1.86	1.96	-4.25	不显著
沧州	38.32	116.83	-0.47	1.96	-1.88	不显著
德州	37.42	116.31	-1.29	1.96	-3.93	不显著
大同	40.1	113.33	0.62	1.96	0.66	不显著
邢台	37.07	114.5	-0.93	1.96	-3.49	不显著

注：对部分存在缺测数据年份的站点（大同、原平、榆社1994年缺测，沧州、德州1995年缺测），计算变化率时选取缺测年份以前系列进行计算。

表 13-4　海河流域 15 个三级区年降水量变化趋势

三级区	年降水量 MK 值	临界值	变化率/(mm/a)	趋势
1	-0.30	-1.96	-0.33	不显著
2	-1.58	-1.96	-3.55	不显著
3	-0.47	-1.96	-0.73	不显著
4	-1.19	-1.96	-1.38	不显著
5	-0.72	-1.96	-1.00	不显著
6	-0.65	-1.96	-1.68	不显著
7	-0.89	-1.96	-2.02	不显著
8	-0.82	-1.96	-1.74	不显著
9	-1.17	-1.96	-2.56	不显著
10	-1.24	-1.96	-2.06	不显著
11	-0.54	-1.96	-2.07	不显著
12	-2.14	-1.96	-3.65	显著
13	-1.14	-1.96	-3.18	不显著
14	-1.37	-1.96	-3.86	不显著
15	-1.28	-1.96	-3.90	不显著
海河流域	-1.35	-1.96	-2.18	不显著

注：三级区代码对应三级区名称如下，1 为滦河山区；2 为滦河平原及冀东沿海诸河；3 为北三河山区；4 为永定河册田水库以上；5 为永定河册田水库至三家店区间；6 为北四河下游平原；7 为大清河山区；8 为大清河淀西平原；9 为大清河淀东平原；10 为子牙河山区；11 为子牙河平原；12 为漳卫河山区；13 为漳卫河平原；14 为黑龙港及运东平原；15 为徒骇马颊河。

由上表可以看出，在 1961~2000 年，海河流域上述 26 个站点中有 21 个站点的年降水量呈减少趋势，其中莘县、五台山两个站点的 Kendall 统计量分别达到了-2.03 和

−2.98，均超过了显著性 α=0.05 的临界值，减少趋势显著；北京、多伦、围场、蔚县、大同这 5 个站点的年降水量呈增加趋势，但增加趋势都不显著。各站平均年降水量减少率为 −2.58 mm/a，减少率最大的为五台山站，达到了−7.66 mm/a。在年降水量略有增加的 5 个站点中，增加率最大的为北京站，达到了 2.06 mm/a。

限于篇幅，图 13-4 ~ 图 13-6 仅给出了其中两个站点和全流域的年降水量、变化趋势以及对应的 5 年滑动平均过程。

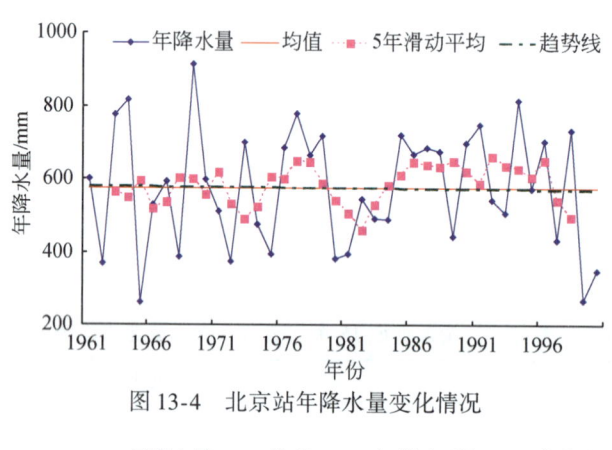

图 13-4　北京站年降水量变化情况

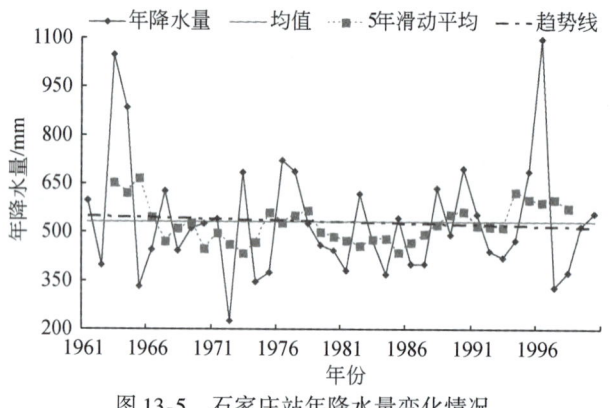

图 13-5　石家庄站年降水量变化情况

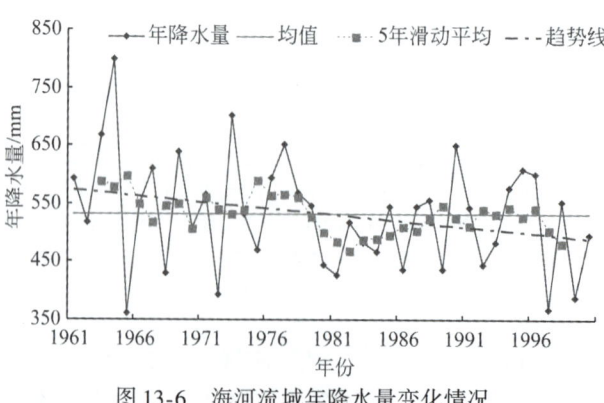

图 13-6　海河流域年降水量变化情况

(3) 年径流量演变趋势

选择海河流域内 8 个水文站 1961~2000 年实测年径流量系列,对其演变趋势进行了分析,并将全系列平均情况与 20 世纪 80 年代前后平均情况进行对比分析,如表 13-5 所示。

表 13-5 海河流域 8 个水文站点实测年径流量变化趋势

站点名称	多年平均径流量/亿 m³			80 年代以来变化距平/%	MK 值	临界值	趋势性
	全系列(1961~2000 年)	80 年代以前	80 年代以来				
滦县	32.6	42.0	23.1	-29.0	-2.21	-1.96	显著
于桥	6.52	5.08	7.95	22.0	3.57	1.96	显著
密云	10.13	12.65	7.62	-24.8	-2.42	-1.96	显著
官厅	7.37	10.72	4.02	-45.5	-5.38	-1.96	显著
王快	5.57	6.94	4.21	-24.5	-2.28	-1.96	显著
西大洋	4.11	5.09	3.12	-24.0	-2.80	-1.96	显著
黄壁庄	13.10	18.06	8.13	-37.9	-4.50	-1.96	显著
观台	9.52	13.42	5.63	-40.9	-3.57	-1.96	显著

从上述 8 个站点的实测年径流量变化趋势看,80 年代以后,除于桥站年均径流量显著增加外,其余各站 80 年代以来,年均径流量减少幅度都在 20% 以上,减少最多的是观台站,相比多年平均减少了 40.9%,且减少趋势都超过了显著性 α=0.05 的临界值。

限于篇幅,图 13-7、图 13-8 仅列出滦县和观台站的年径流量、变化趋势以及对应的 5 年滑动平均过程。

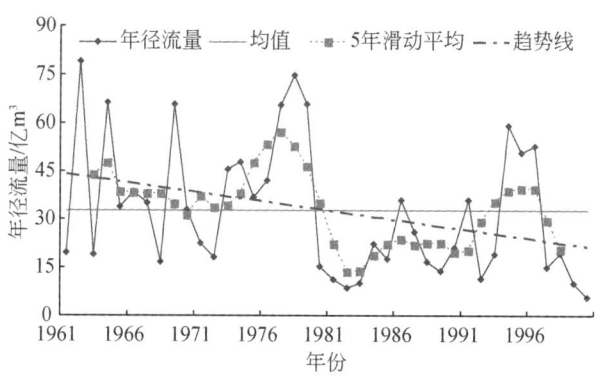

图 13-7 滦县站年径流量变化情况

(4) 降水与气温周期性分析

采用 Pettitt 方法对系列突变点进行检验,进而得到分段去除趋势项后的新系列,并在此基础上对新系列进行周期分析。

应用 Pettitt 方法对海河流域近 50 年降水和气温系列进行突变点检验,结果见表 13-6。

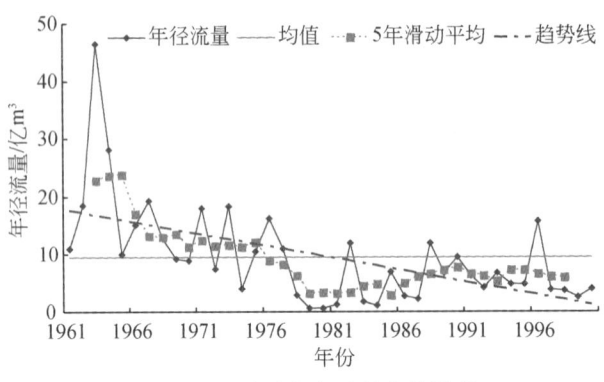

图 13-8　观台站年径流量变化情况

对照图 13-9 的累积距平曲线可知，系列突变点对应着年降水和气温系列累积距平曲线的转折点。用上述方法分别对海河流域 4 个二级区的年降水量和气温进行趋势性及突变点分析，亦可得到相似的趋势和结论。

表 13-6　海河流域近 50 年降水、气温系列突变点

近 50 年系列	一级突变点	二级突变点
降水	1979	1964，1996
气温	1986	1972，1996

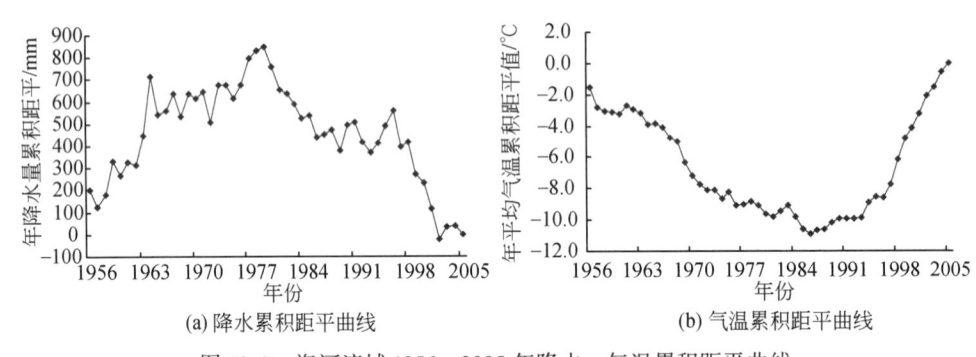

(a) 降水累积距平曲线　　　(b) 气温累积距平曲线

图 13-9　海河流域 1956~2005 年降水、气温累积距平曲线

为排除系列趋势项对周期性分析的影响，对海河流域近 50 年降水和气温系列一级突变点前后分别做线性回归，并用原序列减去线性回归拟合值。得到的新系列采用 t 检验分析证明，已经基本去除趋势项的影响，这为周期性分析创造了很好的条件。

根据小波分析理论，小波系数的实部表示不同特征时间尺度信号在不同时间的强弱和位相两方面的信息，而模（平方）的大小表示特征时间尺度信号的强弱。由图 13-10（a）海河流域近 50 年降水量小波变换系数模平方时频分布可以看到不同时段各时间尺度的强弱变化分布，其年际变化（小于 10 年）和年代际变化（大于 10 年）尺度局部化特征明显。年际变化周期以 2~4 年时间尺度信号最强，主要发生在 1956~1969 年、1971~1975

年、1986~1991 年以及 1995~2003 年，振荡中心分别为 1964 年、1973 年、1989 年以及 1998 年。另外，5~9 年周期在 1994~2004 年期间信号较强。年代际变化周期以 11~14 年左右为主，主要发生在 1975~2004 年，振荡中心为 1992 年。由图 13-11（a）小波变换系数实部时频分布可以看到两年左右周期对应的位相结构，正负相位以两年左右的周期交替变化。同时，13 年对应的周期也比较明显，年降水量分为 4 个偏多期和 4 个偏少期，在 1957~1964 年、1972~1979 年、1987~1996 年以及 2005 年之后等 4 个时段为正相位，表明降水处在偏多期；在 1956 年之前、1965~1971 年、1980~1986 年以及 1997~2004 年等 4 个时段为负相位，表明降水处在偏少期；其突变点分别为 1956 年、1964 年、1972 年、1979 年、1996 年和 2004 年。在年代际尺度上可以看到，2005 年以后海河流域年降水量进入正相位阶段，因此可以推测此后一段时间海河流域年降水将处在偏多期。

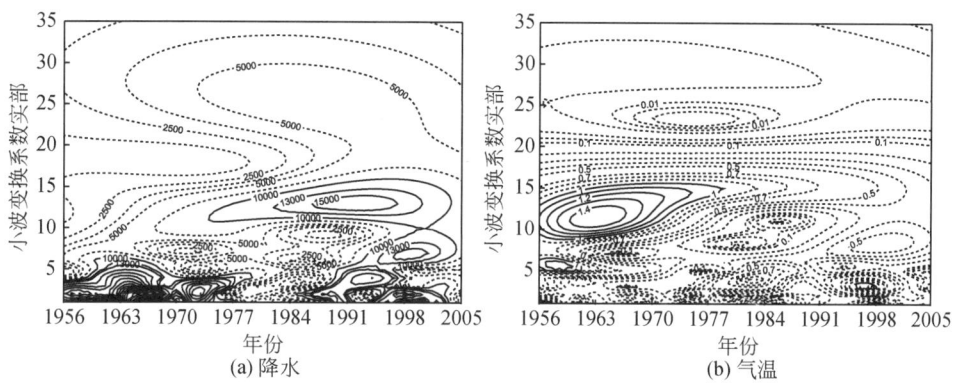

图 13-10 海河流域 1956~2005 年降水、气温 Morlet 小波变换系数模平方时频分布

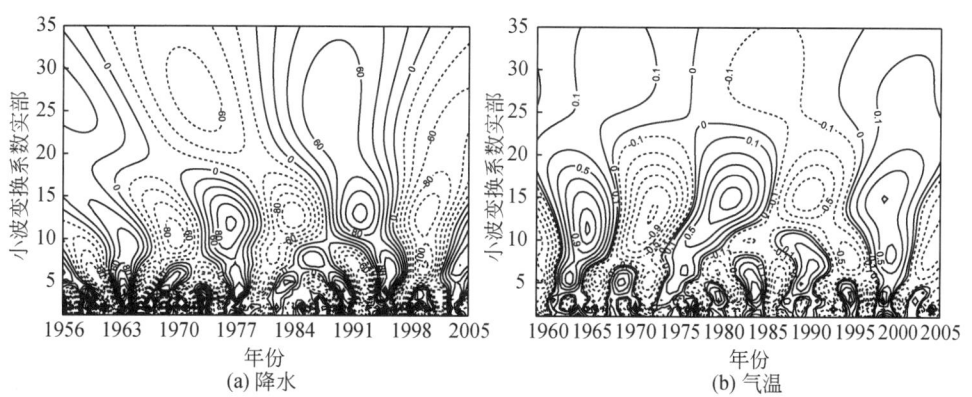

图 13-11 海河流域 1956~2005 年降水、气温 Morlet 小波变换系数实部时频分布

由图 13-10（b）海河流域近 50 年平均气温小波变换系数模平方时频分布可以看到不同时段各时间尺度的强弱变化分布，总的来说海河流域年平均气温系列中的周期信号较弱，只有 1956~1961 年的 5~7 年尺度以及 1956~1975 年的 9~15 年尺度较为明显。由图 13-11（b）小波变换系数实部时频分布可以看到 14 年左右周期对应的位相结构，正负相

位以 14 年左右的周期交替变化，其中 1956~1957 年、1967~1974 年、1984~1993 年以及 2003~2005 年为负相位，代表气温偏低，而 1958~1966 年、1975~1983 年、1994~2002 年为正相位，代表气温偏高。另外，系列 5 年周期也比较明显。

图 13-12 为海河流域 1956~2005 年降水量与年平均气温小波方差图，从中我们可以清楚地看到近 50 年来海河流域年降水量系列的主要周期为 2 年和 13 年（26 年周期并不显著），海河流域年平均气温系列主要周期为 5 年和 14 年。

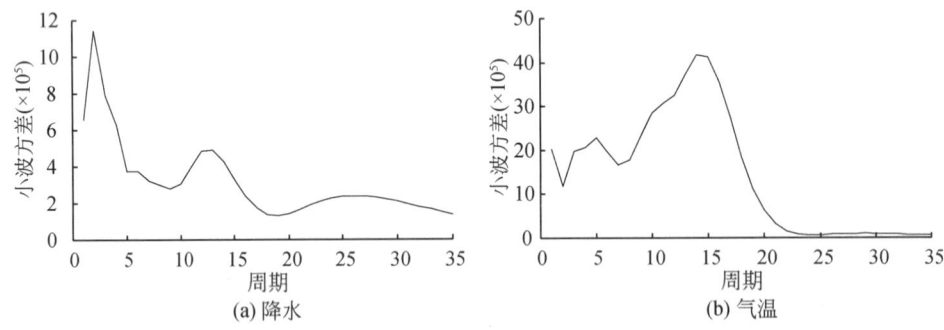

图 13-12 海河流域 1956~2005 年降水、气温 Morlet 小波方差图

13.1.2 下垫面演变分析

本研究基于 2000 年和 20 世纪 80 年代两期海河流域土地利用的对比，分析海河流域下垫面的演变情势。

从图 13-13 可以看出，相对于 80 年代的土地利用情况，海河流域 2000 年的土地利用

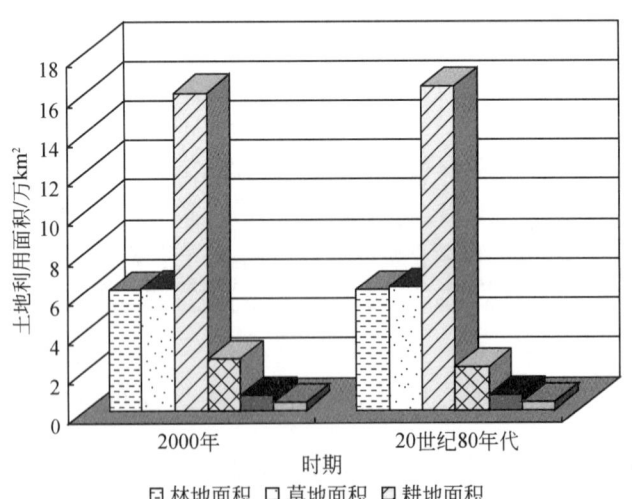

图 13-13 海河流域不同时期土地利用面积对比

情况有了一定的变化，旱地、林地、草地以及未利用土地所占流域面积比例分别减少了1.95%、0.35%、0.75%和7.67%，城乡居民用地和水域所占流域面积比例则分别增加了17.32%和4.36%。有关80年代与2000年各种土地利用类型面积详细的对比情况请参考表13-7。

表13-7 20世纪80年代与2000年各种土地利用类型面积对比

土地利用类型		20世纪80年代土地面积/km²	2000年土地面积/km²	2000年相对20世纪80年代变化量/km²	2000年相对20世纪80年代变化比例/%
耕地	水田	6 330.0	6 330.0	0	0
	旱地	156 928.0	153 875.4	-3 052.6	-1.95
	总计	163 258.0	160 205.4	-3 052.6	-1.95
林地	有林地	28 874.0	28 668.2	-205.8	-0.71
	灌木地	24 074.2	23 871.3	-202.9	-0.84
	疏林地	6 280.7	6 182.1	-98.6	-1.57
	其他林地	1 632.8	1 929.5	296.7	18.17
	总计	60 861.7	60 651.1	-210.6	-0.35
草地	高覆盖度草地	30 728.0	30 526.7	-201.3	-0.66
	中覆盖度草地	19 872.4	19 667.7	-204.7	-1.03
	低覆盖度草地	11 224.6	11 166.3	-58.3	-0.52
	总计	61 825.0	61 360.6	-464.3	-0.75
水域	河渠	1 864.6	1 828.3	-36.3	-1.95
	湖泊	33.2	91.5	58.3	175.52
	水库	2 176.3	2 684.7	508.4	23.36
	滩涂、冰川雪地	56.1	42.3	-13.8	-24.58
	滩地	3 159.3	2 960.6	-198.7	-6.29
	总计	7 289.5	7 607.4	317.9	4.35
城乡居民用地	城镇用地	2 997.9	4 711.0	1 713.1	57.14
	农村居民用地	16 598.1	18 024.3	1 426.2	8.59
	其他建设用地	2270.9	2919.2	648.3	28.55
	总计	21 866.9	25 654.5	3787.6	17.32
未利用土地	沙地、戈壁	976.8	1 116.3	139.5	14.28
	盐碱地	1 318.9	1 261.3	-57.6	-4.37
	沼泽地	1196.3	1 058.7	-137.6	-11.51
	裸土地	76.5	76.6	0.1	0.06
	裸岩石砾地	109.4	109.2	-0.2	-0.15
	其他	468.7	206.3	-262.4	-55.98
	总计	4 146.6	3 828.4	-318.2	-7.67

13.1.3 社会经济与用水发展分析

海河流域作为全国政治、文化中心，20 世纪 50 年代以来经济呈增长趋势，尤其是 20 世纪 80 年来以来，经济呈快速增长趋势，流域 GDP 从 1980 年的 1592 亿元增加到 2007 年的 3.56 万亿元，增长了 20 倍以上，年均增长率达到 12.2%。

同时水利建设也处于快速发展时期。自 1954 年建成第一座大型水库——官厅水库以来，目前，海河流域已建成大型水库 34 座，总库容 259 亿 m^3；此外，中型水库 114 座，小型水库 1711 座，蓄水塘坝 17 505 座。蓄水工程累计设计供水能力为 148.1 亿 m^3，现状供水能力为 80.7 亿 m^3。

经济发展和水利工程的建设无疑带来了供水量和用水量的变化。20 世纪 50 年代的年均总用水量仅约为 90 亿 m^3。20 世纪 80 年代以来，海河区经济社会一直保持持续发展，流域的总用水量持续增加，2005 年达到了 383 亿 m^3，50 年来用水量增加了约 4.3 倍。

13.2 流域水资源评价与演变规律

13.2.1 水资源评价

广义水资源量是指在流域水循环中，由当地降水形成的、且对生态环境和人类社会具有效用的水量。它主要包括两部分：一部分是地表和地下产水量，即径流性水资源，也可称为狭义水资源量；另一部分是生态环境系统和经济社会系统对降水的有效利用量，即雨水资源的有效利用量，包括直接利用和间接利用两种方式。直接利用是以截留蒸发的形式利用降水，如居工地的地表截留蒸发具有改善局地环境的作用；间接利用是降水转为土壤水，植被通过蒸腾实现土壤水的就地利用。

狭义水资源量指当地降水形成的地表、地下产水总量（不包括区外来水量），包括两部分：一部分为河川径流量；另一部分是降雨入渗补给地下水而未通过河川基流排泄的水量，即地表水与地下水资源之间的不重复水量（以下简称不重复量）。

生态环境系统和经济社会系统对降水的有效利用量主要指地表蒸散发的有效水分量。地表蒸散发是人工和天然生态系统直接和间接利用水资源的一种表现形式。其有效水分应具有人工和天然生态系统的开发、利用价值，即对于人工和天然态系统具有有效性的水量，主要包括植被冠层截流蒸发、植被蒸腾以及植被棵间有效蒸发量；河渠、湖泊及水库坑塘等湿地系统的蒸发量以及居工地的蒸发量。

在海河流域，工农业生产、基础设施建设、生态环境建设等人类活动大范围改变了地貌和植被的分布，改变了流域局地的下垫面特征。水资源开发利用也对流域水文特性产生了直接影响。人类活动的存在，使得天然状态下的降水、蒸发、产流、汇流、入渗、排泄等流域水循环特性发生全面改变，因此，为真实反映流域水循环的特点，评价海河流域水资源的"真值"，在模型计算中采用统一的现状年下垫面，采用现状用水条件，保持天然水循环过程和人工水循环过程的动态耦合关系。

海河流域 1956~2005 年多年平均狭义水资源量为 346.6 亿 m³，产水系数为 0.20。地表水资源量为 200.9 亿 m³，占狭义水资源量的 58%。地下水资源量为 269.8 亿 m³，其中不重复量为 145.7 亿 m³。各水资源二级区计算结果见表 13-8。

表 13-8　现状条件下海河流域狭义水资源评价成果表　　　（单位：亿 m³）

流域	地表水资源量	地下水资源量 总量	地下水资源量 不重复	狭义水资源量	产水模数 /(万 m³/km²)	产水系数
海河流域	200.9	269.8	145.7	346.6	10.9	0.20
滦河及冀东沿海	47.6	45.4	14.6	62.2	11.4	0.21
海河北系	43.8	59.9	32.7	76.5	9.2	0.19
海河南系	92.4	130.9	87.3	179.7	12.1	0.22
徒骇马颊河	17.1	33.5	11.1	28.2	8.5	0.15

生态环境系统和社会经济系统对降水的有效利用量，即有效蒸散发量为 1274.2 亿 m³，约为狭义水资源量的 4 倍。其中，林地蒸散发量为 287.8 亿 m³，草地蒸散发量为 191.4 亿 m³，农田蒸散发量为 783.4 亿 m³，居工地蒸散发量为 11.6 亿 m³。多年平均广义水资源量为 1621 亿 m³，占降水总量的 95%。各水资源二级区计算结果见表 13-9。

表 13-9　海河流域广义水资源量评价成果表　　　（单位：亿 m³）

流域	降水量	狭义水资源量	降水的有效利用量 林地蒸散发	降水的有效利用量 草地蒸散发	降水的有效利用量 农田蒸散发	降水的有效利用量 居工地蒸散发	降水的有效利用量 合计	广义水资源量
海河流域	1700.2	346.6	287.8	191.4	783.4	11.6	1274.2	1621.0
滦河及冀东沿海	297.7	62.2	95.5	52.9	83.2	0.9	232.5	294.7
海河北系	402.7	76.5	84.6	54.2	154.2	2.7	295.7	372.2
海河南系	813.3	179.7	100.6	81.7	413.7	6.0	602.0	781.8
徒骇马颊河	186.4	28.2	7.0	2.6	132.3	2.1	144.0	172.3

13.2.2　水资源演变驱动因子分析

自然和人工因素是影响水循环和水资源的驱动因子。容易发生变化的自然因素主要包括降水、气温、日照、风速和相对湿度等气象要素和天然覆被状况。人类活动的影响主要包括两种情况：一种是人类直接干预引起水循环和水资源的变化，另一种是人类活动引起的局地变化而导致的整个水循环变化。人工因素主要包括人类活动对流域下垫面的改变和人类对水资源的开发利用。但对水资源影响较大的驱动因子主要有气候变化、人工取用水和下垫面条件。气候变化影响垂向和水平向上水循环的强度，进而引起水循环的变化及水资源时空分布；人工取用水改变了水资源的赋存环境，也改变了地表水和地下水的转化路径，使得蒸发、产流、汇流、入渗、排放等流域水循环特性发生了改变；下垫面条件变化通过改变产汇流条件来影响水资源的演变特性。

(1) 气候因子

随着全球人口的增长和科学技术的进步,人类活动已成为气候变化的一个基本要素,如土地利用的改变使得地表反射率、地表温度、蒸发、持水性和径流都发生变化。这些变化又影响到局地的能量和水量平衡,进而影响了气流、云量、温度,甚至降水、地表糙率以及地表的热量和水分平衡,改变了局地甚至全球气候。气候变化直接导致了与水循环有关的降水、蒸发及径流过程。

一般来说,气候变化对水资源的影响可能主要表现在以下三个方面:①加速水汽的循环,改变降雨的强度和历时,变更径流的大小,扩大洪灾、旱灾的强度与频率,以及诱发其他自然灾害等。②对水资源有关项目规划与管理的影响。这包括降雨和径流的变化以及由此产生的海平面上升、土地利用、人口迁移、水资源的供求和水力发电变化等。③加速水分蒸发,改变土壤水分的含量及其渗透速率,由此影响农业、森林、草地、湿地等生态系统的稳定性及其生产量等(Frederick,1997;Miller,1997;Nigel,1998)。

在评估气候变化对水文变量变化影响的研究中,水文模型起着非常重要的作用(Bergström,2001)。

(2) 下垫面条件

下垫面条件变化是各种自然要素、气候条件、人为作用等诸多因子共同作用导致的复杂过程。

下垫面条件变化会引起地面空气动力输送过程的一些重要变化,从而引起水量的变化。输送过程一般分为三个阶段:充分混合的行星边界层到克服空气动力阻力 r_a 的最邻近的表面之间的湍流大气输送;通过叶面边界层克服分子边界层阻力 r_b 的分子扩散;在叶面或通过叶面本身克服表面的阻力 r_s 的反应或输送。行星边界层内的空气动力输送主要通过湍流涡动扩散进行的。由涡动扩散输送的空气动力阻力,可由叶面空气动力糙率特性和风速计算,地表植被覆盖改变了局地的空气动力糙率特性和风速,进而影响水量的变化。高植被(如树木)与矮植被(如草)相比,空气动力糙率要大些,而空气动力输送阻力要小些。

下垫面条件变化引起截留、蒸发等过程的变化,同时也改变了土壤水的利用方式。如蓄水工程建设扩大了地表水面面积,增加了水面蒸发和入渗;城市化建设增加了地表不透水面积,减少了入渗而增加了地表径流。英国水文研究所在威尔斯中部的 Plynlimon 的测验结果表明:森林使紊流增强,森林表面和大气之间的水汽和热量输送的空气动力阻力较低,导致湿润条件下,森林蒸发率高于草地,这种增强了的蒸发率发生在雨期及雨后的潮湿植物叶面。因而森林较草地的截留损失增加,地表径流减少。森林与草地和农作物相比,根系较深,可获得较多的土壤水,导致蒸散发升高,这种情况适合于较干旱的、土壤水亏缺严重的地区。

人类在利用自然并改造自然的活动中,逐渐改变了流域的下垫面条件。大面积的农业活动改变了局地的微地貌和地势,改变了表层土壤结构,改变了地表产流条件,影响了水循环的垂向和水平过程。拦蓄、引水工程、供水与灌溉工程等水利工程建设改变了河流的天然形态，影响水的汇流过程。水库的调蓄作用改变了水资源的时空分布，增加了蒸发、入渗等水文过程。城市化建设使地面变成了不透水表面，如路面、露天停车场及屋顶，而这些不透水表面阻止了雨水或融雪渗入地下，影响了入渗、蒸发及径流等水文过程。另外，由于不透水表面要比草场、牧场、森林和耕地平滑，使得城市区域的地表径流流速加大。随着径流量的增加、区域内各部分径流汇集到管道及渠道里，因而使区域内不同位置的汇流加快，改变了天然水循环的自然规律（张建云等，2002）。

(3) 人工取用水

"取水—输水—用水—排水—回归"的人工取用水过程全面改变了流域水循环的产流特性、汇流特性、蒸散发特性，成为影响水循环的主要驱动力之一。

人工取用水在循环路径和循环特性两个方面改变了天然状态下的流域水循环特征。地表水体开发导致地表水体流量的减少，影响甚至有可能改变了江河湖泊联系。地下水的开采改变饱和带的水位高程，从而影响地下径流的形成和运移。人类对地表水和地下水的开采改变了天然水循环的流向，从天然主循环圈分离出一个侧支循环，地表水的开发减少了河流水量，地下水的开采改变了包气带和含水层的特性，影响了天然地表地下水量交换特性。用水和耗水改变了主循环圈的蒸发和入渗形式，最后通过排水过程将侧支循环回归到主循环圈中。

人工取用水过程产生的蒸发渗漏，改变了天然条件下的地表水和地下水转化路径，给流域水循环过程中各分环节项带来了相应的附加项，从而影响了流域水循环转化过程和要素量。

(4) 研究方法

对于流域水循环与水资源演变分析，本项目主要借助于二元水循环模型，采用情景分析法进行分析。

情景分析研究方法作为协助决策的工具可追溯至 20 世纪 50 年代，欧美一些核物理学家率先采用这种方法，通过计算机模拟解决有关概率等非确定性问题。70 年代初，欧美国家和地区一些公司和政府机构开始将"情景分析"研究作为规划与决策的一种工具。情景分析的"情景"含义是指事物所有可能的未来发展态势的描述，描述的内容既包括对各种态势基本特征的定性和定量描述，又包括对各种态势发生可能性的描述。情景分析过程实质是完成对事物所有可能的未来发展态势的描述，其结果包括对未来可能发展态势的确认，各态势的特性及发生可能性描述，以及各态势的发展路径分析（Grayson，1996）。

利用情景分析方法能对气候、土地利用及人工取用水未来发展变化的可能性而导致水循环进行定量描述和分析，为流域宏观决策规划提供动态、全面的理论支持。

13.2.3 水资源演变规律

(1) 水资源历史演变

通过对海河流域 1956~2005 年"历史仿真"计算，可以定量得出气候变化和人类活动双重作用下，海河流域水资源发生了深刻演变。

在海河流域，降水量呈逐渐减少的趋势，20世纪50年代的降水量最多，为615mm，80年代的降水量最少为486mm。1980～2005年系列与1956～1979年系列相比，降水量由568mm减少为500mm，减少了12%。

海河流域自新中国成立以来，人口持续增加，经济社会发生巨大变革。海河流域总人口由20世纪50年代的不足7000万增加到2007年的1.37亿，城镇化率由50年代的15%左右增加到2007年的47.6%。其中北京市、天津市的人口分别由1956年的384万和303万增加为2007年的1633万和1115万，2007年北京市和天津市的城镇化率分别达到了84.5%和76.3%。流域经济呈持续增长趋势，尤其是20世纪80年代以来，流域的经济呈快速增长趋势。流域GDP从1980年的1592亿元增加到2007年的3.56万亿元，增长了20倍以上，年均增长率达到12.2%。经济发展的同时，产业结构也发生着深刻变化，第一产业（农业）的比例不断下降，而第三产业的比例则不断上升。

人口和经济的快速增长带来了供水量、用水量及供水、用水结构的变化。从供水量来看，供水量总体呈持续增长的趋势，其中地下水的用水比例呈增加的趋势。从用水结构来看，工业生活用水呈持续增长的趋势，而农业用水受气候条件变化的影响则呈震荡增加的趋势，工业生活用水占总用水量的比例呈增加的趋势，而农业用水占总用水量的比例则呈减少的趋势。

人口和经济的快速增长也相应带来了土地利用的变化，耕地面积增加，城镇用地增加、林地增加，而未利用土地减少。2005年海河流域的有效灌溉面积与20世纪50年代相比，增加了7倍多（图13-14）。

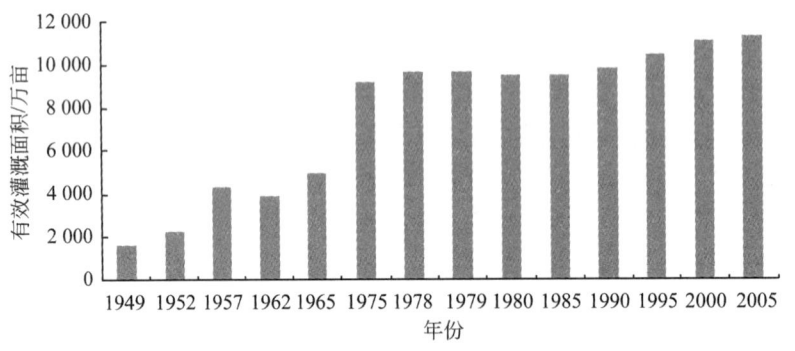

图13-14 海河流域有效灌溉面积变化图

在海河流域，受降水量衰减、下垫面变化，以及地下水开采逐渐加剧的影响，海河流域水资源量的主要变化为：1980～2005年系列与1956～1979年系列相比，地表水资源量从326.2亿减少到158.9亿 m^3；地下水资源量从284.9亿减少到222.7亿 m^3；不重复量从84.7亿增加到139.9亿 m^3；狭义水资源量由410.7亿 m^{3}减少到298.7亿 m^3，生态系统和经济系统对降水的有效利用量从1313.3亿 m^{3}减少到1229.7亿 m^3；广义水资源量从1724.2亿减少到1528.5亿 m^3，水资源总量和各个分项总体呈现衰减的趋势。其结果见表13-10。

表 13-10　海河流域不同年段水资源量　　　　（单位：亿 m³）

时段	降水量	蒸散发量	地表水资源量	地下水资源量 总量	地下水资源量 不重复量	狭义水资源量	降水有效利用量	广义水资源量
1960~1969 年	1797.7	1583.1	345.4	282.1	70.9	416.3	1299.9	1716.2
1970~1979 年	1766.6	1660.1	261.7	286.0	108.9	370.5	1316.2	1686.7
1980~1989 年	1550.9	1583.8	150.6	206.1	130.6	281.3	1221.3	1502.5
1990~2005 年	1624.5	1610.9	164.0	233.2	145.7	309.7	1235.0	1544.7
1956~1979 年	1812.8	1621.6	326.2	284.9	84.7	410.9	1313.3	1724.2
1980~2005 年	1596.2	1600.5	158.9	222.7	139.9	298.7	1229.7	1528.5

根据计算结果分析得出，在气候变化与人类活动双重作用下，水资源的演变规律呈现如下特性：①水资源总量及各个分项总体呈现衰减的趋势；②径流等水平通量呈减少的趋势，产水系数由 0.23 减少至 0.19；③虽然径流等水平通量与蒸发等垂直通量均减小，但前者减少比例（51%）远大于后者（1%）；④虽然狭义性径流水资源与广义性水资源均减少，但前者减少比例（28%）远大于后者（11%）；⑤地表水资源急剧减少（51%），而不重复量急剧增大（65%），径流性水资源的构成发生巨大变化；⑥平原区和山丘区的资源量演变呈现不同的规律。

平原区地表水资源减少的比例（64%）大于山丘区（39%），而不重复量增大比例（70%）大于山丘区（4%），狭义水资源量减少的比例（17%）小于山丘区（29%）；生态系统和经济系统对降水的有效利用量减少的比例（6%）小于山丘区（9%），广义水资源量减少的比例（10%）略小于山丘区（12%）。

(2) 气候变化对水资源的影响

气候变化直接导致了与水循环有关的降水、蒸发及径流过程，且气候因子对水循环过程的影响是复杂的、多层次的。气候变化对于流域水资源演变的定量考察，可以在模拟计算中，采用 1956~2005 年降水系列、现状下垫面、无取用水条件，然后对比不同年段的计算结果，即可获得气候变化对流域水资源演变的定量影响。

气候因素对流域水资源的影响至关重要，降水是流域水资源的唯一来源，降水的变化导致流域水循环输入项的变化，进而影响水循环的整个过程；而气温变化则首先通过影响地表附近的辐射、潜热、显热和热传导，造成能量交换过程发生变化，进而影响蒸发蒸腾过程，而蒸发蒸腾的变化同时引起径流、入渗等水文过程的变化，造成水循环过程和水资源量的变化。

计算结果表明：各项水资源量变化趋势与降水量的变化趋势一致。而受气温的影响，水文要素和水资源要素都呈现不同的衰减特征。1980~2005 年系列与 1956~1979 年系列相比，降水量减少了 12.0%，气温则增加 7.2%。受降水和气温的共同作用，流域的蒸散发量减少 6.8%；狭义水资源量减少 26.9%；其中，地表水资源量减少 30.5%，径流系数略有减少；地下水资源量减少 30.3%；不重复量减少 13.1%；生态系统和经济系统对降水的有效利用量减少 6.6%，广义水资源量减少 11.7%。狭义水资源量的衰减幅度要大于广义水资源量，地下水资源量的衰减幅度要大于地表水资源量（表 13-11）。

表 13-11　不同气候条件下海河流域不同年段水资源量

时段	水资源分区	降水量/亿 m³	气温/℃	ET量/亿 m³	地表水资源量/亿 m³	地下水资源量/亿 m³ 总量	地下水资源量/亿 m³ 不重复量	狭义水资源量/亿 m³	降水有效利用量/亿 m³	广义水资源量/亿 m³
1956~1979年	海河流域	1812.8	9.7	1511.6	344.9	256.0	86.2	431.2	1294.8	1726.0
	滦河及冀东沿海	314.2	7.4	273.2	61.9	47.8	7.5	69.4	236.7	306.1
	海河北系	429.6	8.0	353.6	81.0	50.3	16.4	97.3	300.1	397.5
	海河南系	871.3	10.8	714.8	177.1	128.0	46.1	223.2	613.0	836.3
	徒骇马颊河	197.7	12.4	170.0	25.0	29.8	16.2	41.2	144.9	186.1
1980~2005年	海河流域	1596.2	10.4	1408.5	240.0	173.9	74.9	315.4	1209.3	1524.7
	滦河及冀东沿海	282.5	8.3	257.8	50.3	40.8	8.7	59.0	223.7	282.7
	海河北系	378.0	8.8	332.3	58.0	40.0	17.5	75.4	282.9	358.4
	海河南系	759.7	11.5	659.3	115.8	78.9	38.6	154.4	566.0	720.4
	徒骇马颊河	176.0	12.9	159.2	16.4	14.1	10.2	26.6	136.7	163.3

1980~2005 年系列与 1956~1979 年相比，海河流域山丘区降水量减少 11.4%，气温增加 8.6%，流域的蒸散发量减少 5.9%；地表水资源量减少 25.5%，地下水资源量减少 14.9%，狭义水资源量减少 25.0%，生态系统和经济系统对降水的有效利用量减少 5.7%，广义水资源量减少 10.1%；而在平原区，降水量减少 12.7%，气温增加 7.2%，流域的蒸散发量减少 7.4%；地表水资源量减少 36.8%，地下水资源量减少 46.3%，狭义水资源量减少 28.9%，生态系统和经济系统对降水的有效利用量减少 6.5%，广义水资源量减少 12.8%。由此可见，在海河流域，气候变化对山丘区水资源量的影响要大于平原区，平原区资源量的衰减幅度要大于山丘区。

(3) 人工取用水对于流域水资源演变影响

海河流域地处全国经济文化中心，其特殊的政治经济地位和水资源条件形成了一对矛盾体，经济社会对水资源的需求大大超过全区水资源承载能力，人类活动对其水循环和水资源的影响较其他流域更加剧烈。不考虑调入水量和深层地下水开采量，海河流域水资源开发利用率达到了 70% 以上，是全国水资源开发利用率最高的流域，可见，其社会经济的持续发展以地表水的过度开发和地下水超采等牺牲生态环境为代价。因此，在人类活动对水资源演变具有重要影响的海河流域，有必要定量评估水资源开发利用对流域水资源量的影响，为水资源合理开发利用提供依据。

人工取用水对于流域水资源演变的定量考察，可以在模拟计算中，保持其他输入因子不变（如气象条件、下垫面等），而对有取用水、无取用水情景分别进行模拟，然后对比其结果，即可获得人工取用水对流域水资源演变的定量影响。

本次研究以 1956～2005 年气象系列和历史下垫面条件为基础，分别模拟有人工取用水和无人工取用水两种情景下的水资源量。

根据模拟结果（表 13-12、表 13-13），可以得出：人工取用水对海河流域水资源量的影响主要包括以下六个方面。

表 13-12　海河流域有取用水情景和无取用水情景下的水资源量

情景	水资源分区	降水量 /亿 m³	蒸散发量 /亿 m³	地表水资源量 /亿 m³	地下水资源量/亿 m³ 总量	地下水资源量/亿 m³ 不重复量	狭义水资源量 /亿 m³	产水模数 /（万 m³/km²）	产水系数
有人工取用水	海河流域	1700.1	1610.7	239.2	252.6	113.4	352.6	11.0	0.21
有人工取用水	滦河及冀东沿海	297.7	274.7	52.6	44.4	9.4	62.0	11.4	0.21
有人工取用水	海河北系	402.7	372.1	53.6	55.0	25.6	79.6	9.6	0.20
有人工取用水	海河南系	813.3	771.1	111.4	119.4	64.1	175.5	11.8	0.22
有人工取用水	徒骇马颊河	186.4	192.8	21.6	33.8	14.3	35.9	10.8	0.19
无人工取用水	海河流域	1700.1	1451.5	295.3	219.5	80.4	375.4	11.8	0.22
无人工取用水	滦河及冀东沿海	297.7	263.1	57.0	45.3	8.1	65.0	10.5	0.19
无人工取用水	海河北系	402.7	340.1	70.4	46.5	17.0	87.4	8.5	0.17
无人工取用水	海河南系	813.3	684.9	146.3	104.3	41.6	187.8	15.2	0.28
无人工取用水	徒骇马颊河	186.4	163.4	21.6	23.4	13.7	35.2	6.6	0.12

表 13-13　海河流域有取用水情景和无取用水情景下的广义水资源量　　　　（单位：亿 m³）

情景	水资源分区	狭义水资源量	降水的有效利用量 林地蒸散发	降水的有效利用量 草地蒸散发	降水的有效利用量 农田蒸散发	降水的有效利用量 居工地蒸散发	降水的有效利用量 合计	广义水资源量
有人工取用水	海河流域	352.6	283.4	190.2	785.7	10.6	1269.9	1622.5
有人工取用水	滦河及冀东沿海	62.0	94.8	53.0	80.4	0.9	229.1	291.1
有人工取用水	海河北系	79.2	83.0	53.6	155.9	2.4	294.9	374.1
有人工取用水	海河南系	175.5	99.2	81.0	417.8	5.4	603.4	778.9
有人工取用水	徒骇马颊河	35.9	6.4	2.5	132.6	2.0	143.5	179.4
无人工取用水	海河流域	375.4	282.7	189.0	759.4	11.2	1242.3	1617.7
无人工取用水	滦河及冀东沿海	65.0	94.6	52.5	79.3	0.8	227.2	292.2
无人工取用水	海河北系	87.4	82.7	53.4	149.5	2.6	288.2	375.6
无人工取用水	海河南系	187.8	99.0	80.5	401.6	5.7	586.8	774.8
无人工取用水	徒骇马颊河	35.2	6.4	2.5	129.0	2.1	140.0	175.2

1) 地表水资源量减少 56.0 亿 m^3。其主要原因是一方面人类活动影响下的取水方式，改变了地表水和地下水的储存条件以及地表水和地下水的水力交换方式，尤其是地下水的大量开采使得地下水水位降低，地下水向河流的排泄量减少，相应河道对地下水的补给量增加，在枯水期，河流则由于得不到地下水的补给而发生断流；另一方面是人类的取用水方式改变了地表径流的产水条件，造成坡面径流减少。

2) 地下水资源量增加 33.0 亿 m^3。浅层地下水与地表水具有较强烈的水力联系，受人类活动的影响，其补给来源除了天然补给外，如降水补给和河道补给，还增加了一项人工补给，如田间灌溉补给、渠系渗漏补给以及水库渗漏补给等。人类活动的取水活动影响了地下水的补给条件，人工开采地下水影响了地下水水位，当地下水水位埋深较浅时，补给量随着水位埋深增加而增加，当地下水水位埋深超过某一临界值时，补给系数接近零值。人类活动的用水活动增加了地下水的补给源项，同时又使天然补给和人工补给量相互影响。20 世纪 80 年代以前，地下水的开采量较少，地下水的开采有利于降水入渗补给地下水，随着地下水的开采增加，使得局部地下水水位下降，切断了地表水和地下水的水力联系，使得降水入渗补给地下水量减少，在河北省尤其严重。随着灌溉用水量的增加，人工补给地下水量增加。在人工补给量和天然补给量的相互影响下，地下水资源量增加。

3) 不重复量增加 33.0 亿 m^3。不重复量受地下水补给量和排泄量的影响，补给量除受岩性、降水量、地形地貌、植被等因素的影响外，还受地下水埋深的影响，人工开采地下水影响了地下水水位，改变了地下水的补给量，人工开采地下水同时也改变了地下水的排泄方式，袭夺了潜水蒸发以及河川基流量，使得不重复量增加。

4) 生态系统和经济系统对降水的有效利用量增加 27.6 亿 m^3。人类大量开采地下水降低了地下水位，使得土壤通气带厚度增大，增加了土壤水的蓄积量，致使有效蒸散发量增加。

5) 地表水资源量的减少和不重复量的增加使得狭义水资源量减少 23.0 亿 m^3。狭义水资源量的减少和降水有效利用量的增加使得广义水资源量略有增加，为 4.7 亿 m^3。

6) 人类活动的扰动不同，山丘区和平原区水资源呈现出不同的演变规律。山丘区地表水和地下水开发利用程度较低，人工取用水使得狭义水资源量减少 1.2%，其中地表水资源量减少 5.8%，地下水资源量减少 13.6%，生态系统和经济系统对降水的有效利用量增加 1.4%，广义水资源量略有增加；而在平原区水资源开发利用强度大，人工取用水使得狭义水资源量减少 5.3%，其中地表水资源量减少 28.7%，地下水资源量增加 52.3%，生态系统和经济系统对降水的有效利用量略有减少，为 0.2%，广义水资源量略有减少。上游山丘区生态系统和经济系统直接利用的水量增加，下游平原区能为国民经济和生态环境利用的水量减少。

(4) 下垫面变化对于流域水资源演变影响

下垫面对于流域水资源演变的定量考察，可以在模拟计算中，保持其他输入因子不变（如气象、用水等），而对不同时期下垫面情景分别进行模拟，然后对比其结果，即可获得下垫面对流域水资源演变的定量影响。

本次研究以1956~2005年气象系列和无人工取用水条件为基础，分别模拟历史下垫面和现状下垫面两种情景下的水资源量。

现状下垫面与历史下垫面相比，主要的变化是：由于海河流域的人口快速增加、社会经济不断发展，农业活动、水利工程建设、水土保持和城市化建设等人类活动日益增强，导致城镇用地增加，耕地面积增加，有效灌溉面积增加，林地增加，而未利用土地减少，受降水和人类活动的共同影响，水面面积有所减少。

农田和林地面积的增加使得地表植被的覆盖度增加，增加了地表的截留、叶面蒸散发以及植被的蒸腾量，同时改变了降水的入渗条件，相应减少了地表径流和地下径流量，增加了生态系统对于降水的有效利用量；不同植被覆盖度、叶面积指数、植被深度不同，对水循环过程的影响也不尽相同。另外城镇化率的提高导致不透水面积大幅度增加，从而减少了地表截留和入渗，使得地表径流增加，而地下径流减少。土地利用植被变化的综合作用，影响了流域地表、地下产水量，导致入渗、径流、蒸散发等水平衡要素的变化，改变水资源量的构成。

从表13-14和表13-15中可以看出，由于不同土地利用对水循环过程相互影响，导致下垫面的变化对于广义水资源量及其构成的影响不大。狭义水资源量减少4.5亿m^3，地表水资源量减少4.5亿m^3，地下水资源量减少5.8亿m^3；受面积变化的影响，林地蒸散发量增加，草地（坡耕地的面积减少）蒸散发量减少，农田蒸散发量减少，居工地蒸散发量增加，广义水资源量略有增加。山丘区和平原区由于土地利用变化不同，平原区地表水减少2.4亿m^3，山丘区减少2.1亿m^3；平原区地下水减少5.0亿m^3，山丘区减少0.8亿m^3；平原区广义水资源减少量略小于山丘区。

表13-14 海河流域现状下垫面和历史下垫面的狭义水资源量

情景	水资源分区	降水量/亿m^3	蒸散发量/亿m^3	地表水资源量/亿m^3	地下水资源量/亿m^3 总量	地下水资源量/亿m^3 不重复量	狭义水资源量/亿m^3	产水模数/(万m^3/km^2)	产水系数
现状下垫面	海河流域	1700.1	1458.0	290.6	213.4	80.3	371.0	11.6	0.22
	滦河及冀东沿海	297.7	265.2	55.9	44.2	8.1	64.0	10.3	0.19
	海河北系	402.7	342.5	69.0	45.0	17.0	86.0	8.3	0.17
	海河南系	813.3	685.9	145.2	102.5	42.2	187.5	15.1	0.28
	徒骇马颊河	186.4	164.4	20.5	21.7	13.0	33.5	6.2	0.11
历史下垫面	海河流域	1700.1	1451.5	295.3	219.5	80.4	375.5	11.8	0.22
	滦河及冀东沿海	297.7	263.1	57.0	45.3	8.1	65.0	10.5	0.19
	海河北系	402.7	340.1	70.4	46.5	17.0	87.4	8.5	0.17
	海河南系	813.3	684.9	146.3	104.3	41.6	187.8	15.2	0.28
	徒骇马颊河	186.4	163.4	21.6	23.4	13.7	35.2	6.6	0.12

表 13-15　海河流域现状下垫面和历史下垫面的广义水资源量　　（单位：亿 m³）

情景	水资源分区	狭义水资源量	降水的有效利用量					广义水资源量
			林地蒸散发	草地蒸散发	农田蒸散发	居工地蒸散发	合计	
现状下垫面	海河流域	371.0	286.6	189.7	762.4	11.7	1250.4	1621.4
	滦河及冀东沿海	64.0	95.7	52.7	80.7	0.9	230.0	294.0
	海河北系	86.0	84.1	53.8	150.6	2.7	291.2	377.2
	海河南系	187.5	100.0	80.6	402.0	6.0	588.6	776.1
	徒骇马颊河	33.5	6.8	2.6	129.1	2.1	140.6	174.1
历史下垫面	海河流域	375.5	282.7	189.0	759.4	11.2	1242.2	1617.7
	滦河及冀东沿海	65.0	94.6	52.5	79.3	0.8	227.2	292.2
	海河北系	87.5	82.7	53.5	149.5	2.6	288.2	375.7
	海河南系	187.8	99.0	80.5	401.6	5.7	586.8	774.6
	徒骇马颊河	35.2	6.4	2.5	129.0	2.1	140.0	175.2

（5）海河流域水资源演变规律分析

气候要素发生变化的原因和机制，迄今仍然是一个在不断深入研究的课题。尽管人们逐渐意识到，随着人类活动对自然界的影响逐步加强，人类活动已成为气候变化的一个基本要素和驱动力之一，但是由于气候变化的不确定性，本项目研究暂且将气候变化作为自然因素考虑。

自然因素对水资源演变的影响呈现如下规律。

1) 降水量的变化趋势与其所导致的广义水资源量和狭义水资源量的变化趋势是一致的：1980～2005 年系列与 1956～1979 年系列相比，降水量减少了 12.0%，相应，狭义水资源量减少 26.9%；生态系统和经济系统对降水的有效利用量减少 6.6%，广义水资源量减少 11.7%。

2) 气温增加导致垂向向上循环量增加：1980～2005 年系列与 1956～1979 年系列相比，气温增加 7.2%，流域 ET 量减少的幅度要小于降水减少的幅度，仅为 6.6%；生态系统和经济系统的有效蒸散发量（即降水的有效利用量）减少的幅度也小于降水，仅为 6.1%；而地表水资源量减少的幅度要远大于降水，为 30.5%。

3) 山丘区水资源量对气候变化的响应要小于平原区对其的响应：1980～2005 年系列与 1956～1979 年相比，山丘区降水量减少 11.4%，气温增加 8.6%，相应狭义水资源量减少 25.0%，广义水资源量减少 10.1%；而在平原区，降水量减少 12.7%，气温增加 7.2%，狭义水资源量减少 28.9%，广义水资源量减少 12.8%。

自然因素对下垫面的影响是一个长期的、缓慢的过程，从小的时间尺度上看，人类活动对下垫面的影响更为剧烈。人工取用水将水从天然水循环系统中分离出一个由"供水—

用水—耗水—排水"等过程形成的侧支循环,在循环路径和循环特性两个方面改变了流域天然水循环特征。因此本项目研究将下垫面变化和人工取用水归为人类活动的影响。

人类活动对水资源演变的影响呈现如下五个方面的规律:

1) 循环的水平方向水分通量减少,而水循环的垂向水分通量加大。

受人类开发利用水资源的影响,海河流域地表水资源量减少 19.0%,为 56.0 亿 m^3,总蒸发量增加 10.9%,为 159.2 亿 m^3。受下垫面变化的影响,海河流域地表水资源量减少 1.6%,为 4.6 亿 m^3,总蒸发量增加 0.5%,为 6.6 亿 m^3。

2) 径流性狭义水资源减少,为生态环境直接利用的雨水(土壤水)资源量增加,广义水资源总体略有增加。

受人类开发利用水资源的影响,海河流域径流性狭义水资源减少 6.1%,为 23.0 亿 m^3,为生态环境直接利用的雨水(土壤水)资源量则增加 2.2%,为 27.6 亿 m^3,广义水资源量略有增加。

受下垫面变化的影响,海河流域径流性狭义水资源减少 1.2%,为 4.5 亿 m^3,为生态环境直接利用的雨水(土壤水)资源量则增加 0.6%,为 8.0 亿 m^3,广义水资源量略有增加。

3) 径流性狭义水资源中,地表水资源减少,不重复的地下水资源增加。

受人类开发利用水资源的影响,径流性狭义水资源中,减少 19.0%,为 56.0 亿 m^3,而不重复的地下水资源增加 41%,为 33.0 亿 m^3。

4) 由于上游山丘区生态系统和经济系统直接利用的水量增加,下游平原区能为国民经济和生态环境利用的水量减少。

受人类开发利用水资源的影响,山丘区生态系统和经济系统对降水的有效利用量增加 7.3 亿 m^3,而平原区生态系统和经济系统对降水的有效利用量略有减少,为 11.6 亿 m^3。

5) 在海河流域,山丘区的水资源受人类活动的扰动影响要小于平原区。

受人类开发利用水资源的影响,山丘区地表水资源量减少 5.8%,地下水资源量减少 13.6%,狭义水资源量减少 1.2%,生态系统和经济系统对降水的有效利用量增加 1.4%,广义水资源量略有增加;平原区地表水资源量减少 28.7%,地下水资源量增加 52.3%,狭义水资源量减少 5.3%,生态系统和经济系统对降水的有效利用量略有减少,为 0.2%,广义水资源量略有减少。

13.3　流域水循环及水资源演变归因分析

在全球气候模式、分布式水文模型以及统计降尺度模型的基础上,将基于指纹的归因方法首次应用到流域尺度,对海河流域水循环要素的演变进行归因分析,包括降水、气温、地表水资源量、狭义水资源量等,通过设置不同的归因情景,定量区分了气候系统的自然变异、温室气体排放导致的全球变暖、包括人工取用水和下垫面变化在内的区域人类活动等因素对上述要素演变的贡献。

13.3.1 基于指纹的归因方法

（1）指纹

基于指纹的归因方法目前被广泛应用于气候变化领域的检测与归因研究中。所谓气候变化的检测，就是一个评估观测到的变化是否有可能由气候系统的自然变异引起的过程。对一个变量进行检测和归因分析，基本思想就是降维，即将原来的多维问题降为更低维度上或者单变量的问题（Hegerl et al.，1996），在得到的低维空间中，通过指纹和信号强度两个指标，就可以将变量实测的变化信号强度与自然变异噪声对比，以判断观测到的变量的变化是否可能由气候系统的自然变异引起；同时，也可以将变量实测的变化信号强度与特定气候强迫类型（温室气体排放、太阳活动和火山爆发等）下的信号强度进行对比，分析变量实测变化信号是否与特定强迫条件下有着一致的信号，判断实测的变量变化是否有可能由特定的气候强迫条件引起，进而进行归因分析。欲了解更多关于该方法的详细信息，请参考文献 Hegerl 等（1996）和 Barnett 等（2001）。

指纹方法采用低维的单变量型态指标，将实测数据与某些特定条件下的气候变化型态对比，可以看做是对实测数据的一种"过滤器"（Hegerl et al.，1996）。具体来说，某个变量变化的指纹就是对该变量的一系列观测值或模拟值进行经验正交函数（empirical orthogonal function，EOF）分解后的第一分量，亦即在解释数据方差变异的所有分量中贡献最大的分量。指纹是所研究的变量对某种强迫或环境条件的时空响应，具有空间和时间双重属性，空间上反映变量的变异型态，时间上反映该变异型态随时间的变化趋势。

（2）信号强度

根据计算得出的变量变化的指纹，将该变量的实测系列或者不同条件下的模拟系列投影到该"指纹"方向，采用最小二乘法计算得出的拟合直线的斜率就称为"信号强度"，计算公式如下：

$$S = \text{trend}[F(x) \cdot D(x,t)] \quad (13\text{-}10)$$

式中，S 为信号强度；$F(x)$ 为不同情景下变量变化的指纹；$D(x,t)$ 为实测时间系列或者某模拟时间系列；trend 为采用最小二乘法计算得出的拟合直线的斜率。

对于实测系列和设定的不同条件下的模拟系列，可以分别求得相应的信号强度。信号强度的正负反映变量的增加或减少，信号强度的大小反映变量变化的强弱。通过将不同条件下变量变化的信号强度与实测的变化信号强度对比，就可以对实测的变量变化进行归因分析：若计算的某条件下变量变化的信号强度与实测变化的信号强度符号不一致，则该条件不是导致实测的变量变化的原因；若计算的某条件下变量变化的信号强度与实测变化的信号强度符号一致，则说明该条件是导致实测的变量变化的原因之一，其贡献为该条件下的信号强度与导致实测变量变化的所有条件下的信号强度之和的比值。

13.3.2 归因情景设置

为了研究不同环境条件下的水资源情况，需要提供相应条件下的降水和气温数据作为分布式水文模型的输入，因此在对变化环境下流域水资源演变进行归因的同时，也对降水、气温的演变进行了归因分析。不同环境条件下的降水和气温主要通过全球气候模式的不同强迫试验得到，而不同环境条件下的地表水资源量则主要通过分布式水文模型 WEP-L 得到。在设置归因情景时也将降雨、气温演变的归因情景与地表水资源量演变的归因情景相应的区分开来。

需要说明的是，由于分布式水文模型 WEP-L 不仅能较好的模拟自然水循环，而且能模拟由于取用耗排水引起的人工侧支水循环和下垫面变化等人类活动对水资源的影响，我们认为，在对模型进行较好的率定和验证后，可以用来进行不同情景下的水循环模拟。

（1）降水和气温演变的归因情景

影响降水和气温演变的因素有许多种，本研究中考虑气候系统的自然变异、温室气体排放导致的全球变暖以及太阳活动和火山爆发三个因素的影响，对降水和气温演变的归因分别设置以下三个情景。

情景 1：仅考虑气候系统自然变异的影响，采用气候模式提供的气候系统自然变异下的降水和气温数据。

情景 2：仅考虑温室气体排放导致的全球变暖的影响，采用气候模式提供的温室气体排放情景下的降水和气温数据。

情景 3：仅考虑太阳活动和火山爆发的影响，采用气候模式提供的太阳活动和火山爆发情景下的降水和气温数据。

在上述情景中，基于气候模式的不同强迫试验提供的原始降水和气温数据，通过统计降尺度模型进行降尺度至站点后，再利用距离平方反比结合泰森多边形法插值至水文模型计算单元，得出不同空间尺度如三级区的降水和气温，进而计算相应的指纹和信号强度，进行归因分析。

（2）地表水资源量演变的归因情景

影响地表水资源量演变的因素较多，不仅有其自身演变规律的影响，还有气候变化、人类活动以及其他未知和不确定性因素的影响。本研究中考虑了气候系统的自然变异、温室气体排放导致的全球变暖、人工取用水以及下垫面变化四个因素的影响，同时，为了更深入的研究区域人类活动对地表水资源量的影响，将人工取用水和下垫面变化组合作为一个因素进行考虑，因此设置了以下五个相应的情景。

情景 1：仅考虑气候系统自然变异的影响，采用气候模式提供的自然变异下的降水和气温数据，经统计降尺度和空间插值后，作为分布式水文模型的输入。同时，水文模型中不考虑人工用水和下垫面变化的情况，选用 20 世纪 80 年代的下垫面（表 13-7）作为初始下垫面条件。

情景 2：仅考虑温室气体排放导致的全球变暖的影响，采用气候模式提供的温室气体排放情景下的降水和气温数据，经统计降尺度和空间插值后，作为分布式水文模型的输入。同时，水文模型中不考虑人工用水和下垫面变化的情况，选用 20 世纪 80 年代的下垫面作为初始下垫面条件。

情景 3：仅考虑人工取用水的影响，采用海河流域水资源综合规划现状（2000 年）的用水数据，通过时空展布（Jia et al.，2008）进行尺度转换后，作为分布式水文模型的输入。同时，水文模型中的降水和气温数据采用气候系统自然变异情景下的数据，下垫面为20世纪80年代的初始下垫面条件。

情景4：仅考虑下垫面变化的影响，采用海河流域现状（2000年）的下垫面数据，经GIS处理后，作为分布式水文模型的输入。同时，水文模型中不考虑人工取用水，降水和气温数据采用自然变异情景下的数据。

情景5：仅考虑流域人类活动的影响，即人工取用水和下垫面变化的组合，水文模型中降水和气温数据采用气候系统自然变异情景下的数据，同时，选用海河流域现状（2000年）的用水和下垫面条件。

基于上述情景设置的水文模型计算条件，可以得到相应情景下不同空间尺度如三级区的地表水资源量，进而计算相应的指纹和信号强度，进行归因分析。

13.3.3 海河流域水循环要素演变的归因分析

（1）全球气候模式的应用

本研究选用的全球气候模式为PCM（parallel climate model）（Washington，2000），由于该模型能较好地模拟实际气候情景以及气候的自然变异情况，目前已经被广泛应用于水文研究中（Barnett et al.，2008）。本研究分别选用PCM的三个强迫试验来反映自然变异、温室气体排放、太阳活动和火山爆发情景下的降水和气温情况。

其中，强迫试验B07.20用来模拟自然变异情景下的降水和气温，该试验的运行条件为：大气、海洋、海冰、地表等过程都是激活可用的，除太阳活动采用1367年的固定条件外，不包含其他任何外部驱动因素，模拟时间为1890~1999年。

强迫试验B06.22用来模拟温室气体排放情景下的降水和气温，该试验的运行条件为：大气、海洋、海冰、地表等过程都是激活可用的，驱动因素包括温室气体排放以及硫酸盐和气溶胶，模拟时间为1870~1999年。

强迫试验B06.69用来模拟太阳活动和火山爆发情景下的降水和气温，该试验的运行条件为：大气、海洋、海冰、地表等过程都是激活可用的，驱动因素包括太阳活动和火山爆发，温室气体、硫酸盐和气溶胶情景固定在1890年水平，模拟时间为1890~2000年。

（2）分布式水文模型的应用

为了研究人工取用水变化和下垫面变化等区域人类活动对水资源的影响，在海河流域水资源演变的归因研究中选用WEP-L模型来模拟不同环境下的水循环及水资源情况。有关WEP模型的详细介绍及在海河流域的应用情况请参考前述章节。

（3）统计降尺度模型的应用

本研究选用国际上应用广泛的SDSM（statistical downscaling model）作为全球气候模式和分布式水文模型的耦合途径（Wilby et al.，2002）。统计降尺度模型SDSM的原理是首先在大尺度气候因子（预报因子）和局地变量（预报量）之间建立一种定量的统计函数关系，然后基于此统计关系和不同情景下的预报因子来进行降尺度。

1）数据来源。SDSM 中待选择的预报因子来自美国环境预报中心（NCEP）和国家大气研究中心（NCAR）联合推出的再分析日资料，共包括 23 个变量，包括 500hPa、850hPa、近地表面的风速、涡度、散度、位势高度、相对湿度、平均海平面气压以及 2m 处大气温度等。这些变量的数据资料可以直接从如下网站下载：http：//www.cics.uvic.ca/scenarios/sdsm/select.cgi。

在海河流域内选择了 26 个气象站点，其 1961~2000 年实测的日降雨和气温资料由国家气象局提供，作为降尺度模型的预报量对 SDSM 模型进行率定和验证。

2）SDSM 验证。将每个气象站点的降雨和气温作为预报量，计算流域内的预报因子与各站点预报量的相关系数，将相关系数通过 95% 显著性水平检验的作为该站点该预报量的预报因子。

基于选择的预报因子以及各站点实测资料和 NCEP 再分析资料，选择 1961~1990 年为模型率定期，1991~2000 年为模型验证期，分站点对模型进行率定和验证。结果表明，在模型的验证期，各个站点降雨和气温的降尺度结果比较令人满意，通过对比各个站点降尺度系列和实测系列（1961~2000 年）的均值、最大值、最小值、百分位数、最大五天值的总和等统计指标，发现二者吻合较好。

（4）海河流域降水演变的归因分析

对气候系统的自然变异、温室气体排放导致的全球变暖、太阳活动和火山爆发三个情景下的海河流域 15 个三级区年降水量进行 EOF 分解，得到各情景下年降水量变化的指纹如图 13-15 所示。

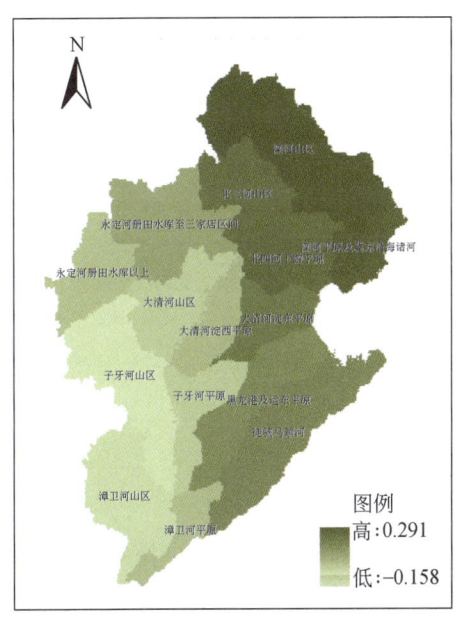
(a)实际年降水量变化的指纹

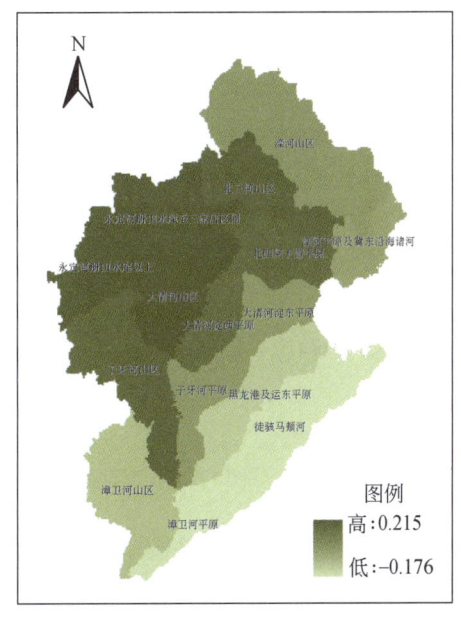
(b)自然变异情景下年降水量变化的指纹

 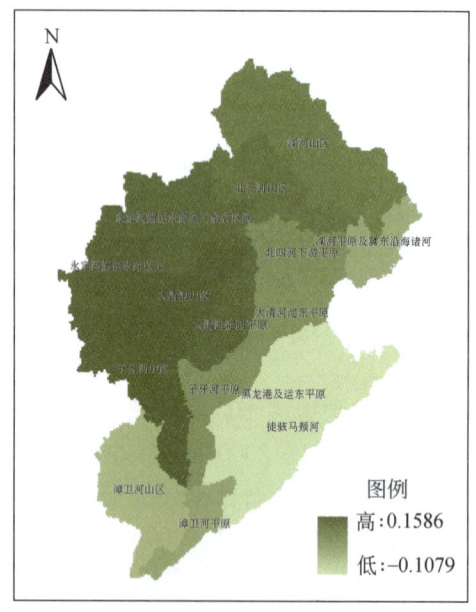

(c) 温室气体排放情景下年降水量变化的指纹　　(d) 太阳活动和火山爆发情景下年降水量变化的指纹

图 13-15　海河流域不同情景下降水变化的指纹

从图 13-15 看，不同情景以及实际情况下海河流域年降水量的空间变异型态是不同的，各个型态下降水变化较大的区域都有所不同。

基于各情景下年降水量变化的指纹，分别计算相应的信号强度，如图 13-16 所示。

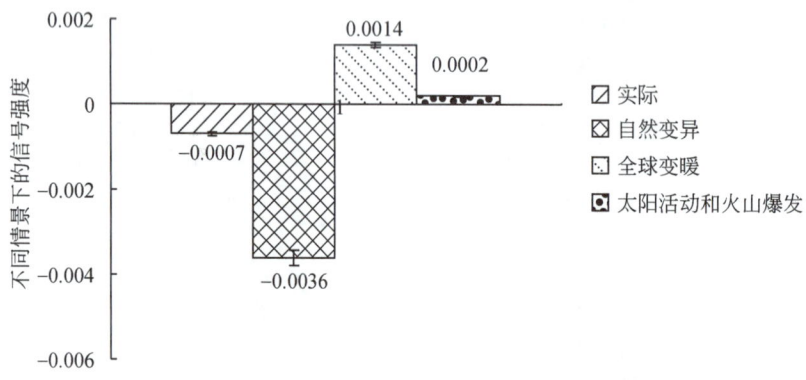

图 13-16　海河流域不同情景下降水变化的信号强度

从图 13-16 可以看出，在温室气体排放、太阳活动和火山爆发两个情景下，年降水量变化的信号强度与实际降水量变化的信号强度的符号是相反的，因此二者不是导致海河流域过去 40 年降水量变化的因素。而在气候系统自然变异情景下，年降水量变化的信号强度则与实际是一致的，并且比实际降水量变化的信号强度更强。因此，我们认为气候系统的自然变异是导致海河流域过去 40 年降水变化的主要原因。

(5) 海河流域气温演变的归因分析

对气候系统的自然变异、温室气体排放导致的全球变暖、太阳活动和火山爆发三个情景下的海河流域 15 个三级区年平均气温进行 EOF 分解,得到各情景下年平均气温变化的指纹如图 13-17 所示。

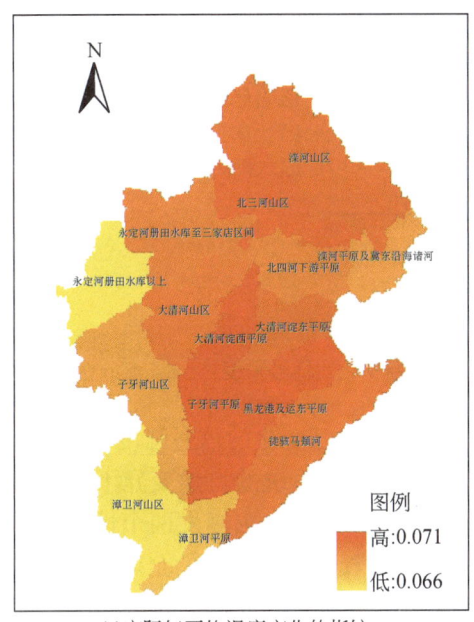

(a)实际年平均温度变化的指纹　　　　(b)自然变异情景下年平均温度变化的指纹

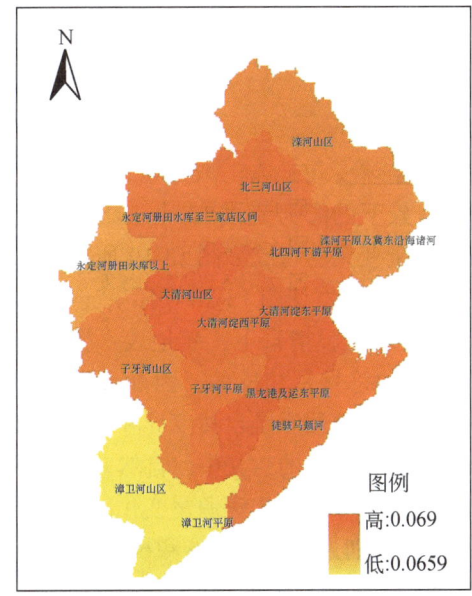
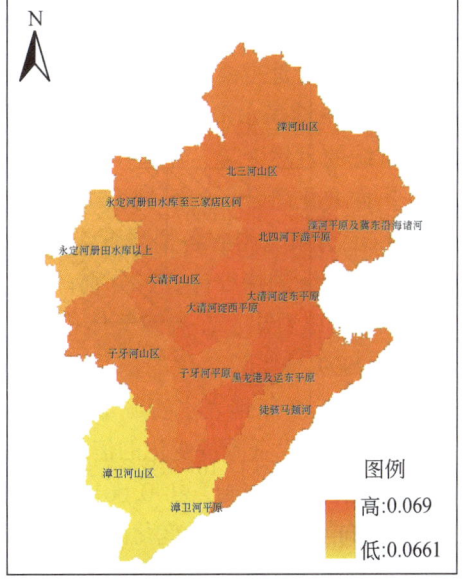

(c)温室气体排放情景下年平均温度变化的指纹　(d)太阳活动和火山爆发情景下年平均温度变化的指纹

图 13-17　海河流域不同情景下气温变化的指纹

从图 13-17 看,不同情景以及实际情况下海河流域年平均气温的空间变异型态有所不同，温室气体排放、太阳活动和火山爆发两个情景下的气温空间变异型态和实际情况有一定的相似之处。

基于上述情景下的指纹，分别计算相应的信号强度如图13-18所示。

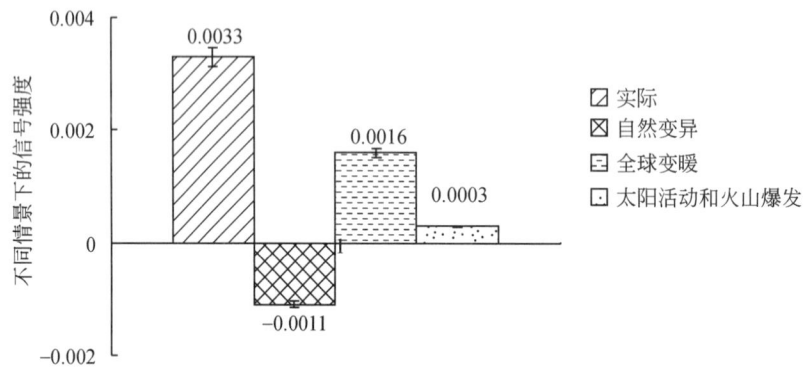

图13-18 海河流域不同情景下气温变化的信号强度

从图13-18可以看出，在自然变异情景下，年平均气温变化的信号强度-0.0011与实际气温变化的信号强度0.0033的符号是相反的，因此气候系统的自然变异不是导致海河流域过去40年气温变化的因素。而在全球变暖、太阳活动和火山爆发两个情景下，年平均气温变化的信号强度则与实际是一致的，其中，温室气体排放导致的全球变暖情景下气温变化的信号强度为0.0016，太阳活动和火山爆发情景下的信号强度为0.0003，在影响气温变化的因素中分别占了84%和16%。因此，我们认为温室气体排放导致的全球变暖以及太阳活动和火山爆发是导致海河流域过去40年气温变化的两个因素，并且温室气体排放导致的全球变暖是主要因素。

（6）海河流域地表水资源量演变的归因分析

对气候系统的自然变异、温室气体排放导致的全球变暖、人工取用水、下垫面变化、取用水和下垫面变化组合下的区域人类活动5个情景下的海河流域15个三级区年地表水资源量进行EOF分解，得到各情景下年地表水资源量变化的指纹如图13-19所示。

基于不同情景下的指纹计算，分别计算相应的信号强度如图13-20所示。

从图13-20可以看出，在温室气体排放导致的全球变暖情景下，年地表水资源量变化的信号强度0.0009与实际变化的信号强度-0.0079的符号是相反的，因此全球变暖不是导致海河流域过去40年地表水资源量变化的因素。而在气候系统自然变异和区域人类活动两个情景下，年地表水资源量变化的信号强度则与实际是一致的，其中，自然变异情景下年地表水资源量变化的信号强度为-0.001，人类活动情景下年地表水资源量变化的信号强度为-0.0015，在影响年地表径流量变化的因素中所占比例分别为达到了40%和60%。具体来说，取用水情景下的信号强度为-0.0013，下垫面变化情景下的信号强度为-0.0005，在影响年地表水资源量变化的因素中分别占了46%和18%。因此，我们认为气候系统的自然变异和区域人类活动是导致海河流域过去40年地表水资源量变化的两个因素，并且区域人类活动是主要因素。

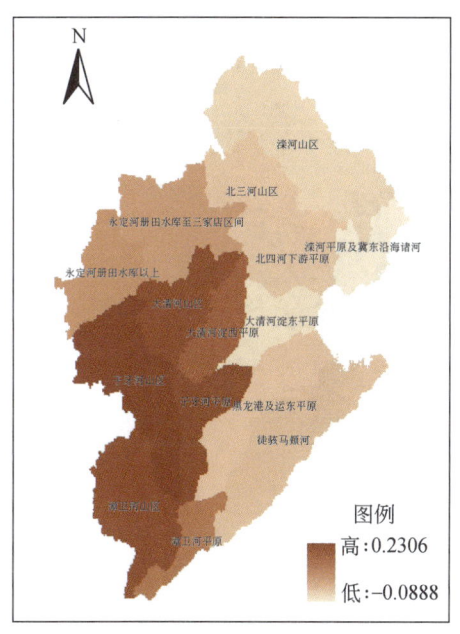
(a)实际年地表径流量变化的指纹

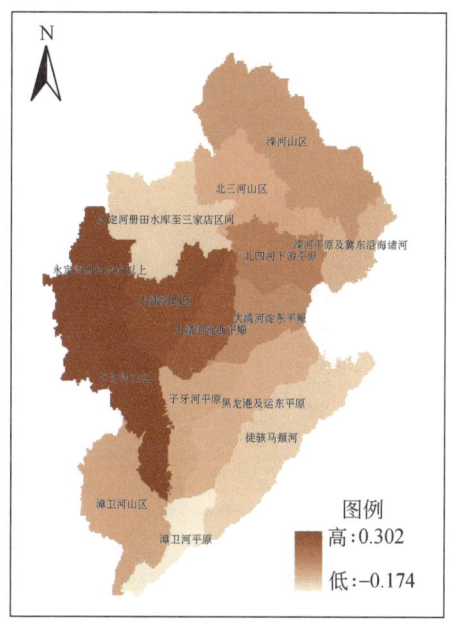
(b)自然变异情景下年地表径流量变化的指纹

(c)温室气体排放情景下年地表径流量变化的指纹

(d)人工取用水情景下年地表径流量变化的指纹

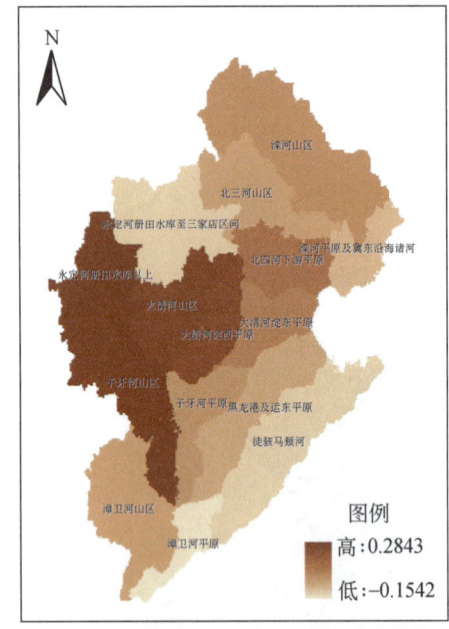

(e) 下垫面变化情景下年地表径流量变化的指纹　　(f) 人类活动情景下年地表径流量变化的指纹

图 13-19　海河流域不同情景下年地表水资源量变化的指纹

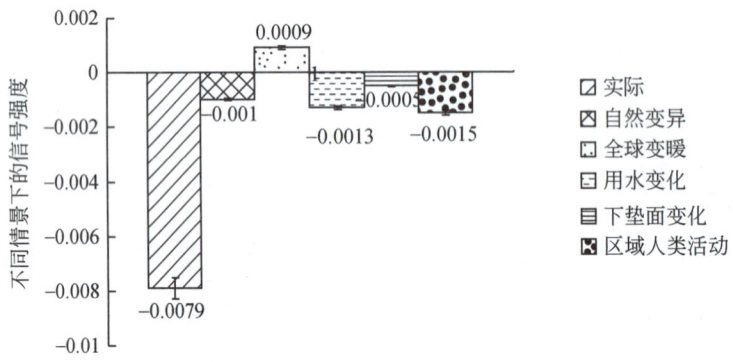

图 13-20　海河流域不同情景下年地表水资源量变化的信号强度

13.3.4　海河流域狭义水资源量演变的归因分析

对气候系统的自然变异、温室气体排放导致的全球变暖、人工取用水、下垫面变化、取用水和下垫面变化组合下的区域人类活动 5 个情景下的海河流域 15 个三级区年狭义水资源量进行 EOF 分解，得到各情景下狭义水资源量变化的指纹如图 13-21 所示。

基于计算的不同情景下的指纹，分别计算相应的信号强度如图 13-22 所示。

| 第 13 章 | 海河流域水循环及其伴生过程历史演变分析

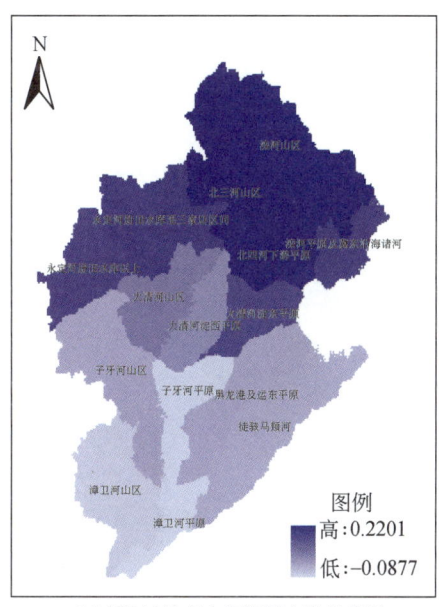

(a)实际年地表水资源量变化的指纹

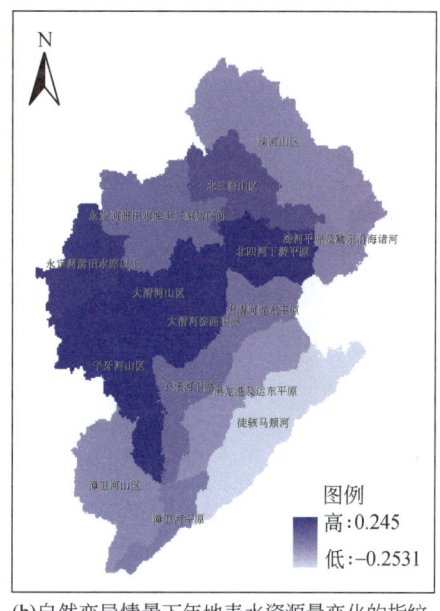

(b)自然变异情景下年地表水资源量变化的指纹

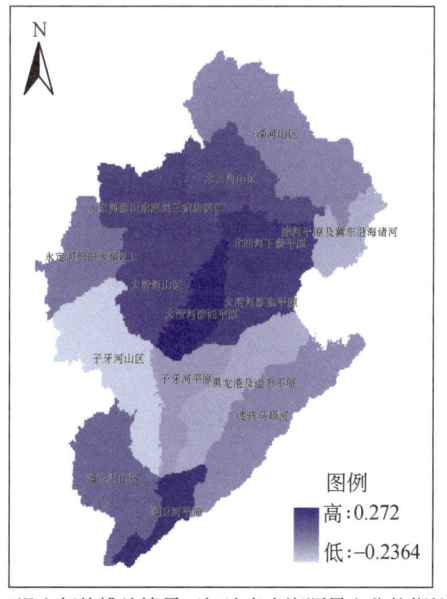

(c)温室气体排放情景下年地表水资源量变化的指纹

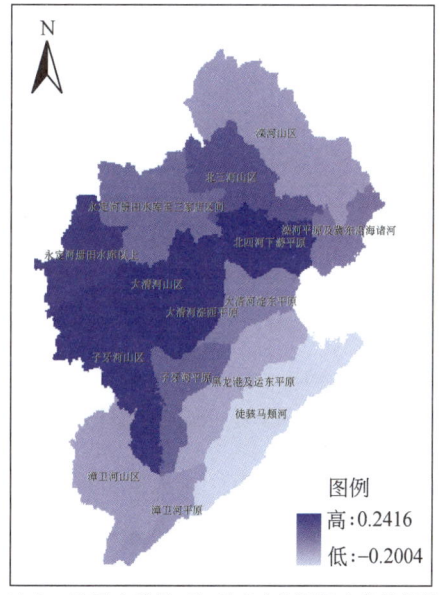

(d)人工取用水情景下年地表水资源量变化的指纹

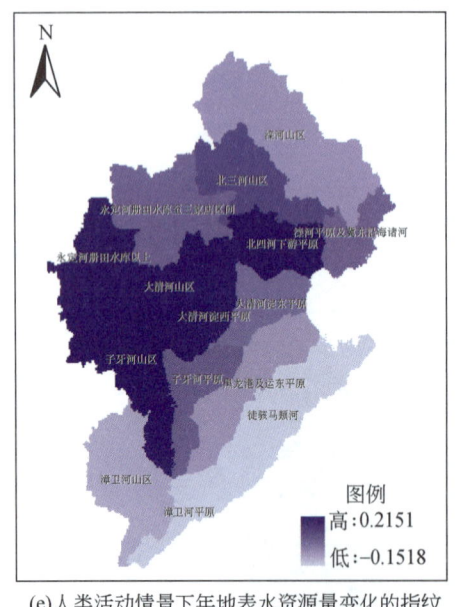
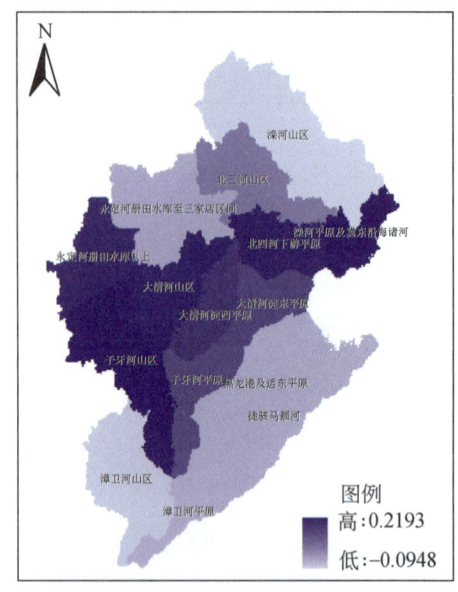

(e)人类活动情景下年地表水资源量变化的指纹　　(f)下垫面变化情景下年地表水资源量变化的指纹

图 13-21　海河流域不同情景下年狭义水资源量变化的指纹

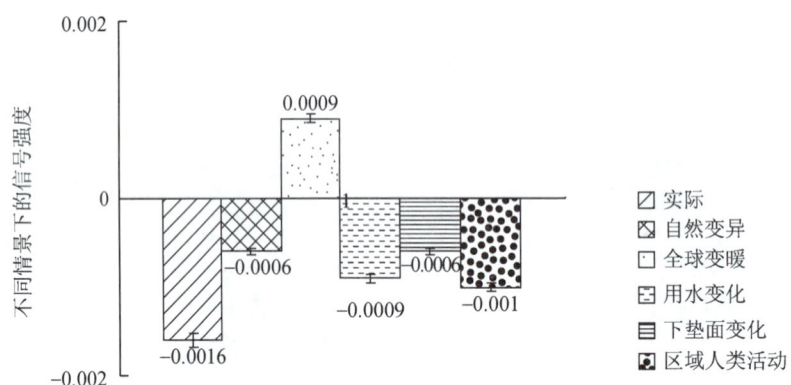

图 13-22　海河流域不同情景下年狭义水资源量变化的信号强度

从图 13-22 可以看出，在温室气体排放导致的全球变暖情景下，年狭义水资源量变化的信号强度与实际变化的信号强度的符号是相反的，因此温室气体排放导致的全球变暖不是导致海河流域过去 40 年狭义水资源量变化的因素。而在自然变异、人类活动情景下狭义水资源量变化的信号强度则与实际是一致的，其信号强度分别为-0.0006 和-0.001，在影响狭义水资源量变化的因素中分别占了 38% 和 62%。分别考虑人工取用水和下垫面的影响，则人工取用水情景下的信号强度为-0.0009，下垫面变化情景下的信号强度为-0.0006，在影响年狭义水资源量变化的因素中分别占了 42% 和 29%。

因此，我们认为自然变异和区域人类活动是导致海河流域过去 40 年狭义资源量变化的因素，并且人类活动是主要因素，占 62%，其中人工取用水较下垫面变化的影响要强。

13.4 流域水环境演变规律

13.4.1 海河流域水污染现状

海河流域水环境问题严重。据全国水资源综合规划资料，全国各大流域片污染物的产生量、入河量及入河系数如表 13-16 所示。

表 13-16　全国一级流域污染物产生量入河量表（2000 年）

序号	流域	水资源总量（1980~2000 年）/亿 m³	废污水排放量/亿 t	COD 产生量/万 t	COD 入河量/万 t	入河系数	污径比
1	松花江区	1 575	34	628	99	0.16	0.06
2	辽河区	480	32	671	136	0.20	0.28
3	海河区	317	60	959	169	0.18	0.53
4	黄河区	676	42	903	172	0.19	0.25
5	淮河区	869	64	844	195	0.23	0.22
6	长江区	10 324	298	2 895	704	0.24	0.07
7	东南诸河区	2 080	50	316	70	0.22	0.03
8	珠江区	4 787	144	1 329	451	0.34	0.09
9	西南诸河区	5 743	4	324	37	0.11	0.01
10	西北诸河区	1 291	9	466	25	0.05	0.02
	全国	28 141	740	9 333	2 057	0.22	0.07

从表 13-16 可以看出，海河流域 COD 污染物的产生量位列第三位，仅次于长江、珠江流域，COD 污染物的入河量位列第五位，而水资源总量为全国各大流域最低，COD 污径比（此处定义为污染物入河量与水资源总量的比例）为全国各大流域最高，辽河、黄河、淮河流域位列其次。海河流域单位面积负荷的产生量、入河量与全国水平相比如表 13-17。

表 13-17　海河流域污染物与全国平均水平的对比（2000 年）

流域	人口密度/(人/km²)	人均 GDP/(元/人)	人均耕地面积/(亩/人)	产生量/(kg/km²) COD	产生量/(kg/km²) NH₃-N	入河量/(kg/km²) COD	入河量/(kg/km²) NH₃-N
海河区	395	9 203	1.4	23 053.3	2 377.8	1 106.1	115.6
全国	133	7 703	1.5	7 860.1	739.6	886.9	74.8

海河流域人口密度 395 人/km², 约为全国 133 人/km² 的 3 倍, 人均 GDP 水平高于全国水平。单位面积非点源污染负荷 COD 产生量为 23t/(km²·a), 远高于全国 7.8t/(km²·a) 的平均水平, COD 入河量为 1.1t/(km²·a), 高于全国的 0.9t/(km²·a) 的平均水平。单位面积非点源污染负荷 NH_3-N 产生量为 2.3t/(km²·a), 入河量为 0.1t/(km²·a), 均低于全国平均水平。

全国河流水质综合评价成果全国各大流域河流综合水质评价结果如图 13-23, 在全年评价的 284 978.7km 河长中, Ⅰ 类水河长 19 687.9km, 占评价河长的 6.9%, Ⅱ 类水河长 106 822.8km, 占 37.5%, Ⅲ 类水河长 61 765.4km, 占 21.7%。Ⅳ 类水河长 33 231.8km, 占 11.7%, Ⅴ 类水河长 17 925.5km, 占 6.3%, 劣 Ⅴ 类水河长 45 545.3, 占 15.9%。全年符合和优于 Ⅲ 类标准的河长 188 276.2km, 占评价河长的 66.1%。

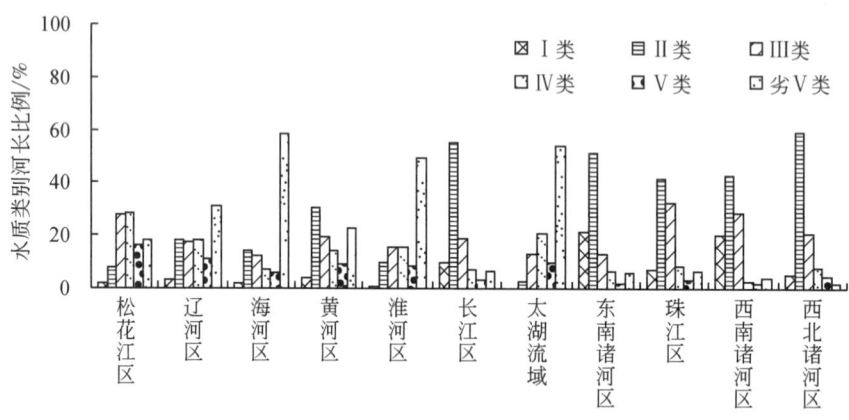

图 13-23 水资源一级区河流水质全年综合评价河长类别比例图

海河区在全年评价的 19 695.4km 河长中, Ⅰ 类水河长占评价河长的 1.7%, Ⅱ 类水河长占 14.0%, Ⅲ 类水河长占 12.6%, 仅 28.3% 的河流长度符合和优于 Ⅲ 类标准。Ⅳ 类水河长占 7.3%, Ⅴ 类水河长占 5.7%, 劣 Ⅴ 类水河长占 58.7%, 劣 Ⅴ 类河长占评价河长的 49.6%, 位居全国第一位, 污染问题突出。北三河山区和大清河山区河流水质以 Ⅱ 类为主, 是海河流域仅存的水质良好区域。区内城镇附近河段污染严重, 基本成为污水河。氨氮、高锰酸盐指数、挥发酚和化学需氧量是广泛影响海河区河流水质的污染项目。

13.4.2 海河流域污染源排放情况分析

(1) 流域总体排放情况

国内相关研究和统计数据对海河流域污染物的排放入河量争议较大。如表 13-18 为海河流域"九五"、"十五"和"十一五"水污染防治规划涉及的数据。

表 13-18 海河流域分省污染物排放量　　　　　　　　（单位：万 t）

省市名称	1995 年 COD 排放量	1995 年 COD 入河量	2000 年 废污水排放量	2000 年 废水入河量	2000 年 COD 排放量	2000 年 COD 入河量	2005 年 废污水排放量	2005 年 COD 排放量
北京	32	26.9	10.4	8.7	17.9	15.0	10.1	11.6
天津	39.6	39.6	8.3	6.4	18.6	14.5	6.0	14.6
河北	100.5	73.3	20.8	15.3	70.7	44.2	20.9	66.1
河南	53	33.5	8.4	6.2	25.7	16.2	6.9	17.2
山东	49.2	25.4	5.1	3.4	12.9	8.5	5.9	20.3
山西	16.3	11.3	3.9	2.7	11.9	6.6	3.6	13.8
内蒙古	—	—	—	—	—	—	0.9	0.6
合计	290.6	210	56.9	42.7	157.7	105	54.3	144.2

1995 年开始海河流域工业和城市生活污染排放量逐年下降（张远，2007），COD 排放量从 1995 年的 290.6 万 t 下降到 2005 年的 130.5 万 t（比全国水污染防治规划涉及的数据少 13.7 万 t），NH_3-N 排放量则从 2000 年的 26.1 万 t 下降到 2003 年的 10.8 万 t，与 2000 年相比分别下降了 17% 和 59%（图 13-24）。

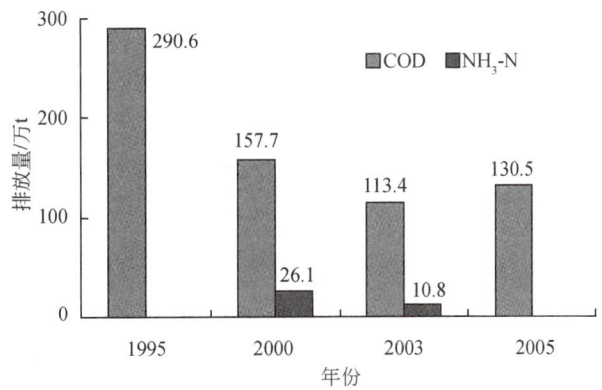

图 13-24　海河流域 COD 和 NH_3-N 排放总量

海河流域 COD 和 NH_3-N 污染物大部分（接近 80%）来自点源污染，而 TN、TP 的大部分来自非点源污染，如下图 13-25 所示。

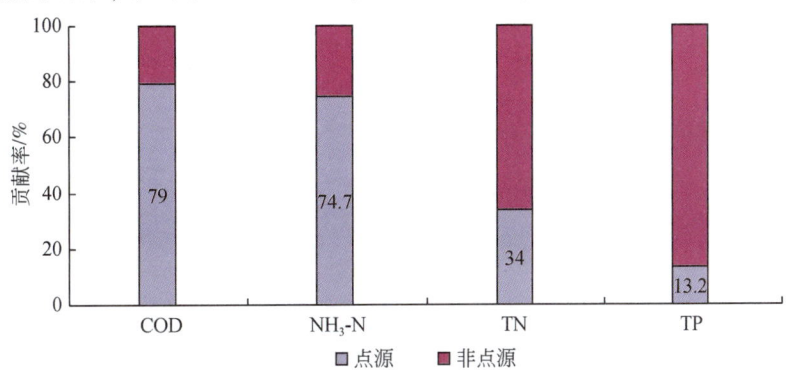

图 13-25　海河流域常规指标污染源污染物排放贡献率

(2) 分省废污水排放量分析

海河流域内工业废水排放总体来看分两类：山东、河南、河北和辽宁工业排放废污水较多，山西、内蒙古、天津及北京相对较少，2008 年较 2000 年增加了 60%。河南省近几年来工业排放污水方面比较平稳，但也是持续增加的趋势，2008 年较 2000 年工业排放废污水增加了 21.7%；河北省的工业在 2006 年以前的废污水排放为逐渐增加的趋势，但是在 2006 年以后工业废污水排放逐渐减少；而辽宁省的工业废污水排放在 2000~2003 年呈现较明显的减少趋势，但是在紧接着的两年内工业废水排放却逐渐增加，2005 年以后又开始呈现减少的趋势。北京地区总体来看为海河地区工业废污水排放最少的地区，2000 年以后工业废污水排放呈明显的减少趋势，2008 年较 2000 年的工业废污水排放减少了将近 66%；山西省 2000~2005 年工业废污水排放较为稳定，但是 2005 年增加了 35.8% 后至 2008 年间维持在稳定的水平；天津市在 2005 年时工业排污显著增加，其他年限维持在评价水平。

各省市的生活废水排放趋势中，除了山西省略有降低外，其他各省市均为增加的趋势，其中各个的增加速度均有差异，如图 13-26 所示。山东、河南省的生活污水排放总量比较接近，位列海河流域生活废水排放最多的两个地区；增加趋势也比较接近，2005 年后

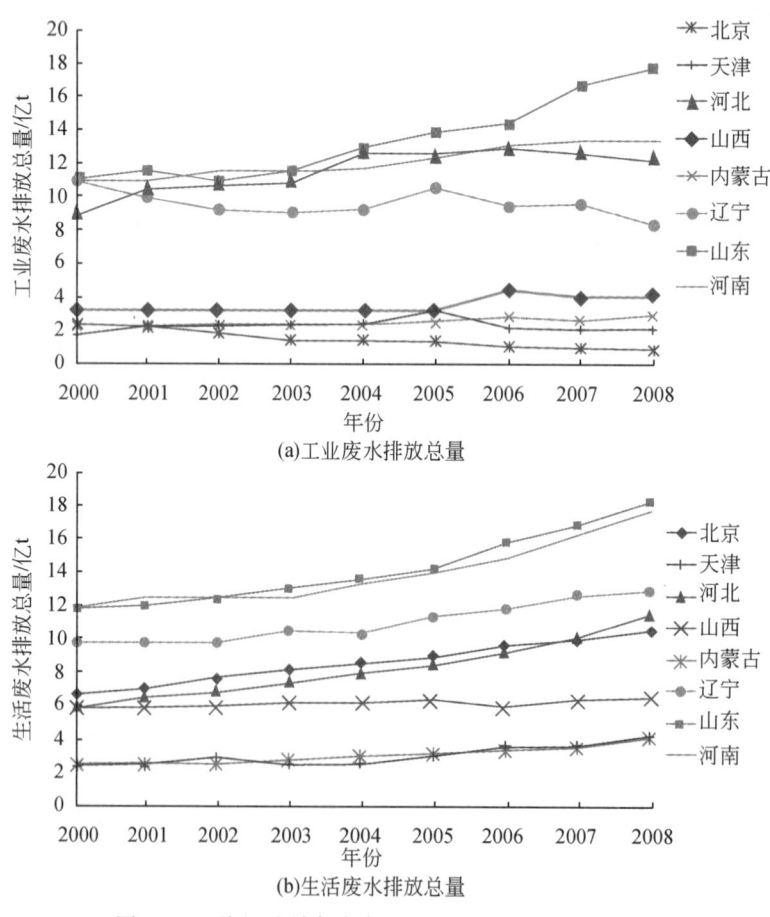

(a)工业废水排放总量

(b)生活废水排放总量

图 13-26　海河流域各省市工业和生活废水排放总量图

山东省的生活废水排放量开始大于河南省。内蒙古与天津的生活废水排放总量比较接近，从排放总量到增幅强度都基本保持一致，为海河流域生活废水排放最少的两个地区。北京与河北的增加趋势比较明显，相比 2000 年，2008 年时分别增加了 58% 及 95.5%。

(3) COD 排放量与处理量分析

在 2000 年以后，海河流域各地区呈现比较一致的工业 COD 排放总量减少的趋势。北京市的工业废水 COD 排放总量为全流域最低水平，且北京市在 2000 年至 2008 年间的工业废水 COD 排放总量削减是最多的，2008 年的工业废水 COD 排放总量比 2000 年的排放总量削减 76.7%，仅为 2000 年 23.3%。内蒙古与山西的工业废水 COD 排放在 2000 年至 2008 年间维持稳定的水平；辽宁省在 2005 年较上年增加，之后也是一个维持下降的水平；山东、河北、河南为海河流域地区工业废水 COD 排放最多的三个地区，随着工业技术水平的提高，工业废水 COD 的排放总量减少显著。

流域内各地区的工业废水 COD 去除量近年来变化比较小，基本维持在稳定的水平。全流域内工业废水 COD 去除量增幅最大的为内蒙古，2008 年为 2000 年的 37.8 倍，其次为山西省，同期增加了 1 倍。山东省的工业废水 COD 去除总量属于海河全流域最多的，2000 年后去除量呈现逐渐增多的趋势，2006 年后增加的幅度开始变大，如图 13-27 所示。

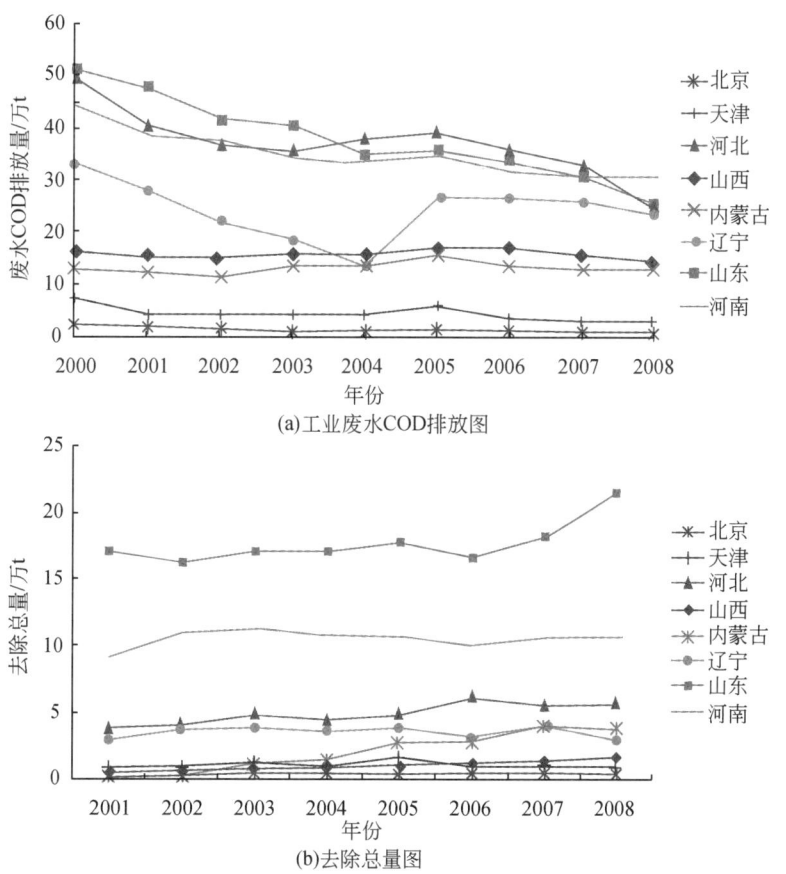

图 13-27　海河流域各省市工业废水 COD 排放图和去除总量图

海河流域地区各省市的生活废水 COD 排放水平在 2000 年后的 9 年里基本维持稳定，部分省市略有升降，见图 13-28。山东、辽宁、河南分别为海河流域生活废水 COD 排放总量最多地区，山东省在 2000 年后为逐步减少的趋势，辽宁和河南基本维持稳定水平；天津、北京为海河流域生活废水 COD 排放最少的地区，北京市在 2000 年后生活废水 COD 维持一个稳定减少的趋势，但是天津市却有生活废水 COD 排放略微增加的趋势；山西、河北两省的生活废水 COD 排放增加趋势较为明显，2008 年山西省生活废水中 COD 排放总量较 2000 年增加了 35.4%，河北省同期的增幅却达到了 66.2%。

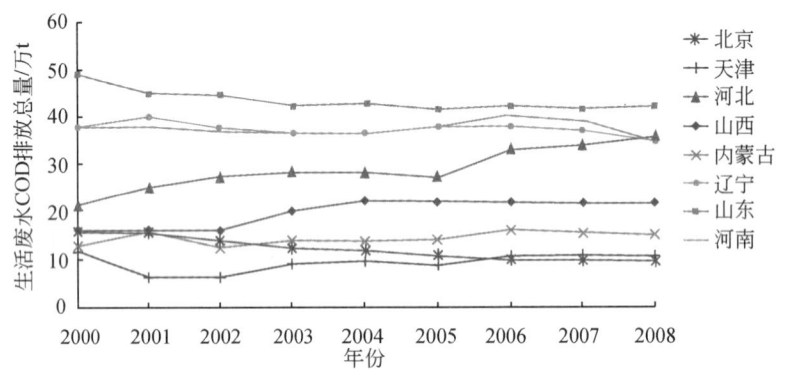

图 13-28 海河流域各省市生活废水 COD 排放总量

（4）分省氨氮排放量与处理量分析

2001 年以来海河流域各地区的工业废水氨氮排放量呈减少趋势，2004 年前，河北、山东、河南为减少的趋势，但是 2005 年的工业废水氨氮排放量大量增加，之后又呈逐渐降低的趋势；北京市工业废水中的氨氮削减效果显著，2008 年的工业废水氨氮排放总量仅为 2001 年的 0.07%；天津市、山西省近年来的工业氨氮排放水平基本保持稳定。海河流域内各地区的工业废水氨氮排除量中，山东省为显著增加的趋势，2006 年的工业废水氨氮去除总量为历年最多，应该是由于 2005 年该地区的工业废水氨氮排放量增加较多，政府加大治理力度，使得 2006 年的工业废水氨氮去除量大大增加；河南省在 2006 年前为逐渐增加的趋势，但是 2006 年后却出现了下降的趋势；河北、山西为增加幅度较大的两个地区；北京市在 2007 年前有略微增加的趋势，2007 年后增加迅速（图 13-29）。

生活废水氨氮排放量辽宁、山东、河南最多，北京、天津最少，2001 年来维持一个比较稳定的水平，山西、内蒙古分别在 2002 年和 2005 年排放量较上年增加了 70% 和 47%，此后均维持相应的稳定水平。各地区的生活污水处理率是显著的增加趋势，山西增加幅度最大，2008 年的生活废水处理率达到 2001 年的 6.4 倍，其次是河北、河南、山东，同期倍比分别达到 4.4 倍、3.9 倍、2.7 倍（图 13-30）。

| 第 13 章 | 海河流域水循环及其伴生过程历史演变分析

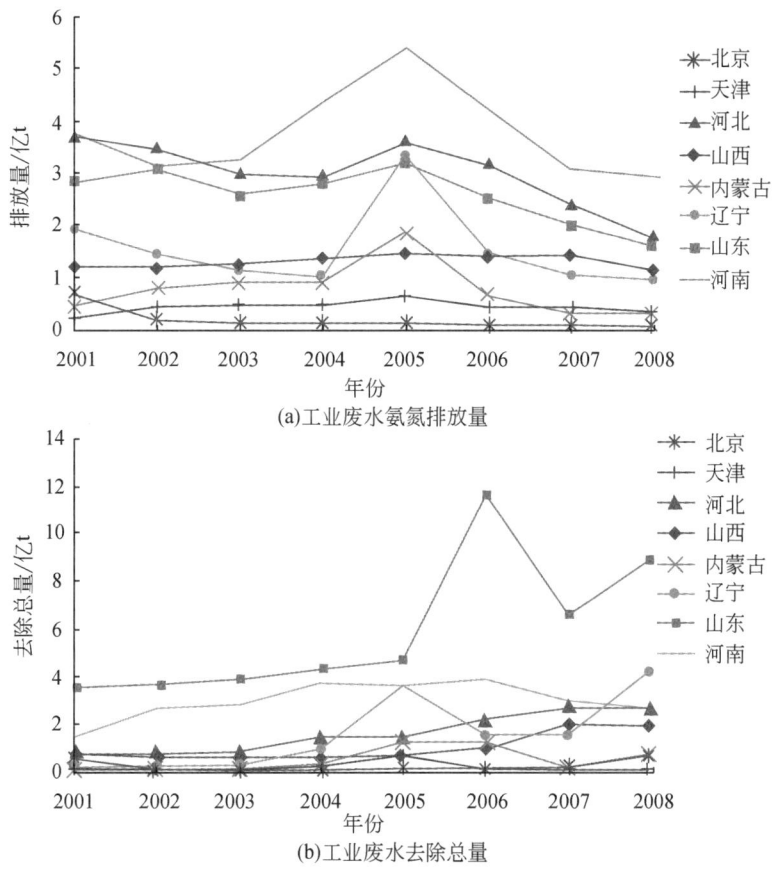

图 13-29 海河流域各省市工业废水氨氮排放图和去除总量图

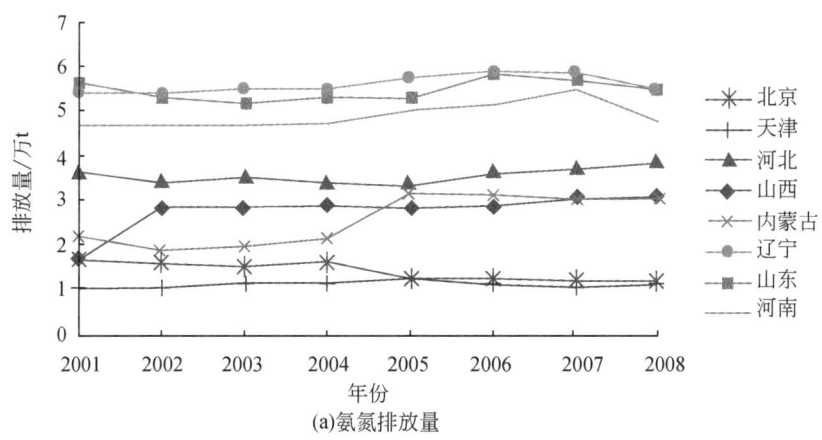

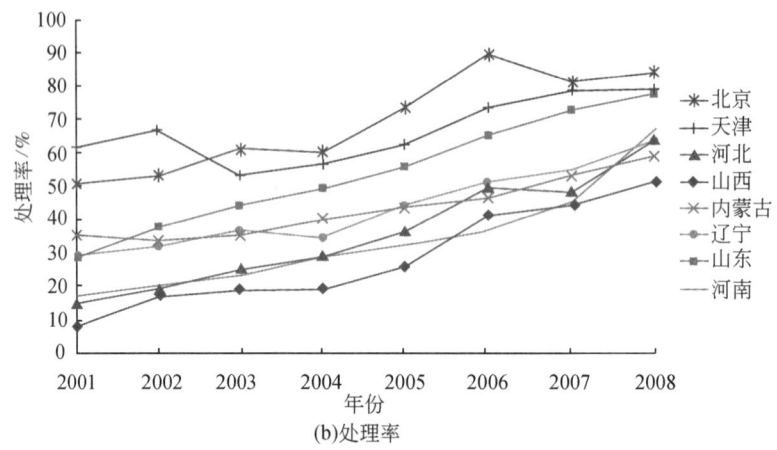

图 13-30 海河流域各省市生活废水氨氮排放量和处理率

13.4.3 海河流域地表水环境演变规律

海河流域是我国水污染最严重的流域之一，也是水资源开发利用程度最高的流域，"有河皆干，有水皆污"是海河流域水资源水环境质量状况的真实写照。国家已先后制定了海河流域水污染防治"九五"、"十五"计划以控制水污染，改善水环境。随着工业企业污染治理工作的不断普及深入，以及城镇污水处理厂的全面建设，海河流域 COD 排放量大幅度下降，2005 年 COD 排放量比 1995 年减少了 50.4%。然而，海河流域水环境质量 10 年来并无明显变化，劣于Ⅴ类的水体比例一直高于 50%。

由于本次建立的水质模型基于很小的计算单元（海河流域面积为 32 万 km^2，划分为 11 752 个计算单元，平均每个计算单元 27km^2），可以近似统计出海河流域按照不同统计方式得到的污染负荷量。例如，海河流域六大单元 2000 年污染负荷如下（表 13-19）。

表 13-19 海河流域六大单元污染物产生量

分类	单元	COD 产生量/万 t	NH_3-N 产生量/万 t
按点面源划分	点源	224.5	21.7
	非点源	719.8	76.2
按城市农村划分	城市	232.2	22.4
	农村	712.1	75.5
按地形划分	山区	221.7	31.8
	平原	722.6	66.1
总计		944.3	97.9

以 2000 年为例，按地形划分的各分项污染物产生量 COD 和 NH$_3$-N 分别如表 13-20 所示。

表 13-20　海河流域分项污染物产生量　　　　　　　　（单位：万 t）

分项名称	COD 产生量		NH$_3$-N 产生量	
	山区	平原	山区	平原
工业生产	24.7	132.3	2.60	13.26
城镇生活	6.0	61.5	0.75	5.17
点源小计	30.7	193.8	3.35	18.43
城镇地表径流	1.5	6.2	0.13	0.51
化肥施用	7.7	1.8	9.23	2.12
农村生活	32.8	99.7	0.94	2.86
水土流失	6.0	0.2	3.88	0.11
畜禽养殖	143.0	420.9	14.30	42.08
非点源小计	191.0	528.8	28.48	47.68
总计	221.7	722.6	31.83	66.1

对于入河后的污染物，根据本研究构建的河道水质模型，可知入河后的污染物有以下平衡：入海污染物负荷=入河量−河道沉积−断流沉积+底泥释放−河道降解−取走负荷。

2000 年海河流域污染物平衡过程如图 13-31 所示。

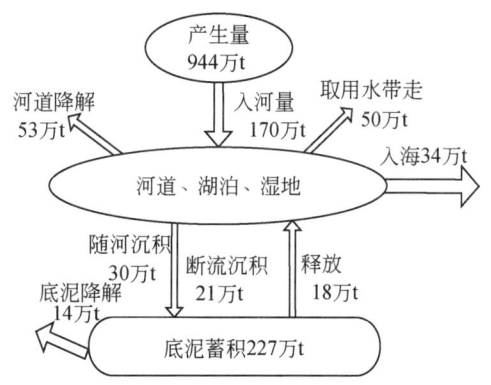

图 13-31　2000 年海河流域污染物入河后去向分解

由 2000 年的计算结果可知入海量为 170−30−21+18−53−50＝34 万 t。

从图 13-31 可以看出 2000 年海河流域污染物 COD 入河量为 170 万 t，河道沉积 30 万 t，由于河道断流引起的污染物沉积量为 21 万 t，污染物共计沉积至底泥 51 万 t，约占污染物入河量的 30%，污染物在河道中降解 53 万 t，约占污染物入河总量的 31%；由于工农业取水从河道（水库）带走污染负荷 50 万 t，约占入河量的 29%；污染物入海负荷 34 万 t，约占入河量的21%。2000年末COD有机污染物在底泥中蓄积量为227万t。

由于海河流域断流问题比较突出，集中的降雨产流情况较多，所以污染物在河道与底泥之间交换频繁。由于缺乏相应资料，模型假设海河流域在我国改革开放以后1980年污染物开始在底泥中蓄积。模拟可知，海河流域污染物沉积量不断增加，特别枯水年由于河道水量少，污染物在底泥的蓄积量增加明显，而2000年以后由于污染物排放量的逐渐控制，底泥的蓄积量基本稳定在320万t。

流域水质模型结果表明，海河流域污染物产生量中面源污染占主导，污染入河量中点源占主导，非点源污染比重日益增加。随着点源污染治理强度的加大，COD非点源污染负荷的比重逐渐增加，产生量比重已经从1981年的73.6%增长至2005年的83.6%，入河量比重已经从1981年的19.2%增长至2005年的35.9%，见图13-32。

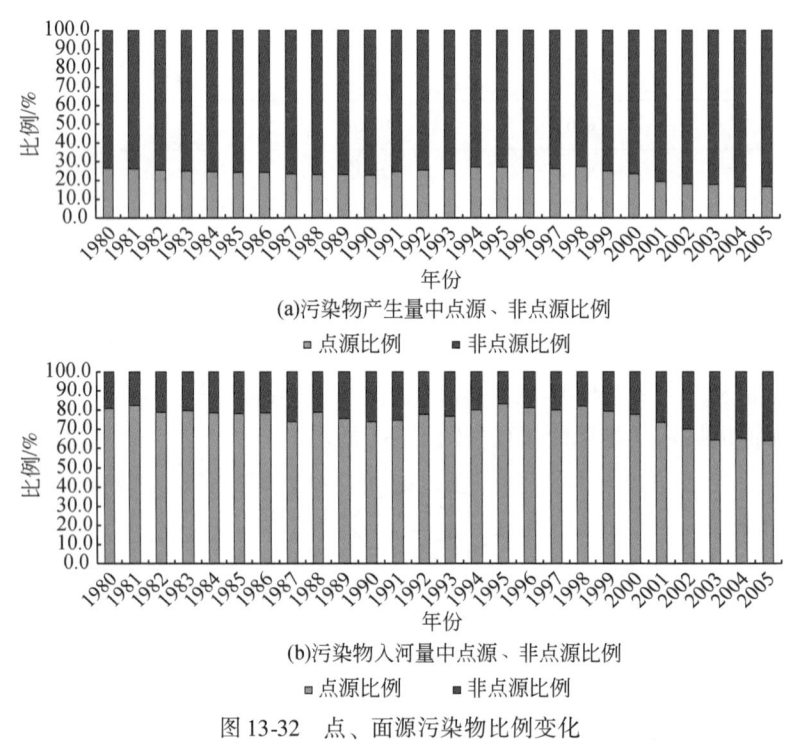

图13-32 点、面源污染物比例变化

海河流域河道地表水质状况总体情况看，1980～1995年水环境持续恶化，1996年开始好转，2001年后水质状况基本稳定，至2005年，劣于三类水占约80%，1980年以来各年代汛期和非汛期水质状况分布如图13-33所示。

从图13-33可以看出，海河流域非汛期水质明显好于汛期水质，表明非汛期的面源污染问题不容忽视。从1980年以来，无论从汛期还是非汛期来看，海河流域河道水质恶化加剧程度明显。

第13章 | 海河流域水循环及其伴生过程历史演变分析

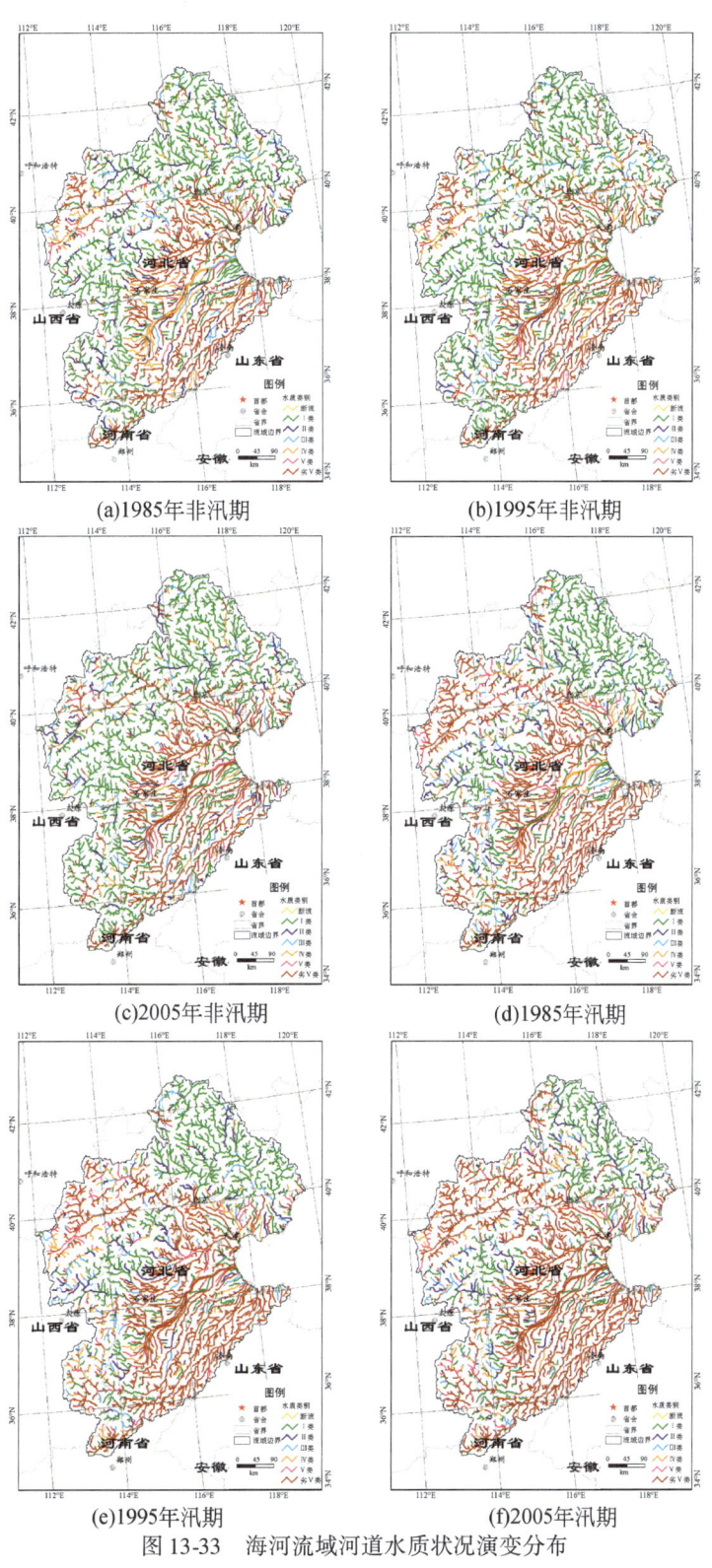

图 13-33　海河流域河道水质状况演变分布

279

13.4.4　海河流域地下水环境演变规律

(1) 现状评价

1) 矿化度。海河平原地下水矿化度多数小于 1.0g/L，矿化度小于 2.0g/L 的淡水区面积占到总面积的 72.7%。在滨海地区由于受到海水影响，矿化度普遍大于 5.0g/L，约占 8.2%。华北平原浅层地下水矿化度分布规律是从山前向滨海逐渐增高。

2) 地下水环境质量。海河平原及山间盆地的地下水环境质量总体较差，Ⅰ~Ⅲ类水分布面积为 3.52 万 km^2，占总面积的 23.6%；Ⅳ类水分布面积为 4.01 万 km^2，Ⅴ类水分布面积为 7.42 万 km^2，Ⅳ类和Ⅴ类水合计占总面积的 76.4%。超标项目主要有氨氮、矿化度、总硬度、硝酸盐氮、亚硝酸盐氮、高锰酸盐指数、铁、氟、锰等。

(2) 时空演变规律

由于超量开采地下水，华北地区在山前平原和中部平原浅层地下水流场已经由天然状态演化为人工状态，水质总体呈现出恶化趋势，淡水面积有所减少，咸水面积逐渐扩大，矿化度总体呈现出上升趋势。

图 13-34 为基于观测资料绘制的海河流域平原区地下水硝态氮浓度的时空变化。可以看出，当前硝态氮污染比较严重的地区为唐山、秦皇岛、天津等环渤海地区以及太行山山前平原地区。1995 年海河平原区地下水硝态氮污染相对较轻。区域大部分地区硝态氮浓度都在 5mg/L 以下，污染相对较严重的环渤海经济区硝态氮浓度也不超过 20mg/L。1999 年

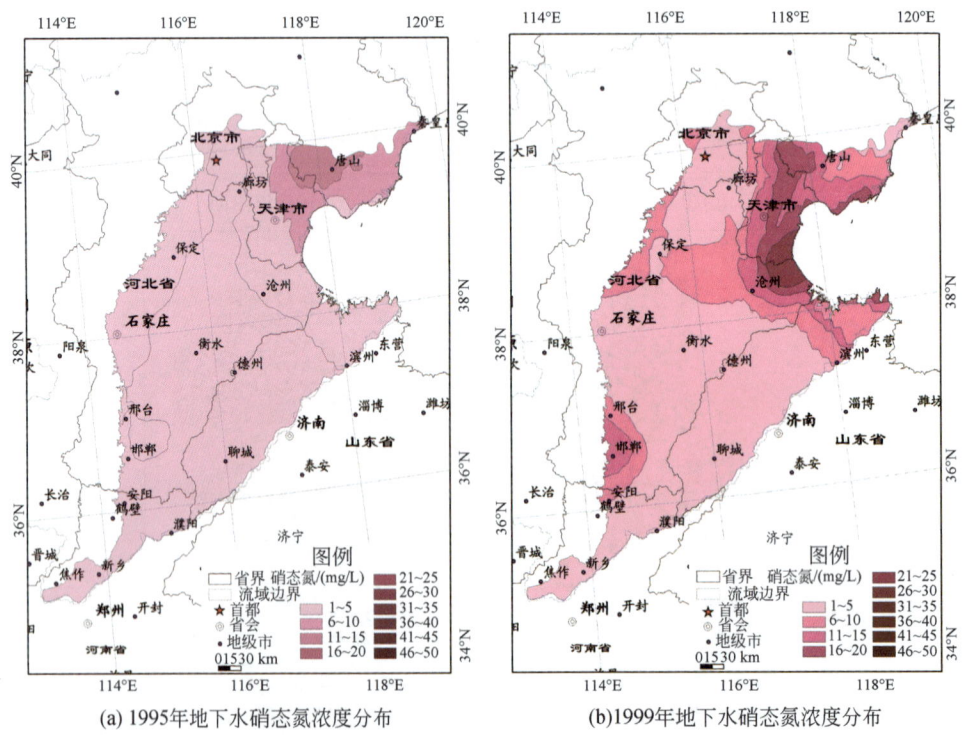

(a) 1995 年地下水硝态氮浓度分布　　　　(b) 1999 年地下水硝态氮浓度分布

| 第 13 章 | 海河流域水循环及其伴生过程历史演变分析

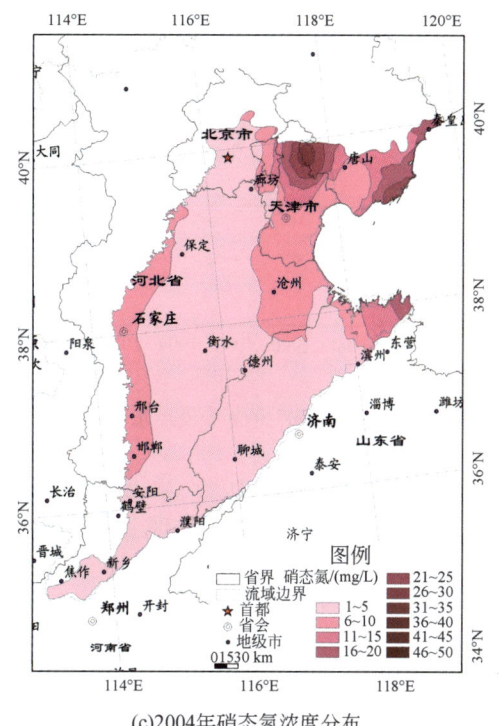

(c)2004年硝态氮浓度分布

图 13-34　海河流域地下水硝态氮浓度时空变化

海河平原区地下水硝态氮污染较严重，环渤海地区污染扩大，沧州地区硝态氮浓度较大，最高浓度达到 30mg/L 以上。此外，邯郸、石家庄和保定的山前地带污染加剧。2004 年海河平原区地下水硝态氮污染与 1999 年相比，有些地区加剧、有些地区有所缓解，其中沧州地区污染有所缓解，而太行山山前地带污染加剧，浓度较大地区已经连成一片，其等值线与山前轮廓线基本平行，唐山与天津之间的地区污染严重，最高浓度达到 40mg/L 的水平。

13.5　流域生态演变规律

13.5.1　农业生态演变规律

13.5.1.1　冬小麦产量变化规律分析

将全流域冬小麦产量进行统计加和，得到 1980~2005 年海河流域冬小麦产量，其变化范围为 0.7 亿~1.2 亿 t/a，整体呈增长趋势，增长率为 0.002 亿 t/a，见图 13-35。

对海河流域 9 个山丘区所在的三级区的冬小麦进行统计，得到了长系列山丘区冬小麦产量变化趋势，数值没有大幅波动，基本维持在 0.3 亿 t/a 左右，1980~2005 年整体有增长趋势，增长率为 0.0009 亿 t/a。

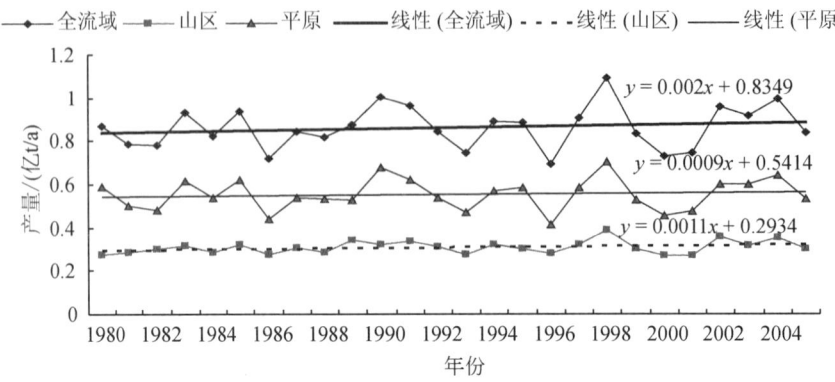

图 13-35 1980～2005 年冬小麦产量变化趋势图

对海河流域 6 个平原区所在的三级区的冬小麦产量进行统计，得到了长系列平原区冬小麦产量变化趋势，变化范围为 0.4 亿～0.6 亿 t/a，呈现上升趋势，增长率为 0.0011 亿 t/a。

海河流域 23 个地级市中有 20 个城市产量呈增长趋势，3 个呈减少趋势的城市为天津市、秦皇岛市和阳泉市。

13.5.1.2 农田生产力分析

从生理生态学的角度，每日 NPP 是植物每日除去呼吸消耗后所生产的有机物质；全年的 NPP 是一年内光合作用产生的有机物质扣除呼吸所消耗的有机物质。NPP 是生态系统过程中的重要参数，它能够反映植被的生产能力，用来评价地球支持系统和陆地生态系统的可持续发展，同时它也是全球碳循环的重要组成部分，在全球碳平衡中起重要作用。

(1) 农田生产力演变规律

将模型输出的总生物量转化为净初级生产力，将全流域农田生态系统年总 NPP 进行统计加和，得到了流域长系列的农田生态系统总 NPP 变化趋势，反映了 1980～2000 年海河流域土地利用变化和气候条件双重作用下流域农田生态系统总 NPP 呈波动变化，变化范围在 0.1～0.13Pg C/a（Pg=10^{15}g），20 世纪 90 年代呈波动幅度最大，1980～2005 年整体有微弱的增长趋势，增长率为 2×10^{-4}Pg C/a。

对海河流域 9 个山丘区所在的三级区的农田生态系统总 NPP 进行统计，得到了长系列山丘区农田生态系统总 NPP 变化趋势（图 13-36），数值没有大幅波动，基本维持为 0.04Pg C/a 左右，1980～2005 整体有增长趋势，增长率为 1×10^{-4} Pg C/a。

对海河流域 6 个平原区所在的三级区的农田生态系统总 NPP 进行统计，得到了长系列平原区农田生态系统总 NPP 变化趋势（图 13-36），变化范围为 0.06～0.08 Pg C/a，各年代均呈现上升趋势，增长率为 5×10^{-5} Pg C/a。

(2) 农田生产力演变归因分析

为对农田生态生产力变化的原因进行归因分析，设定两个情景。情景 1，保持农田面积不变（1980 年水平）；情景 2，保持气候条件不变（1980 年水平），统计流域总农田生态生产力变化趋势与历史模拟情况进行比较。

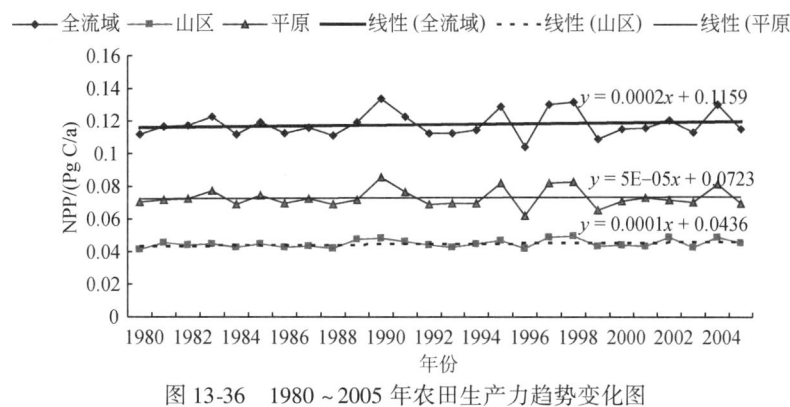

图 13-36　1980~2005 年农田生产力趋势变化图

1）情景 1。将农田面积保持不变（1980 年水平），对全流域农田生态系统生产力进行统计，得到了流域长系列的农田生态系统总 NPP 变化趋势（图 13-37）。趋势反映 1980~2000 年海河流域在气候条件作用下流域农田生态系统总 NPP 呈波动变化，变化范围为 0.1~0.13 Pg C/a，90 年代波动幅度最大，1980~2005 年整体有微弱的增长趋势，增长率为 2×10^{-4} Pg C/a。

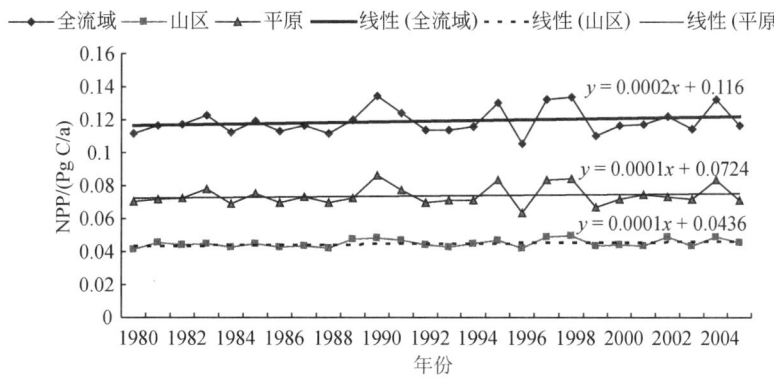

图 13-37　1980~2005 年农田生产力趋势变化图（1980 年农田面积）

对海河流域 9 个山丘区所在的三级区的农田生态系统总 NPP 进行统计，得到了长系列山丘区农田生态系统总 NPP 变化趋势（图 13-37）。从图 13-37 看，数值没有大幅波动，基本维持在 0.04 Pg C/a 左右，1980~2005 年整体有增长趋势，增长率为 1×10^{-4} Pg C/a。

对海河流域 6 个平原区所在的三级区的农田生态系统总 NPP 进行统计，得到了长系列平原区农田生态系统总 NPP 变化趋势（图 13-36），变化范围为 0.06~0.08 Pg C/a，各年代均呈现上升趋势，增长率为 1×10^{-4} Pg C/a。

根据分析可以得到：海河流域 1980~2005 年农田面积不变（1980 年水平）的情况下，山区和全流域农田生态系统总 NPP 变化趋势与历史模拟情况相似，平原区农田生态系统总 NPP 比历史模拟情况增加趋势略大。

2）情景 2。将气候条件保持不变（1980 年水平），对全流域农田生态系统生产力进行统计，得到了流域长系列的农田生态系统总 NPP 变化趋势（图 13-38）。趋势反映了 1980~

2000年海河流域在土地利用变化作用下流域农田生态系统总NPP呈线性变化，变化范围在0.11 Pg C/a左右，1980~2005年整体有微弱的减少趋势，减少率为6×10^{-5}Pg C/a。

对海河流域9个山丘区所在的三级区的农田生态系统总NPP进行统计，得到了长系列山丘区农田生态系统总NPP变化趋势（图13-38），数值没有大幅波动，基本维持在0.04Pg C/a左右，1980~2005整体有减少趋势，减少率为4×10^{-6} Pg C/a。

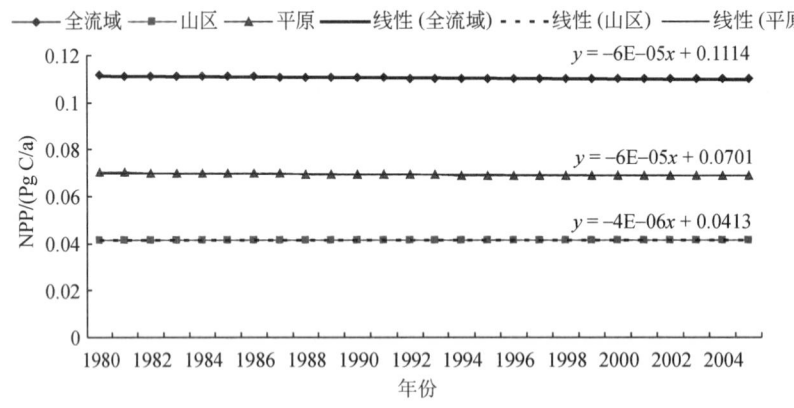

图13-38　1980~2005年农田生产力趋势变化图（1980年气候条件）

对海河流域6个平原区所在的三级区的农田生态系统总NPP进行统计，得到了长系列平原区农田生态系统总NPP变化趋势（图13-38），变化范围为0.07 Pg C/a左右，1980~2005年整体有减少趋势，减少率为4×10^{-6} Pg C/a。

根据分析可以得到：海河流域1980~2005年气候条件不变（1980年水平）的情况下，山区、平原区和全流域农田生态系统总NPP都呈微弱减小趋势，说明土地利用变化对农田生态系统总生产力有削弱作用。

综上所述，海河流域1980~2005年农田生态系统生产力在全流域和山丘区、平原区均有微弱增加趋势，农田生态生产力变化主要由气候条件变化决定，与土地利用条件变化关系关系不大。

13.5.2　自然植被生态演变规律

(1) 自然生态生产力时空演变规律

将全流域自然植被（林草地）年总NPP进行统计加和，得到了流域长系列的自然植被总NPP变化趋势（图13-39）。趋势反映了1980~2000年海河流域土地利用变化和气候条件双重作用下流域自然植被总NPP呈波动变化，变化范围为0.025~0.035 Pg C/a，1980~2005年整体有微弱的增长趋势，增长率为8×10^{-5} Pg C/a。

对海河流域6个山丘区和9个平原区所在的三级区的自然植被总NPP分别进行统计，得到了长系列山丘区和平原区自然植被总NPP的变化趋势（图13-39）。由图13-39可见，山丘区NPP变化范围为0.02~0.03 Pg C/a，1980~2005年整体有微弱的增长趋势，增长

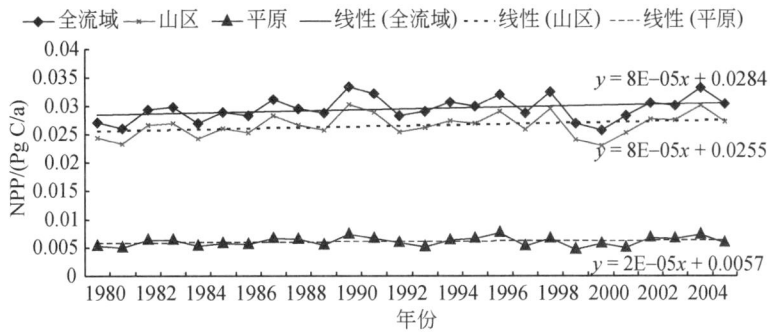

图 13-39　1980～2005 年海河流域自然生态系统总生产力变化趋势图

率为 $8×10^{-5}$ Pg C/a；平原区 NPP 变化范围在 0.005 Pg C/a 左右，1980～2005 年整体有微弱的增长趋势，增长率为 $2×10^{-5}$ Pg C/a。

为对自然生态生产力变化的原因进行归因分析，设定两个情景。情景 1，保持土地利用面积不变（1980 年水平）；情景 2，保持气候条件不变（1980 年水平），统计流域总农田生态生产力变化趋势与历史模拟情况进行比较。

1）情景 1。为了分析植被生产力变化的影响因素，将土地利用面积保持不变（1980 年水平），对全流域进行自然生态系统生产力统计，得到了流域长系列的自然植被总 NPP 变化趋势（图 13-40），趋势反映了 1980～2000 年不考虑土地利用变化，海河流域在气候条件作用下流域自然植被总 NPP 呈波动变化，变化范围为 0.025～0.035 Pg C/a，1980～2005 年整体有微弱的增长趋势，增长率为 $8×10^{-5}$ Pg C/a。

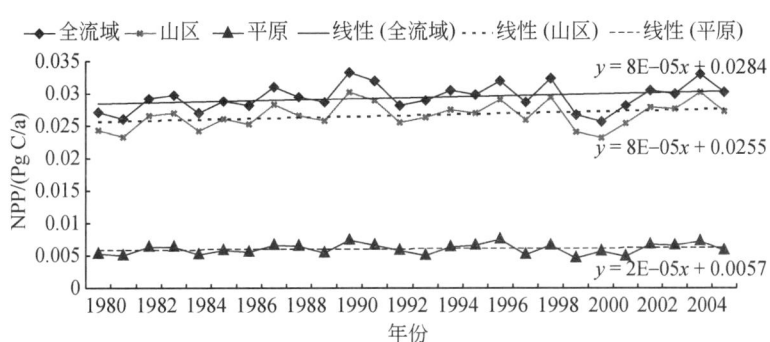

图 13-40　1980～2005 年海河流域自然生态系统总生产力变化趋势图（1980 年土地利用面积）

对海河流域 6 个山丘区和 9 个平原区所在的三级区的自然植被总 NPP 分别进行统计，得到了长系列山丘区和平原区自然植被总 NPP 的变化趋势（图 13-40）。由图 13-40 可见，山丘区 NPP 的变化范围为 0.02～0.03 Pg C/a，1980～2005 年整体有微弱的增长趋势，增长率为 $8×10^{-5}$ Pg C/a；平原区 NPP 的变化范围在 0.005 Pg C/a 左右，1980～2005 年整体有微弱的增长趋势，增长率为 $2×10^{-5}$ Pg C/a。

根据分析可以得到：海河流域 1980～2005 年土地利用面积不变（1980 年水平）的情况下，山区、平原区和全流域农田生态系统总 NPP 变化趋势与历史模拟情况相似。

2) 情景2。将气候条件保持不变（1980年水平），对全流域进行自然生态系统生产力统计，得到了流域长系列的自然植被总 NPP 变化趋势（图 13-41），趋势反映了 1980~2000 年海河流域在土地利用变化下流域自然植被总 NPP 呈线性变化，变化范围在 0.035 Pg C/a 左右，1980~2005 年整体有微弱的增长趋势，增长率为 5×10^{-6} Pg C/a。

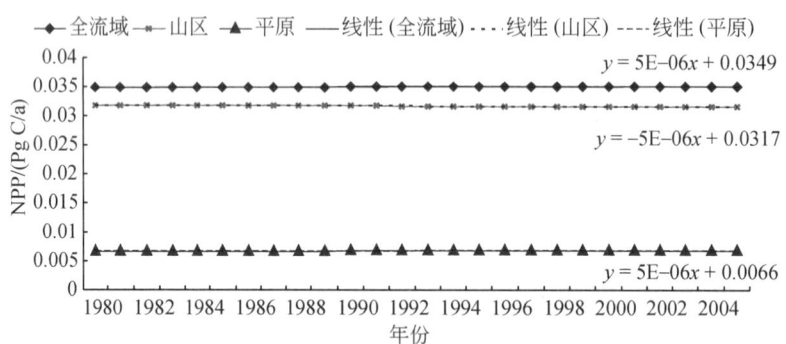

图 13-41　1980~2005 年海河流域自然生态系统总生产力变化趋势图（1980 年气候条件）

对海河流域 6 个山丘区和 9 个平原区所在的三级区的自然植被总 NPP 分别进行统计，得到了长系列山丘区和平原区自然植被总 NPP 的变化趋势（图 13-41）。由图 13-41 可见，山丘区 NPP 的变化范围在 0.032 Pg C/a 左右，1980~2005 年整体有微弱的减少趋势，减少率为 5×10^{-6} Pg C/a；平原区 NPP 的变化范围在 0.005 Pg C/a 左右，1980~2005 年整体有微弱的增加趋势，增长率为 5×10^{-6} Pg C/a。

根据分析可以得到：海河流域 1980~2005 年气候条件不变（1980 年水平）的情况下，自然生态系统总 NPP 呈微弱增长趋势。

综上所述，海河流域 1980~2005 年自然生态系统生产力在全流域和山丘区、平原区均有微弱增加趋势，自然生态生产力变化主要由气候条件变化决定，与土地利用条件变化关系关系不大。

(2) 植被腾发量时空演变规律

将分布式水文模型中计算的各单元植被腾发进行统计，得到了 1956~2005 年海河流域林地、草地和湿地的蒸腾蒸发量。其中海河流域林地平均蒸腾蒸发在 1956~2005 年呈减少趋势，减少率在 0.76mm/a，山丘区和平原区的林地蒸腾蒸发区别很小，变化趋势也与全流域平均趋势相似（图 13-42）。

海河流域草地平均蒸腾蒸发在 1956~2005 年呈减少趋势，减少率在 0.86mm/a，山丘区的草地蒸腾蒸发略大于平原区，山丘区和平原区草地蒸腾蒸发变化趋势也与全流域平均趋势相似（图 13-43）。

海河流域湿地平均蒸腾蒸发在 1956~2005 年呈减少趋势，减少率为 0.81mm/a，山丘区的湿地蒸腾蒸发略大于平原区，山丘区湿地蒸腾蒸发减少趋势较缓，减少率为 0.69 mm/a，平原区湿地蒸腾蒸发减少趋势与全流域趋势基本一致，0.82mm/a（图 13-44）。

海河流域草地平均蒸腾蒸发在 1956~2005 年呈减少趋势，减少率为 0.86mm/a，山丘区的草地蒸腾蒸发略大于平原区，山丘区和平原区草地蒸腾蒸发变化趋势也与全流域平均趋势相似。

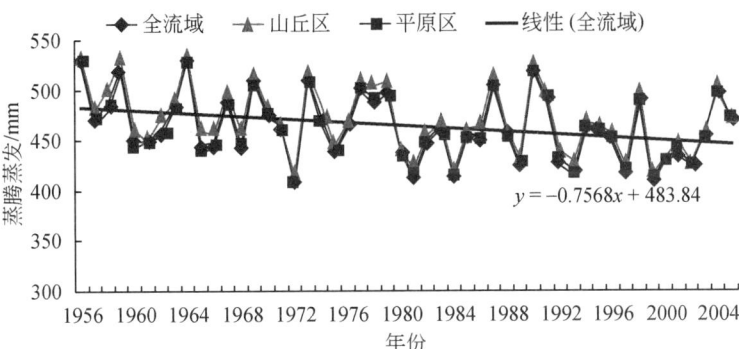

图 13-42　海河流域林地蒸腾蒸发变化趋势图

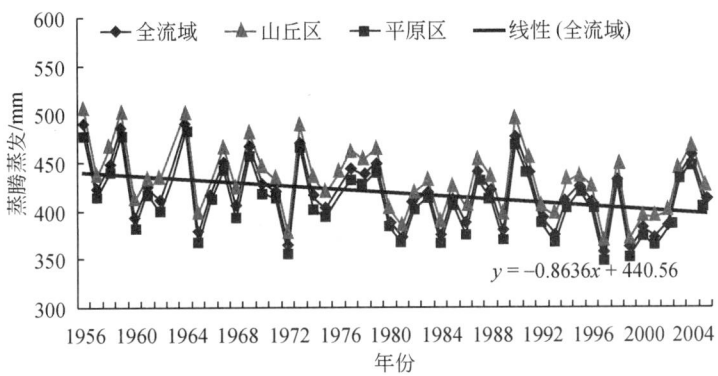

图 13-43　海河流域草地蒸腾蒸发变化趋势图

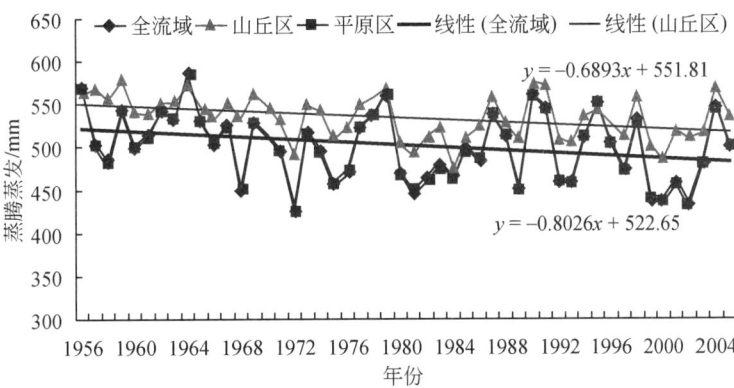

图 13-44　海河流域湿地蒸腾蒸发变化趋势图

第14章　海河流域水循环及其伴生过程未来演变情景分析

14.1　气候变化预估

本研究中气候变化情景的确定主要是基于 IPCC 于 2007 年发布的《第四次评估报告》中的研究成果，本节分别对排放情景的选择、全球气候模式的选择及其预估数据的降尺度处理等进行介绍。

(1) 排放情景

为了预估全球和区域未来的气候变化，必须事先提供未来温室气体和硫酸盐气溶胶的排放情况，即所谓的排放情景（special report on emissions scenarios，SRES）。排放情景通常是根据一系列因子假设而得到（包括人口增长、经济发展、技术进步、环境条件、全球化、公平原则等）。对应未来可能出现的不同社会经济发展状况，通常要制定不同的排放情景。到目前为止，IPCC 先后发展了两套温室气体和气溶胶排放情景，即 IS92 和 SRES 排放情景。SRES 排放情景于 2000 年提出，主要由四个框架组成：

A1 框架和情景系列，描述了一个经济高速发展、全球人口在 21 世纪中叶达到峰值随后开始减少、高排放情景的世界。A1 情景系列划分为三个群组，分别描述了能源系统技术变化的不同发展方向，以技术重点来区分这三个 A1 情景组：矿物燃料密集型（A1F1）、非矿物能源型（A1T）、各种能源资源均衡型（A1B）。

A2 框架和情景系列，描述了一个人口持续增长、人均经济增长和技术变化有明显地方性、全球化不明显、发展极不均衡的世界。其基本点是自给自足和地方保护主义，地区间的人口出生率很不协调，经济发展主要以区域经济为主，低于其他框架的发展速度。

B1 框架和情景系列，描述了一个人口发展同 A1 但经济结构向服务和信息转变、强调从全球角度解决经济与社会及环境可持续性问题、均衡发展的低排放情景的世界。其基本点是在不采取气候行动计划的条件下，在全球范围内更加公平地实现经济、社会和环境的可持续发展。

B2 框架和情景系列，描述了一个人口增长低于 A2、经济中等发展、技术更多样化但技术变化速率与 A1 和 B1 相比趋缓、侧重于从局地解决经济与社会及环境可持续性问题的世界。该情景所描述的世界也朝着环境保护和社会公平的方向发展，但所考虑的重点仅局限于地方和区域一级。

本研究中选用 A1B、A2 和 B1 三个情景，详见 IPCC 第四次评估报告（IPCC，2007）。对应三个情景的未来大气中 CO_2 浓度见图 14-1 和表 14-1。从表 14-1 中可以看出，2021 年

A1B 和 A2 情景的 CO_2 浓度相同，都是 430ppm，B1 情景略小为 400ppm；到 2050 年，A2 情景 CO_2 浓度最高，达到 550ppm，A1B 情景略小，为 540ppm，B1 情景与前两个情景相比较小，为 480ppm。

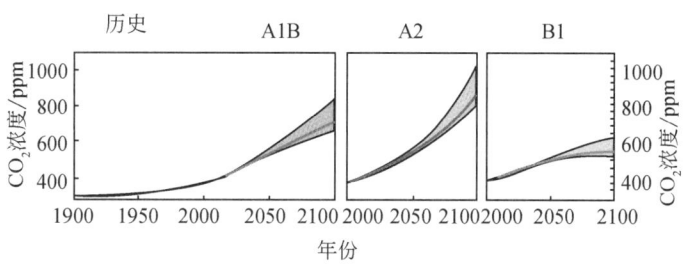

图 14-1　气候变化情景 CO_2 浓度变化

表 14-1　三个情景大气中 CO_2 浓度模拟值　　　　（单位：ppm）

情景	2021 年 CO_2 浓度	2050 年 CO_2 浓度
A1B	430	540
A2	430	550
B1	400	480

（2）全球气候模式

气候变化预估是科学家、公众和政策制定者共同关心的问题，目前气候模式是进行气候变化预估的最主要工具。IPCC 第四次评估报告共包含 20 多个复杂的全球气候系统模式对过去气候变化的模拟和对未来全球气候变化的预估。其中美国 7 个（NCAR_CCSM3，GFDL_CM2_0，GFDL_CM2_1，GISS_AOM，GISS_E_H，GISS_E_R，NACR_PCM1），日本 3 个（MROC3，MROC3_H，MRI_CGCM2），英国 2 个（UKMO_HADCM3，UKMO_HADGEM），法国 2 个（CNRMCM3，IPSL_CM4），加拿大 2 个（CCCMA_3-T47，CCCMA_3-T63），中国 2 个（BCC-CM1，IAP_FGOALS1.0），德国（MPI_ECHAM5）、德国/韩国（MIUB_ECHO_G）、澳大利亚（CSIRO_MK3）、挪威（BCCR_CM2_0）和俄罗斯（INMCM3）各有 1 个。参加的国家之广、模式之多都是以前几次全球模式对比计划所没有的。IPCC 第四次评估报告的气候模式的主要特征是：大部分模式都包含了大气、海洋、海冰和陆面模式，考虑了气溶胶的影响，其中大气模式的水平分辨率和垂直分辨率普遍提高，对大气模式的动力框架和传输方案进行了改进；海洋模式也有了很大的改进，提高了海洋模式的分辨率，采用了新的参数化方案，包括了淡水通量，改进了河流和三角洲地区的混合方案，这些改进都减少了模式模拟的不确定性；冰雪圈模式的发展使得模式对海冰的模拟水平进一步提高。

这些气候模式的基本特征如表 14-2 所示，有关这些模式的详细介绍可从如下网站了解：http：//www-pcmdi.llnl.gov/ipcc/model_documentation。

表 14-2 气候模式基本特征（国家气候中心，2008）

模式	国家	大气模式	海洋模式	海冰模式	陆面模式
BCC-CM1	中国	T63L16 1.875°×1.875°	T63L30 1.875°×1.875°	热力学	L13
BCCR_BCM_0	挪威	ARPEGE V3 T63 L31	NERSC-MICOM V1L35 1.5°×0.5°	NERSC 海冰模式	ISBA ARPEGE V3
CCCMA_3 （CGCMT47）	加拿大	T47L31 3.75°×3.75°	L29 1.85°×1.85°		
CNRMCM3	法国	Arpege-Climatev3 T42L45 （2.8°×2.8°）	OPA8.1 L31	Gelato3.10	
CSIRO_MK3	澳大利亚	T63L18 1.875°×1.875°	MOM2.2 L31 1.875°×0.925°		
GFDL_CM2_0	美国	AM2 N45L24 2.5°×2.0°	OM3 L50 1.0°×1.0°	SIS	LM2
GFDL_CM2_1	美国	AM2.1 N45L24 2.5°×2.0°	OM3.1 L50 1.0°×1.0°	SIS	LM2
GISS_AOM	美国	L12 4°×3°	L16	L4	L 4-5
GISS_E_H	美国	L20 5°×4°	L16 2°×2.0°		
GISS_E_R	美国	L20 5°×4°	L13 5°×4.0°		
LAP_FGOALS1.0	中国	GAMIL T42L30 2.8°×3°	LICOM 1.0	NCAR CSIM	
IPSL_CM4	法国	L19 3.75°×2.5°	L19 （1°~2°）×2.0°		
INMCM3	俄罗斯	L20 5°×4°	L33 2°×2.5°		
MIROC3	日本	T42 L20 2.8°×2.8°	L44 （0.5°~1.4°）×2.5°		
MIROC3_H	日本	T106L56 1.125°×1°	L47 0.2812°×0.1875°		
MIUB_FCHO_G	德国	ECHAM4 T30L19	HOPE-G T42 L20	HOPE-G	
MPI_ECHAM5	德国	ECHAM5 T63 L32 （2°×2°）	OM L41 1.0°×1.0°	ECHAM5	

续表

模式	国家	大气模式	海洋模式	海冰模式	陆面模式
MRI_CGCM2	日本	T42 130 2.8°×2.8°	L23 (0.5°–2.5°)×2.0°		SUB L3
NCAR_CCSM3	美国	CAM3 T85L26 1.4°×1.4°	POP1.4.3 L40 (0.3°–1.0°)×1.0°	CSIM5.0	CLM3.0
NCAR_PCM1	美国	CCM3.6.6 T42L18 (2.8°×2.8°)	POP1.0 L32 (0.5°–0.7°)×0.7°	CICE	LSMI T42
UKMO_HADCM3	英国	L19 2.5°×3.75°	L20 1.25°×1.25°		MOSES1
UKMO_HADCM	英国	N96L38 1.875°×1.25°	(1°–0.3°)×1.0°		MOSES2

(3) 气候模式预估数据

在气候变化研究中，各个模式对不同地区的模拟效果不尽相同。许多学者的研究证明，多个模式的平均效果优于单个模式的效果。本研究采用的全球气候模式数据来自于 PCMDI (Program for Climate Model Diagnosis and Intercomparison) 公开发布的"WCRP (The World Climate Research Programme) 的耦合模式比较计划阶段3的多模式数据"（CMIP3），包括全球20多个模式组提供的全球气候模式模拟和预估结果。在此基础上，国家气候中心将这20多个不同分辨率的全球气候模式的模拟结果经过插值降尺度计算，将其统一到同一分辨率1°×1°下，对其在东亚地区的模拟效果进行检验，利用简单平均方法进行多模式集合，制作成一套1901~2099年的月平均资料。本研究中采用的数据系列为海河流域2021~2050年的降雨和气温系列。有关各模式预估数据详细信息可从如下网页获取：https://esg.llnl.gov:8443/index.jsp。有关多模式平均数据集详细信息请参考表14-2（国家气候中心，2008）。

(4) 气候模式预估数据的降尺度

由于气候模式预估的降水和气温的时空尺度和水文模型要求的不一致，因此在耦合气候模式预估结果与水文模型前，需要对气候模式预估数据的时空尺度进行转换。

空间尺度转换方面，由于气候模式预估数据的空间尺度是站点，本研究采用空间插值的方法将气候模式预估结果插值至水文模型的计算单元。目前有许多空间插值方法，考虑到插值精度、计算效率等因素，本研究选用距离平方反比结合泰森多边形法进行空间插值（周祖昊等，2006）。

时间尺度转换方面，本研究选用的气候模式预估数据的时间尺度是月尺度，而水文模型要求的时间尺度是日尺度，因此需要对气候模式预估数据进行时间降尺度。本研究选用的天气发生器为BCCRCG-WG 3.00，并应用到海河流域对气候模式输出结果进行时间降尺度（丁相毅，2010）。

（5）未来气象要素变化情况

根据上述方法，对未来三个气候情景 SRES-A1B、SRES-A2 和 SRES-B1 下海河流域 4 个二级区、15 个三级区和 80 个三级区套地级市 2021～2050 年的逐年降水量、年平均温度以及二者相对历史多年平均（1980～2005 年）的变化情况进行了分析，同时，对上述区域未来 30 年的月平均降水量和月平均温度以及二者相对历史平均（1980～2005 年）的变化情况也进行了分析。限于篇幅，仅列出了海河流域的情况，如图 14-2 和图 14-3 所示。表 14-3 列出了历史和未来不同气候情景下多年平均气象要素对比情况。

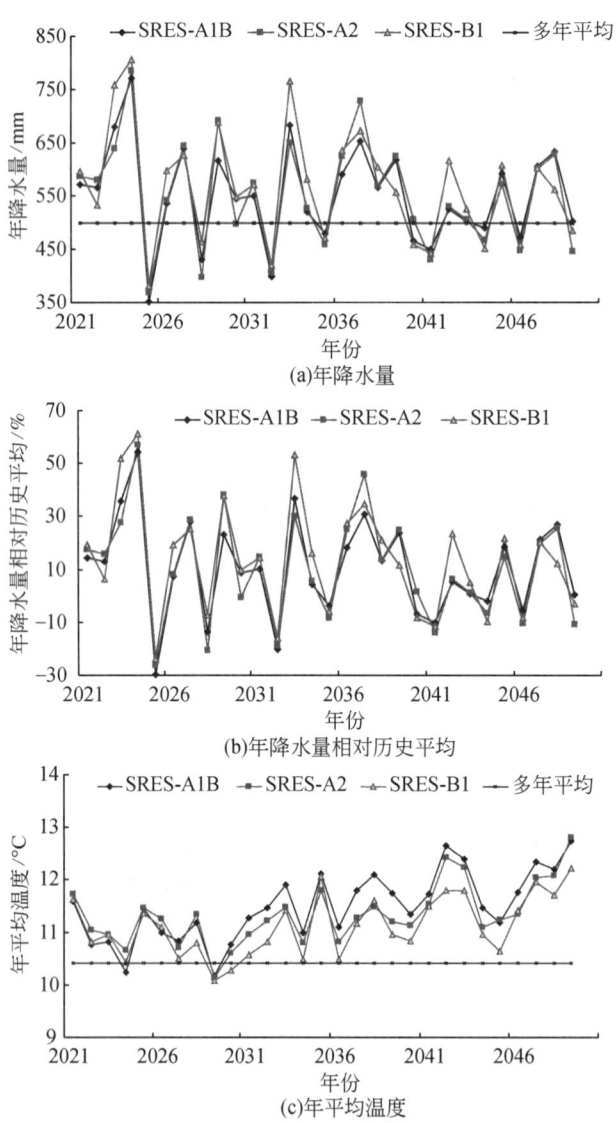

(a) 年降水量

(b) 年降水量相对历史平均

(c) 年平均温度

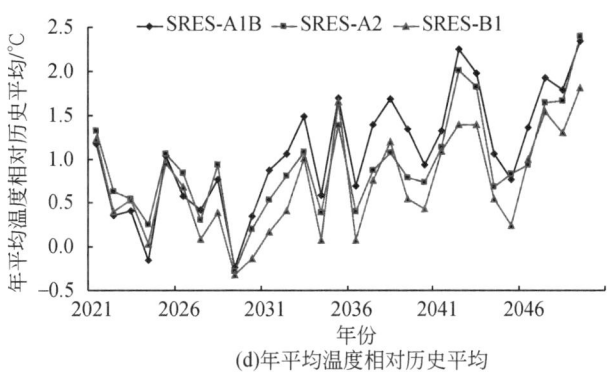
(d)年平均温度相对历史平均

图 14-2　未来不同情景下年降水和年平均温度相对历史平均（1980~2005 年）变化情况

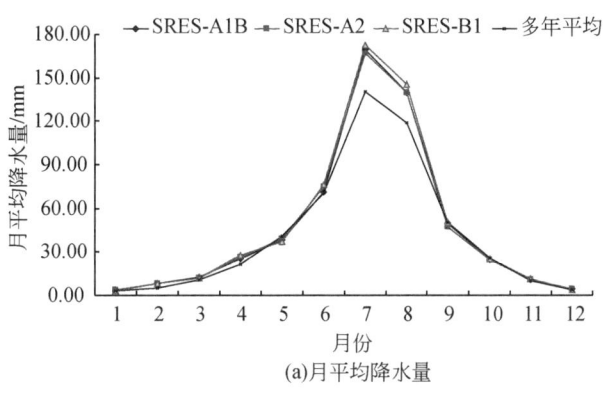
(a)月平均降水量

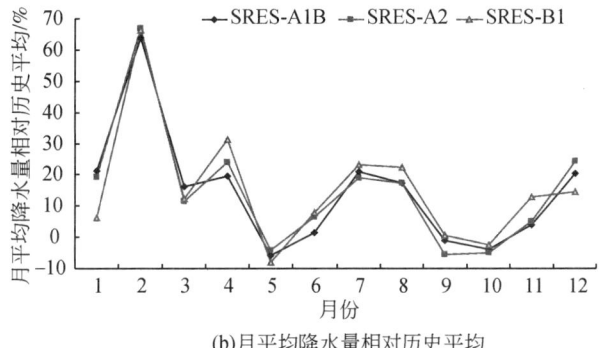
(b)月平均降水量相对历史平均

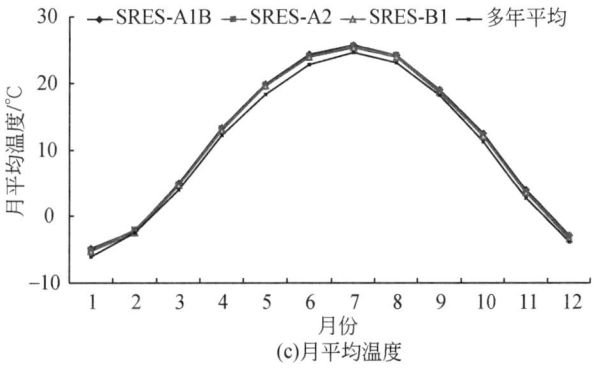
(c)月平均温度

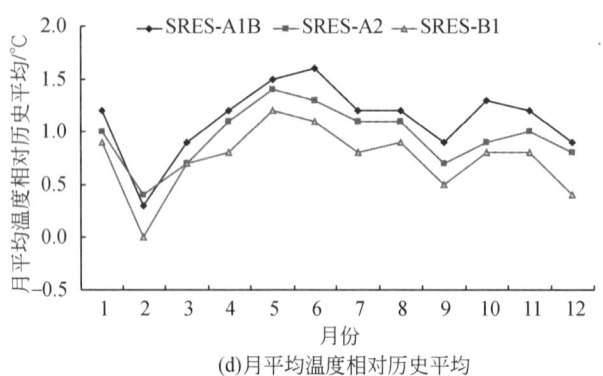

(d)月平均温度相对历史平均

图 14-3 未来不同情景下月降水和月平均温度相对历史平均（1980~2005 年）变化情况

表 14-3 历史和未来不同气候情景下多年平均气象要素特征值

情景名称	年降水量/mm				年平均温度/℃			
	平均值	最大值	最小值	变差系数 C_v	平均值	最大值	最小值	变差系数 C_v
历史情况	499.89	649.72	367.19	0.151	10.41	11.59	9.3	0.059
SRES-A1B	552.17	770.92	352.5	0.167	11.49	12.75	10.17	0.058
SRES-A2	552.88	785.75	369.24	0.185	11.34	12.81	10.13	0.052
SRES-B1	568.61	806.13	381.84	0.186	11.12	12.22	10.09	0.052

由表 14-3 和图 14-2 可以看出，在 SRES-A1B、SRES-A2 和 SRES-B1 三个情景下，2021~2050 年，海河流域年降水量和年平均温度的变化趋势是一致的，只是在变化幅度上有所不同。

在 SRES-A1B、SRES-A2 和 SRES-B1 三个情景下，海河流域年平均降水量较历史平均（1980~2005 年）分别增加了 10.5%、10.6% 和 13.8%；年降水量最大值均有所增加，分别增加了 18.7%、20.9%、24.1%，年降水量最小值则变化不大，三个情景下的变化分别为：减少 4%、增加 0.6% 和增加 4%；而年降水量的变差系数均比历史情况有所增大，因此，未来 30 年间，海河流域年降水量的变化趋势为略有增加，但年际波动幅度比历史情况有所增大。

在 SRES-A1B、SRES-A2 和 SRES-B1 三个情景下，海河流域年平均温度分别比历史多年平均升高了 1.1℃、0.9℃ 和 0.7℃；和历史情况相比，三个情景下的年平均最高温度均有所升高，分别升高了 1.2℃、1.2℃ 和 0.6℃，年最低温度也分别升高了 0.9℃、0.8℃ 和 0.8℃，而年平均温度的变差系数均有所减小，因此，未来 30 年间，海河流域年平均温度的变化趋势是增加的，并且波动幅度有所减小。

从降水和温度的年内变化看，2021~2050 年，SRES-A1B、SRES-A2 和 SRES-B1 三个情景下各月平均降水量的变化趋势是基本一致的，除 5 月、9 月和 10 月降水量略有减少外，分别减少了 6%、2% 和 4%，其余各月降水量均有所增加，三个情景下各月平均降水量相对历史平均分别增加了 14.5%、14.9% 和 15.5%，其中，1 月、2 月、4 月、7 月、8

月和 12 月平均降水量增加幅度较大，分别增加了 15.6%、65.7%、24.9%、21.0%、18.9% 和 19.7%。SRES-A1B、SRES-A2 和 SRES-B1 三个情景下各月平均温度的变化趋势是基本一致的，分别增加了 1.1℃、0.9℃ 和 0.7℃，温度增加最高的月份出现在 5 月或 6 月，分别增加了 1.6℃、1.4℃ 和 1.2℃。

（6）气候模式预估的不确定性问题

IPCC 第三次评估报告指出，气候模式预估的主要不确定性来自排放情景的不确定性、模式的不确定性、物理过程参数化的不确定性，以及对地球生物化学过程等反馈机制认识上的不确定性等。气候模式的集合不仅包括单一模式不同物理参数化和初始条件的集合，还包括不同模式预估结果的集合。需要指出的是，不论是单一模式的集合还是多模式的集合，都不能涵盖所有的不确定性。

作为对未来气候变化进行定量预估的有效工具之一，气候模式在近几十年里取得了突飞猛进的发展。但是，气候的复杂性和资料的有限决定了气候模拟中必然存在缺陷，模式的不确定性是客观存在的。当前的气候模式仍需改进，云辐射过程、云和水汽反馈过程、陆面过程以及海洋物理过程等是气候模式不确定性的主要来源。关于未来温室气体和气溶胶排放情景的不确定性也比较大。利用气候模式进行未来气候变化趋势预估在定性上有一定程度的可靠性，但在定量上仍存在较大的分歧。利用气候模式进行未来降水和极端气候事件的模拟和预估，其结果的信度更低（气候变化国家评估报告编写委员会，2007）。

因此，本研究中有关未来气候变化情景特别是降水的预估结果，在不确定性研究方面还有待加强，降水的预估结果还有待于进一步的完善。

14.2 海河流域水循环与水资源演变预估

14.2.1 情景设定

14.2.1.1 情景方案设置的原则

面对水资源短缺、水生态退化和水环境恶化日益严峻的情势，为保障未来海河流域有限水资源的合理利用，维持生态环境向良性方向发展，结合当前流域水资源条件和水环境现状，设置了不同情景方案，以分析流域未来水循环及其伴生过程的演变。

情景设置的总原则是降低海河流域水资源系统的脆弱性，增强水资源可持续性，改善海河流域现有的水资源、水环境及水生态条件，更好地发挥水资源在支撑经济社会发展中的作用。

具体设置思路：考虑海河流域生态恢复和环境保护的需求，提出不同恢复目标下海河流域入海水量水质、地下水超采等涉及流域水生态和环境质量的水量控制目标。并在这些控制目标设定框架内，在维持水资源、生态和经济社会的协调发展的基础上，通过对经济目标优化，提出不同地区和行业的用水需求、跨流域调水及地下水开采回补控制等水资源调控的定量措施。经模型计算得出各区域具体的水量配置状况、ET 分配、控制断面水量水质过程等方案情景结果。根据海河流域水资源状况和未来水资源调控措施,设定了17种不同水量情景,其中2005年(现状水平年)1个,2015水平年4个,2020水平年8个,2030水平年4个。

水文年条件设置原则:为全面反映海河流域水文丰枯变化特性,设置1956~2005年50年长系列和1980~2005年26年短系列两类水文边界。其中前者主要体现丰枯系列交替状况下海河流域的水资源条件;后者是考虑流域近20年降水处于连续偏枯的实际情况。以便为未来不同水文年水资源的管理提供依据。

入海水量目标设置原则:结合海河流域不同年代实际入海水量,制定了三种可能入海水量目标,体现对于不同生态与环境目标下流域入海控制状况。其中,第一种反映50年长系列条件下的多年平均入海水量目标,即93亿m³的入海水量方案,该方案可以维持流域长期条件下的水量均衡状况,但在来水不充沛的条件下需要较为严厉的限制经济用水和提高节水水平来实现。第二种反映了近期26年系列下的平均入海水量目标,设置了55亿m³入海水量方案,此方案可以维持流域近期的水均衡状况,但对于生态恢复与改善渤海水质状况等目标不够积极。第三种反映流域总水量均衡的最低要求,设置35亿m³入海水量方案,该方案体现了经济快速增长模式下入海水量仍维持近期现状水平的情景。

外调水量设置原则:主要以南水北调的规划方案为基础,考虑通水时间存在的变通性和可能加大的通水情景,设置相应的跨流域调水组合方案。对于2015水平年,结合原有通水方案和南水北调通水推迟的实际情况,提出2015年按一期规模通水一半的方案,体现前期通水的影响效果。

地下水超采设置原则:考虑现状地下水开采与规划压采方案,结合南水北调工程通水规模变化的进度,经济增长对水资源的需求,设置不同水平年的地下水超采方案。在目标ET设定的条件下,地下水超采和跨流域调水状况以及经济发展模式密切相关。当采用较为严厉的ET控制和较高的入海水量目标时,地下水超采只能以较小的幅度得到遏制,反之则地下水超采可以得到较好的控制。

14.2.1.2 情景详细说明

结合以上情景设置原则,本研究共设计了17个水量情景,情景模拟方案主要内容如下。

1)水平年:现状2005水平年、未来为2015年、2020年和2030年。

2)水文系列:1980~2005年、1956~2005年系列。

3)地下水利用:现状超采80亿m³,2015年减少超采1/3,2020年和2030年不超采。

4)入海水量:35亿m³(为1980~2005年平均)、55亿m³(为1980~2005年平均天然河川径流量的1/3)和93亿m³(1956~2005年平均)。

5)南水北调(引江):现状年不通水;2015年分两种情况,一是东线调水3.65亿m³、中线不通水,二是东线调水3.65亿m³、中线通水50%,总调水量31.85亿m³;2020年东中线完全通水,总调水量为72.9亿m³;2030年东线二期工程通水,总调水量为114.2

亿 m³。

6）引黄水量：现状年46.2亿 m³（1981~2005年平均）；2015年46.4亿 m³；2020为47亿 m³，外加黄河侧渗补给量1.056亿 m³（源于水资源综合规划）；2030年考虑不同引黄水量的情况，一是调水量为43.3亿 m³，二是调水量为51.2亿 m³。

14.2.1.3 选定情景

针对以上设置的17个水量情景方案，采用海河流域二元模型进行多目标决策分析、水资源配置，并在此基础上进行流域水循环模拟，定量研究海河流域调整产业结构，实施节水措施，增加南水北调水量等措施后，海河流域的ET量和入海水量，定量研究不同措施对海河流域水循环的影响，为水资源严重紧缺的海河流域未来规划提供技术支撑。

本项目针对1956~2005年和1980~2005年两个系列分别进行了计算。考虑到海河流域近几十年来的水资源状况，以1980~2005年系列结果作为海河流域未来规划依据，同时根据各方案模拟计算结果与情景设置方案的目标情况的对比分析，推荐2010水平年S4方案、2020水平年S10方案、S16方案，2030水平年S11方案、S17方案为未来水平年优选方案（表14-4）。

表14-4　水量情景方案设置　　　　　　　　　　　（单位：亿 m³）

水平年	方案	水文系列	降水量	地下水超采	入海水量	南水北调（引江）中线	南水北调（引江）东线	引黄
2005	S1	1980~2005	1596.2	80	35	0	0	46.2
2015	S4	1980~2005	1596.2	53	55	56.4×50%*	3.65	46.4
2020	S10	1980~2005	1596.2	27	55	58.7	14.2	47.0
2020	S16	1980~2005	1596.2	55	55	62.4	16.8	51.2
2030	S11	1980~2005	1596.2	0	93	83.9	31.3	43.3
2030	S17	1980~2005	1596.2	36	55	86.2	31.3	51.2

* 至2015年，通水量为设计规模的一半。

14.2.1.4 可行性分析

（1）经济发展状况

海河流域是水资源极度匮乏的流域，分布着中国多达10%以上的人口，拥有国内约13%的GDP的经济规模和约10%的粮食总产量，是国内重要的粮食基地、工业生产基地和经济发展区。尽管水资源极度匮乏，但从国家需求和区域自身发展的角度出发，需要对海河流域的用水逐步调整，在满足社会、经济、环境、生态和水资源等多维协调的基础上，实现流域的和谐发展。因此，在海河流域各情景设置中，经济水平年上强调持续稳定的增长，用水维上保持水资源的可持续发展，而社会水平年上，要保持粮食产量的稳定，同时，未来满足社会、经济、环境、生态和水资源等多维协调，充分利用外调水源，并进一步倡导节约用水。海河流域现状2007年实际用水403.8亿 m³（海河流域综合规划），考虑到地下水超采量和南水北调未来来水情况，2015年S4方案总用水量为401.6亿 m³，2020水平年和2030水平年考虑到不同来水情况，以及水文系列的差别，用水量在417亿m³和480亿m³之间，主要差别在于农业用水规模的调整。S10和S11方案主要考虑水资源可持续发展，以及海河流域在全国的经济布局和粮食安全等目标，粮食产量基本维持在2005年的水平，而S16和S17方案，则考虑到人口的增加，在国际上公认的人均400kg粮食产量的温饱水平，2030年海河流域实现人均粮食产量达到95%的自给率的目标下，略微调整了经济指标，增加农业用水，保障第一产业的产出。各情景经济用水指标见表14-5。

表14-5 各情景方案经济用水指标

方案	水平年	总用水/亿m³	GDP/亿元	万元产值耗水量/（m³/万元）	粮食产量/万t
S4	2015	401.6	41 310	97	5 050
S10	2020	417.1	102 732	41	4 950
S11	2030	427.0	170 215	25	4 950
S16	2020	467.6	103 510	45	5 400
S17	2030	479.9	164 879	29	5 500

（2）节水措施

为了实现社会、经济、环境、生态和水资源的协调发展，必须对海河流域的经济社会用水进行压缩和调整，归还经济社会挤占的生态、环境用水，缓解对海河流域水资源的压力，降低水资源系统的脆弱性。海河流域节水程度非常高，节水潜力有限，要实现社会、经济、环境、生态和水资源的协调发展，必须采取开源节流措施，即降低单位产值的用水量的同时，加大再生水的利用，增加外调水源，减少当地水资源的压力。在目前情况下，海河流域各项用水定额已经达到较高的节水水平，从压缩用水定额的方法上，很难取得较大的节水效果。因此，从调解产业结构和作物种植结构的方法出发，既保证了粮食安全和经济社会的持续发展，同时又有效控制总用水量（考虑社会经济的发展，以及南水北调等外来水量，总用水量从数量上还是有所上升，但本地水资源量使用量则有所下降，从而实现水资源可持续发展）。

表14-6为各情景的三产比例。从总体来看，三产比例中一产比例有较明显的下降，二产比例略微下降，而三产比例则明显上升。

表14-6 各情景三产比例　　　　　　　　　　（单位:%）

情景	三产比例		
	一产	二产	三产
S4	6.8	47.8	45.4
S10	4.3	44.6	51.1
S11	3.7	41.7	55.6
S16	4.6	44.5	50.9
S17	3.9	46.5	49.6

(3) 可行性总体分析

海河流域水资源极度匮乏，近年来，流域降水有逐渐减小的趋势，水资源供需矛盾更加突出，从而使海河流域水资源问题更加严峻。

海河流域由于地下水多年超采，因此，地下水水位下降十分严重，已经形成多个漏斗区。为了保护区域的健康发展，缓解自然环境受到的发展压力、区域的生态和环境问题，实行最严格的水资源管理，将经济社会用水挤占生态环境用水的部分返还环境，是大势所趋。从水资源可持续发展的角度出发，S4、S10 和 S11 方案，严格控制用水总量，在保证经济发展的基础上，降低了社会的公平性（减少了农业用水），从海河流域在全国的地位和所面临的矛盾来看，可以通过引进其他区域的农产品和实行特殊的农业保护措施来弥补这种不公平性，从而有效地保护海河流域的水资源环境。而 S16 和 S17 方案，则考虑到海河流域自身的发展性，在基本不损失第一产业利益的基础下，逐步降低流域的用水量，虽然也能缓解部分资源环境压力，但其效果较 S10 和 S11 方案则有所不足。

14.2.2 水量调控下的水循环及水资源演变预估

(1) 水循环要素演变预估

从各个水平年海河流域目标 ET 来看，虽然现状水平年、2015 水平年、2020 水平年、2030 水平年全流域总的 ET 量是逐渐增加的，但是增加的部分主要是由增加外流域调水（南水北调）产生的，扣除外调水增加的 ET 量，现状水平年、2015 水平年、2020 水平年、2030 水平年分别为 1631.8 亿 m^3、1614.7 亿 m^3、1601.6 亿 m^3 和 1593.2 亿 m^3、1588.4 亿 m^3 和 1575.3 亿 m^3，整体呈减少趋势，这说明全流域朝着 ET 量减少的方向发展，优选的方案能达到资源"真实"节约的目的。

从地下水控制来看，四个水平年地下水超采量分别为 66.2 亿 m^3、54.5 亿 m^3、20.7 亿 m^3 和 18.9 亿 m^3、5.2 亿 m^3 和略有回补，约 2.6 亿 m^3。2015 水平年超采减少近 20%，2020 年超采减少约 70%，2030 年基本实现零超采，将有效地改善海河流域地下水超采状况，有利于地下水的可持续利用。

从入海水量控制来看，四个水平年入海水量分别为 43.1 亿 m^3、58.4 亿 m^3、55.5 亿 m^3 和 57.0 亿 m^3、65.4 亿 m^3 和 62.7 亿 m^3，整体呈增加的趋势，将有效地改善了河道水环境和渤海及其临近海岸带地区的生态环境。

从 2020 水平年的两个方案来看，虽然 S16 方案总的用水量较 S10 方案增加 40.5 亿 m^3，外调水增加 17.1 亿 m^3，但入海水量和地下水的超采量相差不大。从资源、环境、经济、社会和生态的协调性发展来看，S16 方案较 S10 方案要好。

从 2030 水平年的两个方案来看，虽然 S17 方案总的用水量较 S11 方案增加 52.9 亿 m^3，外调水增加 9.0 亿 m^3，入海水量较 S11 方案小，地下水的超采量较 S11 略大。从资源、环境、经济、社会和生态的协调性发展来看，S17 方案较 S11 方案要好（表 14-7）。

表 14-7　海河流域不同情景下的水量平衡表　　　（单位：亿 m³）

项目	多年平均值					
	现状水平年	2015 水平年	2020 水平年		2030 水平年	
	S1	S4	S16	S10	S11	S17
降水量	1596.2	1596.2	1596.2	1596.2	1596.2	1596.2
引黄、引江水量	41.3	74.7	134.4	117.3	157.0	166.0
入海水量	43.1	58.4	55.5	57.0	65.4	62.7
ET 量	1660.7	1667.0	1695.7	1675.3	1685.2	1704.6
蓄变量	-66.2	-54.5	-20.7	-18.9	2.6	-5.2

（2）地下水演变预估

地下水是一种十分宝贵的资源，同时又是环境的基本要素，当今世界所面临的"人口、资源、环境"三大问题都直接或间接地与地下水有关。在海河流域由于地表水资源不足或污染严重，地下水的开采利用在用水结构中占有越来越大的比例。对海河流域地下水循环演变的研究不仅关系到正确评价水资源、合理布置取水工程的问题，还有如何充分利用水资源又不至于引起水资源枯竭、水质恶化的问题。随着海河流域对地下水依赖程度的进一步提高，规模越来越大的人类影响正在使地下水资源在数量和质量上不断恶化，并引起其他方面的不良后果，尤其是在海河流域华北平原区。对海河流域地下水水循环资源演变研究的一项重要任务就是用合理的理论和方法评估和预估这些影响的规模和速度，为提出相应的治理措施提供科学基础。

在二元水循环模型体系中，地下水模块通过与流域水资源调控过程、陆地水循环过程的有机耦合，进行未来演变情景的预估分析。

各方案地下水预估以现状年 2005 年的初始流场作为基础，图 14-4、图 14-5 为海河流域 2005 年浅层地下水位等值线和深层地下水头等值线情况。根据不同方案对分区地下水开采量的控制，将其反映到地下水模型内边界处理当中。通过连续多年的计算，最终模拟得出各方案实施后较长时期内地下水位流场的变化规律，并可以此分析不同方案对海河流域地下水的影响大小和地下水位的恢复状况。根据模拟经验，在连续模拟 10 年左右的情况下，地下水流场的变化将逐渐趋于稳定，此后每年的变化值相差不大。因此在进行方案预估时，各方案均从 2005 年模拟到 2020 年。

在地下水模拟预估过程中，主要考虑方案 S1、S4、S10、S11 四个方案的地下水变化情况。同时为了解地下水的变化过程，模拟结果给出各方案 2020 年的地下水流场分布，不同方案下地下水流向分布，同时按地市对地下水位变化幅度进行相关统计，并给出各个地市地下水交换量的相关成果。

不同方案下的地下水流场（地下水位/水头等值线）变化情况见图 14-6~图 14-13。不同方案下 2020 年末地下水流向分布见图 14-14~图 14-21。不同情景方案下由于开采量的不同，使海河流域华北平原区的地下水补给排泄格局发生了改变，研究区域地下水位和流向将在开采量变化的驱动下重新分布。

| 第 14 章 | 海河流域水循环及其伴生过程未来演变情景分析

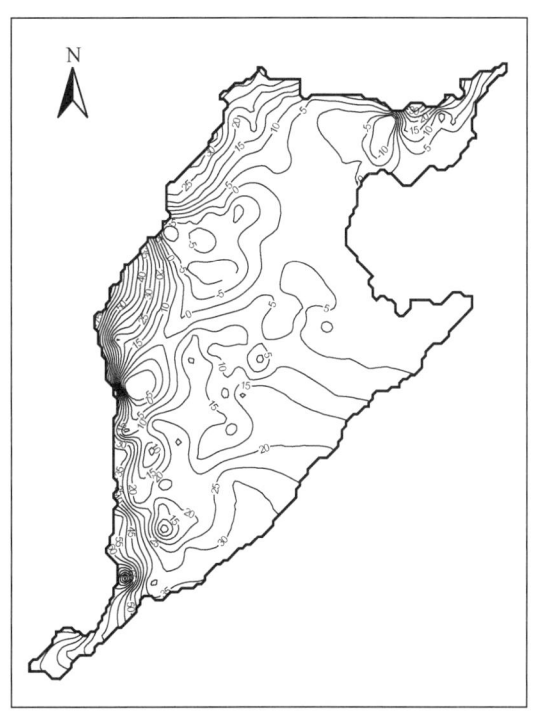

图 14-4　2005 年末浅层地下水位等值线（单位：m）

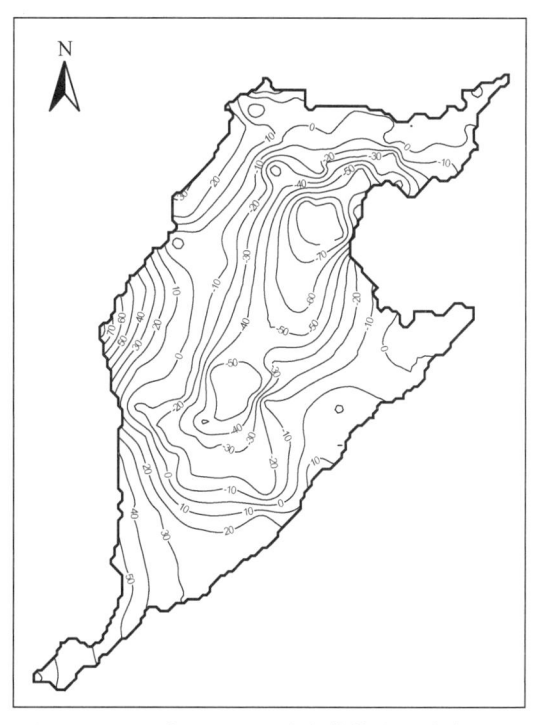

图 14-5　2005 年深层地下水位等值线（单位：m）

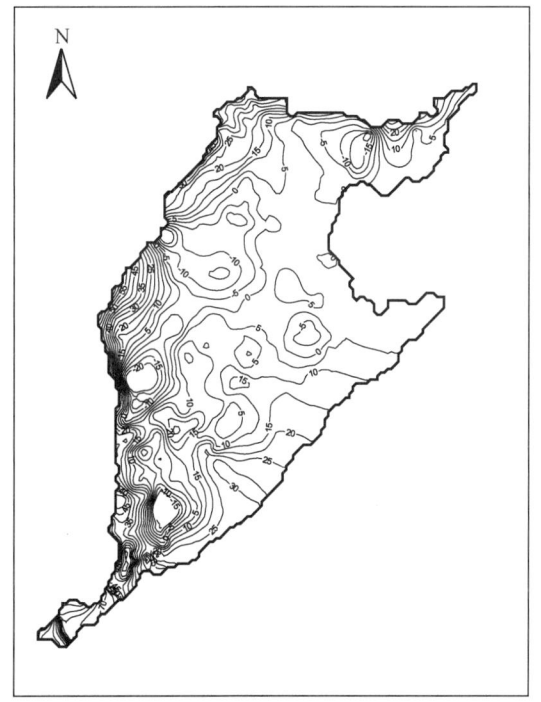

图 14-6　2020 年 S1 方案浅层地下水位等值线（单位：m）

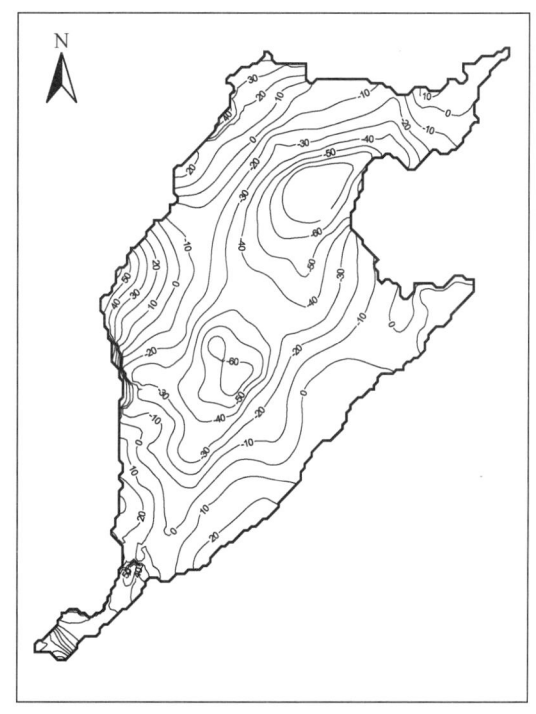

图 14-7　2020 年 S1 方案深层地下水位等值线（单位：m）

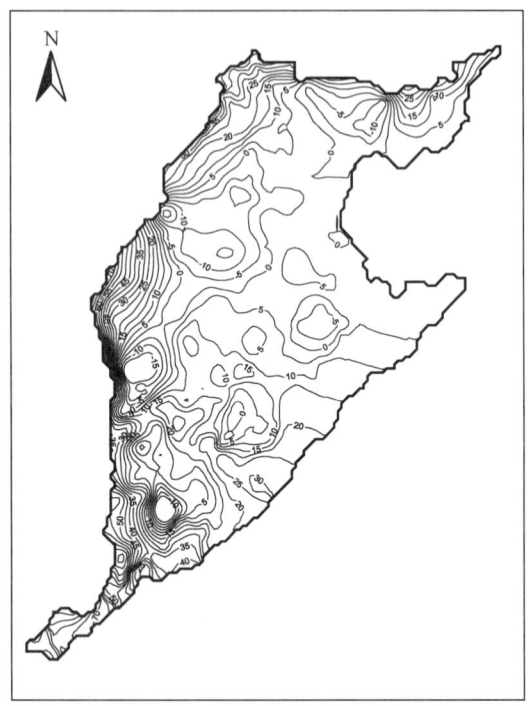

图 14-8 2020 年 S4 方案浅层地下水位等值线（单位：m）

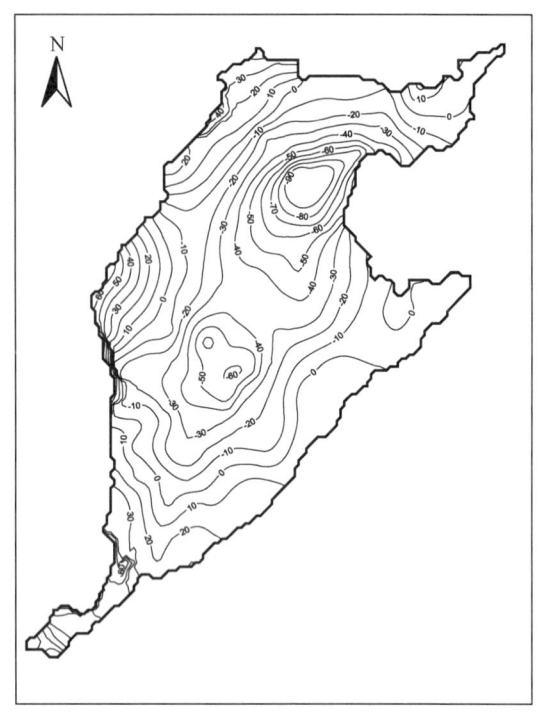

图 14-9 2020 年 S4 方案深层地下水位等值线（单位：m）

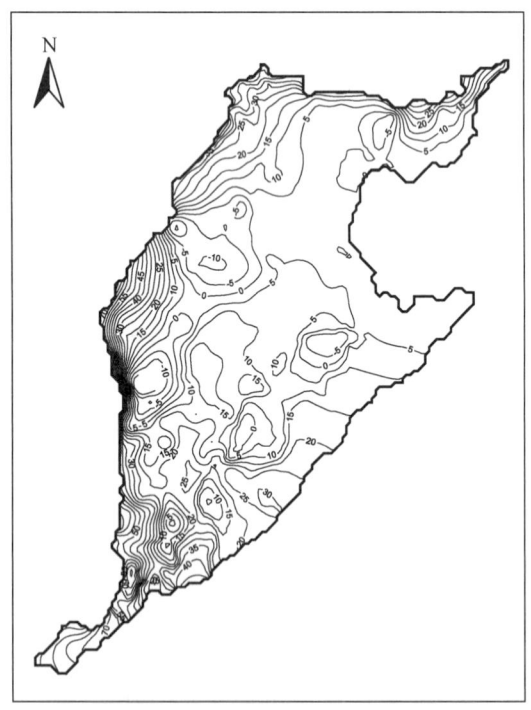

图 14-10 2020 年 S10 方案浅层地下水流场（单位：m）

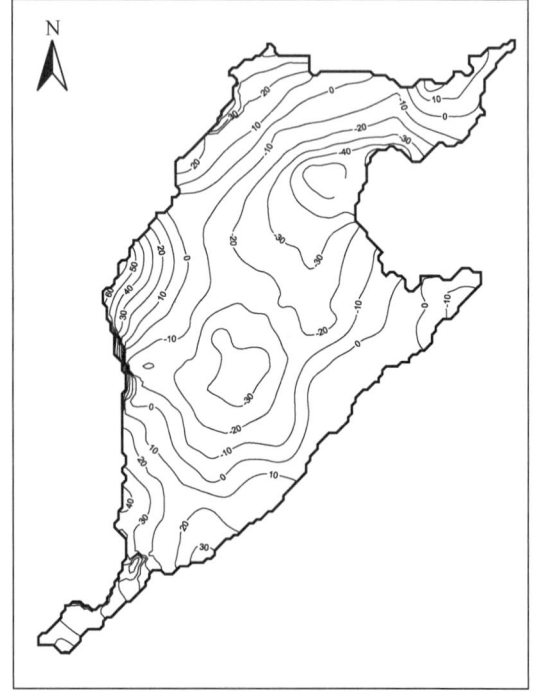

图 14-11 2020 年 S10 方案深层地下水流场（单位：m）

第 14 章 | 海河流域水循环及其伴生过程未来演变情景分析

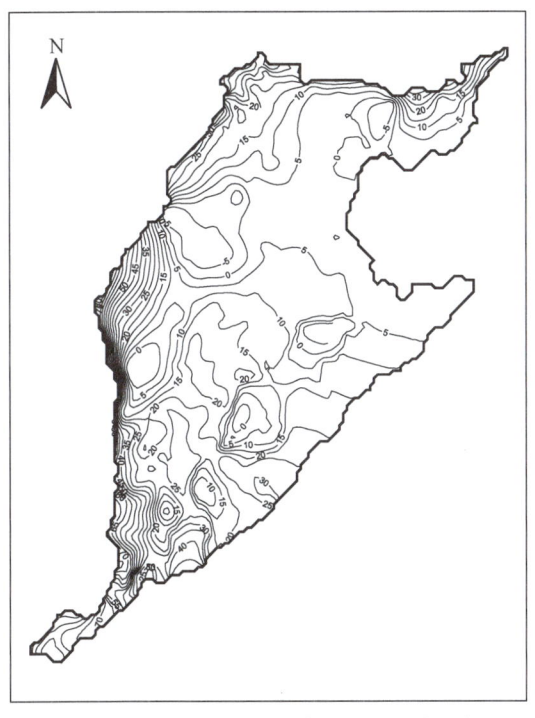

图 14-12　2020 年 S11 方案浅层地下水流场
（单位：m）

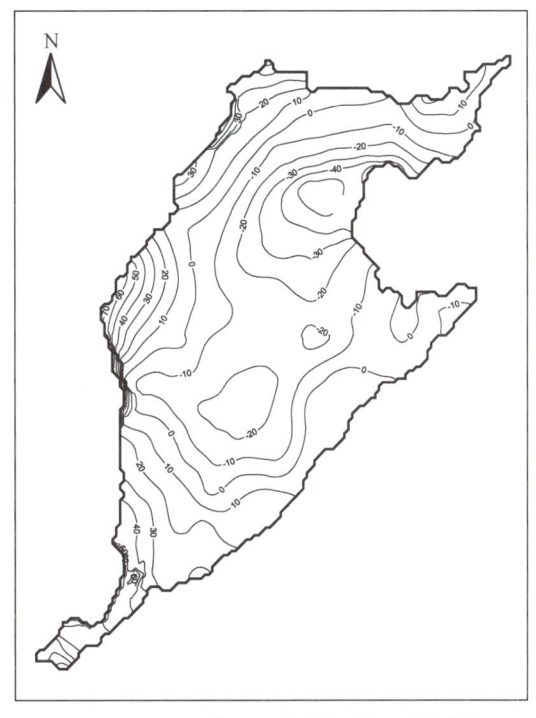

图 14-13　2020 年 S11 方案深层地下水流场
（单位：m）

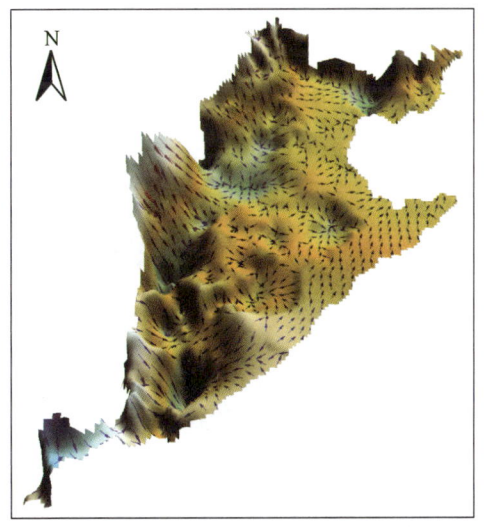

图 14-14　2020 年 S1 浅层地下水流向矢量图
（单位：m）

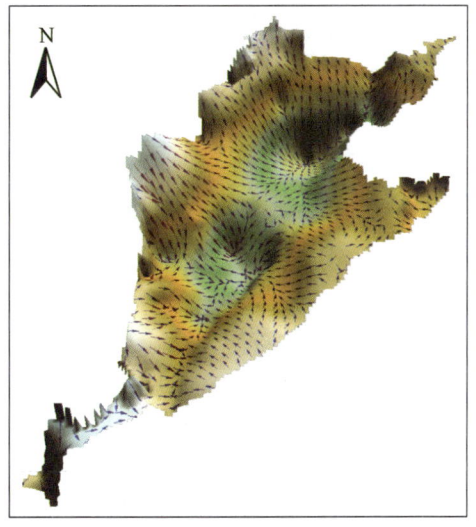

图 14-15　2020 年 S1 深层地下水流向矢量图
（单位：m）

| 303 |

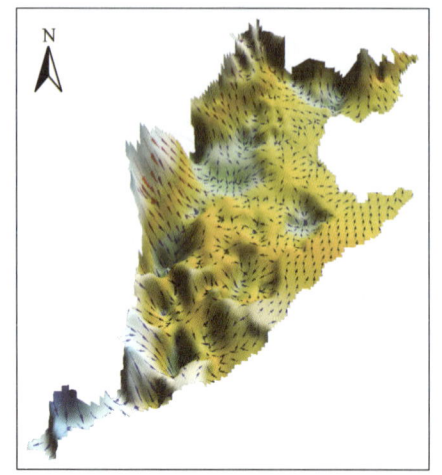
图 14-16　2020 年 S4 浅层地下水流向矢量图

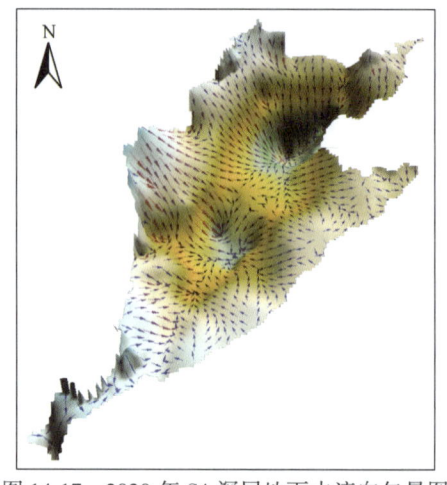
图 14-17　2020 年 S4 深层地下水流向矢量图

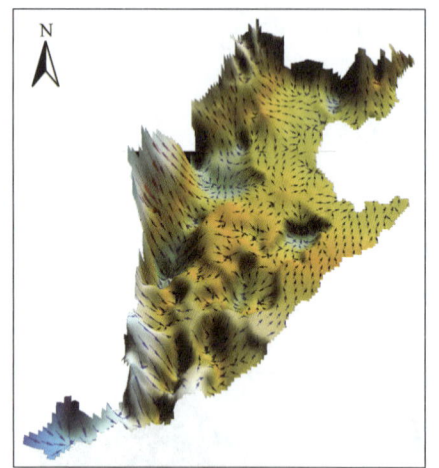
图 14-18　2020 年 S10 浅层地下水流向矢量图

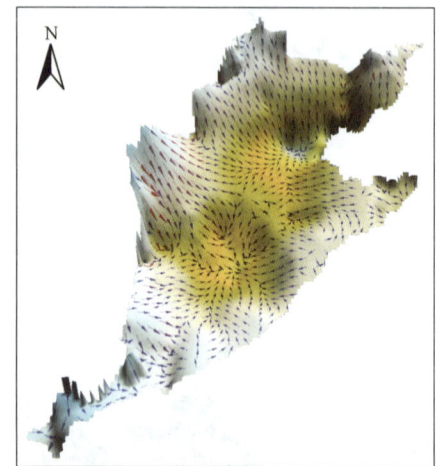
图 14-19　2020 年 S10 深层地下水流向矢量图

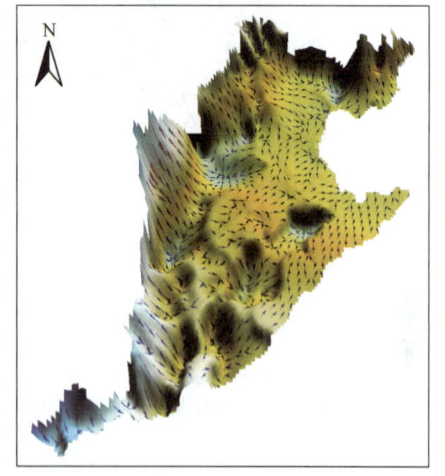
图 14-20　2020 年 S11 浅层地下水流向矢量图

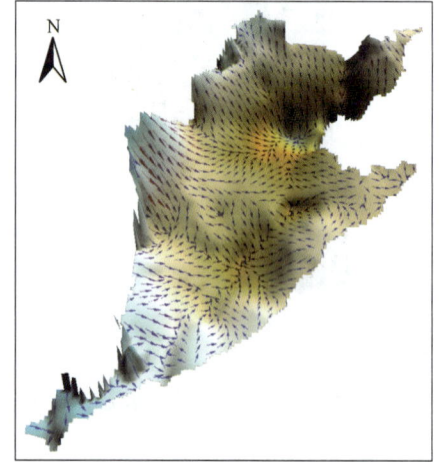
图 14-21　2020 年 S11 深层地下水流向矢量图

表 14-8 为不同情景方案下各地市地下水位变化情况统计表。表中的正值表示该地市的地下水位在模拟预估期间平均为上升状态，负值表示在模拟预估期间平均为下降状态。从表中可以看出，方案 S1 海河平原大部分地市的浅层和深层地下水位为持续下降状态，表明该方案下海河平原地下水状况将进一步恶化，全区浅层地下水年均下降 0.29m，深层地下水年均下降 0.43m。方案 S4 海河平原也是多个地市的浅、深层地下水水位呈下降趋势，但全区浅层、深层地下水位下降幅度比 S1 略小，浅层为 0.19m，深层为 0.32m。方案 S10 邢台、石家庄、安阳、鹤壁、德州、聊城几个地市浅层地下水下降，深层地下水有 11 个地市还会继续下降，其中邯郸、石家庄、安阳、焦作、东营的深层水降幅稍大，其他几个地市较小；全区浅层地下水每年平均下降 0.02m，深层平均上升 0.24m。方案 S11 安阳、鹤壁、焦作、德州、聊城这几个地市浅层地下水位仍将下降，深层地下水中有 8 个地市呈下降趋势，其中邯郸、安阳、焦作这几个地市下降幅度稍大，其他几个地市较小。全区浅、浅层地下水均呈上升趋势，其中浅层地下水年均上升幅度为 0.08m，深层地下水年均上升幅度为 0.48m。

表 14-8 2005～2020 年不同情景方案下各地市地下水位平均年变化统计　　（单位：m）

城市	S1 方案 浅层	S1 方案 深层	S4 方案 浅层	S4 方案 深层	S10 方案 浅层	S10 方案 深层	S11 方案 浅层	S11 方案 深层
北京	0.37	0.62	0.41	0.65	0.48	0.80	0.07	0.50
天津	-0.03	-0.12	-0.08	-0.51	0.05	1.16	0.05	1.21
邯郸	-1.17	-1.65	-0.81	-1.31	0.12	-0.60	0.30	-0.38
邢台	-0.54	-1.04	-0.32	-0.72	-0.22	-0.09	0.30	0.69
石家庄	-0.65	-1.01	-0.22	-0.58	-0.25	-0.54	0.09	-0.08
衡水	-0.17	-0.54	-0.10	-0.35	0.11	0.88	0.40	1.95
沧州	-0.15	0.21	-0.15	0.24	0.08	1.20	0.18	1.59
保定	-0.20	-0.62	-0.17	-0.51	0.00	-0.26	0.03	-0.18
廊坊	-0.07	-0.21	-0.06	-0.25	0.34	0.97	0.33	0.99
唐山	-0.15	-0.37	0.09	-0.12	0.17	0.11	0.19	0.11
秦皇岛	-0.08	0.01	-0.02	0.07	0.24	0.27	0.24	0.26
安阳	-1.59	-1.99	-0.32	-0.81	-0.70	-1.11	-0.25	-0.40
鹤壁	-1.11	-0.50	-0.72	-0.19	-0.73	-0.20	-0.62	-0.06
焦作	-2.93	-4.46	-1.20	-3.11	0.10	-1.52	-0.23	-1.00
濮阳	-0.79	-0.94	0.04	-0.38	0.39	-0.18	0.52	0.00
新乡	0.09	-0.45	0.10	-0.55	0.14	0.07	0.13	0.14
德州	-0.25	-0.07	-0.35	-0.17	-0.38	-0.04	-0.35	0.03
滨州	0.10	-0.07	0.10	-0.04	0.12	0.12	0.12	0.12
济南	0.07	0.09	0.06	0.09	0.06	0.09	0.11	0.21
聊城	-0.24	0.10	-0.60	-0.16	-0.54	-0.08	-0.51	-0.04
东营	0.02	-0.96	0.02	-0.33	0.02	-0.53	0.03	-0.05
全区	-0.29	-0.43	-0.19	-0.32	-0.02	0.24	0.08	0.48

通过几个情景方案的模拟对比，可知不同方案的地下水未来演变过程将有较大程度的

不同。在 S1 情景和 S4 情景下，海河流域平原区地下水无论是浅层和深层，其区域平均地下水位都将呈现不可持续利用的下降情况，而对于 S10 和 S11 情景，海河平原区的地下水位将有所恢复，其中 S11 情景恢复程度较好。S10 情景浅层水位基本维持不下降，但深层水位将有所回升。由此可见，在未来调控情景下，特别是南水北调的补偿作用下，海河流域深层地下水位将有明显程度的恢复。海河流域浅层地下水主要用水部门为农业，在情景方案的水量的置换作用下浅层水的开采量将有一定程度的减少，因此在 S10、S11 下浅层水位也将略有恢复。不过需要注意到地区之间发展不均，某些地区仍将出现地下水负均衡的情况。

14.2.3 气候变化下的水循环及水资源演变预估

从气候变化预估来看，未来海河流域降水增加、气温增加存在极大可能性。因此，在情景方案基础上考虑气候变化的预估，耦合气候模型和二元水循环模型，分析未来水资源的演变规律。

在模拟计算中，保持其他输入因子不变，采用 2020 年下垫面，而对未来不同气候情景和未来用水情景分别进行模拟，然后对比各情景结果与基础情景结果，即可获得定量评价未来流域水循环、水资源演变规律。用水方案采用推荐方案，2020 水平年的 S10 方案、S16 方案，2030 水平年的 S11 方案和 S17 方案，气候情景采用 SRES-A1B 模式。模拟系列为 2020~2045 年。

（1）水循环要素演变预估

从计算结果（表 14-9）来看，在海河流域未来降水量增加 10.4%，温度增加 10% 的情况下，实施水资源调控措施，将更有利于海河流域水资源条件的改善。

表 14-9　海河流域未来情景下的水量平衡表　　（单位：亿 m^3）

项目	2020 水平年		2030 水平年	
	S16	S10	S11	S17
降水量	1752.5	1752.5	1752.5	1752.5
引黄、引江水量	134.4	117.3	157.0	166.0
入海水量	79.0	91.3	104.2	88.2
ET 量	1821.2	1785.5	1794.2	1831.2
蓄变量	-13.3	-7.0	11.1	-0.1

从地下水控制来看，4 个方案地下水超采量分别为 13.3 亿 m^3、7.0 亿 m^3、略有回补（约 11.0 亿 m^3）和 0.1 亿 m^3。2020 年超采减少约 80%，2030 年基本实现零超采并有望回补地下水，与历史的气候条件相比，未来气候将有利于改善了海河流域地下水超采状况。

从入海水量控制来看，4 个方案入海水量分别为 79.0 亿 m^3、91.3 亿 m^3、104.2 亿 m^3 和 88.2 亿 m^3，整体呈增加的趋势，与历史的气候条件相比，将有利于河道水环境和渤海及其临近海岸带地区的生态环境的改善。

(2) 水资源演变预估

2020 水平年 S10 方案和 2030 水平年 S11 方案的总用水量呈逐渐增加的趋势，分别为 417 亿 m³、427 亿 m³。从供水结构上看，外调水量呈逐渐增加的趋势，分别为 117.3 亿 m³ 和 157.0 亿 m³；当地地表水供水量为 110.0 亿 m³ 和 110.4 亿 m³；地下水供水量呈逐渐减少的趋势，分别为 180.6 亿 m³ 和 150.9 亿 m³。从用水结构上看，农业用水有所减少，工业和生活用水增加。

2020 水平年 S16 方案和 2030 水平年的 S17 方案，考虑了经济社会发展和生态环境的用水需求，增加了总用水量，分别为 467 亿 m³、480 亿 m³。从供水结构上看，外调水量较前两个方案分别增加 22.6 亿 m³ 和 48.7 亿 m³，当地供水量分别增加 17.4 亿 m³ 和 4.3 亿 m³。由于考虑了当地农业的发展现状，农业用水量较前两个方案有所增加。

海河流域在不同气候情景下的水资源量变化见表 14-10。从 S11 方案与 S10 方案的比较结果来看，实施了地下水压采和水资源联合调控等措施，供水结构发生变化，外调水量增加，地下水开采量减少，缓解了当地地表水和地下水资源的压力，改善了海河流域的水资源条件。从用水结构上看，农业用水减少，通过节水技术农业用水效率提高，而随着经济社会的发展和人口的增加以及生活条件的改善，工业用水和生活用水增加。水资源调控措施的实施对海河流域的水循环和水资源也产生了一定的影响。受取水结构和用水结构变化的影响，地下水开采量的减少，改善了地下水的补排关系，抑制了地下水持续下降的势头，造成河川基流量增加，地下水与地表水的水量交换增强。地下水的补给和排泄方式有所改变，造成地下水资源量，不重复量减少。在地表水资源量和不重复量的共同作用下，狭义水资源量略有减少，广义水资源量变化不大。

表 14-10 海河流域不同气候情景下的水资源量变化 （单位：亿 m³）

情景		降水量	地表水资源量	地下水资源量 总量	地下水资源量 不重复量	狭义水资源量	广义水资源量
2020 水平年	S10	1752.5	157.7	205.4	147.4	305.1	1620.5
	S16	1752.5	152.7	231.4	153.4	306.1	1616.1
2030 水平年	S11	1752.5	166.1	201.9	133.4	299.5	1618.5
	S17	1752.5	160.6	235.3	142.7	303.2	1614.8

从 S16 方案与 S17 方案的比较结果看：考虑农业的发展需求，农业用水增加，总用水量增加。考虑环境和生态的协调发展，当地供水量减少，地下水开采量减少。由此造成的水资源量的变化是：地表水资源量增加，地下水资源量略有增加，不重复量减少，狭义水资源量和广义水资源量变化不大。

S16 方案、S17 方案与 S10 方案、S11 方案相比，从供水结构上看，适当加大了当地水资源的开发利用程度，增加了外调水水源；从用水结构上看，增加农业用水量。水资源量的变化主要是：地表水资源量减少，地下水资源量增加，不重复量增加，狭义水资源量和广义水资源量变化不大。

2020 水平年，S16 方案与 S10 方案比较，虽然入海水量减少了 12.3 亿 m³，地下水多超采 6.3 亿 m³，但满足了方案的设定目标，即能够起到缓解海河流域资源环境的作用，又能减少节水措施方面的压力，同时使得 GDP 增加了 788 亿元，S16 方案较 S10 方案增加了农业用水，粮食产量增加 9.1%，更为有效地保证海河流域作为全国重要的产量基地发挥作用。因此从资源、环境、经济、社会和生态的协调性发展来看，S16 方案较 S10 方案具有更好的可行性。

2020 水平年，S17 方案入海水量为 88.2 亿 m³，地下水达到采补平衡，基本满足方案设定目标。与 S11 方案比较，虽然对水资源系统的改善略弱，但保证了粮食安全，促进了当地社会、经济发展。因此从资源、环境、经济、社会和生态的协调性发展来看，S17 方案较 S11 方案具有更好的可行性。

从以上结果可以看出，未来水平年，降水量有可能呈增加的趋势，而温度则有可能呈减少的趋势。在水资源调控措施方面，增加水资源外调水，减少地下水开采量，将极大地改善当地的水资源条件。

14.3 海河流域水环境演变预估

14.3.1 未来水平年水环境承载能力预估

海河流域未来水平年水环境承载能力预估计算，充分吸收 GEF 海河流域水资源与水环境综合管理项目的专题"海河流域公共河流编码系统开发和编制"的海河流域河流编码成果，以水利部门通常采用的水功能区和环保部门通常采用的水环境功能区的整合后的功能区水质目标为约束，采用二元模型的水质模块进行现状及各未来水平年的总量控制分析计算。

海河流域水资源、水环境状况恶劣，需要水资源、水环境管理部门密切协作，联合管理流域水问题。但长期以来，由于部门分割、部门标准众多、空间数据不够规范、空间地理信息系统技术不够完善，流域内各水管理部门没有一套统一的数据信息处理平台，造成了部门间数据共享的最大障碍。因此，GEF 海河流域水资源与水环境综合管理项目开发了一套在各功能区划河段及其所属空间属性数据库之间起着"桥连"性质的基础数据平台——在空间上有其具体河段实体对应的河段公共编码体系，在公共编码的基础上，可满足不同部门的不同口径的管理需要，在此统一编码的基础上开展水资源水环境管理工作。

基于此编码系统下的河流功能区水质目标，我们利用二元模型进行了排污总量控制计算。由于坐标投影、地图来源不同，所以二元模型的计算单元与整合后的水功能区范围及分区状况略有不同，如图 14-22 所示。

二元模型将海河流域划分为 3067 个子流域，对应 3067 个模拟河段，而整合后功能区河段有 622 个，划分单元的个数和的空间尺度不同。将功能区河段与二元模型子流域叠加，且假设每一子流域只能属于某一个功能区，具有与该功能区相同的水质目标，可得到与功能区河段重叠的子流域水质目标。通过某一河段 P 编码的顺序码，找到已知河段的上游河段（或计算单元），认为上游所有河段的水质目标与该河段一致，可得到如图 14-23（a）

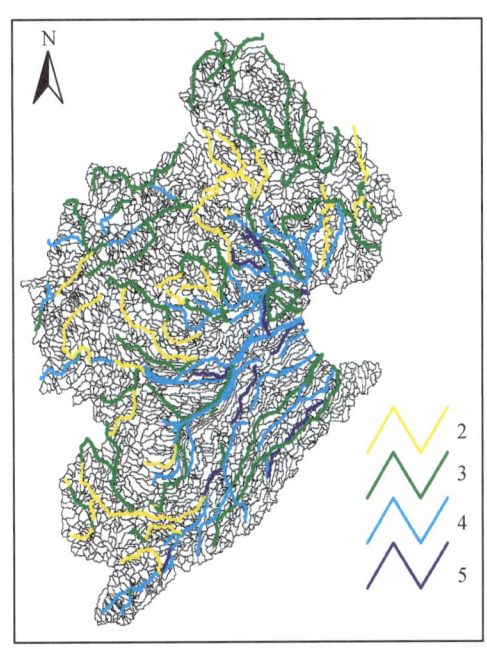

图 14-22　整合后的水功能区和水环境功能区及河流水质目标

注：图中数字代表子流域内河流的水质目标，如数字 2 代表 Ⅱ 类水质，下同。

为海河流域可追溯到的子流域水质目标，其中浅红色为没有涵盖到的子流域。若将没有涵盖到的子流域以 Ⅲ 类水为水质目标，如下图 14-23（b）为全流域 3067 个子流域的水质目标。

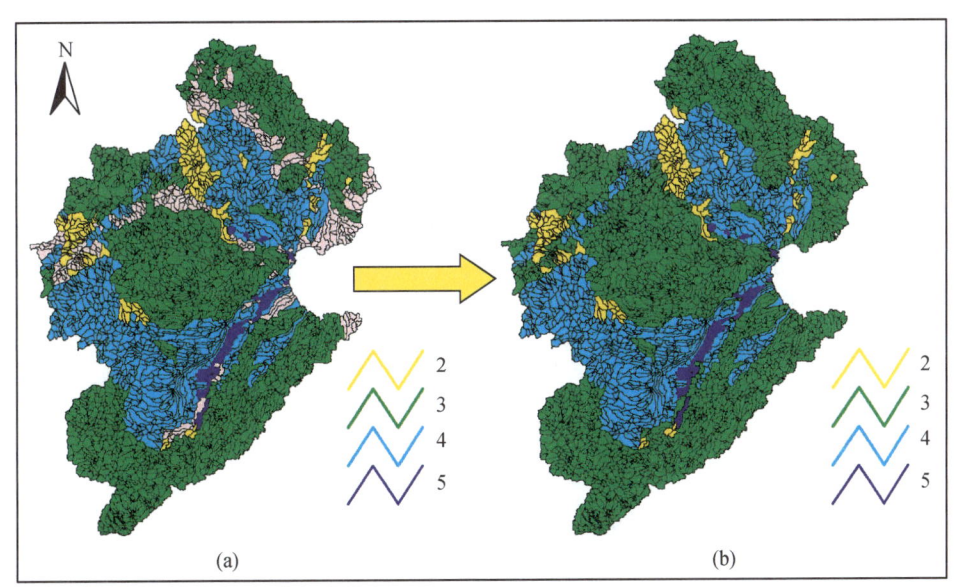

图 14-23　水功能区和水环境功能区整合后与 WEP-L 分布式模型计算单元的对应

从图 14-23 可以看出，大部分流域计算单元以 Ⅲ 类水为目标，有部分水源区以 Ⅱ 类水为目标,有部分污染严重且不属重点保护的区域以Ⅳ类或者Ⅴ类水为水质目标。按照海河流域 3067 计算单元水质目标为约束,进行 1980~2005 年逐月长系列演算:可推求各个子流域纳污能力;可计算不同设计流量条件下的纳污能力;可统计行政区、水资源分区不同口径的纳污能力;可分析不同污染排放条件下的水功能区达标率;可分析水功能区水质达标需要削减的污染负荷等功能。

水平年考虑现状、2010 年和 2020 年等三个水平年。水量条件主要包括以下三方面内容:①地下水利用:考虑现状地下水超采 80 亿 m^3,2010 年减少超采 1/3,以及 2020 年不超采等地下水利用情况。②入海水量:考虑 35 亿 m^3、55 亿 m^3 的入海水量,其中 35 亿 m^3 为 1980~2005 年多年平均值,55 亿 m^3 为 1980~2005 年多年平均地表水资源量 165 亿 m^3 的 1/3。③南水北调:考虑东线和中线工程,现状年不通水;2010 年按中线不通水和通水 50% 两种情况考虑,东线完全通水;2020 年按中、东线完全通水考虑。具体水量边界条件如表 14-11 和表 14-12 所示。

表 14-11 水量边界条件表

		2005 现状水平年	2010 水平年		2020 水平年
南水北调		无	无中线有东线	中线 50% 有东线	有中线有东线
地下水开采		超采 80 亿 m^3	超采减 1/3	超采减 1/3	无超采
入海水量	35 亿 m^3	S1	S2	—	—
	55 亿 m^3	—	—	S4	S6

表 14-12 方案水量控制列表 （单位：亿 m^3）

方案名称	规划水平年	地下水超采	入海水量	南水北调中线	南水北调东线
S1	现状 2005	80	35	0	0
S2	2010	53	35	0	3.65
S4	2010	53	55	56.4×50%	3.65
S6	2020	0	55	58.7	14.2

按照整合后的功能区水质目标和水量条件,对海河流域现状和未来各水平年的纳污能力进行了计算,水资源二级区及分省的纳污能力计算结果见表 14-13。

表 14-13 海河流域水体纳污能力（二级区及分省统计） （单位：万 t/a）

二级区/省市名称	2010 水平年		2020 水平年		2030 水平年	
	COD	NH_3-N	COD	NH_3-N	COD	NH_3-N
滦河及冀东沿海	2.51	0.12	2.53	0.13	2.54	0.13
海河北系	8.74	0.40	9.44	0.42	10.12	0.45
海河南系	13.93	0.68	15.47	0.76	16.62	0.81
徒骇马颊河	4.65	0.24	4.84	0.25	5.02	0.26
流域合计	29.83	1.44	32.28	1.56	34.30	1.66

续表

二级区/省市名称	2010 水平年		2020 水平年		2030 水平年	
	COD	NH_3-N	COD	NH_3-N	COD	NH_3-N
北京	6.41	0.29	6.89	0.29	7.37	0.32
天津	3.18	0.16	3.45	0.17	3.69	0.17
河北	9.40	0.47	10.54	0.52	11.22	0.56
山西	1.76	0.09	2.00	0.10	2.28	0.11
河南	4.91	0.23	5.09	0.24	5.30	0.25
山东	4.11	0.22	4.25	0.22	4.37	0.23
内蒙古	0.06	0.00	0.06	0.00	0.06	0.00

从表14-13可以看出，2010年海河流域COD的纳污能力为29.83万t/a，到2020年，由于南水北调水量的增加，纳污能力增加至32.28万t/a，2030年随着调水工程规模的进一步加大，纳污能力增加至34.3万t/a。相应的NH_3-N纳污能力分别为1.44万t/a、1.56万t/a和1.65万t/a，各水平年也呈增加趋势。

14.3.2 未来水平年水污染控制方案下水环境分析

海河流域是我国水污染最严重的流域之一，也是水资源开发利用程度最高的流域，"有河皆干，有水皆污"是海河流域水资源水环境质量状况的真实写照。国家已先后制定了海河流域水污染防治"九五"、"十五"计划以控制水污染，改善水环境。随着工业企业污染治理工作的不断普及深入，以及城镇污水处理厂的全面建设，海河流域COD排放量大幅度下降，2005年COD排放量比1995年减少了50.4%。然而，海河流域水环境质量10年来并无明显变化，劣于V类的水体比例一直高于50%。

（1）水污染控制条件下污染物排放量分析

污染控制方案包括现状污染排放（E1）、近期控制（E2）即现状基础上污染物定额削减10%、中期控制（E3）即现状基础上污染物定额削减20%等三种情形。根据二元模型的模拟结果，水量条件与污染控制方案组合，生成5个水质模拟方案，模拟各个主要市界以及省界的断面水质状况。方案列表见表14-14。

表14-14 水量水质综合控制方案

项目	2005 水平年	2010 水平年		2020 水平年
	S1	S2	S4	S6
E1：现状排污	S1E1	—	—	—
E2：削减10%	S1E2	S2E2	S4E2	—
E3：削减20%	—	—	—	S6E3

按照设定的情景，社会经济指标考虑人口、GDP、畜禽养殖规模、农药化肥施用等，非点源污染估算的水量边界条件采用 1980～2005 年系列，分别进行了 5 个水质情景方案模拟调算。入海水量及全流域的入海冲击负荷见表 14-15。

表 14-15　海河流域入海水量以及入河入海负荷

方案设置		入海水量/亿 m³	产生量/万 t	入河量/万 t	入河系数	入海量/万 t	入海系数
COD	S1E1	57.6	801.7	183.3	0.229	47.6	0.260
	S1E2	57.6	801.7	168.0	0.229	43.9	0.262
	S2E2	64.6	812.8	175.7	0.236	51.9	0.296
	S4E2	72.5	812.8	193.6	0.260	60.9	0.315
	S6E3	92.3	831.1	229.2	0.332	83.0	0.362
NH$_3$-N	S1E1	57.6	83.6	20.4	0.244	6.7	0.328
	S1E2	57.6	83.6	18.6	0.222	6.2	0.333
	S2E2	64.6	84.7	19.5	0.230	7.5	0.385
	S4E2	72.5	84.7	21.3	0.251	9.0	0.425
	S6E3	92.3	86.6	25.6	0.296	12.6	0.493

从表 14-15 可以看出，现状条件 S1E1 入海水量 57.6 亿 m³，COD 入河污染负荷 183.3 万 t，入海负荷 COD 为 47.6 万 t；对于近期的污染控制方案 S1E2，点源污染削减 10% 后，入河污染负荷减少为 168.0 万 t，而入海污染负荷减少到 43.9 万 t，减少 7.8%；NH$_3$-N 现状条件 S1E1 入河负荷为 20.4 万 t，入海负荷 6.7 万 t，近期污染控制削减 10% 后，NH$_3$-N 入海负荷减少为 6.2 万 t，减少入海负荷 7.5%。

2010 水平年海河流域在不考虑南水北调情况 S2E2 情况下，入海水量 64.6 亿 m³，COD 入海负荷为 51.9 万 t，NH$_3$-N 入海负荷为 7.5 万 t；考虑南水北调情况 S4E2，入海水量增加到 72.5 亿 m³，相应入海 COD 和 NH$_3$-N 负荷都有所增加。

2020 水平年情况 S6E3，入海水量 92.3 亿 m³，相对于 2010 水平年，由于水污染控制和 ET 控制，由于入海水量增加，COD 和 NH$_3$-N 的入海负荷都将较为明显的增加。

（2）水污染控制条件下省界断面水质状况分析

海河流域水资源保护局为日常管理编制《海河流域省界水体水环境质量状况通报》，采用的海河流域 54 个主要省界水体监测断面为重点控制断面。按照上述断面，计算了现状年 S1 方案，2010 年南水北调中线不通水条件下的 S2 方案、2010 年南水北调中线工程通水条件下的 S4 方案，2020 水平年的 S6 海河流域水量及 COD 水质状况表。如表 14-16 所示。

表 14-16 海河流域主要省市界断面水量水质

序号	断面名称	水量状况/万 m³				水质状况（COD 浓度）/（mg/L）			
		S1	S2	S4	S6	S1	S2	S4	S6
1	郭家屯	37 940	38 065	38 026	39 385	7	7	7	6
2	乌龙矶	104 805	99 412	93 148	92 002	24	19	22	12
3	洒河桥	118 571	113 177	106 908	105 986	19	16	15	11
4	大黑汀水库	110 159	104 053	95 747	95 010	35	18	23	18
5	黎河桥	588	609	597	635	8	9	9	8
6	沙河桥	21 752	22 351	22 022	22 568	32	21	22	19
7	龙门口	1 093	1 113	1 105	1 169	9	10	10	9
8	辛撞闸	16 948	18 967	19 555	23 399	94	52	53	21
9	东丰台闸	5 074	8 937	7 750	5 813	55	65	72	15
10	下堡	429	434	431	435	10	10	10	10
11	古北口	23 871	24 290	24 060	24 531	15	12	12	11
12	赶水坝	5 984	6 580	6 563	7 551	237	130	124	39
13	低水闸	19 091	25 021	48 000	47 619	227	197	200	92
14	土门楼	177	203	195	131	1	1	1	1
15	大沙河	3 779	4 015	4 905	6 003	390	314	346	149
16	双村	11 423	12 466	13 029	13 787	91	46	59	45
17	友谊水库	1 358	622	549	939	127	40	34	24
18	水闸屯	85	89	88	93	6	6	6	6
19	堡子湾	2 329	2 322	2 325	2 263	231	163	166	60
20	册田水库	23 986	28 765	29 120	34 196	92	62	59	31
21	壶流河水库	3 378	3 330	3 235	3 556	84	116	128	45
22	八号桥	65 627	72 821	71 692	82 148	83	58	63	22
23	固安	66 093	74 829	72 905	82 294	117	86	91	37
24	东周大桥	66 110	75 829	73 592	82 719	117	74	82	36
25	张坊	17 709	18 064	17 941	18 383	93	87	89	50
26	码头（东）	3 647	4 061	4 168	4 152	197	140	124	49
27	码头（西）	299	303	296	461	114	56	65	14
28	水堡	8 989	9 026	9 011	9 069	16	11	11	8
29	台头	65 199	67 979	74 821	121 613	192	110	98	21
30	倒马关	16 188	16 241	16 221	16 314	15	11	11	7
31	小觉	38 053	39 829	39 800	41 124	10	10	10	10
32	地都	3 989	4 034	4 038	3 652	22	20	20	24
33	王口	398	617	699	1 137	326	174	128	23

续表

序号	断面名称	水量状况/万 m³				水质状况（COD 浓度）/（mg/L）			
		S1	S2	S4	S6	S1	S2	S4	S6
34	大庄子	0	0	0	0	0	0	0	0
35	窦庄子南	282	411	575	945	66	32	27	8
36	窦庄子北	12 014	15 332	16 772	24 364	62	34	28	17
37	刘家庄	8 824	8 921	8 825	8 673	10	7	7	6
38	匡门口	12 270	13 151	12 919	11 694	33	14	16	14
39	天桥断	20 206	23 282	21 548	16 440	25	16	17	8
40	观台	4 028	17 955	14 329	1 250	13	13	13	2
41	龙王庙	77 530	78 583	92 990	11 8176	89	56	48	8
42	馆陶	7 511	21 719	17 993	4 585	41	21	27	15
43	先锋桥	89 226	104 876	115 620	128 246	94	60	54	9
44	白庄桥	90 218	106 277	117 088	129 954	108	67	59	10
45	四女寺	94 375	113 329	124 410	140 132	128	69	65	11
46	第三店	372	634	675	969	61	9	6	6
47	九宣闸	0	0	0	0	0	0	0	0
48	景庄桥	796	1 111	1 262	1 821	26	7	6	7
49	吴桥	95 481	114 951	126 136	142 604	125	68	63	12
50	王营盘	95 265	114 788	125 947	142 374	125	67	61	12
51	辛集闸	1 168	1 569	1 817	3 107	39	9	6	6
52	南乐	7 231	6 927	9 614	12 995	55	56	23	13
53	沙王庄	7 743	7 417	10 074	13 491	83	73	33	14
54	大清集	1 644	1 649	1 644	1 969	8	9	9	6

（3）水污染控制条件下水功能区达标状况分析

按照海河流域水功能区达标的规划，近期（2010 水平年）的阶段目标，主要饮用水源区和保护区水质 100% 达标；对于污染严重的水功能区，根据实际情况制定削减方案，逐步实现达标。中期（2020 水平年）目标，流域水功能区达标率达到 63%，跨省界断面水环境质量明显改善，水污染物排放总量得到有效控制，流域水环境监管及水污染预警和应急处置能力显著增强。远期（2030 水平年）目标，流域水污染得到全面控制，水功能区达标率 100% 以上，基本实现水环境的全面改善，污染负荷控制在水环境承载能力以下。

为了分析不同的污染物控制方案下的水功能区达标情况，分析了不同水平年水功能区达标情况，如表 14-17 所示。

表 14-17 削减现状污染排放 40%、50% 和 80% 条件下的海河流域水功能达标情况 （单位:%）

项目	现状 2005 年 S1	2010 水平年 不考虑南水北调 S2	2010 水平年 考虑南水北调 S4	2020 水平年 S6	2030 水平年 S11
削减 40%	17.4	17.5	17.6	18.8	19.2
削减 50%	20.5	22.3	22.5	23.6	25.5
削减 80%	37.6	39.8	40.9	44.7	45.4

从表 14-17 可以看出，污染物全流域削减 80% 时，仍然有部分超标严重的区域未能达标，所以对海河流域治理不同区域要有不同的针对性。对于污染严重的地区，需要加大污染控制力度。随着南水北调工程的实施，在不考虑外源污染负荷输入的情况下，水环境质量将会明显改善。该结果尚属初步分析，要得到准确可靠的结论，还需深入分析研究。

14.3.3 未来水平年水污染控制方案

根据二元模型的水循环模拟，可以得到未来水平年的设计水文条件，在此基础上可以计算水功能区纳污能力；同时计算水量调控下的废污水入河量，计算污染物入河量；水功能区纳污能力与污染物入河量相比较，计算污染物削减量。技术路线如图 14-24 所示。

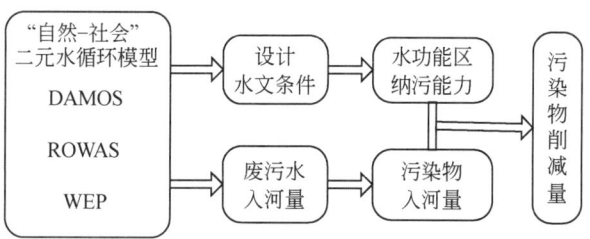

图 14-24 基于二元模型的水污染控制方案分析流程

二元模型模拟海河流域点源、非点源污染及污染物在河道中的迁移转化。模型模拟结果显示人类活动较少的山区，污染排放量较少，而平原区由于大量的工农业活动，污染物排放量较多，水质状况不容乐观。由于海河流域污染严重，多数河段严重超标好几倍，目前采取的措施很难达到水功能区标准。图 14-25 为海河流域未来不同水平年水功能区达标需要削减的污染负荷。

从图 14-25 可以看出，海河南系特别是漳卫南流域，海河北系污染削减任务最重，徒骇马颊河次之，滦河水环境状况最好。从分省上看，河北省和山东省污染削减任务最重。可通过三方面行动实现污染物总量控制和削减目标：一是通过水污染治理，提高污水处理率、处理效率和达标率，减少污染物排放；二是调整产业结构，对高污染、高耗水产业严格控制；三是强化管理，理顺体制，建立监管机制。

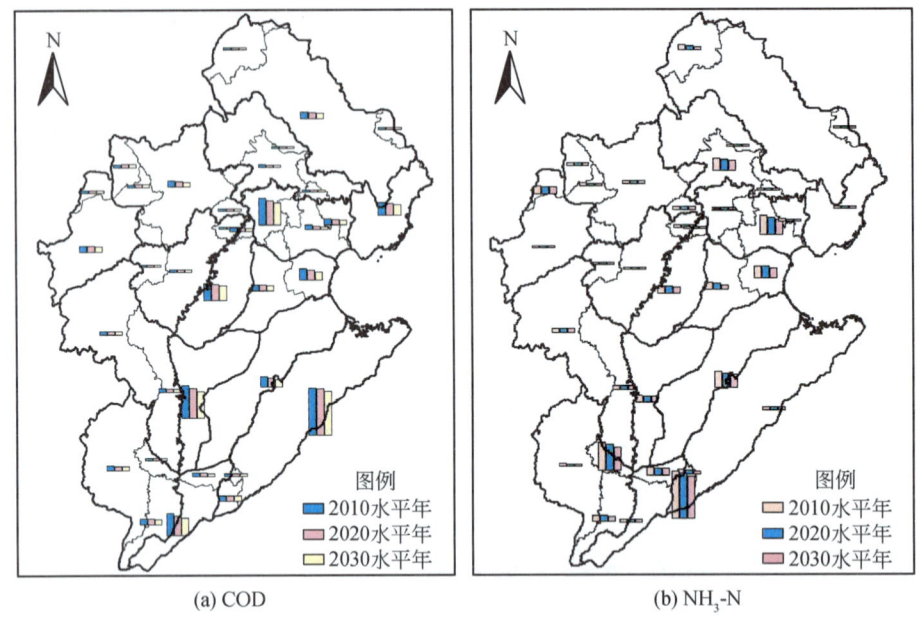

图 14-25 海河流域水功能区达标需要削减的污染负荷

14.4 海河流域生态演变预估

14.4.1 作物生长演变预估

在海河流域多模式平均数据集的基础上，提取出 2021～2050 年的降水和气温分别相对于 1961～1990 年降水和气温的增减比例和增减度数，利用第 4 章的空间插值方法将其展布到海河流域 3067 个子流域上。参照前文所述方法，利用分布式作物生长模型分别对 SRES-A1B、SRES-A2 和 SRES-B1 未来三个情景下的海河流域粮食产量进行了模拟，从子流域、地级市和全流域三个不同的尺度分别分析了气候的变化情况和粮食产量相对历史情况的变化情况。

(1) 未来 30 年气候变化对粮食产量空间分布的影响分析

在子流域尺度上，2021～2050 年 SRES-A1B、SRES-A2 和 SRES-B1 三个情景下冬小麦全生育期（10 月～次年 6 月）多年平均温度相对于 1961～1990 年的增减度数如图 14-26、图 14-28、图 14-30（a）所示。由图可知，三种模式下多年平均温度都是增加的，并且随着纬度的增加，温度的增加值越来越大。温度增加的最大值都出现在流域的东北角，温度增加的最小值都出现在流域的西南部。其中，SRES-A1B 模式温度增加的变化范围是 1.62～1.85℃，SRES-A2 模式温度增加的变化范围是 1.44～1.75℃，RES-B1 模式温度增加的变化范围是 1.23～1.46℃。

2021～2050 年 SRES-A1B、SRES-A2 和 SRES-B1 三个情景下冬小麦全生育期（10 月～次年 6 月）多年平均降水相对于 1961～1990 年的增减比例如图 14-26、图 14-28、图 14-30（b）

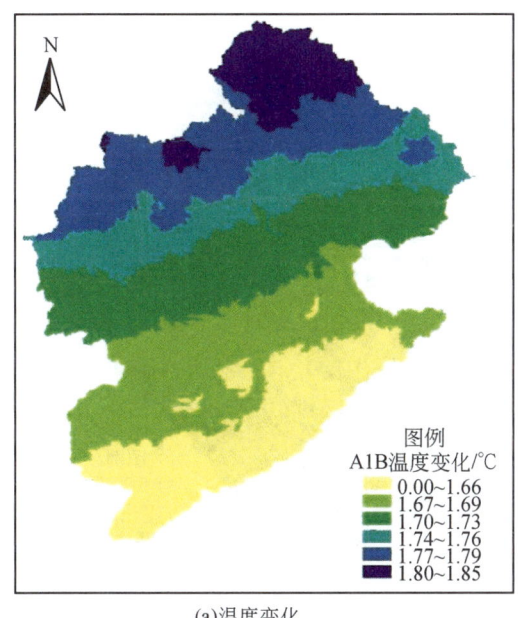
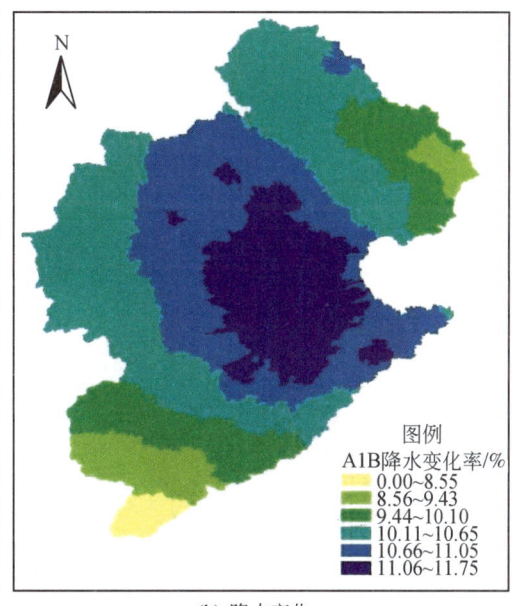

(a) 温度变化　　　　　　　　　　　　(b) 降水变化

图 14-26　A1B 模式海河流域多年平均温度和降水变化分布

所示。由图可知，三种模式下多年平均降水都是增加的，其变化率呈同心圆状，最大值都出现在流域的中心地区，随着半径的增加，增加比例逐渐变小。SRES-A1B 模式降水增加比例的变化范围是 7.8% ~ 11.75%，最大值出现在东经115°~117°，北纬37°~40°；SRES-A2 模式降水增加比例的变化范围是 9.0%~14.1%，最大值区域出现在东经114°~118°，北纬37°~39°；SRES-B1 模式降水增加比例的变化范围是 10.4%~12.99%，最大值区域出现在东经114°~118°，北纬37°~40°。

对比历史方案1961~1990年多年平均冬小麦单产分布图［图14-27(a)、图14-29(a)、图14-31(a)］和 SRES-A1B、SRES-A2 和 SRES-B1 情景 2021~2050 年相对于1961~1990年多年平均冬小麦单产的变化率分布图［图14-27(b)、图14-29(b)、图14-31(b)］可知，流域中黄河灌区、石津灌区等原本单产就很高的地区，产量变化率都比较小，在20%以内；而原本单产就低于3000kg/hm² 的西北和北部地区，产量变化率有明显的升高，但是西北的五台山等海拔较高的地区单产仍有10%左右的下降；另外一些单产在5000kg/hm² 左右的地区，气温和降水发生变化后产量都有10%左右的下降。

之所以出现上述现象，与区域原本的气候条件和水资源量以及气温和降水的变化量都有很大关系。原本单产最低的地区，主要是因为温度低，所以气温升高后，该地区的单产会有明显的升高；原本单产适中的地区，其温度和降水刚刚适合冬小麦的生长，但是温度升高后就破坏了原来的适宜环境，因此该区域的产量反而会降低；原本产量最高的地区，温度和降水非常适合冬小麦的生长，其单产已经接近潜在单产，因此气候条件改善后，该区域产量的增加也不会太大。比如流域的西南角上温度和降水的变化都是最少的，所以其产量变化幅度也比较小，在20%以内；滦河山区北部原本温度偏低，不适宜冬小麦的生长，但是平均温度升高1.8℃左右以后，冬小麦单产就有了明显的增幅。

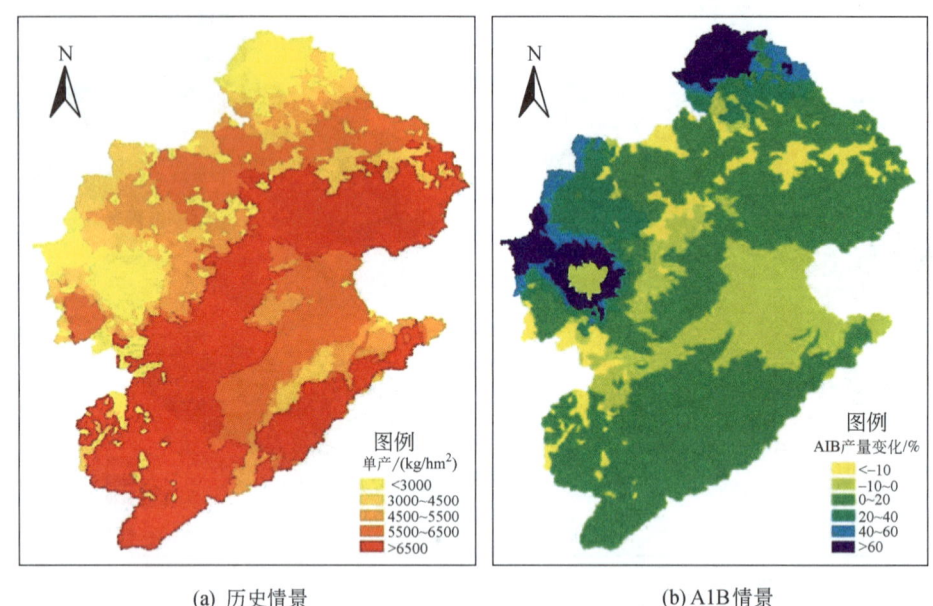

图 14-27 海河流域多年平均历史单产分布和 A1B 情景单产变化率分布

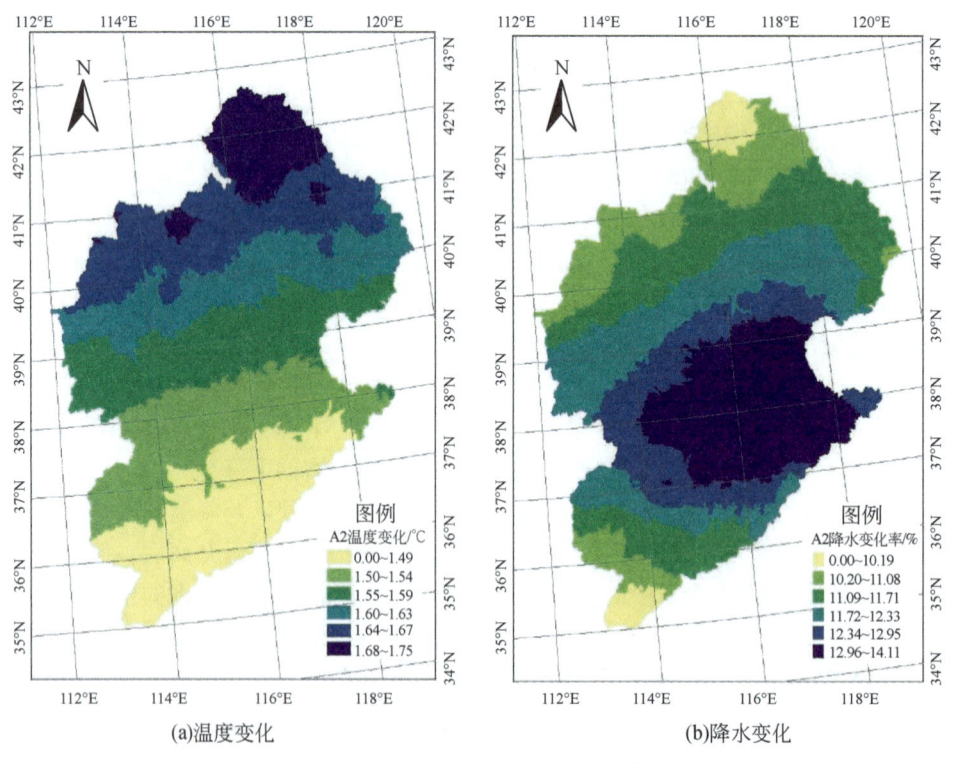

图 14-28 A2 模式海河流域多年平均温度和降水变化分布

| 第 14 章 | 海河流域水循环及其伴生过程未来演变情景分析

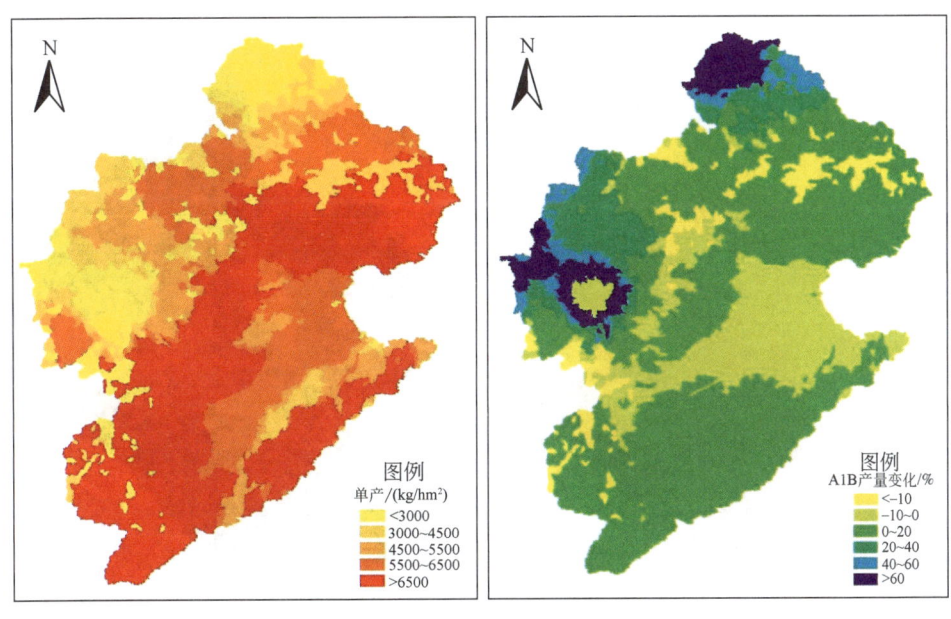

(a) 历史情景　　　　　　　　　　　　　(b) A2情景

图 14-29　海河流域多年平均历史单产分布和 A2 情景单产变化率分布

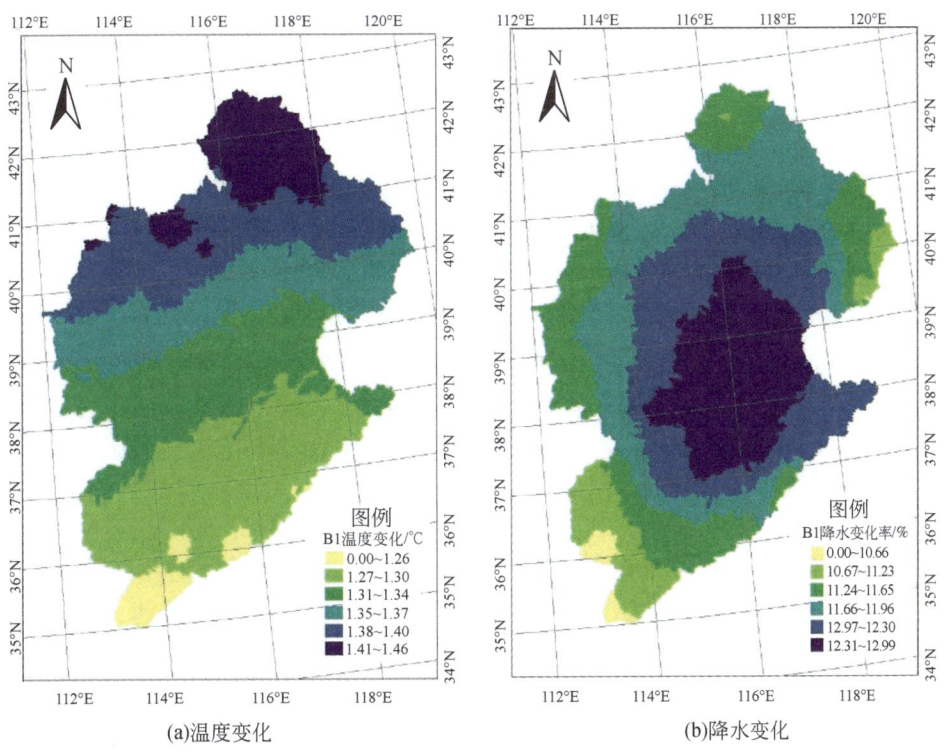

(a)温度变化　　　　　　　　　　　　　(b)降水变化

图 14-30　B1 模式海河流域多年平均温度和降水变化分布

| 319 |

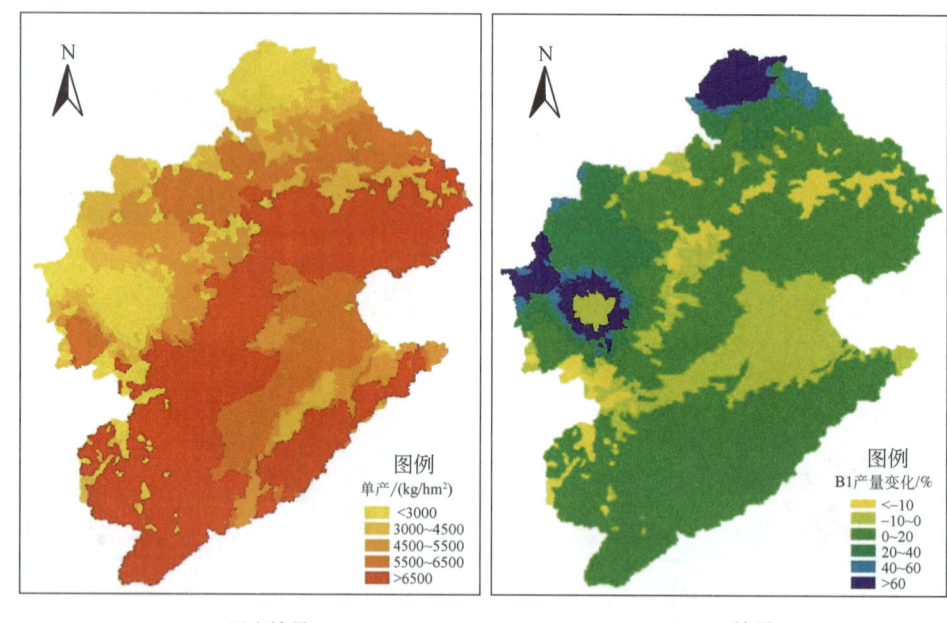

(a) 历史情景　　　　　　　　　　　　　　(b) B1 情景

图 14-31　海河流域多年平均历史单产分布和 B1 情景单产变化率分布

（2）未来 30 年气候变化对各地级市粮食产量的影响分析

在地级市尺度上，2021~2050 年 SRES-A1B、SRES-A2 和 SRES-B1 三个情景下，海河流域各地级市多年平均降水相对于 1961~1990 年的增减比例如表 14-18 所示：A1B 模式降水增幅最大的为沧州市的 11.26%，增幅最小的为焦作市的 8.02%；A2 模式降水增幅最大的为衡水市的 13.48%，增幅最小的为焦作市的 9.52%；B1 模式降水增幅最大的为衡水市的 12.55%，增幅最小的为焦作市的 10.58%。

2021~2050 年 SRES-A1B、SRES-A2 和 SRES-B1 三个情景下，海河流域各地级市多年平均温度相对于 1961~1990 年，温度升高的最高度数和最低度数都分别在锡林郭勒盟和新乡市。其中，A1B 模式温度升高的最高度数和最低度数分别为 1.82℃和 1.64℃；A2 模式温度升高的最高度数和最低度数分别为 1.72℃和 1.46℃；B1 模式温度升高的最高度数和最低度数分别为 1.44℃和 1.24℃。

2021~2050 年 SRES-A1B、SRES-A2 和 SRES-B1 三个情景下，海河流域各地级市多年平均粮食产量相对于 1961~1990 多年平均粮食产量，冬小麦单产都有不同幅度的增加或减少。其中单产增幅比较大的是锡林郭勒盟和朔州，达到 70% 左右；天津、沧州、廊坊的冬小麦都减产了，减幅为 3%~5%。

由表 14-18 可知：①对于温度增加最多的锡林郭勒盟，三种情景下其单产都是增加的，并且随着 A1B、A2、B1 三种模式温度增加值的减少，冬小麦单产的增加比例也是减少的。由此可见：对于原本温度比较低的地区，在一定范围内，温度是决定其冬小麦生长的关键因素。②对于温度增加处于平均水平的天津和东营市，A1B 情景下天津的单产降低

4%，A2、B1 情景下东营市的单产分别增加 3%、4%。天津的温度增加了 1.7℃，但是其降水只增加了 10.92%，所以，对于原本就适宜冬小麦生长的天津，降水的增加抵消不了温度增加的副作用，使得单产降低；而 A2、B1 情景下的温度增加只有 1.48℃ 和 1.32℃，而降水增加了 12% 左右，所以降水的正面影响起主要作用，使单产增加。③对于 A1B 情景下降水增加比例最大的沧州，其单产降低了 5%，对于 A2、B1 情景下降水增加比例最大的衡水，其单产也只有 1% 和 2% 的增加，这与这两个地区的地下水严重超采、土壤盐碱化有着密切的关系。

表 14-18　海河流域各地级市多年平均极值气候变化值与对应冬小麦产量变化率

情景	项目	温度极值			降水极值		
		最大值	最小值	平均值	最大值	最小值	平均值
A1B	地市	锡林郭勒盟	新乡市	天津市	沧州市	焦作市	聊城市
	温度变化/℃	1.82	1.64	1.70	1.68	1.65	1.65
	降水变率/%	10.48	8.20	10.92	11.26	8.02	10.19
	单产变率/%	86	8	−4	−5	10	12
A2	地市	锡林郭勒盟	新乡市	东营市	衡水市	焦作市	邯郸市
	温度变化/℃	1.72	1.46	1.48	1.51	1.47	1.54
	降水变率/%	9.68	9.89	11.98	13.48	9.52	12.89
	单产变率/%	75	7	4	1	8	3
B1	地市	锡林郭勒盟	新乡市	东营市	衡水市	焦作市	聊城市
	温度变化/℃	1.44	1.24	1.32	1.30	1.25	1.28
	降水变率/%	11.40	10.92	12.08	12.55	10.58	11.73
	单产变率/%	55	8	3	2	9	9

（3）未来 30 年气候变化对全流域粮食产量的影响分析

在全流域尺度上，2021~2050 年 SRES-A1B、SRES-A2 和 SRES-B1 三个情景下，海河流域年际降水和气温相对于 1961~1990 年多年平均的变化情况如图 14-32 和图 14-33 所示。

由图 14-32 可知，降水变化率主要在 10% 左右浮动，总体呈上升趋势。其中 A1B 模式年际降水的变化幅度最大，变化率的最小值为 2021 年的 −8.8%，变化率的最大值为 2033 年的 23.77%；A2 模式年际降水的变化幅度次之，变化率的最小值为 2021 年的 −8.8%，变化率的最大值为 2034 年的 26.77%；B1 模式年际降水的变化最为缓慢，变化率的最小值为 2035 年的 −1.05%，变化率的最大值为 2042 年的 26.46%。

由图 14-33 可知，三种模式下温度都呈增加趋势，并且增加的度数也呈上升趋势。其

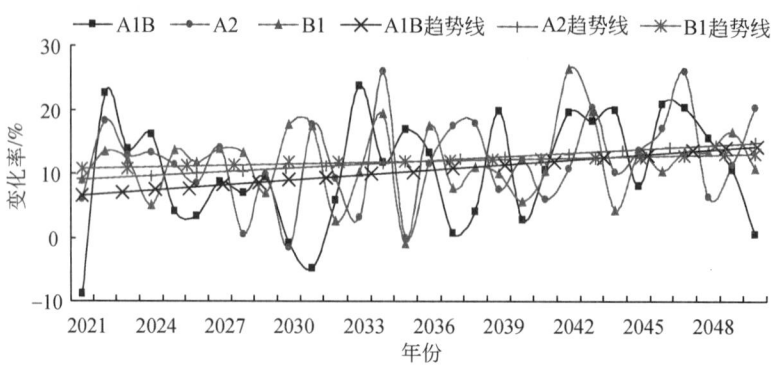

图 14-32 全流域逐年降水变化率及变化趋势

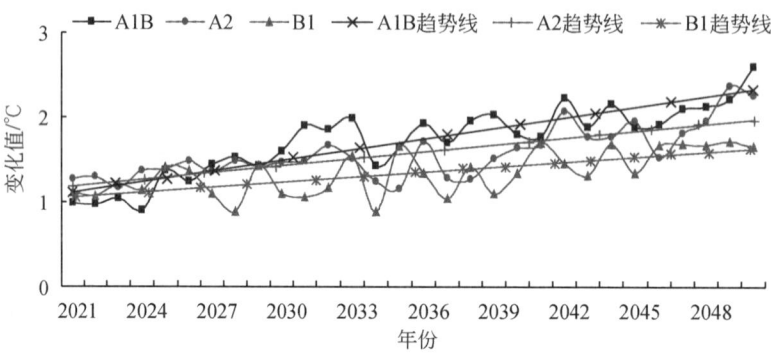

图 14-33 全流域逐年温度变化值及变化趋势

中 A1B 模式年际温度升高的幅度最大，温度升高的最小值为 2024 年的 0.91℃，温度升高的最大值为 2050 年的 2.60℃；A2 模式年际温度升高的幅度次之，温度升高的最小值为 2035 年的 1.15℃，温度升高的最大值为 2049 年的 2.38℃；B1 模式年际温度升高的幅度最为缓慢，温度升高的最小值为 2034 年的 0.88℃，温度升高的最大值为 2041 年的 1.71℃。

在流域尺度，2021～2050 年 SRES-A1B、SRES-A2 和 SRES-B1 三个情景下，海河流域冬小麦年际单产相对 1961～1990 全流域冬小麦年际单产的变化率如图 14-34 所示。SRES-A1B、SRES-A2 和 SRES-B1 三个情景下冬小麦单产相对于历史气候条件下的产量都有不同幅度的增加或减少，但增加的趋势一直在降低。A1B 情景分别在 2038 年和 2047 年取得最大值 27.71% 和最小值 -7.93%；A2 情景分别在 2024 年和 2047 年取得最大值 19.17% 和最小值 -6.82%；B1 情景分别在 2024 年和 2047 年取得最大值 26.35% 和最小值 -6.38%。

由图 14-35 可知，2021～2050 年 SRES-A1B、SRES-A2 和 SRES-B1 三个情景下，海河流域年际冬小麦生育期内的蒸腾相对于 1961～1990 全流域年际冬小麦蒸腾年值的变化率也是呈下降趋势，这可能也是导致粮食单产的变化率降低的主要原因。

将 2021～2050 年 SRES-A1B、SRES-A2 和 SRES-B1 三个情景下海河流域多年平均单产进行统计，得到了海河流域气候变化影响下的多年平均单产变化率如表 14-19 所示，由表可知，三个情景下海河流域多年平均单产分布为 5938.7kg/hm²、5932.2kg/hm² 和 5928.7kg/hm²，

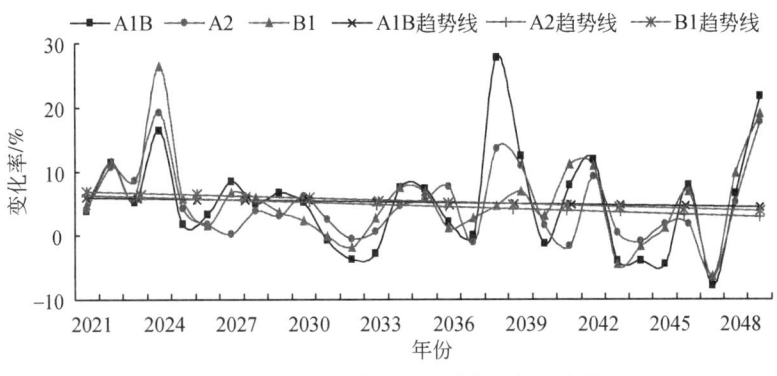

图 14-34　海河流域冬小麦单产的年际变化

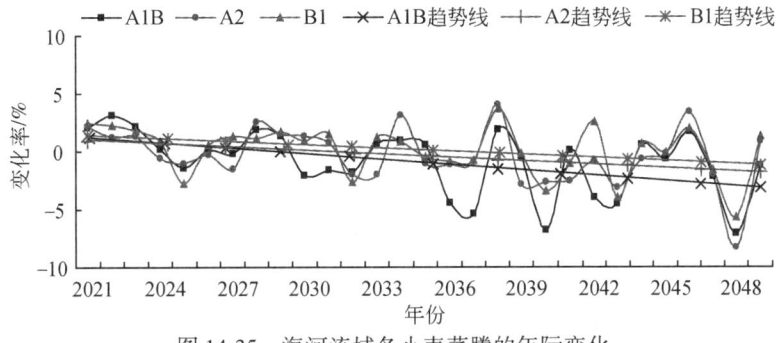

图 14-35　海河流域冬小麦蒸腾的年际变化

相对于海河流域历史多年平均单产 5546.1kg/hm² 分别增长了 7.08%、6.96% 和 6.90%。所以，海河流域在未来气候变化影响下平均单产将有 7% 左右的增长。

表 14-19　气候变化情景海河流域多年平均单产变化

内容	历史平均	SRES-A1B	SRES-A2	SRES-B1
多年平均单产/(kg/hm²)	5546.1	5938.7	5932.2	5928.7
变化率/%	—	7.08	6.96	6.90

14.4.2　自然生态演变预估

对未来植被生态过程的演变预估是根据未来气候变化和下垫面变化进行情景设置，利用 BIOME-BGC 模型进行预估仿真模拟，得到海河流域未来的植被生态演变趋势。

(1) 情景设置

预估模拟所采用的三个排放情景分别为 IPCC 于 2000 年提出的 SRES 排放情景中的 A1B、A2 和 B1 情景。下垫面情景分现状下垫面和规划的 2020 下垫面两种。综合考虑气候变化和下垫面变化，设定六个未来变化环境情景，如表 14-20 所示。

表14-20 未来变化环境情景设定

情景设定	情景1	情景2	情景3	情景4	情景5	情景6
气候条件	A1B	A1B	A2	A2	B1	B1
下垫面条件	现状	2020	现状	2020	现状	2020

（2）模型数据处理

气象数据在多模式平均数据集的基础上，提取出2021～2050年的降水和气温分别相对于1961～1990年降水和气温的增减比例和增减度数，利用统计降尺度和空间插值方法展布到海河流域3067个子流域上，其他气象要素采用1961～1990基准年设置。土地利用、土壤参数、植被生理等参数都按照历史1961～1990系列年代的数据。

（3）生态响应分析

将生态模型模拟未来环境变化情景的结果进行统计分析，得到六个情景多年平均NPP如表14-21所示，从表中结果可知，海河流域年NPP在六个情景下都有所增加，现状下垫面系列的情景1、情景3、情景5的NPP增加了1%～2%，2020下垫面系列情景2、情景4、情景6的NPP增加了5%～6%。六个情景下海河流域年平均NPP空间分布见图14-36。

表14-21 气候变化情景模拟各年平均NPP结果

内容	历史平均	情景1	情景2	情景3	情景4	情景5	情景6
多年平均NPP/[g C/(m²·a)]	132.18	134.98	142.15	133.42	140.52	134.32	141.61
变化率/%		1.82	6.49	0.81	5.43	1.39	6.14

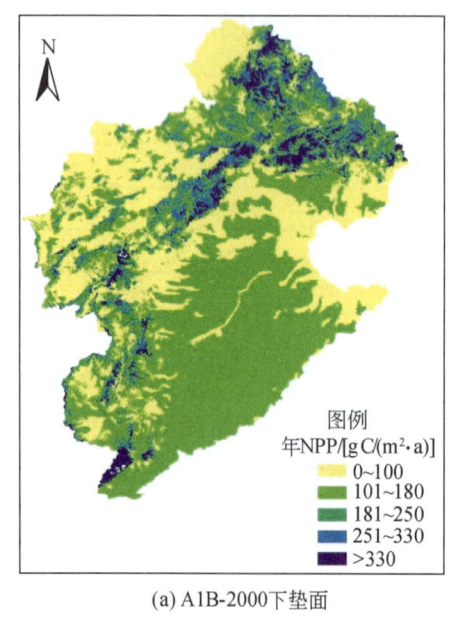

(a) A1B-2000下垫面

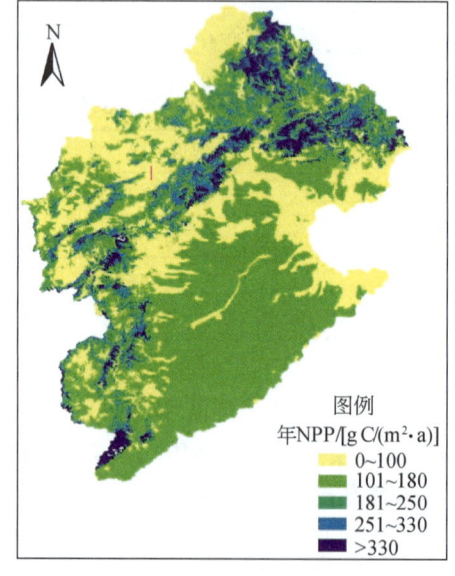

(b) A1B-2020下垫面

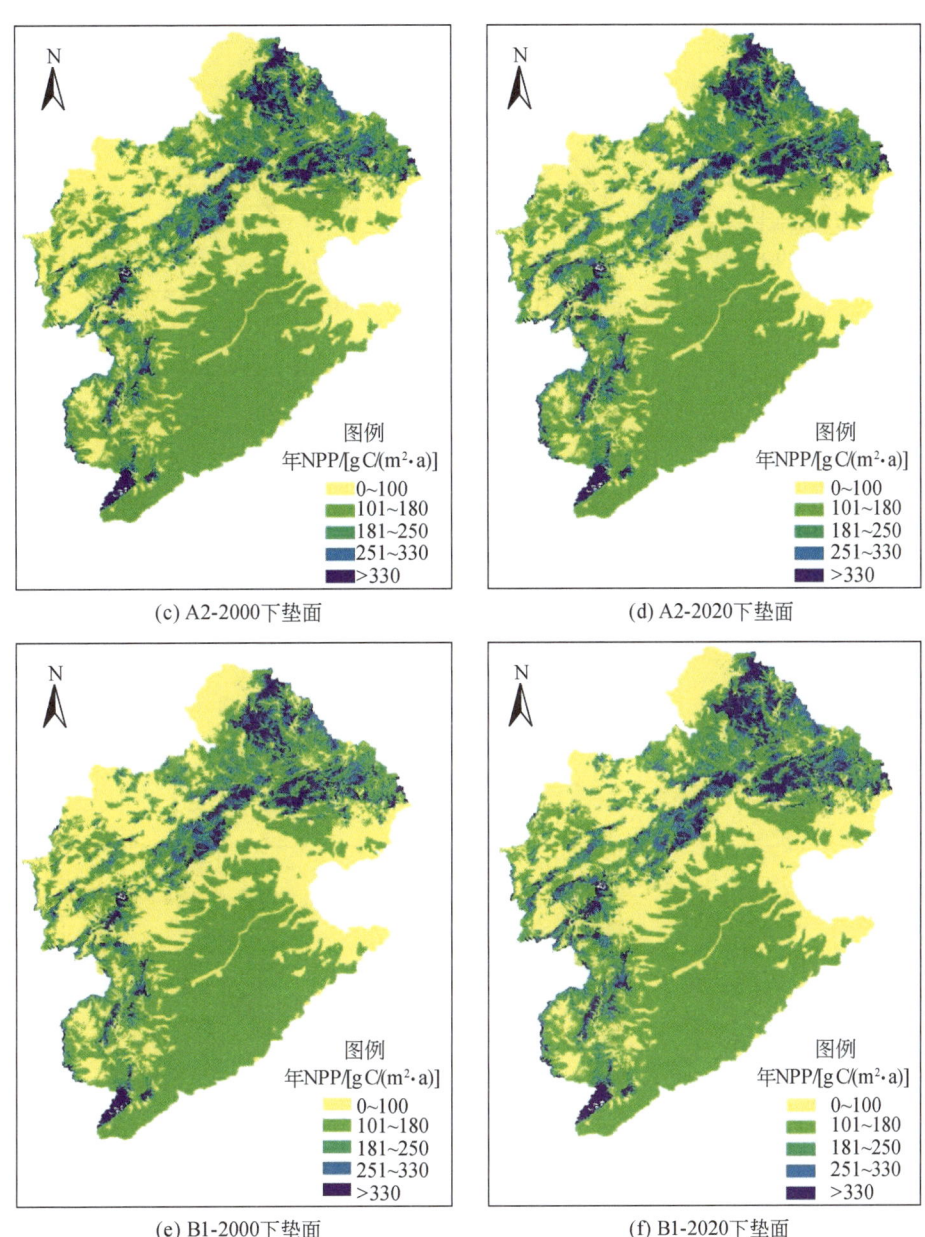

(c) A2-2000下垫面　　　　　　　　　(d) A2-2020下垫面

(e) B1-2000下垫面　　　　　　　　　(f) B1-2020下垫面

图 14-36　海河流域气候变化情景模拟年 NPP 分布

从海河流域年 NPP 分布图可以看出，各情景下的 NPP 分布都比历史平均有所增加，2020 下垫面系列的三个情景增加最多，六个情景下 NPP 的分布仍反映了东南部大于西北部的趋势。

海河流域 NPP 变化趋势变化见图 14-37，六个情景海河流域 NPP 变化趋势基本一致，2020 下垫面三个情景的 NPP 大于现状下垫面的三个情景。

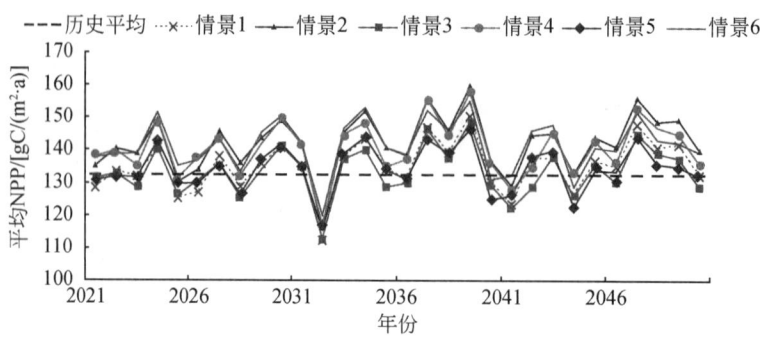

图 14-37 海河流域气候变化情景模拟年 NPP 变化趋势

第 15 章　海河流域水资源管理战略讨论

15.1　概　　述

前两章应用二元水循环模型对海河流域水循环与水资源历史演变进行了分析，对未来可能的演变情景进行了预估。从分析结果来看，在气候变化和人类活动双重影响下，海河流域水循环与水资源情势发生了深刻变化，采取综合措施逐步实现未来海河流域水循环系统的健康恢复与水资源可持续利用是有希望的，但任务十分艰巨。海河流域水资源管理的重大战略问题包括水权分配和法规建设、产业结构调整和节水防污、ET 管理和地下水限采、公众参与和机构能力建设等几个方面，以下分别进行讨论。

15.2　水权分配与法规建设

15.2.1　水权分配

水权一般指水资源的所有权、使用权、水产品与服务的经营权、转让权等一系列与水资源相关的权利总称。水权体制的核心是产权的明晰与确立，包括取水权利和条件、优先级别、早期对策等（安新代和殷会娟，2007）。水权的分配和合理的转让可提高水资源的利用效率和效益，优化水资源配置。水权分配不同于经济收入的分配，需要建立在"公平、高效和可持续"等基本原则的基础上。公平原则是水权制度建设的最基本原则，是以关注人的生存权，以满足居民基本的生活需求为其首要目标，其次是生产用水，并在各用水户之间相对公平地分配有限的水资源。高效原则，是建立水市场运行而产生，水资源分配优先向生产效率高的产业倾斜。由此可见，水权制度的建设可从政府宏观调控和市场经济角度对节水和治污发挥积极的作用。可持续原则强调水循环系统和生态环境的健康保护，不能采取"竭泽而渔"的方式把水资源都用于经济和社会，要给生态环境留有水量，以水资源的可持续开发利用支撑经济社会与生态环境的和谐发展。

海河流域水资源面临严重短缺的情势，建立适合海河流域实际的水权分配制度显得尤为必要。目前，海河流域内水系复杂，各大水系都存在跨省河流，但是迄今只有部分河流或水库具有初步的水量分配方案，如潘家口水库、漳河上游部分河段具有国家批准的分水方案，而其他大部分省级河流没有水权分配方案，造成在水资源开发利用中不能兼顾上下游、左右岸相邻地区的利益进行掠夺性开发，引发了一系列的水事矛盾，并对河流生态系统和渤海水环境造成损害。另外，目前流域内的水权主要集中于地表水权分配、对于地下水的分配与开发管理基本是按行政区域进行，各地根据申请取水单位的性质、取用水的目的、水量的不同，对地下水取水采取不同级别的管理，尚需从流域或含水层系统整体考虑地下水水权的分配与管理。同时，水权分配不适应自然规律：现状水权管理，仅仅是对各部门用水量的认可，不能根据自然条件合理分配水资源和控制取水总量；还没有海河流域级的水权分配和取水总量控制体系、制度，难以从流域的全局出发，综合考虑配置水资源。

因此，结合海河流域水资源匮乏的现状和管理现状，建立完善的水权制度，是保证流域水资源合理利用的前提。其中初始水权的确定是实施流域水资源总量控制和定额管理的基础。首先在明确不同区域目标 ET 的基础上，完善地表水初始水权分配，即明确上下游、左右岸的用水权，并加强水权管理制度的建设，以保证分水方案的落实。其次，加强用水、耗水、退水管理，建立用水计划制度，加强取水许可管理制度建设，并明确用水计划按照"自上而下"逐级制定和"自上而下"逐级审批。

建立水权分配制度对维持流域水量公平分配，提高水资源利用效率，缓解生态环境退化具有重要的意义。明晰水权将改变各地区、各行业用水的无序状态，统一管理供水、用水、排水、污水处理回用等环节，从而实现水资源的可持续高效利用。

15.2.2 法规建设

海河流域水资源管理体制由流域管理机构的流域管理和地方人民政府水行政主管部门的行政区域管理两部分组成。管理机构包括海河水利委员会、子流域管理局、省（直辖市、自治区）水利厅（局）、地（市）和县（市、区）水利（水务）局，各级水行政管理机构在水资源管理中发挥了重要作用。但是，也存在着与全国其他流域相似的水管理制度不健全的基本特点，已有的法律不能充分发挥应有的作用且一些法律间存在相互矛盾的现象，集中表现为：①海河流域缺乏水权分配和取水总量控制体系和法规制度，从而难以从流域的全局出发，综合考虑不同水源的合理利用；②地下水管理法规较为薄弱，缺乏大区域地下水的统筹管理，难以控制开采量；③各级水行政主管部门的职责不明确，监管力度不够，难以实现全流域性的取水许可管理和地下水资源的一体化配置；④水利部门与环保部门、流域层面与区域层面的水资源和水环境管理法规存在相互矛盾。

针对上述问题，需要建立适合海河流域特点的水资源与水环境综合管理法规，以促进包括以水资源可利用量和水环境容量为基础的水资源综合管理；构建并完善水权和排污权管理体系，以实施取水总量控制和水污染物总量控制；加强建立流域上下游补偿政策法规，促进需求管理的水价政策，实施取水许可和排污许可制度，加强地下水管理，强化节水和污水回用等有效的水资源管理；建立和完善农民用水者协会和公众参与的政策法规，以保证水资源管理的公众参与，进而加强水资源管理力度。

15.3 实行最严格水资源管理制度年度指标评价

15.3.1 实行最严格水资源管理制度

在我国水资源日益匮乏、水环境和水生态加速恶化的背景下,《中共中央国务院关于加快水利改革发展的决定》(中发〔2011〕1号)做出了在我国"实行最严格的水资源管理制度"的决定,要确立水资源开发利用控制、用水效率控制和水功能区限制纳污"三条红线"。《国务院关于实行最严格水资源管理制度的意见》(国发〔2012〕3号)又进一步对"三条红线"管理与保障措施提出了具体要求,正式确定了各规划水平年(2015年、2020年、2030年)的全国用水总量、万元工业增加值用水量、农田灌溉水有效利用系数和水功能区水质达标率等四项具体控制指标。

海河流域是我国政治文化中心和经济发达地区,也是我国水资源严重短缺、生态环境恶化问题突出的地区,涉及南水北调、引黄和高强度地下水开发等复杂的水资源利用问题。

在国家颁布的最严格水资源管理"三条红线"的"四项指标"基础上,需要结合海河流域实际,兼顾科学性和可操作性,确定不同水平年、不同水文频率下的海河流域水资源管理"三条红线"控制指标,并提出各项指标的年度评价方法,以支撑各项指标的年度计划考核,保障海河流域最严格水资源管理制度的推进和落实。

15.3.2 实行最严格水资源管理制度年度指标

(1) 用水总量控制指标

《国务院关于实行最严格水资源管理制度的意见》(国发〔2012〕3号)提出了水资源开发利用控制红线主要目标:到2015年全国水资源开发利用总量控制在6350亿 m^3 以内;到2020年全国水资源开发利用总量控制在6700亿 m^3 以内;到2030年全国水资源开发利用总量控制在7000亿 m^3 以内。

根据水利部办公厅《关于开展流域2020年和2030年水资源管理控制指标分解工作的通知》(办资源〔2011〕419号)文件,水利部以《全国水资源综合规划》为依据,提出了有关流域2020年、2030年用水总量,并要求各流域机构以省级行政区套水资源二级区为控制单元开展流域控制指标的分解工作。根据该文件,全国分配给海河流域的2020年和2030年用水总量控制指标分别为452.7亿 m^3 和497.0亿 m^3,其中,地下水控制指标分别为175亿 m^3 和173亿 m^3。

(2) 用水效率控制指标

根据《国务院关于实行最严格水资源管理制度的意见》(国发〔2012〕3号)要求,全国用水效率将40 m^3 以下和0.6以上作为目标,主要是基于《全国水资源综合规划》预测:通过强化灌区节水和种植结构调整等措施,到2030年农田灌溉水有效利用系数可高于 0.6；通过大力推进工业节水技术改造等措施，到 2030 年我国万元工业增加值用水量可低于 40 m^3。这是确保 2030 年用水总量控制在 7000 亿 m^3 的用水效率最低门槛，用水效率优于这些指标，用水总量控制目标才能实现。

海河流域逐步建立流域用水定额体系和各省级行政区用水效率控制红线，大力推进流域节水型社会建设。到 2015 年，农业灌溉水有效利用系数达到 0.66 以上，万元工业增加值用水量降低到 23 m^3 以下，工业用水重复利用率达到 85%，城镇供水管网漏损率不超过 10.5%，非常规水供水量占到总供水量的 10% 以上。

(3) 水功能区达标率控制指标

海河流域重要水功能区 230 个，现状 2011 年全指标评价有 50 个水功能区达标，8 个水功能区河干或无测站，其余 222 个水功能区的达标率为 22.5%，有 2040km 河长达标，河长达标率为 22.5%；双指标评价有 68 个水功能区达标，达标率为 30.6%，2928.6km 河长达标，河长达标率为 32.2%。从各类型水功能区评价结果看，保护区、保留区水质较好，其次是缓冲区、工业用水区和饮用水源区，农业用水区水质较差，过渡区和排污控制区水质较差，达标率为 0。从地区分布看，山西和内蒙古水质较好，其次是北京、河北、天津，山东和河南水质最差。

《国务院关于实行最严格水资源管理制度的意见》（国发〔2012〕3 号）提出全国主要江河湖泊水功能区 2020 年水质达标率提高到 80% 左右，2030 年基本实现水功能区水质全面达标。鉴于海河流域污染比较严重，水利部确定海河流域重要江河湖泊水功能区 2015 年水质达标率为 45%，2020 年为 71%，2030 年为 95%。

15.3.3 实行最严格水资源管理制度年度指标细化分解方法

在落实最严格水资源管理制度的实际工作中，需要确定不同水平年、不同水文频率下的管理指标，以保障总体控制目标的实现。当前海河流域多年平均来水条件下的"三条红线"总量控制目标已确定，各省区的控制指标也基本划定。考虑海河流域严峻的供用水形势、显著的水资源条件变化形势和南水北调通水以及地下水压采等未来水资源供给条件的变化，需要制定科学合理和具备可操作性的分项控制指标，包括主要河流断面控制指标，通过合理的技术手段实现对海河流域水资源管理"三条红线"控制指标的细化分解工作具有重要的实际价值，对其他流域也有推广应用价值。通过收集海河流域水资源规划成果，以二元水循环模型为基础平台，采用调查分析、模型计算、协调平衡相结合的方法，实现海河流域实行最严格水资源管理制度年度指标细化分解（图 15-1）。

15.3.4 实行最严格水资源管理制度年度指标评价方法

在海河流域水资源管理"三条红线"控制指标不同水平年、不同水文频率下细化成果的基础上，需要采用海河流域实行最严格水资源管理制度年度指标评价方法，以海河流域水循环及其伴生过程综合模拟平台为工具，为海河流域最严格水资源管理制度年度计划的

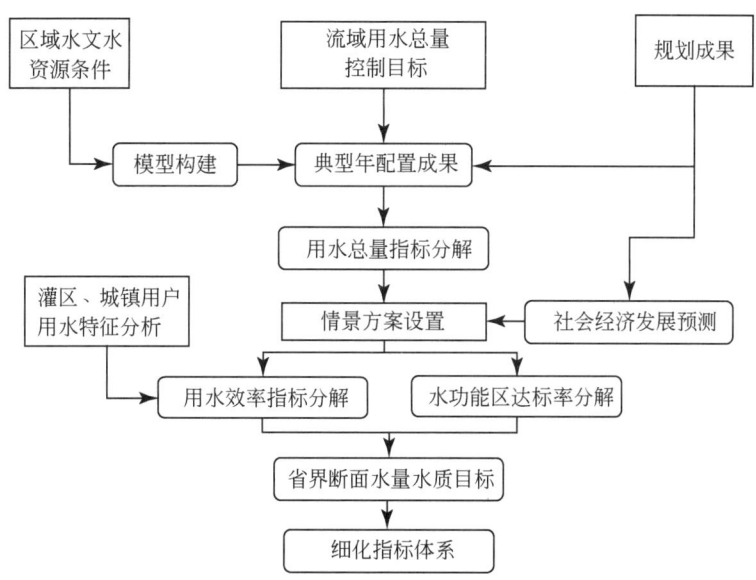

图 15-1　海河流域水资源管理"三条红线"控制指标细化方法

制定和科学考核提供技术支持。

海河流域实行最严格水资源管理制度年度指标评价方法，主要是基于海河流域各省级行政区年度指标的控制值与实际值的对比来评价其实行最严格水资源管理制度的情况。对于某个实际的评价年份，对比海河流域各省级行政区年度指标的控制值与实际值，若某项指标的实际值超出了控制值，则该区域该项指标未达标；若某项指标的实际值未超出控制值范围，则该区域该项指标达标。对于年度指标未达标的区域，应进一步调查分析其超标的具体原因和关键环节，并提出具体的整改措施和实施方案（图 15-2）。

海河流域实行最严格水资源管理制度年度指标的控制值是针对海河流域现有的最严格水资源管理"三条红线"总体目标，将"供用水总量、用水效率、水功能区达标率"三大类指标按照水文特征、区域、用户等影响用水的因素分类分析，通过控制指标细化实现最严格水资源管理的精细化操作。

海河流域实行最严格水资源管理制度年度指标的实际值采用各省上报与监测计量相结合的方式，并通过模型计算、抽样调查等方式对其进行复核。最严格水资源管理"三条红线"总体目标的"四项指标"年度评价，要针对各省级行政区上报的数据，对其真实性、科学性和准确性进行复核。

年度指标实际值的复核可以采用两种方法：第一种方法是基于用水监测与抽样调查法，即水利普查法；第二种方法是"断面监测资料与模型结合法"。基于水量平衡和物质平衡的模型复核法，是重要的有效手段。

基于海河流域水循环及伴生过程耦合模拟模型（NADUWA-3E）（简称二元模型），并结合评价年的取水许可、国家水资源监控系统的省界河道控制断面监测数据，采用二元模型模拟评价年的水循环过程，比较控制断面的实测流量与目标流量（模拟流量），评估用

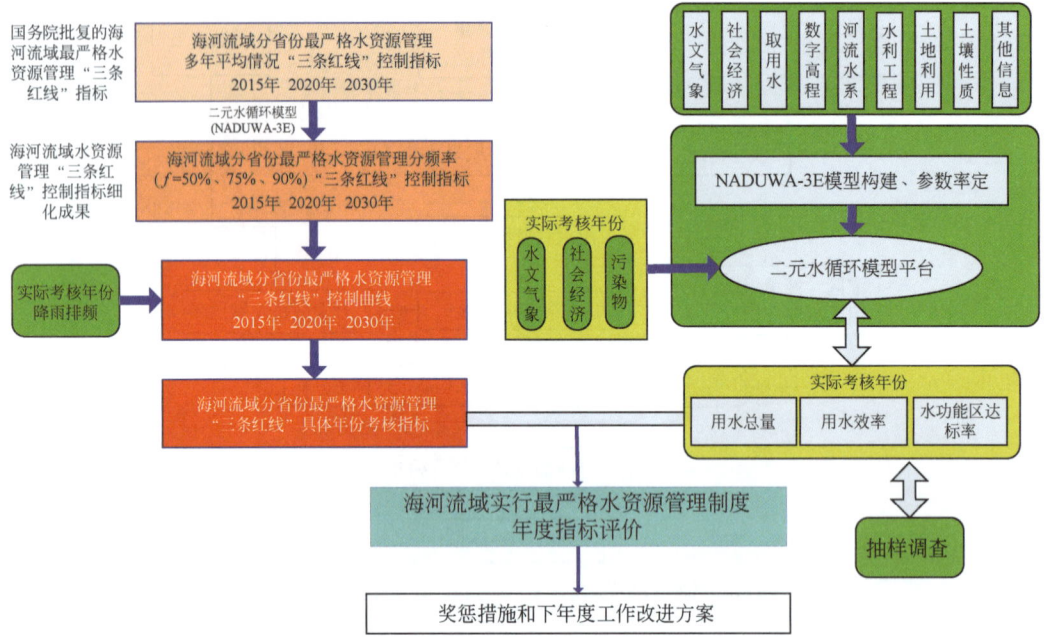

图 15-2 海河流域实行最严格水资源管理制度年度指标评价方法

水总量指标的达标情况。水量平衡方程式如下：

$$W_{出境} = (W_{当地产} + W_{入境} + W_{深层} + W_{调入}) - (W_{用水} - W_{排水} + W_{非用耗} + W_{调出} + \Delta V)$$
(15-1)

式中，$W_{出境}$为从省界控制断面流入下游的水量；$W_{当地产}$为区内降水形成的产水量（水资源总量，模拟）；$W_{入境}$为上游流入区内的水量（监测）；$W_{深层}$为区内深层承压水开采量（基于地下水位监测推算）；$W_{调入}$、$W_{调出}$为跨区调入、调出水量（监测）；$W_{用水}$为区内用水总量（上报）；$W_{排水}$为区内排水总量（基于上报用水总量及用水效率等模拟）；$W_{非用耗}$为区内非用水消耗量（模拟），包括河湖库的蒸发损失、排水蒸发损失和潜水蒸发；ΔV为区内湖库和浅层地下水的蓄水变量，蓄水增加为正，蓄水减少为负（基于水位监测推算）。

将基于公式计算的出境断面水量$W_{出境}$（模型模拟）与实测断面水量进行对比，若差别较大则说明上报用水总量数据可能存在问题。当然，这也可能与区内排水总量的模拟误差有关，而这又受用水效率指标的影响，需要同时复核上报用水效率指标。因此，该方法需要对用水总量与用水效率指标联合评价。

对水功能区达标率指标的考核，最关键的是对水功能区控制水质的监测，为了保证水质监测结果的客观准确性，一般应由负责考核的部门直接监测，负责考核的部门不能直接监测的，应委托中立的第三方进行水质监测。对于被考核部门直接监测、上报水质监测结果的，应对监测结果和水功能区达标率评价成果进行复核，复核方法如下。

水功能区达标率评价结果复核的基本原理为基于污染物的物质平衡，分析海河流域主要控制断面污染物浓度和负荷通量，与上游的社会水循环和污染物排放入河过程之间的联动关系，根据污染负荷平衡原理，以二元模型 NADUWA-3E 为工具，建立基于水量水质综合模拟的水功能区达标率复核方法。

对于一般的河流，控制断面污染物浓度计算公式见第 4 章。

对于某一具体的水功能区，污染负荷平衡如图 15-3 所示。

污染物负荷的平衡方程如下：

$$Q_1 C_1 + Q_u C_u = Q_2 C_2 + S \quad (15\text{-}2)$$

式中，Q_1 为水功能区上游来水量（m³/s）；C_1 为水功能区上游来水水质（mg/L）；Q_2 为水功能区排向下游水量（m³/s）；C_2 为区间排入水功能区的水质（mg/L）；Q_u 为区间排入水功能区的流量（m³/s）；C_u 为水功能区排向下游水质（mg/L）；S 为源汇项，和污染物综合自净系数 k、L、X 等因素有关；L 为水功能区长度（km）；X 为待复核的监测点距水功能区上游距离（km）。

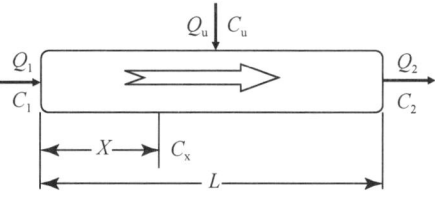

图 15-3　水功能区污染负荷平衡示意图

1) 当水功能区有齐全的上下游水质监测资料时，首先根据同期监测资料，根据水动力学一维水质模型，推求水质综合降解系数。

2) 根据流域地表水质模型，和推求的综合降解系数，计算待复核的水质监测点水质浓度 C_x，与上报的数据进行对比，若计算结果与上报数据差别较大时，应与监测单位协调数据的准确性。

由于水体的流动性，某区域的水功能区达标率和上游的来水水量、水质密切相关，对于水功能区水质不达标的河段应进行责任划分。

1) 上游水功能区达标，待考核的水功能区不达标。显然，此种情况下，区间水质不达标的原因是待考核水功能区排污量过大所致。

2) 上游水功能区不达标，待考核的水功能区不达标。此时，应计算当上游水功能区水质达标、待考核水功能区按现状污染物量排放时，水功能区的水质状况，来判断其是否能达标。计算水功能区纳污能力时，考虑的上游边界条件为上游水功能区的水质目标，即水功能区纳污能力为在上游水功能区达标且保证下游水功能区水质达标所能排入的污染物量，所以，某一区域水功能区水质不达标，且区间排污量超过水功能区纳污能力时，造成水功能区不达标的原因为该功能区的区间排污量过大所致。

15.4　产业结构调整与节水防污

海河流域作为全国政治、经济和文化的核心区所在地，未来人口的不断增长，工农业的不断发展，将会带来更多的水资源短缺和水环境污染问题，为此，需要进一步采取产业结构优化调整，建设节水防污型社会，构建"自然"和"社会"和谐的"二元水资源水环境综合管理模式"，真正实现海河流域的经济社会与生态环境的健康可持续发展。

15.4.1 产业结构调整

水资源是影响产业结构调整的重要因素，"自然-社会"二元水循环模型可以模拟现状和未来不同条件下的流域水资源配置状况，从水资源余缺的角度为产业结构调整提供依据；通过模拟不同水资源配置方案下的污染物排放量，建立污染物排放量与水功能区水质的联动关系，分析污染物排放状况与水体纳污能力的状况；模拟不同产业结构下的污染物排放状况，结合产业结构调整方案，建立产业结构调整与水污染的相关关系；结合水污染防治方案，预测不同方案下的水体污染状况，可作为产业结构调整方案优选的准则；并且通过一系列情景分析，提出水系及水功能区污染物总量控制方案、合理的产业结构调整实施方案、有效的污染治理方案及工程实施方案，为提出强化流域综合管理、流域与区域管理相结合的新型管理体制提供依据。

（1）海河流域现状产业结构特点

20 世纪 80 年代以来，海河流域经济社会一直持续发展。1980~2000 年，全区总人口增长 30%，城镇化率增加 12 个百分点。人口年自然增长率呈降低的趋势，由 80 年代的 14‰~20‰，降至 90 年代的 9‰~10‰。城镇人口由 1980 年的 2289 万人，增加至 2000 年的 4513 万人，增加了一倍。城镇化率由 1980 年的 24% 增加至 2000 年的 36%。GDP 从 1980 年的 1592 亿元增加到 2000 年的 11 633 亿元（按 2000 年可比价计），翻了近三番，其中北京市增长 5.5 倍，天津市增长 5.0 倍，河北省增长 7.1 倍。工业总产值从 1980 年的 1205 亿元增加到 2000 年的 16 683 亿元，其中北京市增长 9 倍，天津市增长 13 倍，河北省增长 18 倍。在有效灌溉面积基本稳定并稍有增长的基础上，粮食总产量翻了近一番，从 1980 年的 2655 万 t 增加到 2000 年的 4576 万 t，全区人均粮食占有量从 273kg 增加到 362kg，增长 33%。

在发展的同时，经济结构也发生着深刻的变化，产业结构不断调整，第一产业（农业）所占比例不断下降，第三产业比例不断上升。经济增长方式从扩大生产规模、增加原材料消耗为主的外延型，逐步转变到依靠科技进步、提高管理水平和资源使用效率为主的内涵型，传统产业逐步向高新技术产业过渡，农业生产率不断提高，实现了在经济社会发展的同时，全区水资源消耗量没有明显增加。20 世纪 80 年代以来全区主要经济发展指标见表 15-1。

表 15-1 海河流域历年 GDP、工业总产值及工业增加值统计

年份	GDP /亿元	人均 GDP /元	工业产值 /亿元	工业增加值 /亿元	年均增长率/%		
					统计时段	GDP	工业产值	工业增加值
1980	1 592	1 638	1 205	481	—	—	—	—
1985	2 650	2 545	2 023	789	1980~1985 年	10.7	10.9	10.4
1990	3 821	3 323	3 379	1 194	1985~1990 年	7.6	10.8	8.6
1995	7 052	5 870	8 277	2 585	1990~1995 年	13.0	19.6	16.7
2000	11 633	9 202	16 683	4 771	1995~2000 年	10.5	15.0	13.0

（2）海河流域产业结构调整

尽管海河流域的产业结构与20世纪80年代相比已有很大调整，但与水资源短缺与水污染严峻的形势相比，产业结构继续调整的任务依然很重。

海河流域产业结构调整既包括工业结构调整，又包括种植结构调整。工业结构调整的目标是继续增加第三产业的比例，对高耗水、高污染排放的第二产业进行压缩、并转、迁移或进行节水减污技术改造，降低万元工业产值耗水指标，以实现工业产值增长的同时，降低工业用水量的增加速度。种植结构调整的目标是在减少农业灌溉用水量的同时，努力保持粮食产量和种植业产值不减。种植结构调整的内容有两个方面：一是压缩高耗水的小麦和水稻的种植面积，适当增加玉米和棉花的种植面积，减少灌溉用水量，提高雨水的利用效率；二是在坡度较大的土石山区和水源条件差的平原与高原地区，增加退耕还林还草面积，既利于减少灌溉用水量，又利于水土保持。

15.4.2 节水防污型社会建设

"自然-社会"二元水循环模型，可以实现以河道行政区边界为主体的区域地表水资源断面出流控制，以重点地表工程为中心的供水量控制，以分水端口为中心的外调水分水量控制。制定流域不同单元地表水、地下水取水总量控制目标，分析流域内不同控制区，不同控制单元的生产、生活、生态用水量，确定流域分区地表水可利用量总量控制目标。根据地下水超采区域分布、超采量以及地下水位状况，分析评价超采区采补平衡目标，确定地下水可开采量总量控制目标。污染总量控制针对各地不同的行业，以及河流水质承受污染的最大容量来决定排污单位的排污量。分析入渤海水量、水质的生态保护要求，确定枯水期、丰水期陆上汇流水质、水量的总量控制目标。将用水定额管理制度落实到微观管理中，通过基于ET的用水定额管理和污水达标排放，促进节约用水和高效用水。

（1）节水

二元模型通过根据多年降雨量水平、地表水量、地下水量，分析蒸腾蒸发（ET）异常区域和减少ET的可能措施，制定减少无效和低效ET的具体方案，建立相应的协调机制。开发基于ET的流域级水平衡工具和省（市）级用水定额管理和地下水监测和用水定额管理工具，帮助建立县（市、区）级的水管理目标；为灌区设计基于ET的用水许可管理工具，为减少ET和限制地下水开采提供指导，根据ET值进行水资源综合管理，实现"真实"节水。

二元模型将会对水资源短缺的海河流域的非常规水源（废污水再利用、洪水安全利用、雨水利用等）高效利用提供支撑。海河流域现状废污水排放量近90亿m^3，废污水再生利用有较大潜力，二元模型模拟研究流域内城市废污水的排放规律、废污水数量和质量，以分析现有废污水处理、利用和技术应用情况，制定废污水处理和废污水处理再生利用进行规划，提高废水再利用，增加城市供水水源，缓解水资源短缺局面，改善当地农业灌溉用水水质，减少对生活、农业、土壤和生态的影响。

洪水安全利用不仅可以高效、合理地利用水资源，而且可以有效地缓解水资源短缺、降雨分布不均的矛盾。按照洪水调度方案的要求，在保证各行洪河道行洪安全的前提下，分区制定海河流域洪水安全利用方案，通过利用水利工程，冲污压咸，以蓄代排，蓄用结合；适时适度分阶段抬高蓄水水位，合理拦蓄雨洪水资源；主动引水、适度淹泡一些湿地，增加补充地下水源和地表水资源，逐步恢复良好的水环境，充分利用有限水资源。

1956~2000 年系列海河流域平均降水总量 1712 亿 m^3，而地表地下水资源总量 370 亿 m^3，充分、高效利用雨水资源是缓解海河流域水资源短缺的有效途径。应用二元模型，采用宏观和微观调控相结合，因地制宜，区别选择，制定海河流域雨水利用方案。采取人工降雨、植树造林涵养、坝库池窖调控、农田基建增加土壤储蓄和农业节水灌溉等技术，实现雨水资源的合理开发和持续高效利用。

利用二元模型提供的模拟分析工具，可以为进行取水许可总量审批时提供依据，同时在对取水户进行每年的用水计划管理时，将取水户年度用水计划作为模型的取水输入，然后利用二元模型进行模拟情景分析，为年度取水计划的审批提供科学依据。

(2) 海河流域水污染控制

排污控制分两个层次，第一层是控制水污染物达标排放，对水污染物达标排放后仍不能达到规定的水环境质量标准的水体实施第二层控制，进行重点排污口污染物排放总量控制。

二元模型基于水功能区和水环境功能区的整合结果，建立污染源与水质保护目标之间的输入响应关系，计算各控制断面径流过程线，确定设计流量，进行水质模拟计算，确定各纳污水域允许纳污量；根据各入河排污口现状排污量、水域允许纳污量以及污染物现状排放量，确定各控制单元污染物允许排放量和应削减量。在流域环境容量资源优化分配至各区域的基础上，进行排污总量的技术经济优化分配，分析产业结构调整潜力、废水治理技术水平，将水污染物排放总量控制指标分解至污染源并列出清单，开列污染源治理项目和投资清单，按照断面流量和水质标准分析确定水域允许纳污量，提出限制入河排放量及污染物浓度。

推行污染物排放总量控制制度是减少环境污染的"总闸门"。根据水体使用功能要求及自净能力，对污染源排放的污染物总量实行控制的管理方法，基本出发点是保证水体使用功能的水质限制要求。在重点行业企业或区域，确定污染源排放总量分配方法和允许排放总量，依据环境容量对污染源实施动态管理，控制总量排放，促进水环境功能区质量达标。科学的污染物总量测算方法和合理的指标分配方法是总量控制的关键。

考虑各地区的自然特征，弄清污染物在环境中的扩散、迁移和转移规律与对污染物的净化规律，计算环境容量，制定排放控制总量，综合分析该区域内的污染源，通过二元模型分析计算每个源的污染分担率和相应的污染物允许排放总量，求得最优方案。随着循环经济的发展和水环境监管体制的形成，通过逐步减少排污总量来保证水功能区标准的提高，为建立水环境保护长效机制奠定基础。

按照流域排污总量控制的统一要求，海河流域各市、县（市、区）将以各自的水环境容量及其允许的重点水污染物最大排放量为目标，制定相应的排污总量年度削减计划和实施方案，以实现流域的水环境质量目标。

对流域水循环过程、水化学过程以及水生态过程及其耦合作用机制进行一体化模拟的二元模型,可以模拟和预测不同用水户的污染物产生和排放量;模拟区域水土流失及面源产污过程,为水土保持措施综合效益的评估提供系统平台;模拟和预测不同水体中污染物的迁移转化过程,为总量控制方案的制定提供定量工具;模拟和预测区域天然生态系统演变过程,为不同保护目标下生态需水的核算提供系统平台;模拟分析不同子流域出口、跨行政区界和关键管理控制点的污染物负荷、水量、流量与入渤海污染负荷、水量、流量的关系;模拟分析不同情景方案下流域多维临界调控方案,提供流域各级别水量、水质、水生态状况;有助于分析入渤海的水量水质的双总量控制目标,陆域污染物排放入渤海控制指标,海洋功能区及近岸海域环境功能区水质目标,为水污染防治和生态保护计划提供技术支撑,并可进行管理层面的定量预测。

15.5 ET 管理与地下水限采

15.5.1 基于 ET（耗水）控制的流域水资源管理

海河流域以不足全国 1.3% 的水资源量,承担着 11% 的耕地面积和 10% 人口的用水任务,水资源供需矛盾十分突出。流域严峻的水资源形势决定了必须深入开展节约用水工作,提高水资源的利用效率和效益。为此,自 20 世纪 60 年代以来,流域开始发展节水灌溉农业、逐渐调整产业结构,流域在水资源开发利用、节约用水等方面开展了大量的工作,取得了显著成效。对于耗水量最大的农业,自 80 年代后,先后实施了平原渠灌区以渠道防渗、井灌区以低压管道、山丘区以发展水窖和微型节水灌溉工程为主的农业节水措施,农田灌溉水的利用系数得到极大提高,由 1994 年的 0.3 提高到 2004 年的 0.64;典型作物的水分生产率也得到较大提高,水稻为 $0.65 kg/m^3$,冬小麦为 $1.45 kg/m^3$。尽管如此,目前流域的节水主要侧重于工程措施和用水管理,重视提高灌区水的利用效率,而对于 ET（耗水）研究却相对较少,更缺乏从水资源可持续利用和维持生态环境良性发展为出发点的高效用水研究。因为流域水资源的需求,其本质在于消耗,耗水量才是区域水资源的真实需求量,它发生在取（输）用耗排水的每一个环节,且绝大部分以蒸发蒸腾（ET）的形式散失到大气,只有极少部分被产品带走。为此,有必要结合流域水循环过程开展以"ET 管理为核心"的水资源管理。

"以 ET 管理为核心"的水资源管理理念,是由世界银行 GEF 资助项目"海河流域水资源水环境综合规划与管理"首次提出,是以区域总耗水管理为对象的需求管理,是建立在区域水资源的供给和消耗关系的基础之上,以有限水资源消耗量为上限,在保证基础产业特别农业基本效益的前提下,采取各种工程或非工程措施,最终实现水资源的高效利用的水资源管理,是对传统水资源需求管理的有益补充,也是流域水资源管理发展的必然趋势。因而,在水资源匮乏程度日益严重的情势下,深入开展以区域耗水——蒸发蒸腾量（ET）管理为核心的水资源管理,可从根本上提高水资源的利用效率。一方面,加强"ET 管理",不仅重视循环末端的节水量,而且将水循环过程中每一环节中用水量的消耗效用开展调控；另一方面，开展"ET 管理"，不仅对水循环过程中的径流量加以利用和管理，而且可以立足于水循环全过程，对全部水汽通量加以利用与管理，即增加了非径流性水资源的管理和利用。

因此，结合海河流域现状水资源利用特点，要开展"供用水"管理向"供耗水"管理转变，在最大可能被消耗的水资源（目标 ET）的约束下，立足于水循环全过程，提高水循环过程中各个环节中的用水量消耗效率，结合工程措施和非工程措施，全面提高水资源的利用效率，缓解水资源的不足。

15.5.2 严格控制地下水的开采

地下水在海河流域经济发展中占有极为重要的地位。自 20 世纪 70 年代以来，地下水供水量日益增加，至 2005 年已超过流域总供水量的 60%，地下水超采严重，地下水位急剧下降，漏斗集中连片，部分含水层已经疏干；与此同时，地下水污染也进一步加剧。地下水大量开采造成了一系列的环境问题，成为制约经济社会发展的重要因素之一。为此，在海河流域要致力于流域地下水可持续利用对策的研究和实施，以遏制流域地下水超采的局面。

综合考虑海河流域有关地下水开发利用和监管中存在的问题，建议全面加强开展流域地下水可持续开发利用水权及取水许可管理战略，在传统的地下水源管理中增加立足于水循环的、基于目标 ET 约束的地下水取水许可管理制度，并制定合理的地下水水权。在实施基于 ET 的取水许可管理中，需建立严格的奖惩机制；建立地下水开发利用的法律法规，明确区域内地下水资源管理办法，将 ET 管理思想贯彻到地下水的取用过程中，从根本上严格控制地下水的开采。

15.6 公众参与和能力建设

提高海河流域水资源管理水平，不但是水利管理部门的事情，还需要促进流域内各利益相关者和公众的积极参与，特别是广大城镇居民和农民群众的积极参与。2004 年，水利部与环保部在世界银行和全球环境基金（GEF）支持下，联合实施了海河流域水资源水环境综合管理项目（执行期 2004~2010 年）。在该海河 GEF 项目支持下，通过引入用水户协会（WUA）和社区驱动开发（CDD）等，公众参与井灌区的水资源用水管理工作得到加强。河北省成安、馆陶、肥乡、临漳和涉县等 5 个水资源水环境综合管理示范县实施了 WUA 和 CDD，使得基层公众参与水资源管理工作得到加强，同时也提高了基层水管单位的管理能力和水平。今后，应结合流域水利五年计划，将示范县加强公众参与的经验逐步推广到全流域各个县。

加强流域内水利与环保部门以及 WUA 的能力建设，是提高海河流域水资源管理的又一项战略任务。"以 ET 管理为核心"的理念，遥感监测 ET、二元核心模型与知识管理（KM）、水资源水环境综合管理等新技术的普及需要各种培训，因此能力建设亟须列入水利与环保部门以及 WUA 的机构建设计划。

第16章　总结与展望

16.1　总　　结

为了应对全球气候变化背景下，社会经济高速发展过程中产生的水循环及伴生的水资源、水生态和水环境问题，本研究构建了流域水循环及伴生过程的综合模拟系统，并定量预估了未来气候变化条件下水循环、水资源、水环境及水生态的演变趋势，指出了水资源、水环境及水生态综合调控中应该注意的问题，从理论、方法和方案等层面为未来海河流域的综合调控提供了支撑。总结起来，本项研究取得了以下几个方面的具体研究成果。

16.1.1　流域"自然-人工"二元水循环模型

在高强度人类活动作用下，流域水循环从驱动力、结构和参数上都发生了深刻的变化，需要建立一套新的模型工具，适应变化环境下流域二元水循环演化过程的模拟和分析。

分布式水文模型从20世纪80年代以来得到很大发展及应用，但其优势是对自然水循环过程进行分布式模拟，本身没有水资源的配置调度功能，在模拟人工侧支水循环过程方面受到限制。水资源配置模型已经得到广泛研究与应用，其优势在于对水资源的供需平衡分析和水库调度，但研究内容仅限于径流性水资源，缺少对包括蒸发蒸腾在内的水循环全要素的平衡分析。而多目标决策分析模型的优点是将水资源分配与宏观经济和产业结构密切关联，但分析时空尺度往往过大，不能对小区域及河道断面的水循环过程进行调控分析。

根据人类高强度干扰下流域水循环演化特征，本研究构建了以 DAMOS、ROWAS 和 WEP-L 三个模型耦合而成的流域二元水循环模型，并通过水文气象、社会经济、用水及生态环境信息数据的时空展布与聚合技术考虑了模型之间的不同时空尺度耦合。DAMOS 属于宏观层次的模型，主要模拟社会经济发展对水资源的驱动和需求；ROWAS 属于中观层次的模型，一方面考虑社会经济发展对水资源的需求，另一方面考虑水资源本底条件限制，模拟水资源在社会经济系统中的配置过程；WEP-L 属于微观层次模型，详细模拟水资源配置情景下的自然水循环和社会水循环耦合运动过程。三个模型从宏观到中观，再到微观，层层分解，嵌套模拟并进行反馈，既可进行历史水循环情景模拟再现，又可进行未来气候变化、不同社会经济发展模式及水资源配置情景下的流域水循环预估分析。

将三个模型耦合起来构建高强度人类活动干扰下流域"自然-人工"二元水循环模

型，实现统筹考虑水资源、宏观经济与生态环境的流域水资源综合管理分析的功能，推动了流域二元水循环理论的完善与发展。

16.1.2 流域水循环及其伴生过程综合模拟系统

（1）海河流域水循环伴生过程的模拟模型

基于流域"自然-人工"二元水循环模型，本研究构建了与水循环相伴生的水环境过程模型和生态过程模型，其中水环境过程模型分为流域层面的水质模型和河道层面的水质模型，生态过程模型分为陆地植被模型和农田生态模型。

海河流域水质模型针对海河流域尺度大、污染来源复杂、人类水资源开发活动强烈的特点开发。模型中污染来源考虑全面，既包括工业、生活两大点源污染，又包括农田、畜禽养殖、农村生活、水土流失、城镇径流五大面源污染。模型开发基于二元水循环模型平台，分3067个子流域分别模拟，既描述污染物随产流迁移转化过程，又描述人工取用水过程对河道水质过程的影响，物理机制明显。河道层面的水质模型根据主河道有众多支流汇入的特点，基于河道水动力学机制，构建河网水力水质模型，开展水力学模拟和污染物迁移转化动力学模拟。该模型和流域层面的水质模型耦合开发，由流域水质模型提供边界条件。两大水质模型既可进行不同社会经济发展状况及水资源、水环境管理模式下纳污能力和河道水质状况分析，又可分析污染突发事件对河流水质的影响，以支撑污染最大日负荷管理。

陆地植被模型针对林草植被等自然生态系统开发，模拟"植物-土壤-大气"之间的碳、水分和养分循环。农田生态模型针对农田生态系统开发，模拟作物同化作用、呼吸作用、蒸腾作用、干物质分配等作物生理生态过程，并描述这些过程如何受环境影响。两大生态模型同样基于二元水循环模型平台开发，按3067个子流域，考虑生态过程和水文过程之间的相互作用，进行耦合模拟。该模型可进行不同生态政策、农业政策、水资源政策情景下自然生态植被和作物产量分析。

（2）海河流域水循环气陆过程耦合模拟模型

基于空气动力学机制，构建了全球气候模式和区域气候模式嵌套的海河流域气候模式，开展海河流域气候模拟与预估。在空间降尺度方面采用国际上应用广泛的统计降尺度模型（statistical downscaling model，SDSM），时间降尺度方面采用适用于中国广大地区的天气发生器BCCRCG-WG3.00，将气候模式得到的气象要素向下尺度化，作为流域水循环模型的输入。通过气候模式、降尺度模型和流域水循环模型的耦合，建立了海河流域水循环气陆过程的耦合模拟，可对未来气候变化情景下水资源响应进行分析。

（3）海河流域水循环及其伴生过程的综合模拟系统

根据水循环模型、水环境模型、生态模型及气候模式之间的耦合关系，采用Eclipse RCP技术、组件技术、大规模优化模型求解技术、GIS技术、多模型耦合技术等成熟先进技术，构建海河流域水循环及其伴生过程的综合模拟系统，简称二元模型系统。该系统包括数据管理功能和模型计算功能，其中数据管理功能包括各类属性和空间数据、水文数据、水环境数据和社会经济数据等，模型计算功能包括模型计算必要的前处理、多模型耦合及后处理等功能。该系统能实现流域水资源、水环境和生态历史演变规律分析和未来各种情景的预估。

16.1.3 海河流域水循环、水资源、水环境及水生态演变规律分析

16.1.3.1 水循环与水资源演变规律

在气候变化和人类活动双重作用下，海河流域水资源发生巨大演变。对比 1956～1979 年系列与 1980～2005 年系列，地表水资源量从 326.2 亿 m^3 减少到 158.9 亿 m^3；地下水资源量从 284.9 亿 m^3 减少到 222.7 亿 m^3；不重复从 84.7 亿 m^3 增加到 139.9 亿 m^3；狭义水资源量（径流性水资源）由 410.7 亿 m^3 减少到 298.7 亿 m^3，生态系统和经济系统对降水的直接利用量从 1313.3 亿 m^3 减少到 1229.7 亿 m^3；广义水资源（径流性水资源加降水利用量）从 1724.2 亿 m^3 减少到 1528.5 亿 m^3。

总的来说，通过对比 1980～2005 年与 1956～1979 年两个时段，发现海河流域水资源的历史演变规律如下：①水资源总量及各个分项总体呈现衰减的趋势；②径流等水平通量呈减少的趋势，产水系数由 0.23 减少到 0.19；③虽然径流等水平通量与蒸发等垂直通量均减小，但前者减少比例（51%）远大于后者（1%）；④虽然狭义水资源与广义水资源均减少，但前者减少比例（28%）远大于后者（11%）；⑤地表水资源急剧减少（51%），而不重复量急剧增大（65%），径流性水资源的构成发生巨大变化；⑥平原区和山丘区的资源量演变呈现不同的规律，平原区地表水资源减少比例（64%）大于山丘区（39%），而不重复量增大比例（70%）大于山丘区（4%），狭义水资源量减少比例（17%）小于山丘区（29%），生态系统和经济系统对降水的利用量减少比例（6%）小于山丘区（9%），广义水资源量减少比例（10%）略小于山丘区（12%）。

采用基于指纹的归因分析方法和情景分析方法，得到如下结论：①气候系统的自然变异是导致海河流域过去 40 年降水变化的主要原因；②温室气体排放导致的全球变暖是海河流域气温升高的主要因素，太阳活动和火山爆发是次要因素；③导致海河流域水资源量衰减的因素是气候自然变异和区域人类活动，并且人类活动是主要因素，其影响比例占 62%，在人类活动影响因子中，水资源开发利用活动（水利工程与取用水等）较下垫面变化对水资源量的影响要强。

若保持气候条件不变，仅考虑当地人类活动对水资源演变的影响，则呈现如下五个方面的规律。

1) 水循环的水平方向水分通量减少，而水循环的垂向水分通量加大。

受人类开发利用水资源的影响，海河流域地表水资源量减少 19.0%，为 56.0 亿 m^3，总蒸发量增加 10.9%，为 159.2 亿 m^3。受下垫面变化的影响，海河流域地表水资源量减少 1.6%，为 4.6 亿 m^3，总蒸发量增加 0.5%，为 6.6 亿 m^3。

2) 径流性狭义水资源减少，为生态环境直接利用的雨水（土壤水）资源量增加，广

义水资源总体略有增加。

受人类开发利用水资源的影响，海河流域径流性狭义水资源减少 6.1%，为 23.0 亿 m^3，被生态环境直接利用的雨水（土壤水）资源量则增加 2.2%，为 27.6 亿 m^3，广义水资源量略有增加。

受下垫面变化的影响，海河流域径流性狭义水资源减少 1.2%，为 4.5 亿 m^3，为生态环境直接利用的雨水（土壤水）资源量则增加 0.6%，为 8.0 亿 m^3，广义水资源量略有增加。

3）径流性狭义水资源中，地表水资源减少，不重复的地下水资源增加。

受人类开发利用水资源的影响，径流性狭义水资源中，减少 19.0%，为 56.0 亿 m^3，而不重复的地下水资源增加 41%，为 33.0 亿 m^3。

4）由于上游山丘区生态系统和经济系统直接利用的水量增加，下游平原区能为国民经济和生态环境利用的水量减少。

受人类开发利用水资源的影响，山丘区生态系统和经济系统对降水的有效利用量增加 7.3 亿 m^3，而平原区生态系统和经济系统对降水的有效利用量略有减少，为 11.6 亿 m^3。

5）在海河流域，山丘区的水资源受人类活动的扰动影响要小于平原区。

受人类开发利用水资源的影响，山丘区地表水资源量减少 5.8%，地下水资源量减少 13.6%，狭义水资源量减少 1.2%，生态系统和经济系统对降水的有效利用量增加 1.4%，广义水资源量略有增加；平原区地表水资源量减少 28.7%，地下水资源量增加 52.3%，狭义水资源量减少 5.3%，生态系统和经济系统对降水的有效利用量略有减少，为 0.2%，广义水资源量略有减少。

16.1.3.2 水环境演变规律

近几十年来，受气候变化和人类活动影响，海河流域水环境演变呈现如下五项规律：

1）水环境总体呈恶化趋势，形势严峻。

海河流域 COD 污径比是全国各大流域中最高的，单位面积非点源污染负荷 COD 产生量大约为全国平均水平的三倍，单位面积非点源污染负荷 COD 入河量、NH_3-N 的产生和入河量，均明显高于全国平均水平。1980～1995 年，海河流域水环境持续恶化，1996 年开始好转，2001 年后地表水体污染情况基本稳定，但劣于 V 类的水体比例一直高于 50%。至 2005 年，海河流域劣于 Ⅲ 类的水体约占 80%。

2）污染物产生量中面源污染占主导，污染入河量中点源占主导，非点源污染比例日益增加。

海河流域 COD 和 NH_3-N 污染物大部分（接近 80%）来自点源污染，而 TN、TP 的大部分来自非点源污染。随着点源污染治理强度的加大，COD 非点源污染负荷的比例逐渐增加，产生量比例已经从 1981 年的 73.6% 增长至 2005 年的 83.6%，入河量比例已经从 1981 年代的 19.2% 增长至 2005 年的 35.9%。

3）垂向排入地下污染物增加，水平向入河污染减少；陆域污染蓄积量增加，入海污染物减少。

海河流域由于水资源短缺，非点源污染入河系数小，非点源污染物中的84%由于没有产流而蓄积在流域地表土壤中；由于很多河道常年断流，入河污染物有30%沉积河道中；流域水环境安全存在巨大安全隐患，当流域发生大的洪水时，将对流域水资源安全构成威胁。流域水质模型结果表明，现状2000年海河流域污染物COD入河量为170万t，河道沉积30万t，由于河道断流引起的污染物沉积量为21万t，污染物共计沉积至底泥51万t，约占污染物入河量的30%；污染物在河道中降解53万t，约占污染物入河总量的31%；由于工农业取水从河道（水库）带走污染负荷50万t，约占入河量的29%；污染物入海负荷35万t，约占入河量的21%；截至2000年末，COD有机污染物在底泥中蓄积量为227万t。

4）浅层地下水污染问题明显，局部地区深层地下水开始污染。

由于超量开采地下水，华北地区在山前平原和中部平原浅层地下水流场已经由天然状态演化为人工状态，咸水面积逐渐扩大，矿化度呈现上升趋势。平原区地下水硝态氮污染，呈逐年积累的特征；农业程度越高的地区硝态氮污染也越严重；地下水氮污染主要发生在浅层地下水，但随着深层地下水的开采，地下水硝氮污染逐渐向纵深方向发展，局部地区已扩展到深层地下水。

5）稀有污染物出现，污染物种类多样化，流域呈现复合污染特征。

20世纪80年代，海河流域主要以常规污染COD、氨氮等为主，由于美发剂、喷发剂、染发剂、洗发液、抗生素、激素类药物的大量使用，以及随着工业化程度的不断提高，工业门类的不断增多，稀有污染物如多环芳烃、激素等大量出现。

16.1.3.3 水生态演变规律

近几十年来，受气候变化和人类活动影响，海河流域陆地生态演变呈现如下三项规律。

1）自然生态生产力和农田生态生产力、产量均呈增加趋势。

1980~2005年海河流域自然生态生产力有微弱的增长趋势，净初级生产力增长率为8×10^{-5} Pg C/a。农田生态生产力也呈增长趋势，净初级生产力和产量增长率均为0.002 Pg C/a。

2）自然生态生产力在山丘区和平原区均微弱增加，农田生态生产力、产量在山丘区和平原区也均增加。

山丘区自然生态生产力1980~2005年呈现上升趋势，净初级生产力增长率为8×10^{-5} Pg C/a。平原区自然生态生产力也呈上升趋势，净初级生产力增长率为2×10^{-5} Pg C/a。

山丘区农田生态生产力1980~2005年呈现上升趋势，净初级生产力增长率为1×10^{-4} Pg C/a，产量增长率9×10^{-4} Pg C/a。平原区农田生态生产力也呈上升趋势，净初级生产力增长率为1×10^{-4} Pg C/a，产量增长率为0.0011 Pg C/a。

3）自然生态生产力和农田生态生产力的变化主要是气候条件变化引起的，与人类活动造成的土地利用变化关系不显著。

保持土地利用条件不变（1980年水平），自然生态生产力与农田生态生产力1980~2005年变化趋势与历史模拟相似，增长率分别为8×10^{-5} Pg C/a和1×10^{-4} Pg C/a。

保持气候条件不变（1980年水平），自然生态生产力与农田生态生产力与1980～2005年变化微弱，自然生态生产力增长5×10^{-6}Pg C/a，农田生态生产力减少6×10^{-5}Pg C/a。

16.1.4　海河流域未来水循环、水资源、水环境及水生态演变预估

(1) 气候变化

选用IPCC于2000年发布的SRES系列中的A1B、A2和B1三个情景，2021～2050年，在未来三个情景下：①海河流域年平均降水量较历史平均（1980～2005年）约增加了11.6%，年降水量最大值平均增加了21.2%，年降水量的变差系数均比历史情况有所增大；②对于温度，海河流域未来30年的平均温度比历史多年平均升高了0.9℃，年平均温度的变差系数均有所减小。

(2) 水循环与水资源

根据海河流域水资源状况和未来水资源调控措施，设定了17种不同情景。其中2005年（现状年）1个，2010年4个，2020年8个，2030年4个。考虑未来气候变化，气候情景采用SRES-A1B，模拟系列为2020～2045年，预估未来气候变化条件和水资源调控措施下海河流域的水循环与水资源状况。

根据各方案模拟计算结果与情景设置方案的目标情况的对比分析，推荐2020水平年S10方案、S16方案，2030水平年S11方案、S17方案为未来水平年优选方案。

从计算结果来看，在海河流域未来降水量增加10.4%，温度增加10%的情况下，实施水资源调控措施，将更有利于海河流域水循环与水资源条件的改善。

从地下水控制来看，4个方案地下水超采量分别为13.3亿m^3、7.0亿m^3、略有回补（约11.0亿m^3）和0.1亿m^3。2020年超采减少约80%。2030年基本实现零超采并有望回补地下水，与历史的气候条件相比，未来气候将有利于改善了海河流域地下水超采状况。

从入海水量控制来看，4个方案入海水量分别为79.0亿m^3、91.3亿m^3、104.2亿m^3和88.2亿m^3，整体呈增加的趋势，与历史的气候条件相比，将有利于河道水环境和渤海及其临近海岸带地区的生态环境的改善。

(3) 水环境

按照海河流域水功能区达标规划，2020年，流域水功能区达标率达到63%，跨省界断面水环境质量明显改善，水污染物排放总量得到有效控制。2030年，流域水污染得到全面控制，水功能区全面达标，基本实现水环境的全面改善，污染负荷控制在水环境承载能力以下。

流域水质模型模拟结果表明，2010年现状海河流域COD的水环境承载能力为29.8万t/a，到2020年，由于南水北调水量的增加，增加至32.3万t/a，2030年随着调水工程规模的进一步加大，增加至34.3万t/a。相应的NH_3-N水环境承载能力各水平年也呈增加趋势。由于海河流域污染严重，多数河段严重超标数倍，实现2030年水功能区全面达标的任务十分艰巨，必须加强入河污染物总量控制。

(4) 水生态

对农田生态系统，将2021～2050年SRES-A1B、SRES-A2和SRES-B1三个情景下，海

河流域多年平均单产进行统计，得出三个情景下海河流域多年平均单产相对于海河流域历史多年平均单产分别增长了 7.08%、6.96% 和 6.90%，即海河流域在未来气候变化影响下平均单产可能有 7% 左右的增长。

对自然生态系统，考虑 IPCC 于 2000 年提出的 SRES 排放情景中的 A1B、A2 和 B1 情景，以及现状和规划的 2020 年两种下垫面情景，组合成 6 种未来环境的情景，分析自然生态系统演变，结果表明：海河流域自然生态系统的 NPP 在 6 个情景下都有所增加，现状下垫面系列的情景 1、情景 3、情景 5 的 NPP 增加了 1%~2%，2020 年下垫面系列情景 2、情景 4、情景 6 的 NPP 增加了 5%~6%。

16.2 展　　望

气候变化与人类活动影响下的流域水循环及其伴生过程综合模拟与预估，是水文学及水资源学科的基础和应用基础研究内容，又涉及水环境学、水生态学、气象学、信息学、社会学、经济学和管理学等许多学科，对推动水文学及水资源学科的发展以及促进学科交叉创新均具有重要意义。同时，该项研究也密切关系到实行最严格水资源管理制度的国家实践需求。最严格水资源管理制度的核心是三条红线控制，即用水总量红线控制、排污总量红线控制和用水效率红线控制。用水总量红线的确定涉及水资源评价、河道断面流量及地下水位的控制分析，以及上下游、左右岸以及流域内外经济用水和生态环境用水的平衡分析和多目标决策；排污总量红线的确定涉及水功能区的设计枯水流量、水环境容量、污染源和入河排污量的分析，以及水利工程的调度方式；用水效率红线的确定涉及投入产出分析、产业结构与种植结构分析、节水目标与措施分析、ET 分析与控制，以及水的经济价值和生态服务功能综合评价等。流域水循环及其伴生过程的综合模拟与预估是这些分析工作的基础。

受经费及时间限制，本研究只是进行了初步探索，今后尚需在以下方面开展进一步的深化研究。

1) 流域二元水循环过程与水环境过程及水生态过程的相互作用与紧密耦合。本研究通过耦合 DAMOS、ROWAS 和 WEP-L 三个模型建立二元水循环模型，考虑了自然水循环与社会水循环之间的相互作用。而水环境过程、植被与作物生态过程的模拟，是基于二元水循环模型的水量输出结果，并没有将水环境与水生态模拟结果进一步反馈给二元水循环模型。对于自然水循环过程，由于水环境过程对其影响较小，这样简化问题不大；但对于二元水循环过程，由于水质状况对取水、用水和排水均产生约束，因此需要考虑水环境过程对二元水循环过程的反馈。为客观描述流域水循环及其伴生过程的相互作用，今后需开展各过程之间的紧密耦合研究。

2) 社会水循环模拟及用水效率评价。本研究从宏观经济多目标决策分析、水资源配置以及水库调度等方面考虑了社会水循环，采用用水及水文数据的时空展布与聚合考虑了社会水循环与自然水循环的相互作用。但对于社会水循环的具体水分循环路径，如农田灌溉排水渠系和城市供排水管网等，因资料缺乏没有进行模拟。但社会水循环的精细模拟涉及节水潜力与用水效率评价，今后需要开展这方面的研究，进一步促进二元水循环的耦合研究。用水效率评价包括径流性水资源（"蓝水"）和土壤水资源（"绿水"）的利用效率高低以及经济与生态服务功能分析等，是流域水循环过程调控与水资源合理配置的重要基础，也是今后需要开展的研究。

3）模拟与预估不确定性分析。流域水循环及其伴生过程的模拟与预估，受模型方法、模型结构、模型参数、输入数据以及调控措施等影响，其结果存在许多不确定性。本研究虽然对二元水循环模型、水环境模型及水生态模型进行了参数敏感性及优化研究，今后尚需对各类因素进行综合分析。此外，本研究采用多个气候模式预估结果的集合平均考虑未来的气候变化，今后需要优选出最适合海河流域的气候模式，并需要考虑气候的趋势性变化与周期性变化的叠加问题。

参 考 文 献

北京中水科工程总公司，清华大学. 2009.《知识管理（KM）流域级应用系统开发》二元核心模型支撑战略行动计划（SAP）技术报告. 北京：北京中水科工程总公司，清华大学.

毕二平，李政红. 2001. 石家庄市地下水中氮污染分析. 水文地质工程地质，(2)：31-34.

陈家琦，王浩. 1996. 水资源学概论. 北京：中国水利水电出版社.

陈家琦，王浩，杨小柳. 2002. 水资源学. 北京：科学出版社.

陈敏建，王浩，王芳. 2004. 内陆干旱区水分驱动的生态演变机理. 生态学报，(10)：2108-2114.

陈敏建，等. 2005. "十五"国家科技攻关计划重大项目研究报告《中国分区域生态用水标准研究》（2001BA610A-01，2004BA610A-01）.

陈庆秋，薛建枫，周永章. 2004. 城市水系统环境可持续性评价框架. 中国水利，(3)：6-10.

陈云明，吴钦孝. 1994. 黄土丘陵区油松人工林对降水再分配的研究. 华北水利水电学院报，3（1）：62-68.

陈志恺. 2004. 中国水利百科全书·水文与水资源分册. 北京：中国水利水电出版社.

程红光，郝芳华，任希岩，等. 2006. 不同降雨条件下非点源污染氮负荷入河系数研究. 环境科学学报，(3)：392-397.

褚健婷. 2009. 海河流域统计降尺度方法的理论及应用研究. 北京：中国科学院博士学位论文.

褚君达，徐惠慈. 1992. 河网水质模型及其数值模拟. 河海大学学报，20（1）：16-22.

丁相毅，贾仰文，王浩，等. 2010. 气候变化对海河流域水资源的影响及对策. 自然资源学报，25（3）：1-10.

董文娟，齐晔，李惠民，等. 2005. 植被生产力的空间分布研究——以黄河小花间卢氏以上流域为例. 地理与地理信息科学，21（3）：105-108.

方之芳，朱克云，范广洲，等. 2006. 气候物理过程研究. 北京：气象出版社.

丰华丽，王超，李勇. 2001. 流域生态需水量的研究. 环境科学动态，(1)：27-37.

富国. 2003. 河流污染物通量估算方法分析（Ⅰ）——时空平均离散通量误差判断. 环境科学研究，(1)：1-4.

富国，雷坤. 2003. 河流污染物通量估算方法分析（Ⅱ）——时空平均离散通量误差判断. 环境科学研究，(1)：5-9，42.

甘治国，蒋云钟，沈媛媛. 2007. 以 ET（蒸腾蒸发）为核心理念的水资源配置模型//中国水利学会. 中国水利学会第三届青年科技论坛论文集. 成都：中国水利学会第三届青年科技论坛.

高辉. 2008. 基于动力波的河道水质模拟. 北京：中国水利水电科学研究院硕士学位论文.

高忠信，张东. 2005. 水库水环境数值模拟. 北京：地震出版社.

国家发展和改革委员会. 2004. 重点行业用水与节水. 北京：中国水利水电出版社.

国家气候中心. 2008. 中国地区气候变化预估数据集 Version 1.0 使用说明. 北京：国家气候中心.

韩鹏，皱洁玉. 2008. 海河流域水资源高效利用与综合管理简析. 海河水利，(5)：4-7.

韩瑞光. 2004. 加强海河流域地下水管理，促进经济社会可持续发展. 海河水利，(5)：13-15.

郝芳华, 程红光, 杨胜天. 2006a. 非点源污染模型理论方法与应用. 北京: 中国环境科学出版社.

郝芳华, 杨胜天, 程红光, 等. 2006b. 大尺度区域非点源污染负荷计算方法. 环境科学学报, (3): 375-383.

洪大用, 马芳馨. 2004. 二元社会结构的再生产——中国农村面源污染的社会学分析. 社会学研究, (4): 1-7.

胡和平, 田富强. 2007. 物理性流域水文模型研究新进展. 水利学报, 38 (5): 511-517.

胡四一, 施勇, 王银堂, 等. 2002. 长江中下游河湖洪水演进的数值模拟. 水科学进展, 13 (3): 278-286.

黄春林, 李新. 2004. 陆面数据同化系统的研究综述. 遥感技术与应用, 10 (5): 424-430.

黄金良, 洪华生, 张珞平, 等. 2004. 基于GIS和USLE的九龙江流域土壤侵蚀量预测研究. 水土保持学报, 18 (5): 75-79.

贾仰文, 王浩. 2006. "黄河流域水资源演变规律与二元演化模型"研究成果简介. 水利水电技术, 37 (2): 45-52.

贾仰文, 王浩, 倪广恒, 等. 2005a. 分布式流域水文模型原理与实践. 北京: 中国水利水电科学出版社.

贾仰文, 王浩, 王建华, 等. 2005b. 黄河流域分布式水文模型开发与验证. 自然资源学报, 20 (2): 300-308.

贾仰文, 王浩, 严登华. 2006a. 黑河流域水循环系统的分布式模拟 (I): 模型开发与验证. 水利学报, 37 (5): 534-542.

贾仰文, 王浩, 仇亚琴, 等. 2006b. 基于流域水循环模型的广义水资源评价 (I): 评价方法. 水利学报, 37 (9), 1051-1055.

贾仰文, 王浩, 甘泓, 等. 2010a. 海河流域二元水循环模型开发及其应用: II. 水资源管理战略研究应用. 水科学进展, 21 (94): 9-15.

贾仰文, 王浩, 周祖昊, 等. 2010b. 海河流域二元水循环模型开发及其应用: I. 模型开发与验证. 水科学进展, 21 (94): 1-8.

近藤纯正. 1994. 水环境的气象学——地表面的水收支·热收支(日文). 日本: 朝仓书房.

康绍忠, 梁银丽, 蔡焕杰, 等. 1998. 旱区水–土–作物关系及其最优调控原理. 北京: 中国农业出版社.

赖锡军, 汪德爟. 2002. 非恒定水流的一维、二维耦合数值模型. 水利水运工程学报, 2: 48-51.

雷志栋, 杨诗秀, 谢森传. 1988. 土壤水动力学, 北京: 清华大学出版社.

李崇银. 1995. 气候动力学引论. 北京: 气象出版社.

李怀恩. 1996. 流域非点源污染模型研究进展与发展趋势. 水资源保护, (2): 14-18.

李丽娟, 李海滨, 王娟. 2002. 海河流域河道外生态需水研究. 海河水利, (4): 9-16.

李炜. 2006. 水力计算手册. 北京: 中国水利水电出版社.

李晓华, 李铁军. 2004. 应用USLE方程测定山地森林水土流失的研究. 水土保持科技情报, (4): 15-17.

刘昌明. 1978. 黄土高原森林对年径流影响的初步分析. 地理学报, (2): 112-127.

刘勇洪, 权维俊, 高燕虎. 2010. 华北植被的净初级生产力研究及其时空格局分析. 自然资源学报, 25 (4): 564-573.

龙爱华, 徐中民, 张志强. 2004. 虚拟水理论方法与西北四省(区)虚拟水实证研究. 地球科学进展, 19 (4): 875-885.

陆垂裕. 2006. 宁夏平原区分布式水循环模型研究. 北京: 中国水利水电科学研究院博士后出站报告.

陆桂华, 吴志勇, 雷W, 等. 2006. 陆气耦合模型在实时暴雨洪水预报中的应用. 水科学进展, (6): 847-852.

罗翔宇，贾仰文，王建华，等．2006．基于 DEM 与实测河网的流域编码方法．水科学进展，17（2）：259-264．

雒文生，宋星原．2000．水环境分析及预测．武汉：武汉水利电力大学出版社．

穆兴民，王文龙，徐学选．1999．黄土高原沟壑区水土保持对小流域地表径流的影响．水利学报，（2）：71-75．

牛存稳，贾仰文，王浩，等．2007．黄河流域水量水质综合模拟与评价．人民黄河，29（11）：59-60．

彭祖赠．1997．数学模型与建模方法．大连：大连海事大学出版社．

朴世龙，方精云，郭庆华．2001．1982-1999 年我国植被净第一性生产力及其时空变化．北京大学学报（自然科学版），37（4）：563-569．

气候变化国家评估报告编写委员会．2007．气候变化国家评估报告．北京：科学出版社．

任宪韶．2007．海河流域水资源评价．北京：中国水利水电出版社．

申宿慧，贾仰文，杨贵羽，等．2008．作物生长模型在水文水资源领域中的应用探讨．水电能源科学，26（5）：18-23．

食品商务网．2009．海河流域水资源管理现状与对策研究．http：//www.21food.cn/html/news/35/465143.htm［2009-05-25］．

水利部．2006．中国水资源公报 2005．北京：中国水利水电出版社．

水利部．2009．中国水资源公报 2008．北京：中国水利水电出版社．

水利部海河水利委员会．2004．《海河流域废污水再生利用战略研究》工作大纲．天津：水利部海河水利委员会．

水利部海河水利委员会．2009．海河流域节水和高效用水战略研究报告（初稿）．天津：水利部海河水利委员会．

水利部水利水电规划设计总院．2004．中国水资源及其开发利用情况调查评价报告．北京：水利部水利水电规划设计总院．

水利部水文司．1997．中国水资源质量评价．北京：中国科学技术出版社．

水利部，环保部 GEF 海河项目办．2007．GEF 海河流域水资源与水环境综合管理项目工作简报（6～9）．

田富强，胡和平，雷志栋．2008．流域热力学系统水文模型：本构关系．中国科学 E 辑（技术科学），38（5）：671-686．

王超．2006．应用 BIOME-BGC 模型研究典型生态系统的碳、水汽通量．南京：南京农业大学硕士学位论文．

王芳，梁瑞驹，杨小柳，等．2002．中国西北地区生态需水研究（1）：干旱半干旱地区生态需水理论分析．自然资源学报，1：1-8．

王浩．2008．以 ET 管理理念为核心的水资源管理在现代水资源管理中的重要性与可行性．GEF 海河流域水资源与水环境综合管理项目工作简报．北京：水利部，环保部 GEF 海河项目办．

王浩，秦大庸，陈晓军．2004a．水资源评价准则及其计算口径．水利水电技术，（2）：1-4．

王浩，王建华，秦大庸．2004b．流域水资源合理配置的研究进展与发展方向．水科学进展，15（1）：123-128．

王浩，王建华，秦大庸，等．2006．基于二元水循环模式的水资源评价理论方法．水利学报，（12）：1496-1502．

王庆斋，刘晓伟，许珂艳．2003．黄河小花间暴雨洪水预报耦合技术研究．人民黄河，（2）：17-19．

王文圣，丁晶，向红莲．2002．水文时间序列多时间尺度分析的小波变换法．四川大学学报（工程科学版），34（6）：13-17．

王西琴，刘昌明，杨志峰. 2002. 生态及环境需水量研究进展与前瞻. 水科学进展，（4）：507-514.
王裕玮. 1995. 海河流域水资源与水环境现状及工作设想. 水资源保护，2：1-5.
王志民. 2002. 海河流域水生态环境恢复目标和对策. 中国水利，71：12-13.
翁文斌，王忠静，赵建世. 2004. 现代水资源规划——理论、方法和技术. 北京：清华大学出版社.
吴作平，杨国录，甘明辉. 2003. 荆江-洞庭湖水沙数学模型研究. 水利学报，7：96-100.
夏军，丰华丽，谈戈. 2003. 生态水文学——概念、框架与体系. 灌溉排水学报，22（1）：4-10.
夏自强. 2001. 土壤水资源特性分析. 河海大学学报，29（4）：23-26.
肖俊和，张希三. 2003. 对海河流域水污染防治的浅见. 水利科技与经济，（4）：249-252.
谢良兵. 2009. 环渤海：中国经济增长第三极. 经济观察报. http：//house.focus.cn/news/2009-10-04/768374.html.［2009-10-04］.
杨大文，李羽中，倪广恒，等. 2004. 分布式水文模型在黄河流域的应用. 地理学报，59（1）：143-154.
杨文治. 1981. 黄土高原土壤水分状况分区（试验）与造林问题. 水土保持通报，2：13-19.
杨志峰，崔保山，刘静玲，等. 2003. 生态环境需水量理论、方法与实践. 北京：科学出版社.
叶笃正，曾庆存，郭裕福. 1991. 当代气候研究. 北京：气象出版社.
游进军. 2005. 水资源系统模拟理论与实践. 北京：中国水利水电科学研究院博士学位论文.
游进军，甘泓，王浩，等. 2005. 基于规则的水资源系统模拟. 水利学报，36（9）：1043-1049.
于伟东. 2008. 海河流域水资源现状与可持续利用对策. 水文，28（3）：79-82.
余常昭，马尔可夫斯基 M，李玉梁. 1989. 水环境中污染物扩散输移原理与水质模型. 北京：中国环境科学出版社.
张济世，刘立昱，程中山，等. 2006. 统计水文学. 郑州：黄河水利出版社.
张蔚榛. 1996. 地下水与土壤水动力学. 北京：中国水利水电出版社.
张远，王西琴. 2007. 海河流域水污染防治规划管理战略研究报告（送审稿）. 北京：中国环境科学研究院，中国人民大学.
张兆吉，费宇红，陈宗宇，等. 2009. 华北平原地下水可持续利用调查评价. 北京：地质出版社.
赵宗慈，罗勇. 1998. 二十世纪九十年代区域气候模拟研究进展. 气象学报，56（2）：225-246.
郑世泽，李秀丽. 2009. 海河流域水资源现状与可持续利用对策. 南水北调与水利水电技术，7（2）：45-48.
郑一，王学军. 2002. 非点源污染研究的进展与展望. 水科学进展，（1）：105-110.
中国地质调查局. 2009. 华北平原地下水可持续利用调查评价. 北京：地质出版社.
中国社会科学院. 2009. 城市蓝皮书. 北京：社会科学文献出版社.
周祖昊，贾仰文，王浩，等. 2006. 大尺度流域基于站点的降雨时空展布. 水文，26（1）：6-11.
朱文泉，潘耀忠，张锦水. 2007. 中国陆地植被净初级生产力遥感估算. 植物生态学报，31（3）：413-424.
邹厚远. 2000. 陕北黄土高原植被区划及与林草建设的关系. 水土保持研究，（1）：96-101.
左其亭，窦明，吴泽宁. 2005. 水资源规划与管理. 北京：中国水利水电出版社.
Baird A J，Wilby R L. 2002. 生态水文学——陆生环境和水生环境植被与水分关系. 赵文智，王根绪译. 北京：海洋出版社.
Chapin F S，Matson P A，Mooney H A. 2005. 陆地生态系统生态学原理. 李博，等译. 北京：高等教育出版社.
Maidment D R. 2002. 水文学手册. 张建云译. 北京：科学出版社.
Abbott M B. 1991. Hydroinformatics：Information Technology and the Aquatic Environment. London, U.K.：

参考文献

Oxford University Press.

Abbott M B, Bathurst J C, Cunge J A, et al. 1986. An introduction to the European Hydrological System-Système Hydrologique Européen, SHE: 1. history and philosophy of a physically based distributed modeling system. Journal of Hydrology, 87: 45-59.

Allan T. 1999. Productive efficiency and allocative efficiency: why better water management may not solve the problem. Agricultural Water Management, 40 (3): 71-75.

Anderson M L, Chen Z Q, Kawas M L, et al. 2002. Coupling HEC-HMS with atmospheric models for prediction of watershed runoff. ASCE Journal of Hydrologic Engineering, 7 (4): 312-318.

Arnold J G, et al. 1995. SWAT-Soil and Water Assessment Tool: Draft User's Manual. Temple, TX: USDA-ARS.

Barnett T P, Pierce D W, Schnur R. 2001. Detection of anthropogenic climate change in the world's oceans. Science, 292: 270-274.

Barnett T P, Pierce D W, Hidalgo H G, et al. 2008. Human-induced changes in the hydrology of the Western United States. Science, 319: 1080-1083.

Bastiaanssen W G M, Menenti M. 1998. A remote sensing surface energy balance algorithm for land (SEBAL): 1. formulation. Journal of Hydrology, 213: 198-212.

Bertuzzo E, Maritan A, Gatto M, et al. 2007. River networks and ecological corridors: reactive transport on fractals, migration fronts, hydrochory. Water Resources Research, 43 (4): 1-12.

Beven K, et al. 1995. TOPMODEL//Singh V P. 1995. Computer Models of Watershed Hydrology. Colorado: Water Resources Publications.

Brooke A, et al. 1997. GAMS (RELEASE 2.25 Version 92) LANGUAGE GUIDE. http://ftp.eq.uc.pt/books/GAMSUsersGuide.pdf [2005-03-11].

Chen J, Tang C, Sakura V, et al. 2005. Nitrate pollution from agriculture in different hydrogeological zones of the regional groundwater flow system in the North China Plain. Hydrogeology Journal, 13 (3): 481-492.

Chiang W H, Kinzelbach W. 1993. Processing Modflow (PM), pre-and post- processors for the simulation of flow and contaminant transport in groundwater system with MODFLOW, MODPATH and MT3D. Washington DC: Scientific Software Group.

Chu S T. 1978. Infiltration during an unsteady rain. Water Resour. Res., 14 (3): 461-466.

Dickinson R E. 1983. Land surface progress and climate-surface albedos and energy balance. Advances in Geophysics, 25: 305-353.

Dickinson R E, Sellers A H, Kennedy P J, et al. 1986. Biosphere-atmosphere transfer scheme (BATS) for the NCAR community climate model. NCAR Techn Note-275fSTR. Boulder: NCAR.

Dickinson R E, Sellers A H, Rosenzweigc, et al. 1991. Evapotranspiration models with canopy resistance for use in climate models, a review. Agric. For Meteorol., 54: 373-388.

Dougherty M, Dymond R L, Grizzard T, et al. 2007. Quantifying long-term hydrologic response in an urbanizing basin. Journal of Hydrologic Engineering, 12 (1): 33-41.

Duan Q, Gupta V K, Sorooshian S. 1992. Effective and efficient global optimization for conceptual rainfall-runoff models. Water Resources Research, 28: 1015-1031.

Döll P, Kaspar F, Lehner B. 2003. A global hydrological model for deriving water availability indicators: model tuning and validation. J Hydrol., 270: 105-134.

Fernandez C. 2003. Estimating water erosion and sediment yield with GIS, RUSLE, and SEDD. Journal of Soil and Water Conservation, 58 (3): 10-12.

Fowler H J, Wilby R L. 2007. Beyond the downscaling comparison study. International Journal of Climatology, 27: 1543-1545.

Frederick K D, Major D C, Stakhiv E Z. 1997. Introduction. Climatic Change, 37: 1-5.

Freeze R A, Harlan R L. 1969. Blueprint for a physically-based, digitally-simulated hydrologic response model. Journal of Hydrology, 9: 237-258.

Gan Z G, Jiang Y Z, Shen Y Y. 2007. Water resources allocation model with ET as a core concept (in Chinese). Chengdu: The 3rd Youth Science and Technology Forum of CHES.

Grayson L E, Calawson J G. 1996. Scienario Building. Charlottesville, VA: University of Virginia Darden School Foundation.

Guo Y, Baetz B W. 2007. Sizing of rainwater storage units for green building applications. Journal of Hydrologic Engineering, 12 (2): 197-205.

Hansen J R, Refsgaard J C, Hansen S, et al. 2007. Problems with heterogeneity in physically based agricultural catchment models. Journal of Hydrology, 342: 1-16.

Haverkamp R, Vauclin M, Wierenga P J, et al. 1977. A comparison of numerical simulation models for one-dimensional infiltration. J. Soil Sci. Soc. Am., 41: 285-293.

Hegerl G C, von Storch H, Haselmann K. 1996. Detecting greenhouse-gas-induced climate change with an optimal fingerprint method. Journal of Climate, 9: 2281-2306.

Hu Z, Islam S. 1995. Prediction of ground surface temperature and soil moisture content by the force-restore method. Water Resour. Res., 31 (10): 2531-2539.

IPCC. 2007. Climate Change 2007: The Physical Science Basis. Contribution of Working Group I to the Fourth Assessment Report of the Intergovernmental Panel on Climate Change. Cambridge: Cambridge University Press.

Jaswinski A H. 1970. Stochastic Processes and Filtering Theory. New York: Academic Press.

Jia Y W, Tamai N. 1997. Modeling infiltration into a multi-layered soil during an unsteady rain. Ann. J. Hydraul. Eng., JSCE, 41: 31-36.

Jia Y W, Ni G H, Kawahara Y, et al. 2001. Development of WEP model and its application to an urban watershed. Hydrological Processes, 15 (11): 2175-2194.

Jia Y W, Wang H, Zhou Z H, et al. 2006. Development of the WEP-L distributed hydrological model and dynamic assessment of water resources in the Yellow River Basin. Journal of Hydrology, 331: 606-629.

Jia Y W, Niu C W, Wang H. 2007. Integrated modeling and assessment of water resources and water environment in the Yellow River basin. Journal of Hydro-environment Research, 1 (1): 12-19.

Jia Y W, et al. 2008. Temporal and Spatial Interpolations of Water Use for Coupling Simulation of Natural and Social Water Cycles. Proc. of 4th International Conference of APHW.

Ju X T, Xing X P, Chen S L. 2009. Reducing environmental risk by improving N management in intensive Chinese agriculture systems. Proceeding of the National Academy of Sciences, 106(9): 3041.

Kalman R E. 1960. A new approach to linear filtering and prediction problems. Transaction of the ASME - Journal of Basic Engineering, 82: 13-45.

Kang B, Ramjrez J A. 2007. Response of streamflow to weather variability under climate change in the Colorado Rockies. Journal of Hydrologic Engineering, 12 (1): 63-72.

Kecman J, Kelman R. 2002. Water allocation for production in a semi-arid region. Water Resources Development, 18 (3): 391-407.

Lazaro T R. 1990. Urban Hydrology: A Multidisciplinary Perspective (Revised Edition). Lancaster, USA:

Technomic Publishing.

Lee T J, Pielke R A. 1992. Estimating the soil surface specific humidity. J. Appl. Meteorol., 31: 480-484.

Matheron G. 1963. Principles of geostatistics. Economic Geology, 58: 1246-1266.

McCabe M F, Wood E F. 2006. Scale influences on the remote estimation of evapotranspiration using multiple satellite sensors. Remote Sensing of Environment, 105 (4): 271-285.

Mein R G, Larson C L. 1973. Modeling infiltration during a steady rain. Water Resour. Res., 9 (2): 384-394.

Menenti M. 1984. Physical aspects and determination of evaporation in deserts applying remote sensing techniques Report 10 (Special issue). The Netherlands: Institute for Land and Water Management Research (ICW).

Merrett S. 1997. Introduction to the Economics of Water Resources: An International Perspective. London, UK: UCL Press.

Miller K A, Rhodes S L, Macdonnell L J. 1997. Water allocation in a change climate: institutions and adaptation. Climatic Change, 35: 157-177.

Monin A S, Obukhov A M. 1954. Basic laws of turbulent mixing in the ground layer of the atmosphere (in Russian). Tr Geofiz Inst Akad. Nauk SSSR, 151: 163-187.

Monteith J L. 1973. Principles of Environmental Physics. London: Edward Arnold.

Moore I D, Eigel J D. 1981. Infiltration into two-layered soil profiles. Trans ASAE, 24: 1496-1503.

Mtahiko M G G, Gereta E, Kajuni A R, et al. 2006. Towards an ecohydrology-based restoration of the Usangu wetlands and the Great Ruaha River, Tanzania. Wetlands Ecology and Management, 14: 489-503.

Mualem Y. 1978. Hydraulic conductivity of unsaturated porous media: generalized macro-scopic approach. Water Resour. Res., 14 (2): 325-334.

Muleta M K, Nicklow J W, Bekele E G. 2007. Sensitivity of a Distributed Watershed Simulation Model to spatial scale. Journal of Hydrologic Engineering, 12 (2): 163-172.

Murase M. 2004. Developing Hydrological Cycle Evaluation Indicators. http://www.nlim.go.ip/english/annual/annual2004/p050-053.pdf [2006-06-08].

Nagaegawa T. 1996. A study on hydrological models which consider distributions of physical variables in heterogeneous land surface. Ph. D. Dissertation. Tokyo: Univ. of Tokyo.

Nakaegawa T, Kusunoki S, Sugi M, et al. 2007. A study of dynamical seasonal prediction of potential water resources based on an atmospheric GCM experiment with prescribed sea-surface temperature. Hydrological Sciences Journal, 52 (1): 152-165.

Neitsch S L, Arnold J G, Kiniry J R, et al. 2001. Soil and water assessment tool user's manual. Version 2000. Temple, Texas: Black land Research Center, Texas Agricultural Experiment Station.

Nigel W A. 1998. Climate change and water resources in Britain. Climatic Change, 39: 83-110.

Noilhan J, Planton S A. 1989. Simple parameterization of land surface processes for meteorological models. Mon. Wea. Res., 117: 536-549.

Ocampo C J, Sivapalan M, Oldham C E. 2006. Field exploration of coupled hydrological and biogeochemical catchment responses and a unifying perceptual model. Advances in Water Resources, 29 (2): 161-180.

Oki T, Kanae S. 2006. Global hydrological cycles and world water resources. Science, 313 (5790): 1068-1072.

Pauwels V R N, Verhoest N E C, DeLannoy G J M, et al. 2007. Optimization of a coupled hydrology-crop growth model through the assimilation of observed soil moisture and leaf area index values using an ensemble Kalman filter. Water Resources Research, 43 (4): 4421-1–4421-17.

Penman H L. 1948. Natural evaporation from open water, bare soil and grass. Proc. Roy. Soc. London, Ser, A

193：120-145.

Pham D T, Verron J, Roubaud M C. 1998. A singular Evolutive Kalman filter for data assimilation in oceanography. Journal of Marine Systems, 16 (3-4)：323-340.

Phillips O M. 1957. On the generation of waves by turbulent wind. Journal of Fluid Mechanics, 2 (5)：417-445.

Rubarenzya M H, Staes J. 2007. Ecohydrology, habitat restoration, and catchment hydrology：findings from a modeling and extreme value analysis study. Tampa, Florida, USA：World Environmental and Water Resources Congress 2007.

Running S W, Hunt R E. 1993. Generalization of a forest ecosystem process model for other biomes, BIOME-BGC, and an application for global scale models. San Diego：Academic Press.

Sartor J D, Boyd G B, Agardy F J. 1974. Water pollution aspects of street surface contaminants. Journal WPCF, 46 (3)：458-467.

Sartor J D, Boyd G B, Agardy F J. 1994. Water pollution aspects of street surface contaminants. Journal Water Pollution Control Federation, 46 (3)：458-467.

Schneider L E, McCuen R H. 2006. Assessing the hydrologic performance of best management practices. Journal of Hydrologic Engineering, 11 (3)：278-281.

Schoonover J S, Lockaby B G. 2006. Land cover impacts on stream nutrients and fecal coliform in the lower Piedmont of West Georgia. Journal of Hydrology, 331：(3-4)：371-382.

Scibek J, Allen D M. 2007. Groundwater-surface water interaction under scenarios of climate change using a high-resolution transient groundwater model. Journal of Hydrology, 333：165-181.

Sellers P J, Mintz Y, Sud C, et al. 1986. The design of a simple biosphere model (SiB) for use within general circulation models. J. Atmos. Sci., 43：505-531.

Sivapalan M, Schaake J. 2003. IAHS decade on Predictions in Ungauged Basins (PUB). http：//www. cig. ensmp. fr/~iahs/~pub/ PUB _ Science _ Plan _ Version _ 5. pdf [2003-09-30].

Stefen H G, Demetracopoulos A C. 1981. Cells-in-series simulation for riverine transport. Journal of the Hydraulics Div, ASCE, 107 (HY 6)：675-697.

Su H, Mccabe M F, Wood E F, et al. 2005. Modeling evapotranspiration during SMACEX：comparing two approaches for local and regional-scale prediction. Journal of Hydrometeorology, 6 (6)：910-922.

Su Z. 2002. The Surface Energy Balance System (SEBS) for estimation of turbulent heat fluxes. Hydrology and Earth System Sciences, 6 (1)：85-99.

Su Z, Jacobs C. 2001a. Advanced earth observation：land surface climate final report. BCRS Report 2001：USP-2 Report 2001, 01-02. Delft：Beleidscommissie Remote Sensing (BCRS).

Su Z, Jacobs C. 2001b. ENVISAT：actual evaporation. BCRS Report 2001：USP-2 Report 2001, 01-02. Delft：Beleidscommissie Remote Sensing (BCRS).

Su Z, Wen J. 2003. A methodology for the retrieval of land physical parameter and actual evaporation using NOAA/AVHRR data. Journal of Jilin University (Earth Science Edition), 33：106-108.

Su Z, Yacob A. 2003. Assessing relative soil moisture with remote sensing data：theory, experimental validation, and application to drought monitoring over the North China Plain. Physics and Chemistry of the Earth, 28：89-101.

Supit I, Hooijer A A, van Diepen C A. 1994. System description of the WOFOST6.0 crop simulation model implemented in CGMS. Publication EUR 15956 EN. Brussels, Luxembourg：The Office for Official Publications of the EU.

Timmermans W J, van der Kwast J. 2005. Intercomparison of energy flux models using ASTER imagery at the SPARC 2004 site (Barrax, Spain). ESA Proceedings WPP-250. Enschede: SPARC Final Workshop.

Tisdell J G. 2001. The environmental impact of water markets: an Australian case-study. Journal of Enviromental Management, 62: 113-120.

van Griensven, Meixner T, Grunwald S, A et al. 2006. A global sensitivity analysis tool for the parameters of multi-variable catchment models. Journal of Hydrology, 324: 10-23.

van Heemst H D J. 1986a. The distribution of dry matter during growth of a potato crop. Potato Research, 29: 55-66.

van Heemst H D J. 1986b. Crop phenology and dry matter distribution//van Keulen H, Wolf J. 1986. Modeling of Agricultural Production: Weather, Soils and Crops. Wageningen, USA: Pudoc.

Wang Q, Watanabe M, Ouyang Z. 2005. Simulation of water and carbon fluxes using BIOME-BGC model over crops in China. Agricultural and Forest Meteorology, 131: 209-224.

Washington W M, Weaitherly J W, Meehl G A, et al. 2000. Parallel Climate Model (PCM) control and transient simulations. Climate Dyn., 6: 755-774.

Whipple W. 1998. Water Resources: A New Era for Coordination. Reston: ASCE Press.

White M A, Thornton P E, Running S W, et al. 2000. Parameterization and sensitivity analysis of the BIOME-BGC terrestrial ecosystem model: net primary controls. Earth Interactions, 3 (4): 1-85.

Wilby R L, Wigley M L, Comway D, et al. 1998. Statistical downscaling of general circulation model output: a comparison of methods. Water Resources Research, 34 (11): 2995-3008.

Wilby R L, Dawson C W, Barrow E M. 2002. SDSM—a decision support tool for the assessment of regional climate change impacts. Environmental Modelling & Software, 17: 147-159.

Wischmeier W H, Smith D D. 1978. Predicting rainfall losses: a guide to conservation planning. USDA Agricultural Handbook No. 537. Washington DC: U. S. Gov. Print. Office.

Xiao Q, McPherson E G, Simpson J R, et al. 2007. Hydrologic processes at the urban residential scale. Hydrological Processes, 21: 2174-2188.

Xu C Y. 1999. From GCMs to river flow: a review of downscaling methods and hydrologic modeling approaches. Progress in Physical Geography, 23 (2): 229-249.

You J J, Gan H, Wang L. 2005. A rules-driven object-oriented simulation model for water resources system. Seoul, Korea: XXXI IAHR Congress.

Zheng C, Wang P P. 1999. MT3DMS: a modular three-dimensional multispecies model for simulation of advection, dispersion and chemical reactions of contaminants in groundwater systems. Documentation and Users Guide, Contract Report SERDP-99-1. Viskburg, MS: U. S. Army Engineer Research and Development Center.

索　引

B

伴生过程	7
饱和坡面径流	29

C

汉点方程	46
产流参数	168
长波净放射量	34
超渗产流	29
城市水文学	5
城镇地表径流	44
城镇生活耗水量	44
城镇生活排水量	44
城镇生活污染源排放量	43
城镇生活用水量	44
次网格尺度过程	20

D

大气过程	16
大气环流模式	17
大洋环流模式	20
单一化学反应项	214
单一吸附项	212
点源污染	42
动力波	32
动力波方程	32
短波净放射量	34
多目标决策分析模型	10

E

二元模型	103
二元水循环模型	103

F

分布式流域水文模型	5
分布式水循环模型	4
辐射强迫与反馈	19
富客户端	108

G

工业耗水量	43
工业排水量	43
工业用水量	43
广义水资源量	246
归因方法	258

H

海气耦合模式	21
还原径流	138
汇流参数	168
霍顿坡面径流	29

J

降尺度	23
节水灌溉率	129
净初级生产力	73
径流含沙量	45

索　引

K

| 空气动力学阻抗 | 33 |

L

| 陆面过程 | 21 |

M

毛管吸力	28
弥散度	211
面源污染	42
模拟模型	99

N

NADUWA3E	106
能量平衡法	32
农田生产力	282

P

| 胖客户端 | 108 |
| 坡面汇流 | 31 |

Q

气候模拟	16
气候模式	288
强制复原法	25

R

壤中径流	30
溶解氧	65
入渗湿润锋	27

S

三级区	14
社会水循环	3
生化需氧量	65
生态水文	72
生态水文学	6
时空展布	105
实测径流	138
瘦客户端	107
水环境过程	42
水资源配置	97
水资源配置模型	14
水资源三级区	15

T

特征库容	136
特征水位	136
土壤含水率	5
土壤侵蚀模数	45
土壤水分吸力	34

W

| 洼地储蓄 | 27 |
| 污染排放量 | 43 |

X

狭义水资源量	246
下垫面条件	248
小波分析	234
信号强度	258
虚拟水	7
蓄满产流	29

Y

叶面积指数	5
一维水质模型方程	46
优化模型	99
有限差分法	38

运动波	31	植被生态模型	72
运动波方程	32	指纹	258
		逐步法	94
Z		自然水循环	3
蒸发参数	168	"自然-社会"二元水循环	3
蒸发蒸腾	24	总变化趋小法	71
植被群落阻抗	33	作物生长模型	82